U0283193

浙江省高职院校“十四五”重点立项建设教材

高等职业教育“十四五”系列教材

高等职业教育土建类专业“互联网+”数字化创新教材

地下工程施工技术

范大波　王铭欣　蓝瑞敏　主　编
金　波　雷彩虹　主　审

中国建筑工业出版社

图书在版编目（CIP）数据

地下工程施工技术 / 范大波，王铭欣，蓝瑞敏主编
. — 北京 ：中国建筑工业出版社，2024.2
浙江省高职院校“十四五”重点立项建设教材　高等
职业教育“十四五”系列教材　高等职业教育土建类专业
“互联网+”数字化创新教材
ISBN 978-7-112-29357-5

Ⅰ.①地…　Ⅱ.①范…②王…③蓝…　Ⅲ.①地下工
程-工程施工-高等职业教育-教材　Ⅳ.①TU94

中国国家版本馆CIP数据核字（2023）第225891号

本教材分为两篇共7个项目，第一篇隧道工程施工技术包括：隧道构造认知，钻爆法施工，盾构法施工；第二篇地铁车站施工技术包括：地铁车站认知，明挖法施工，盖挖法施工，暗挖法施工。

本书可作为高等职业教育土木建筑大类相关专业教材，也可作为相关企业岗位培训及技术人员学习参考用书。

为更好地支持本课程的教学，我们向使用本书的教师免费提供教学课件，有需要者请与出版社联系，索要方式为：1. 邮箱 jckj@cabp.com.cn；2. 电话（010）58337285；3. 建工书院 http://edu.cabplink.com。

责任编辑：刘平平　李　阳
责任校对：赵　力

浙江省高职院校“十四五”重点立项建设教材
高等职业教育“十四五”系列教材
高等职业教育土建类专业“互联网+”数字化创新教材
地下工程施工技术
范大波　王铭欣　蓝瑞敏　主　编
金　波　雷彩虹　主　审
*
中国建筑工业出版社出版、发行(北京海淀三里河路9号)
各地新华书店、建筑书店经销
北京鸿文瀚海文化传媒有限公司制版
天津翔远印刷有限公司印刷
*
开本：787毫米×1092毫米　1/16　印张：23¾　字数：560千字
2024年1月第一版　2024年1月第一次印刷
定价：**68.00**元（赠教师课件）
ISBN 978-7-112-29357-5
（42090）

前　言

本书主要面向高等职业院校土木建筑大类专业编写，为培养从事地下工程建设的高素质技术技能人才提供支撑。

本书深入贯彻落实《国家职业教育改革实施方案》《关于推动现代职业教育高质量发展的意见》《高等学校课程思政建设指导纲要》等文件精神，以学习者职业能力培养为核心编写教学内容，并吸收了我国地下工程施工的新技术、新规范、新工艺，同时嵌入课程思政教学目标，配以丰富的教学资源，做到了目标新、结构新、形式新。

目标新：在教学目标上，坚持落实立德树人根本任务，基于专业教育与思政教育的双重要求，在培养目标中增加了职业精神、工匠精神等思政元素，并融入相应内容中。

结构新：在教材结构上，全书以典型工作任务为教学单元，以“任务描述”“知识链接”“任务实施”“考证演练”为逻辑主线，设计教学内容；其中“任务实施”模块安排了“知识巩固”“图纸识读”“案例分析”等能力训练任务，利于“教、学、做”一体化实施教学；“考证演练”模块设置了注册建造师职业资格证书相关考试的考题，实现“课证融合”。

形式新：在表现形式上，针对每个教学项目设计“思维导图”，起到引学作用，提高学习效率；针对重难点配以微课、动画、视频、BIM模型等丰富的教学资源，通过扫描二维码的方式“无缝隙”链接教学资源，赋能学习新范式。本书配套图纸详见二维码。

《地下工程施工技术》配套图纸

本书由杭州科技职业技术学院范大波担任第一主编，王铭欣、蓝瑞敏担任共同主编，沈卫东、熊卓亚、吕戚霞担任副主编，参与教材编写的人员还有徐子龙、马春燕、文壮强。本书由杭州科技职业技术学院金波、雷彩虹主审。

本书在编写过程中参考了大量相关文献和资料，并得到众多同仁的大力支持，中国建筑工业出版社也给予了真诚帮助，在此表示衷心感谢！

由于编者水平有限，本书中难免存在不足之处，恳请广大读者批评指正。

目　录

第一篇　隧道工程施工技术 …… 001

项目1　隧道构造认知 …… 002
任务1.1　山岭公路隧道构造认知 …… 003
任务描述 …… 003
知识链接 …… 003
1.1.1　洞门 …… 003
1.1.2　支护体系 …… 007
1.1.3　防排水系统 …… 010
1.1.4　附属设施 …… 013
任务实施 …… 019
任务1.2　地铁区间隧道构造认知 …… 020
任务描述 …… 020
知识链接 …… 020
1.2.1　管片 …… 020
1.2.2　附属设施 …… 025
任务实施 …… 026
项目2　钻爆法施工 …… 027
任务2.1　围岩认知 …… 028
任务描述 …… 028
知识链接 …… 028
2.1.1　围岩和岩体 …… 028
2.1.2　围岩稳定性 …… 030
2.1.3　围岩分级 …… 034
2.1.4　围岩压力 …… 039
任务实施 …… 043
任务2.2　开挖方法认知 …… 043
任务描述 …… 043
知识链接 …… 043
2.2.1　全断面法 …… 045
2.2.2　台阶法 …… 046
2.2.3　环形开挖留核心土法 …… 047
2.2.4　中隔壁法 …… 048
2.2.5　交叉中隔壁法 …… 049
2.2.6　双侧壁导坑法 …… 050

任务实施 …… 051
任务 2.3 钻爆设计 …… 051
任务描述 …… 051
知识链接 …… 051
2.3.1 炮眼种类 …… 052
2.3.2 炮眼数量 …… 054
2.3.3 炮眼深度 …… 055
2.3.4 炮眼布置 …… 056
2.3.5 装药量计算及分配 …… 057
2.3.6 装药结构 …… 058
任务实施 …… 059
任务 2.4 支护措施施工 …… 059
任务描述 …… 059
知识链接 …… 059
2.4.1 超前支护施工 …… 059
2.4.2 初期支护施工 …… 068
2.4.3 防排水工程施工 …… 078
2.4.4 二次衬砌施工 …… 083
任务实施 …… 092
项目 3 盾构法施工 …… 093
任务 3.1 盾构认知 …… 094
任务描述 …… 094
知识链接 …… 094
3.1.1 盾构机主要分类 …… 094
3.1.2 盾构机主体结构 …… 096
3.1.3 盾构机后配套设备 …… 105
任务实施 …… 106
任务 3.2 盾构选型 …… 106
任务描述 …… 106
知识链接 …… 106
3.2.1 盾构选型原则 …… 106
3.2.2 盾构选型步骤 …… 107
3.2.3 盾构选型方法 …… 108
3.2.4 盾构选型实例 …… 110
任务实施 …… 111
任务 3.3 端头地层加固 …… 111
任务描述 …… 111
知识链接 …… 112
3.3.1 端头加固目的 …… 112

3.3.2 端头加固设计……114
3.3.3 端头加固施工……114
3.3.4 加固效果检测……115
3.3.5 端头加固实例……116
任务实施……117
任务 3.4 盾构组装与拆卸……118
任务描述……118
知识链接……118
3.4.1 盾构组装……118
3.4.2 盾构拆卸……126
任务实施……128
任务 3.5 盾构始发与到达……129
任务描述……129
知识链接……129
3.5.1 盾构始发……129
3.5.2 盾构试掘进……133
3.5.3 盾构到达……134
3.5.4 盾构始发与到达施工节点验收……135
任务实施……137
任务 3.6 盾构掘进……137
任务描述……137
知识链接……137
3.6.1 土压平衡盾构掘进……137
3.6.2 泥水平衡盾构掘进……140
3.6.3 盾构姿态控制……143
3.6.4 管片拼装施工……147
3.6.5 壁后注浆施工……148
3.6.6 盾尾密封……151
任务实施……152
任务 3.7 盾构调头与过站……152
任务描述……152
知识链接……153
3.7.1 盾构调头……153
3.7.2 盾构过站……154
任务实施……156
任务 3.8 特殊地质条件下盾构掘进……156
任务描述……156
知识链接……157
3.8.1 全断面高强度硬岩盾构掘进……157

3.8.2 孤石地层盾构掘进 …… 158
3.8.3 上软下硬地层盾构掘进 …… 161
3.8.4 富水砂层盾构掘进 …… 163
3.8.5 下穿河流湖泊盾构掘进 …… 164
任务实施 …… 165
任务 3.9 特殊环境条件下盾构掘进 …… 166
任务描述 …… 166
知识链接 …… 166
3.9.1 叠线盾构隧道施工 …… 166
3.9.2 盾构穿越地下管线施工 …… 168
3.9.3 盾构穿越铁路施工 …… 169
3.9.4 盾构穿越地面建（构）筑物施工 …… 174
任务实施 …… 180
任务 3.10 管片制作 …… 180
任务描述 …… 180
知识链接 …… 180
3.10.1 前期筹备 …… 180
3.10.2 管片生产 …… 182
任务实施 …… 190
第二篇 地铁车站施工技术 …… 191
项目 4 地铁车站认知 …… 192
任务 4.1 地铁车站类型认知 …… 193
任务描述 …… 193
知识链接 …… 193
4.1.1 按车站与地面相对位置分类 …… 193
4.1.2 按车站埋深分类 …… 193
4.1.3 按车站运营性质分类 …… 194
4.1.4 按车站结构横断面形式分类 …… 195
4.1.5 按车站站台形式分类 …… 196
4.1.6 按车站间换乘形式分类 …… 197
任务实施 …… 199
任务 4.2 地铁车站结构认知 …… 199
任务描述 …… 199
知识链接 …… 199
4.2.1 地铁车站主体结构认知 …… 199
4.2.2 地铁车站附属结构认知 …… 201
任务实施 …… 202
项目 5 明挖法施工 …… 203

任务 5.1 明挖法施工工序认知 …… 204
任务描述 …… 204
知识链接 …… 204
5.1.1 开挖认知 …… 204
5.1.2 施工工序 …… 206
任务实施 …… 209
任务 5.2 管线迁改与场地平整 …… 209
任务描述 …… 209
知识链接 …… 209
5.2.1 管线迁改 …… 209
5.2.2 场地平整 …… 211
任务实施 …… 218
任务 5.3 围护结构施工 …… 218
任务描述 …… 218
知识链接 …… 218
5.3.1 地下连续墙施工 …… 218
5.3.2 钻孔灌注桩施工 …… 230
5.3.3 咬合桩施工 …… 241
5.3.4 高压旋喷桩施工 …… 251
5.3.5 水泥搅拌桩施工 …… 256
5.3.6 TRD 工法墙施工 …… 259
任务实施 …… 263
任务 5.4 基坑开挖与支护 …… 263
任务描述 …… 263
知识链接 …… 263
5.4.1 基坑开挖 …… 263
5.4.2 基坑支护 …… 267
任务实施 …… 280
任务 5.5 地下水控制 …… 280
任务描述 …… 280
知识链接 …… 281
5.5.1 降水施工 …… 281
5.5.2 排水施工 …… 285
任务实施 …… 286
任务 5.6 主体结构施工 …… 286
任务描述 …… 286
知识链接 …… 287
5.6.1 主体结构施工 …… 287
5.6.2 覆土回填施工 …… 306

任务实施 …… 308
任务 5.7 防水施工 …… 308
任务描述 …… 308
知识链接 …… 308
5.7.1 防水认知 …… 308
5.7.2 防水施工 …… 309
5.7.3 质量控制 …… 318
5.7.4 检验标准 …… 322
任务实施 …… 323
任务 5.8 基坑监测 …… 324
任务描述 …… 324
知识链接 …… 324
5.8.1 基坑监测认知 …… 324
5.8.2 基坑监测点布设 …… 327
5.8.3 基坑监测方法 …… 328
任务实施 …… 342
项目 6 盖挖法施工 …… 343
任务 6.1 盖挖顺作法施工 …… 344
任务描述 …… 344
知识链接 …… 344
6.1.1 盖挖顺作法认知 …… 344
6.1.2 施工步序 …… 344
任务实施 …… 348
任务 6.2 盖挖逆作法施工 …… 348
任务描述 …… 348
知识链接 …… 349
6.2.1 盖挖逆作法认知 …… 349
6.2.2 施工步序 …… 349
任务实施 …… 352
任务 6.3 盖挖半逆作法施工 …… 352
任务描述 …… 352
知识链接 …… 352
6.3.1 盖挖半逆作法认知 …… 352
6.3.2 施工步序 …… 353
任务实施 …… 355
项目 7 暗挖法施工 …… 356
任务 7.1 洞桩法施工 …… 357
任务描述 …… 357
知识链接 …… 357

7.1.1 洞桩法认知 …… 357
7.1.2 洞桩法施工步序 …… 357
7.1.3 洞桩法施工要点 …… 358
任务实施 …… 360
任务 7.2 拱盖法施工 …… 360
任务描述 …… 360
知识链接 …… 361
7.2.1 初支拱盖法施工 …… 361
7.2.2 二衬拱盖法施工 …… 363
7.2.3 拱盖法施工要点 …… 364
任务实施 …… 367
参考文献 …… 368

第一篇

隧道工程施工技术

项目1　隧道构造认知

项目2　钻爆法施工

项目3　盾构法施工

项目 1　隧道构造认知

项目导读

用作交通运输的隧道，最常见的是山岭公路隧道和地铁区间隧道。两类隧道施作于不同的地质环境中，往往采用不同的施工方法，因此其构造差异较大。深入了解隧道的构造是从事隧道工程建设的基础，本项目共安排了 2 个学习任务，帮助读者清晰认知两类隧道的构造，为后续学习隧道施工方法奠定基础。

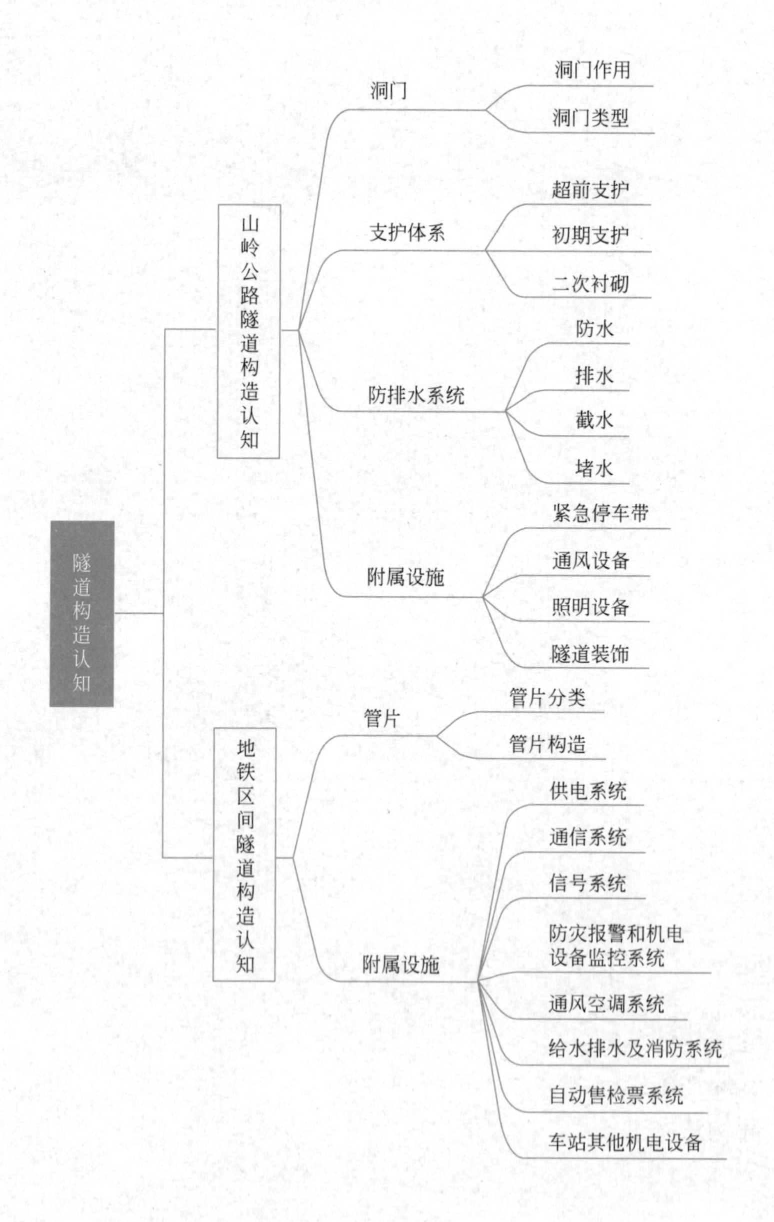

学习目标

◆ 知识目标

（1）掌握两类常用交通运输隧道的构造特征；

（2）熟悉隧道的种类及不同类型隧道的特点；

（3）了解隧道工程的通风、照明等附属设施。

◆ 能力目标

（1）能够读懂隧道工程的平面、纵断面、横断面图；

（2）能够根据施工图纸，独立描述隧道的工程概况；

（3）能够根据施工图纸，准确判断隧道洞门、支护措施等的类型。

◆ 素质目标

（1）通过施工图纸识读，培养学生求真务实、精益求精的品质；

（2）通过“科技赋能，让隧道更智慧——秦岭终南山公路隧道”案例学习，培养学生的工程思维和解决工程问题的意识。

任务 1.1　山岭公路隧道构造认知

任务描述

学习“知识链接”相关内容，结合《地下工程施工技术》配套图纸，重点完成以下工作任务：一是回答与山岭公路隧道构造相关的问题；二是完成山岭公路隧道施工图总体识读任务；三是根据给定的不同地质条件的隧道工程案例，选择适合的隧道洞门类型，并阐述选择的依据；四是完成与本任务相关的建造师职业资格证书考试考题；具体参见“任务实施”模块。

知识链接

1.1.1　洞门

1. 洞门作用

隧道两端洞口处的结构称为洞门（见图 1-1），它联系隧道内部衬砌与隧道外部路基，是隧道主体结构的重要组成部分。

隧道洞门有以下几个方面的作用：

1）稳定洞口边坡。洞口外的路堑部分是根据边坡的稳定状态按照一定的坡度开挖形成的。由于边坡上的岩体不断风化，坡面松石极易出现塌方，造成洞口堵塞，威胁行车安全。修建洞门可起到支挡山体、稳定洞口边坡的作用。

2）引离地表雨水。地表雨水往往汇集于洞口周边，如不及时排走，将会侵害道路，妨碍行车安全。修建洞门时，同时设置截水沟，通过截水沟将流水引入两侧排水沟排走，

(a)

(b)

图 1-1　洞门

(a) 端墙式洞门；(b) 前竹式洞门

保证洞口处于干燥状态。

3）装饰隧道洞口。洞口是隧道唯一外露部分，修建洞门可对洞口起到一定的装饰美化作用。特别在城市附近、风景区及旅游区等处的隧道，洞门的设计更应与当地的环境相适应。

2. 洞门类型

1）端墙式洞门

端墙式洞门是最常见的洞门形式之一（见图 1-2），适用于Ⅰ、Ⅱ、Ⅲ级围岩地区。该形式洞门只在隧道洞口的正面设置一面能抵抗山体纵向推力的端墙，端墙可保证后方山体的稳定。同时，端墙背面设置有截、排水沟，可及时排走地表流水。

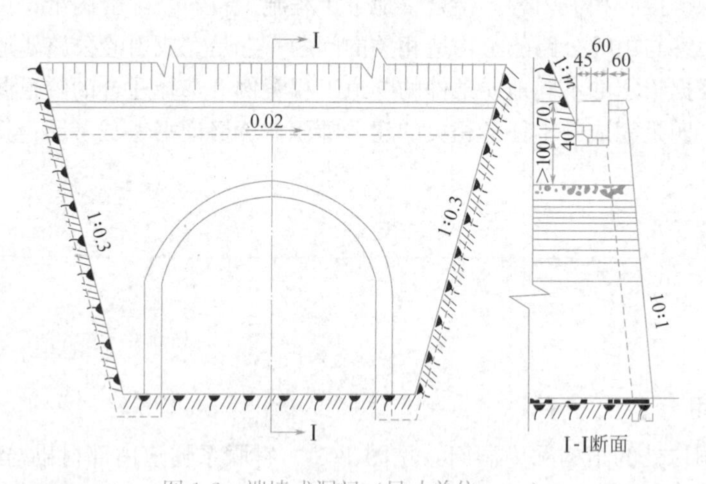

图 1-2　端墙式洞门（尺寸单位：cm）

端墙的构造一般采用等厚度的直墙。墙身向后倾斜，斜度一般为 1∶10。具体构造有如下要求：

（1）端墙的高度应使洞身衬砌上方有 1m 以上的回填层，以减缓山坡滚石对衬砌的冲击，洞顶水沟深度应不小于 0.4m。端墙基础应设置在稳定的地基上，其埋深视地质情况、冻害程度而定，一般应在 0.6～1.0m 之间。

（2）端墙厚度应按挡土墙的方法计算，但不应小于：浆砌片石 0.4m；现浇片石混凝土 0.35m；预制混凝土砌块 0.3m；现浇钢筋混凝土 0.2m。

（3）端墙宽度与路堑横断面相适应。下底宽度应为路堑底宽加上两侧水沟的宽度。上方则依边坡坡度按高度比例增宽。端墙两侧还要嵌入边坡以内约 30cm，以增加洞门的稳定。

2）翼墙式洞门

当洞口边坡稳定性较差，山体纵向推力较大时，可在端墙式洞门以外，增加单侧或双侧的翼墙，此类型洞门称为翼墙式洞门（见图 1-3）。翼墙起到支撑端墙、保持路堑边坡稳定的作用。翼墙和端墙的共同作用，亦增加了洞门的抗滑移和抗倾覆能力。

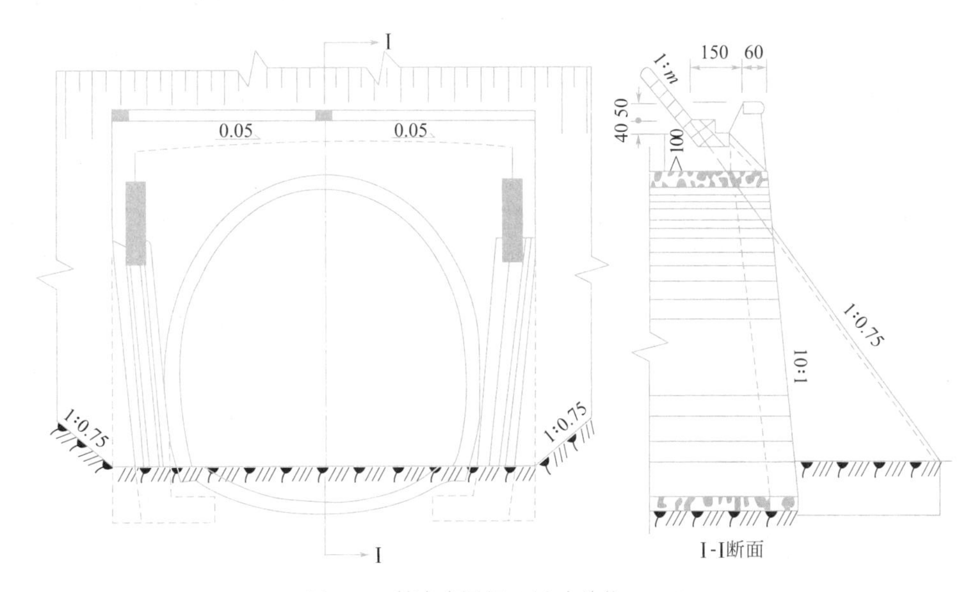

图 1-3 翼墙式洞门（尺寸单位：cm）

翼墙式洞门的正面端墙一般采用等厚度的直墙，微向后倾斜，斜度为 1∶10。翼墙前面与端墙垂直，顶帽斜度与仰坡坡度一致，墙顶上设水沟，将洞顶水沟汇集的地表水从水沟引至路堑边沟内排出。翼墙基础应设在稳定的地基上，其埋深与端墙基础相同。

洞门顶部、端墙与仰坡之间的排水沟，其沟底应设不小于 3%的排水坡，排水坡有单向式排水坡和双向式排水坡两种。汇集在排水沟内的水沿排水坡流到端墙两侧，从端墙后面预留的泄水孔流出端墙进入翼墙的排水沟内，最后沿着翼墙排水沟流入路堑边沟。

3）削竹式洞门

削竹式洞门因形似削竹而得名，该类型洞门是在洞口外侧修建一段明洞，并将明洞斜截成削竹形式，同时取消端墙（见图 1-4），这种洞门形式在公路隧道中应用较多，在铁路隧道中同样应用广泛。高速列车进入隧道时，压力的瞬变效应会在人体耳膜内产生压力差，直接影响列车上人员的舒适和健康；在削竹式洞门的基础上，将洞门断面增大形成喇叭口削竹式洞门，可有效缓解压力瞬变效应造成的危害，实践证明效果良好。

1-1 翼墙式洞门认知

4）柱式洞门

当洞口仰坡较陡，岩体稳定性较差，山体纵向推力较大，仰坡有可能下滑，但又受到

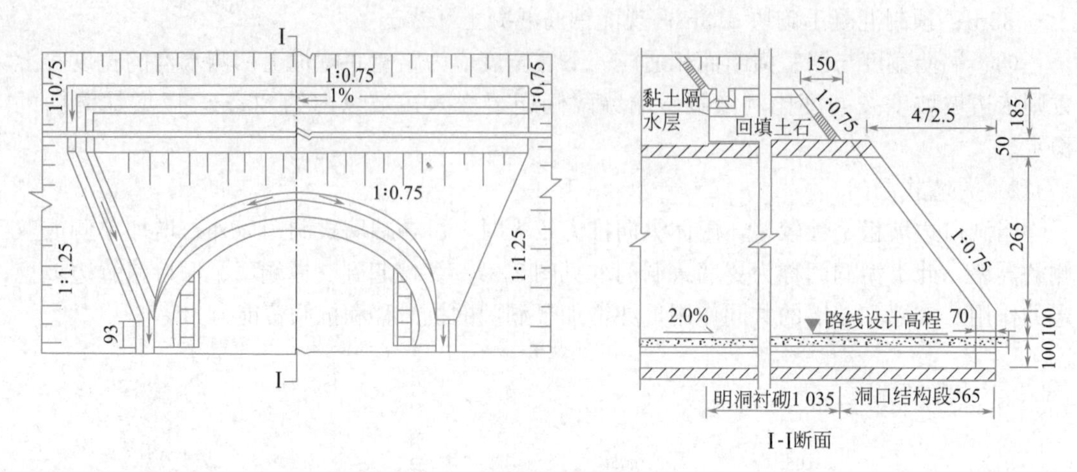

图 1-4　削竹式洞门（尺寸单位：cm）

地形条件限制，无法设置翼墙时，可在端墙合适位置设置两个大断面柱墩（见图 1-5），形成柱式洞门，以增加端墙的稳定性。此外，柱式洞门雄伟壮观，能很好起到美化隧道的作用。

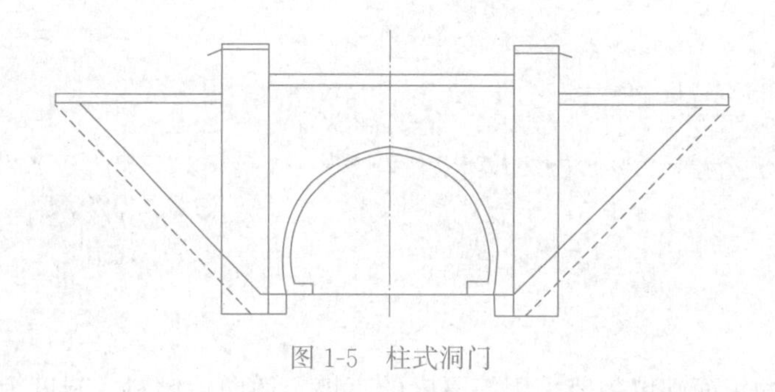

图 1-5　柱式洞门

5）台阶式洞门

在傍山侧坡地区修建隧道洞门时，可将端墙顶部做成逐步升级的台阶形式（见图 1-6），这样可减少土石方开挖量，亦可减小仰坡高度及外露坡长。同时，形成的台阶方便端墙上部检修。

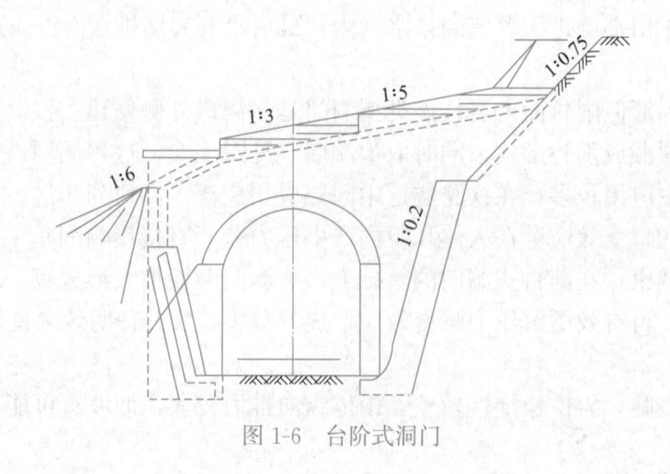

图 1-6　台阶式洞门

1.1.2 支护体系

隧道开挖过程或开挖结束后，为了避免隧道出现过大变形或塌方，均需及时修建支护体系。根据支护措施施作时间不同，支护体系一般可分为：超前支护、初期支护、二次衬砌三种类型。

1. 超前支护

为了避免隧道开挖时，出现围岩失稳，或大面积淋水、涌水，可采用辅助施工措施对地层进行预加固、超前支护或止水。目前，常用的超前支护措施有超前管棚、超前小导管超前注浆加固等，见图 1-7 和图 1-8。

图 1-7 超前管棚支护

图 1-8 超前小导管支护

超前支护措施应视围岩地质条件、地下水情况、施工方法、环境要求等具体情况而选用，并尽量与常规施工方法相结合。同时，进行充分的技术经济比较，选择一种或几种同时使用。施工中应经常观测地质条件和地下水的变化情况，制定有关的安全施工细则，预防突发事故。必须坚持“先支护、后开挖、短进度、弱爆破、快封闭、勤测量”的施工原则，并做好详细的施工记录。

2. 初期支护

隧道开挖后，为有效约束和控制围岩的变形，增加围岩的稳定性，保证施工安全，这时需要施作初期支护。

初期支护应紧跟隧道开挖面及时施作，一般包含初喷混凝土、锚杆、钢筋网、钢架、复喷混凝土等工序，见图 1-9 和图 1-10。同时，应按设计要求进行监控量测的相关作业，并应及时封闭成环，保证施工安全。

图 1-9 锚杆支护

图 1-10 钢架支护

3. 二次衬砌

为承受后期围岩压力提供安全储备，保证隧道长期稳定和行车安全；提高隧道防水、抗渗性能；增强隧道的美观效果；需要修建二次衬砌。

1）按断面形态，二次衬砌一般可分为以下几类：

（1）直墙式衬砌。这种类型的衬砌适用于地质条件比较好，垂直围岩压力为主而水平围岩压力较小的情况。主要适用于Ⅰ～Ⅲ级围岩。衬砌由上部拱圈、两侧竖直边墙和下部铺底三部分组成，如图 1-11 所示。

（2）曲墙式衬砌。曲墙式衬砌适用于地质较差，有较大水平围岩压力的情况。主要适用于Ⅳ级及以上的围岩。多线隧道也可采用曲墙有仰拱的衬砌，如图 1-12 所示。它由顶部拱圈、侧面曲边墙和底板组成。一般均需设仰拱，以抵御底部的围岩压力和防止衬砌沉降，并使衬砌形成一个环状的封闭整体结构，以提高衬砌的承载能力。

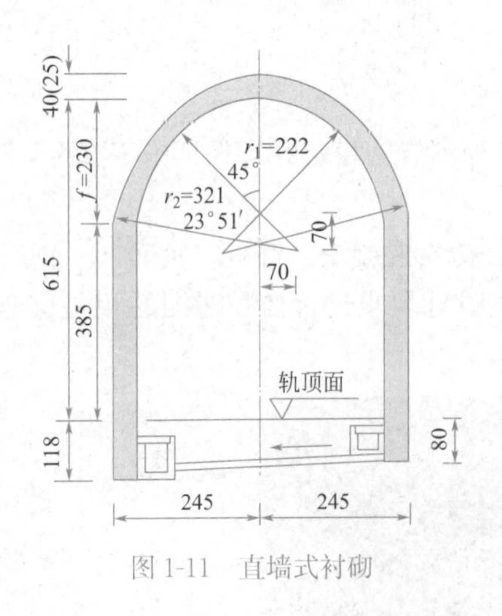

图 1-11 直墙式衬砌

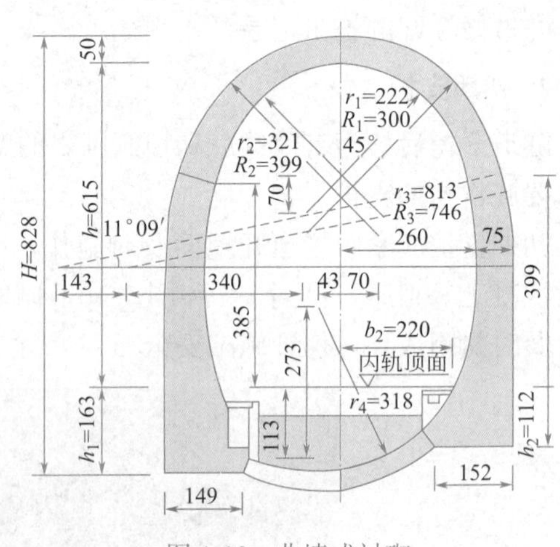

图 1-12 曲墙式衬砌

（3）圆形衬砌。为了抵御膨胀性围岩压力，山岭隧道也可以采用圆形或近似圆形的断面，如 TBM 法施工（全断面硬岩隧道掘进机施工方法）通常采用圆形衬砌。

（4）偏压衬砌。当山体坡面较陡，线路外侧山体覆盖岩土较薄，或由于地质构造造成了明显的偏压时，为了承受这种不对称的围岩压力，而采用的非对称、变厚度的衬砌，称为偏压衬砌，如图 1-13 所示。

图 1-13　偏压衬砌

（5）喇叭口衬砌。在山区双线隧道中，有时为绕过困难地形或避开复杂地质地段，减少工程量，可将一条双幅公路隧道分建为两条单线隧道或将两条单线并建为一条双幅的情况，这样便使衬砌产生了一个过渡区段，这部分隧道衬砌的断面及线间距均有变化，相应形成喇叭形结构，称为喇叭口衬砌，如图 1-14 所示。

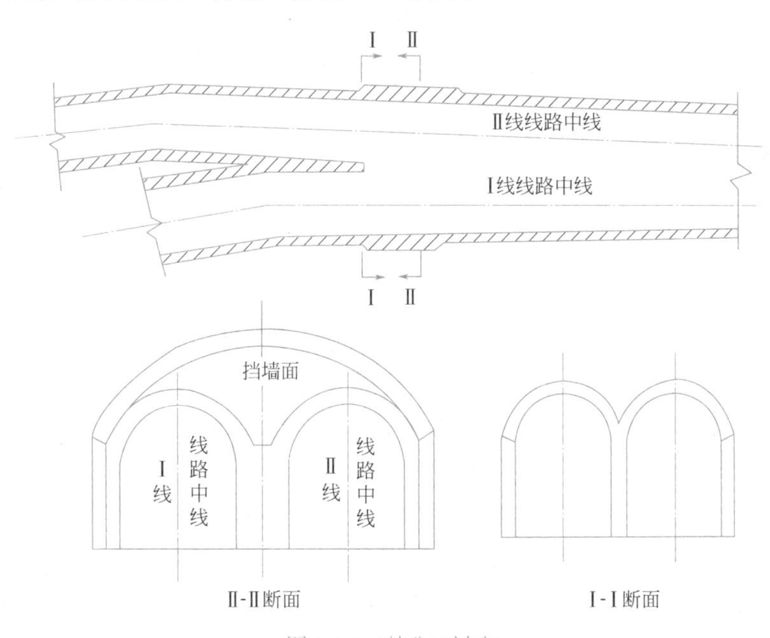

图 1-14　喇叭口衬砌

2）按衬砌组合方式分类，二次衬砌一般可分为以下三类：

（1）整体式衬砌。在新奥法问世之前，整体式衬砌广泛地应用于隧道工程中。该衬砌不考虑围岩的承载作用，主要通过衬砌的结构刚度抵御地层的变形。整体式衬砌对地质条件的适应性较强，易于按需成形，整体性好，抗渗性强，且适合多种施工方法。

(2) 装配式衬砌。装配式衬砌是构件在现场或工厂预制，然后将构件运进隧道内再进行拼装成一环接着一环的衬砌。其特点是衬砌拼装后能够立即承受荷载，便于机械化施工，改善劳动条件。

(3) 复合式衬砌。一般由内外两层衬砌组成，即初期支护及二次衬砌（见图 1-15）。初期支护多采用喷锚支护，二次衬砌多采用模筑混凝土衬砌。首先在开挖好的隧道表面施作初期支护结构，它既能容许围岩有一定变形，又能限制围岩产生过大变形。待初期支护与围岩变形基本稳定后，再施作二次衬砌，一般为就地灌注混凝土衬砌，为了防止地下水流入或渗入隧道内，可以在初衬与二衬之间敷设防水层。

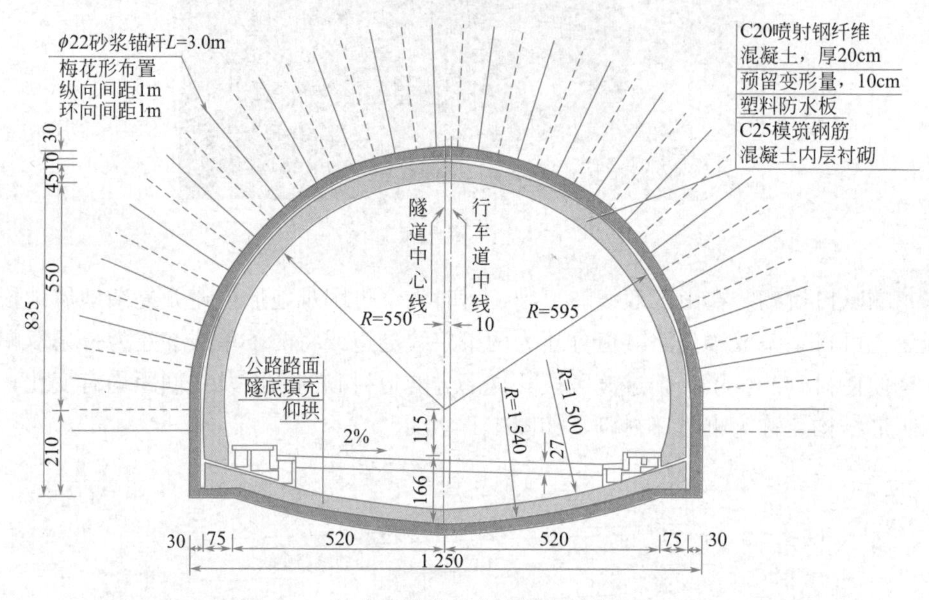

图 1-15 某公路隧道复合式衬砌（单位：cm）

1.1.3 防排水系统

为保证隧道正常运营，保持隧道内干燥无水是重要条件之一。但在实际中，经常会有一些水渗入隧道内。水在公路隧道内会使路面湿滑，甚至结冰，给行车带来安全隐患。此外，水还可能导致漏电事故发生。因此隧道内的防排水是隧道施工和运营中的一个重要问题。

隧道防排水措施应遵循“防、排、截、堵相结合，因地制宜，综合治理”的原则，应对地表水、地下水妥善处理，形成完整的防排水系统，应使防水可靠、排水畅通。

地表水与地下水经常存在一定联系，因此，隧道防排水设计需要对地表水、地下水进行妥善处理，结合隧道衬砌结构设计，采取可靠的防水、排水措施，使洞内外形成一个完整、通畅的排水系统。

1. 防水

“防”：要求隧道衬砌结构、防水层具有防水能力，防止地下水透过防水层、衬砌结构渗入隧道内。具体措施如下：

1）模筑混凝土衬砌防水。二次衬砌采用就地浇筑的混凝土，其本身具有防水功能。

2）防水板防水。在内外层衬砌之间敷设聚氯乙烯或聚异丁烯等防水卷材，板防水一般厚度为1.2mm。防水板接缝处，一般用热合法焊接。

3）涂料防水。在隧道内表面涂刷防水涂料，如乳化沥青、环氧焦油等，使在隧道内表面形成不透水的薄膜。

4）防水砂浆抹面防水。在普通砂浆中掺入防水剂，从而提高砂浆抹面的防水性能，该防水方法在隧道内变形较大的部位不能使用。

2. 排水

“排”：隧道需要有畅通的排水设施，将衬砌背后、路面结构层下的积水排入洞内路侧边沟和中心水沟。排出衬砌背后的积水，能减少或消除衬砌背后的水压力，衬砌结构背后水排得越好、衬砌渗漏水的概率就越小；排出路面结构层下的积水，能防止路面冒水、翻浆、路面结构破坏。具体措施如下：

1）盲沟。其作用是将围岩内的水汇集起来（见图1-16），并使之汇入泄水孔。其构造有以下两种形式。

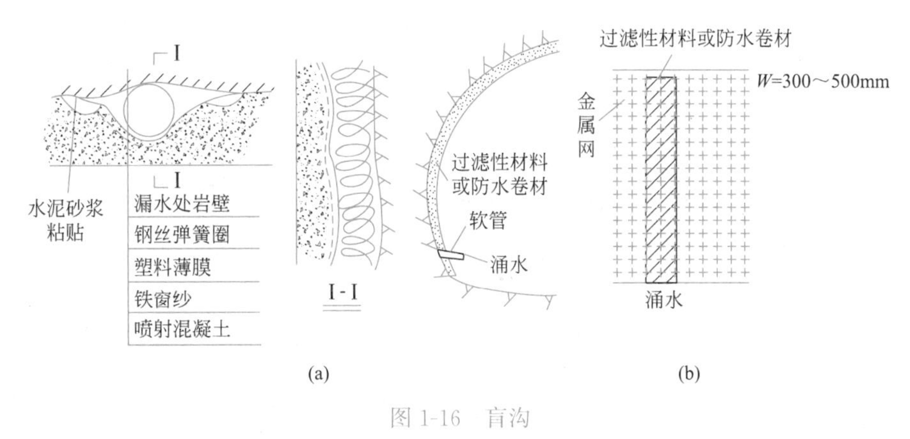

图1-16 盲沟

（a）弹簧软管盲沟引排局部渗水；（b）渗滤布盲沟汇集引排大面积渗水

弹簧软管盲沟：一般采用10号钢丝绕成直径5～8cm的圆柱形弹簧或采用硬质、具有弹性的塑料丝缠成半圆形弹簧，或采用带孔塑料管，以此作为过水通道的骨架。

渗滤布盲沟：以结构疏松的化学纤维布作为地下水的渗流通道，其单面有塑料覆膜，安装时使覆膜朝向混凝土一面。这种渗滤布式盲沟质量轻，便于安装，宽度和厚度也可以根据渗排水量的大小进行调整。

2）泄水孔。设于衬砌边墙下部的出水孔道，它将盲沟内汇集的水直接引入隧道内的排水沟内。泄水孔的施作有两种方法：其一，在立边墙模板时就安设泄水孔管，将其里端与盲沟接通，外端穿过模板。泄水管可用钢管、塑料管等；其二，当水量较小时，可待模筑混凝土边墙拆模后，再根据记录的盲沟位置钻泄水孔。

3）排水沟。其作用是将从泄水孔流出的水从隧道内排出，排水沟分纵向排水沟和横向排水沟。纵向排水沟又有单侧式、双侧式、中心式三种形式，如图1-17所示。对于单侧式排水沟应将水沟设置在隧道内来水的一面，在曲线上应设置在曲线内侧。对于双侧式排水沟，每隔一定距离应设一道横向联络沟，用以平衡两侧不均匀的水流量。排水沟的施作，通常是与隧道仰拱混凝土或底板混凝土同时浇筑，以保证排水沟的整体性。

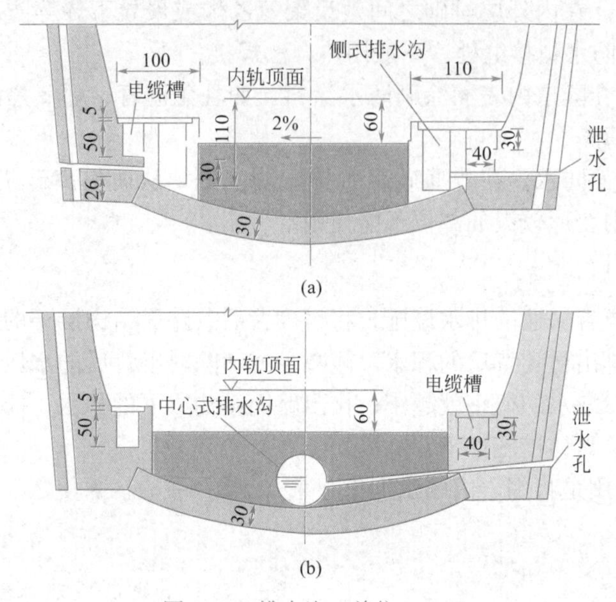

图 1-17　排水沟（单位：cm）

（a）侧式排水沟；（b）中心式排水沟

3. 截水

“截”：对可能渗漏到隧道的地表水和溶洞水，通过设置截（排）水沟、导流洞引排。地表水一般采取回填积水坑洼地、封闭地面渗漏点、铺砌地表沟渠，设置截水沟引排，以减少地表水下渗。具体措施如下：

1）在洞口仰坡边缘 5m 以外设置截水沟。当基岩外露，地面坡度较陡时可不设截水沟。仰坡上可种植草皮、喷抹灰浆或加以铺砌。

2）对洞顶天然沟槽加以整治，使山洪宣泄畅通。

3）对洞顶地表的陷穴、深坑加以回填，对裂缝进行堵塞。

4）在地表水上游设截水导流沟，地下水上游设泄水洞、洞外井点降水或洞内井点降水。

处理隧道地表水时，要有全局观点，不应妨害当地农田水利规划，应做到因地制宜，一改多利，各方满意。

4. 堵水

“堵”：针对隧道围岩裂隙水、断层水、溶洞水等含水地层，采用向围岩体内注浆、设堵水墙等封堵方法，将地下水堵在围岩体内，防止或减少地下水流失。具体措施如下：

1）喷射混凝土堵水。当围岩有大面积裂隙渗水，且水量、压力较小时，可结合初期支护采用喷射混凝土堵水。在施工时应加大速凝剂的用量，进行连续喷射，在主裂隙处不喷射混凝土，使水能集中汇集流入盲沟内，通过盲沟排出。

2）压浆堵水。向衬砌背后压注水泥砂浆，用以充填衬砌和围岩间的裂隙，以堵住地下水的通路，并使衬砌与围岩形成整体，改善衬砌受力条件。采用压浆分段堵水，使地下水集中在一处或几处后再引入隧道内排出。

1.1.4 附属设施

为了使隧道能够正常使用，保证车辆通过的安全性，除了隧道的主体结构洞门及洞身衬砌外，还应设置一些附属结构。隧道内附属设施包括隧道的紧急停车带、通风设备、照明设备、隧道装饰等。

1. 紧急停车带

较长的公路隧道内，为故障车辆离开干道进行避让，以免发生交通事故，影响通行能力而专供紧急停车使用的停车位置，称为紧急停车带（见图 1-18）。

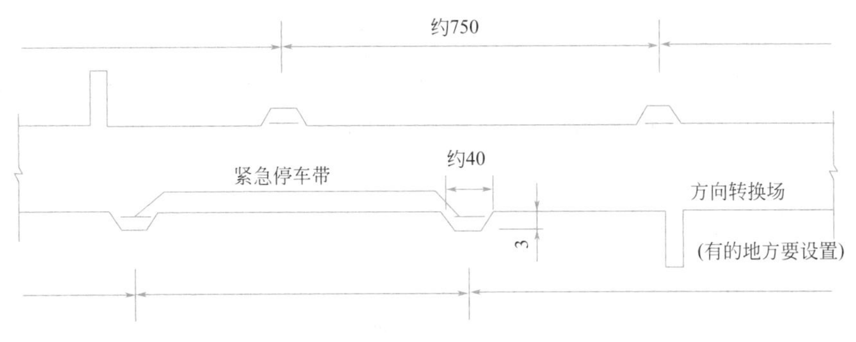

图 1-18 紧急停车带（单位：m）

紧急停车带的间隔，主要根据故障车的可能滑行距离和人力可能推动距离确定。一般取 500～800m。汽车专用隧道取 500m，隧道长度大于 600m 时应在中间设置一处。混合交通隧道取 800m，隧道长度大于 900m 时应在中间设置一处。

紧急停车带的有效长度，应满足停放车辆进入所需的长度，一般全挂车进入需 20m，最小值为 15m，宽度一般为 3m。隧道内的缓和路段施工复杂，所以通常是将停车带两端各延长 5m 左右。

2. 通风设备

隧道内的通风可分为施工期间的通风和运营期间的通风，此处主要指运营期间的通风。由于公路隧道是封闭的行车环境，其救援及疏散较困难，当隧道发生火灾时，需要通风系统控制烟气的流动，保证救援及安全疏散，所以通风系统除满足正常交通工况运营需求外，还要满足防灾排烟的需求。

1-2 科技赋能，让隧道更智慧——秦岭终南山公路隧道

1）通风方式

公路隧道的通风方式大体可分为自然通风和机械通风两种。自然通风是利用洞内的天然风流和汽车运行所引起的活塞风（交通风）来达到通风的目的。机械通风则是在自然通风不能满足要求时，设置一系列通风机械，通过送入或吸出空气来达到通风目的。按车道空间的空气流动方式，公路隧道通风方式可以按图 1-19 区分。

（1）自然通风

自然通风是一种最简单、最节能也是最经济的纵向通风方式。它无需任何人工机械设备，只是利用洞口两端气压差在洞内形成的自然风流和汽车运行所引起的活塞风流就能达

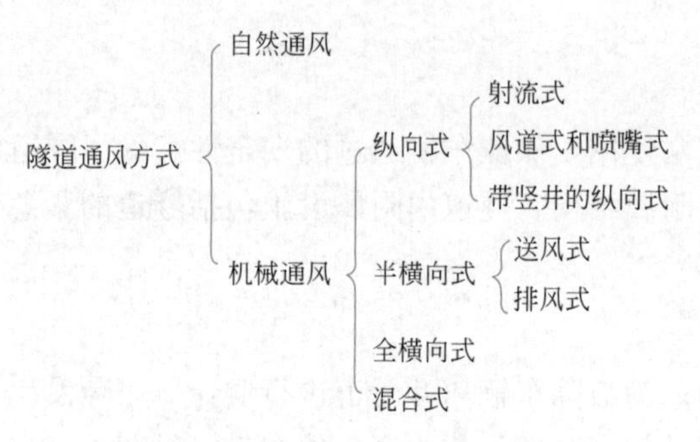

图 1-19　公路隧道通风方式分类

到通风换气的目的。但由于自然风力大小和方向是不稳定的，它随着不同地区和季节等因素变化很大，难以作为一种稳定可靠的通风动力，因此自然通风通常仅用于长度较短且交通量很小的隧道中。从世界各国的隧道实例看，长度在 200m 以下，甚至 200～500m 的对向交通隧道，在一定的交通量以下可以考虑采用自然通风。

（2）机械通风

① 纵向式通风

纵向式通风是从一个洞口直接引进新鲜空气，由另一洞口把污染空气排出的通风方式，或者在隧道内空气的流动方向与隧道纵轴一致，与自然通风的原理是相同的。纵向式通风的类型很多，如射流式通风、风道式通风和集中排气式通风等。

a. 射流式通风

射流式通风是在车道空间上方直接吊设射流式通风机（见图 1-20），用以升压，进行通风的方式。通常根据需要沿隧道纵向以适当的间隔吊设数组，每组为一个至数个射流式通风机，见图 1-21。射流式通风机是一种新型通风机，具有体积小、风量大的特点，其喷射风速能达到 25～30m/s。

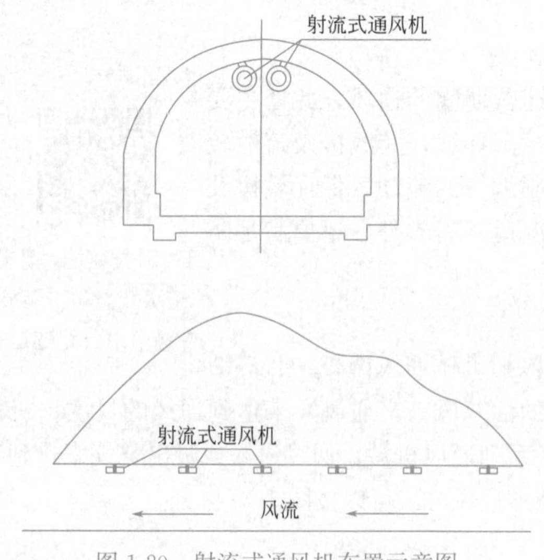

图 1-20　射流式通风机布置示意图

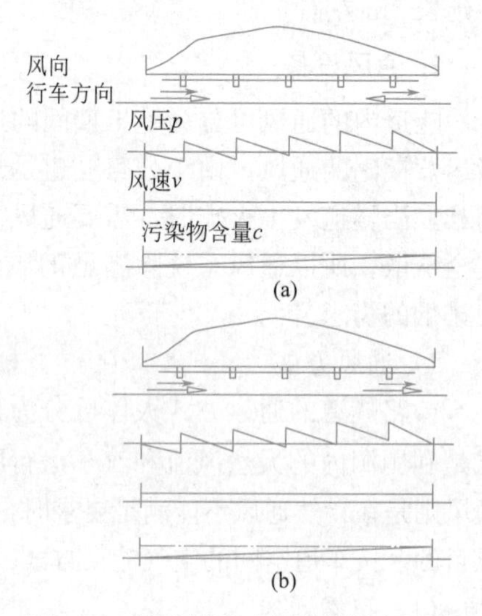

图 1-21　装有射流式风机的纵向通风

（a）对向交通；（b）单向交通

射流式通风机的安装位置，应当在限界以外，若为拱形顶棚时，拱部均可吊设，平顶时应安装在墙顶角部，并且要求喷出的气流对交通无不良影响。射流式通风机的安装间隔，要考虑到射流的能量和气流的搅动状况，使空气能充分混合。

b. 带竖井的纵向式通风

纵向式通风是最简单的通风方式，它以自然通风为主，不满足需要时，再加机械通风作为补充，比较经济合理。但通风所需动力与隧道长度的立方成正比，所以用机械通风时，隧道越长消耗的功率就越多，隧道过长则不经济。如果在隧道中间设置竖井就可以克服这个缺点。因而，常常用竖井对长隧道进行分段。

竖井通风方式多用于对向交通隧道，受大气影响，通常不稳定，仍需安装通风机进行机械通风。对向交通的隧道，竖井宜设置在中间。单向交通时，则竖井应设在靠近出口侧，如图 1-22 所示。

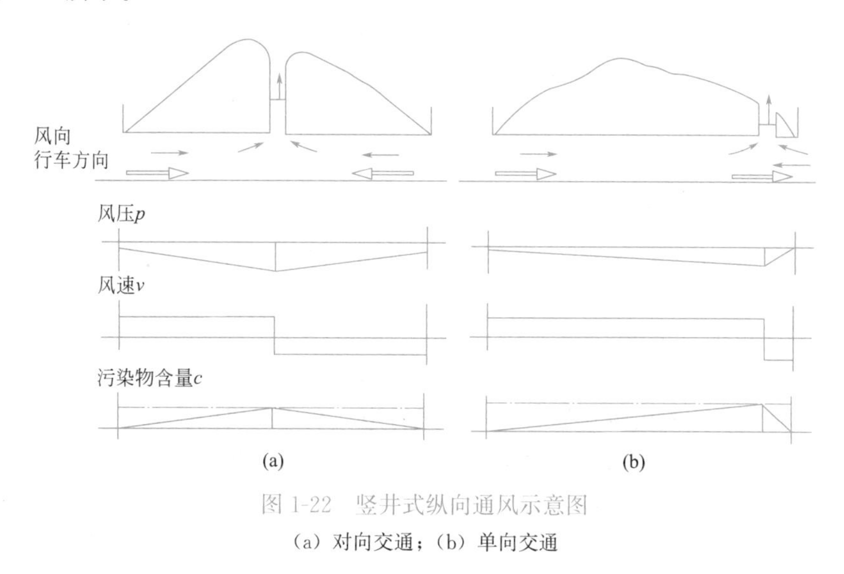

图 1-22　竖井式纵向通风示意图

（a）对向交通；（b）单向交通

② 半横向式通风

纵向式通风的污染物分布不均匀，进风口处最低，出风口处最高。为使出口处的污染物浓度保持在允许限度以下，只好加大通风量，但此时其他地方的污染物浓度却相当低，这样既不经济，又使隧道内风速过大。而半横向式通风，可使隧道内的污染物浓度大体上接近一致。送风式半横向通风是半横向通风的标准形式，新鲜空气经送风管吹向汽车的排气孔高度附近，直接稀释汽车排放的废气。污染空气在隧道上部扩散，经过两端洞口排出洞外，如图 1-23 所示。

半横向式通风系统的工作原理如图 1-24 所示。这种通风系统是在隧道的顶部设置一个送风管或排风管，隧道断面被分成送风道或排风道和行车道两部分。在风管的下部，沿隧道的长度方向每隔一定距离开一通风口，气流则沿通风口流向隧道内，然后隧道内的空气在新鲜气流的推动下，沿隧道的纵向排出洞外。

③ 全横向式通风

上述几种通风方式，都存在纵向风速较大和火灾时对下风侧不利的弊端。因此，在长大隧道、重要隧道、水底隧道中，为了使隧道内不产生过大的纵向风速，可采用全横向式通风。

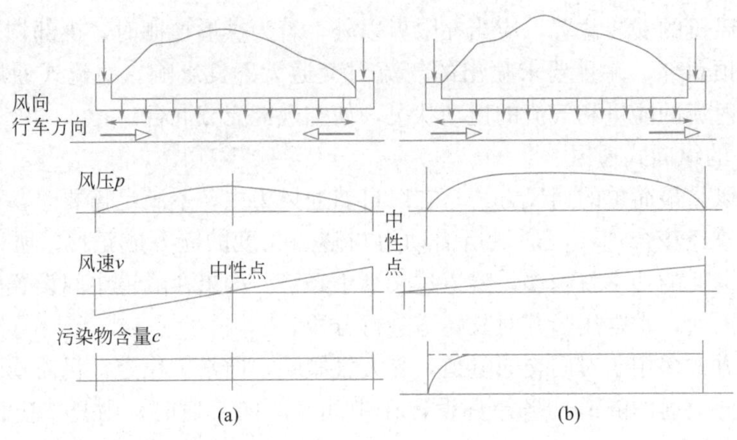

图 1-23　半横向式通风系统示意图
（a）对向交通；（b）单向交通

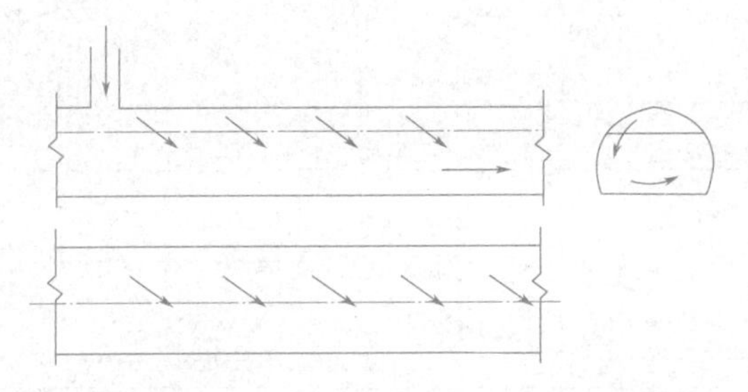

图 1-24　半横向式通风系统工作原理

这种通风方式，同时设置送风管道和排风管道，在通风机的作用下，新鲜空气由风机送入送风管道，经送风孔进入行车道，与污染空气混合后，横穿隧道，经排风口进入排风管道，由风机排出，隧道内基本上不产生沿纵向流动的风，只有横方向的风流动，风流方向与隧道轴线方向成正交，故为全横向式通风。这种方式，在对向交通时，车道的纵向风速大致为零，污染浓度的分布沿全隧道大体上均匀。可认为其送风量与排风量是相等的，因而设计时也把送风管道和排风管道的断面积设计成相同，如图 1-25 所示。

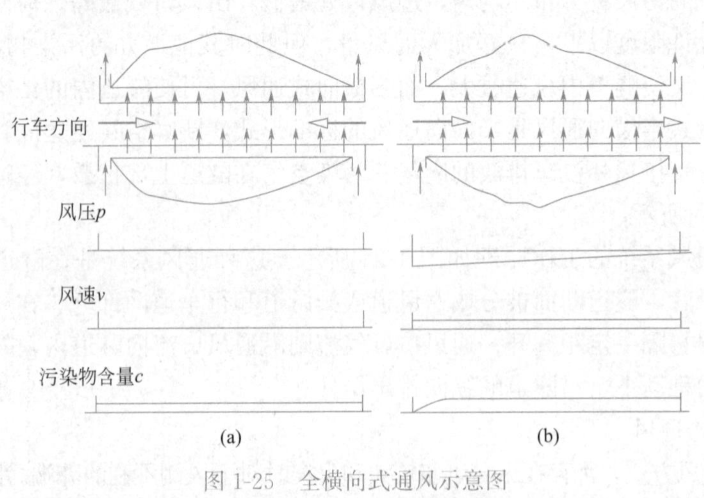

图 1-25　全横向式通风示意图
（a）对向交通；（b）单向交通

全横向式通风，污染空气在隧道内滞留时间短，隧道内可见度高，有利于火灾管理，是较为理想的隧道通风方式。但全横向式通风需要在隧道内设车道板和吊顶，还要设风井，从而增加费用；另外，由于受隧道断面限制，设在车道板下和吊顶上的送风道和排风道断面小，通风阻力大，通风能耗高，运营管理费用增加。

④ 混合式通风

混合式通风是根据某些特殊的需要，由上述几种基本通风形式组合而成的。其组合方式有许多种，但应符合一般性的设计原则，力求既经济，又实用。

2）通风方式选择应考虑的因素

（1）隧道长度

隧道长度是影响隧道通风方式选择的最主要因素。首先，当交通量一定时，隧道越长，单位时间内通过隧道的车辆就越多，隧道内的废气量也越多，设计需风量也越大；其次，隧道越长，隧道发生事故和灾害造成的损失一般也越大。所以隧道越长，对隧道通风的安全性和可靠性要求越高。

（2）隧道交通条件

隧道交通条件指隧道内为单向行车还是双向行车以及隧道的交通量。在单向交通时，车速越大，活塞作用越显著。例如，车速为 50～60km/h，大约可以有 6m/s 的活塞风（交通风）。这种情况采用纵向和半横向式通风较好，能够较充分地利用自然风和活塞风；交通量大的隧道一方面有害气体排放量大，另一方面安全性要求高，因此，一般应选用横向通风或半横向通风方式。

（3）隧道所处的地质条件

隧道所处的地质条件好，隧道断面可适当加大，这时选用横向通风方式，容易布置送风道和排风道。相反，如果地质条件差，增大隧道断面，会直接增加较多的工程费用，从而限制横向通风方式的使用。

（4）隧道所处地区的地形和气象条件

地形和气象条件与隧道自然风流的流向和流量有关。当自然风流较大，流向相对稳定时，对于较短的隧道，可直接采用自然纵向通风。但当自然风流变化较大时，将会影响通风效果，严重者会造成隧道无风或风机损坏。因此，在这种条件下宜采用横向通风。

3. 照明设备

白天行车时，驾驶员在接近、进入和通过隧道时所遇到的各种视觉问题是由于隧道内外明暗环境转换速度很快，而驾驶员眼睛要适应隧道内外明暗环境转换需要一定时间才能看清暗区内的情况。由于这种视觉适应滞后现象的影响，使驾驶员产生视觉上的盲区，需经过一段时间才逐渐适应，行车速度愈快、隧道内外的亮度差别愈大，所需适应时间就愈长，这种现象对行车来说是极其危险的。为了不间断地为驾驶员提供足够视觉信息，保证行车安全，需在隧道内设置电光照明，提高隧道内的环境亮度以消除“黑洞效应”和“白洞效应”。所以隧道照明设计的主要目的之一就是通过合理利用驾驶员视觉适应规律，在确保行车安全的条件下，确定隧道内各段的照明亮度。

1）照明区段

（1）单向交通隧道照明可划分为入口段照明、过渡段照明、中间段照明、出口段照明、洞外引道照明以及洞口接近段减光设施。隧道照明区段构成如图 1-26 所示。

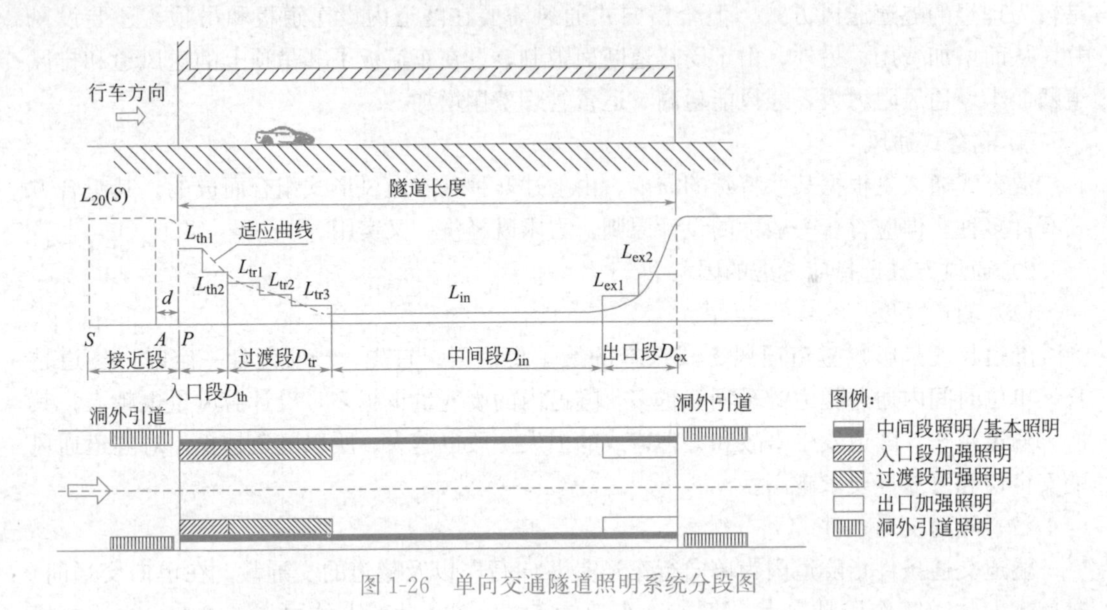

图 1-26　单向交通隧道照明系统分段图

（2）双向交通隧道照明可划分为入口段照明、过渡段照明、中间段照明、洞外引道照明以及洞口接近段减光设施。隧道照明区段构成如图 1-27 所示。

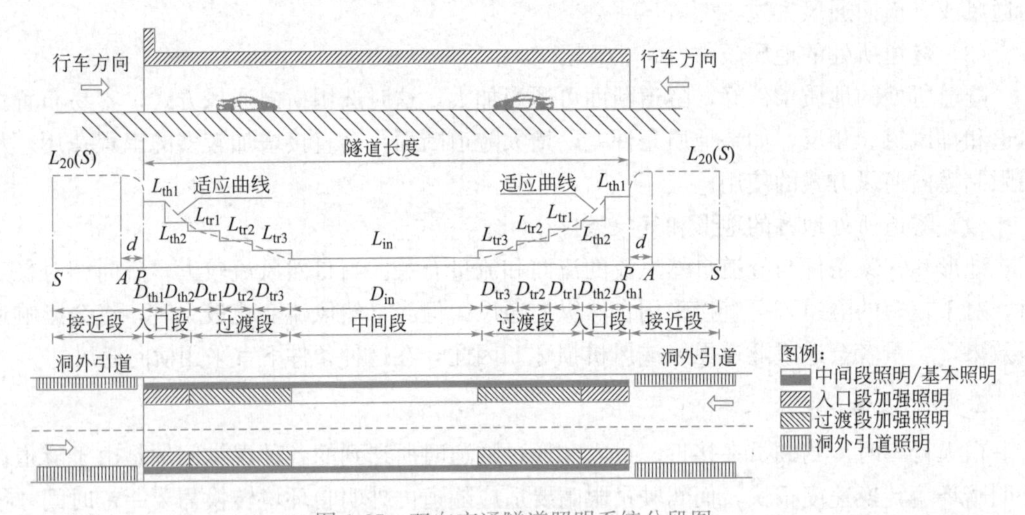

图 1-27　双向交通隧道照明系统分段图

P—洞口；S—接近段起点；A—适应点；d—适应距离；L_{20}（S）—洞外亮度；L_{th1}、L_{th2}—入口段亮度；L_{tr1}、L_{tr2}、L_{tr3}—过渡段亮度；L_{in}—中间段亮度；L_{ex1}、L_{ex2}—出口段亮度；D_{th}、D_{th1}、D_{th2}—入口段；TH、TH_1、TH_2—分段长度；D_{tr}、D_{tr1}、D_{tr2}、D_{tr3}—过渡段；TR_1、TR_2、TR_3—分段长度；D_{in}—中间段长度；D_{ex}、D_{ex1}、D_{ex2}—出口段；EX_1、EX_2—分段长度

隧道入口段、过渡段、出口段照明应由基本照明和加强照明组成。基本照明是为了保障行车安全沿隧道全长提供基本亮度的措施；加强照明是解决驾驶员白昼驶入、驶出隧道时适应洞内外亮度反差的措施。具体各照明区段的亮度需求可参见《公路隧道照明设计细

则》JTG/T D70/2—01—2014。

2）洞外接近段的减光措施

隧道洞外亮度随着季节、时间的变化而变化，并且因隧道所处环境和所在地区的不同而不同。应采取适当措施降低洞外亮度，使驾驶员在进入洞内时感受到的亮度变化较为缓和。可以用建筑构造物达到减光的目的，这类建筑称为减光建筑，常用的有遮阳棚和遮光棚。

遮阳棚设置在洞口外，是为了减弱自然光亮度而施作的棚状结构，其顶棚透光，但不准阳光直接投射到路面上；设计遮阳棚应以当地日照图为依据，由太阳的高度角和方位角计算出遮阳板的尺寸、间隔和倾斜角度。遮光棚也是一种棚状结构，其主要特点是允许日光直接投射到路面上，这是与遮阳棚的根本区别。

减光建筑物一般较长，沿着整个适应区段设置时，长度可达百米以上，工程造价昂贵，多应用于重要的大交通量隧道。

4. 隧道装饰

为了确保行车安全，在公路隧道中必须采取措施，使墙面亮度在长期的运营中保持在必要的水平。提高墙面的反射率，可以增加照明效果。因此内装材料表面应当是光洁的，颜色应当是明亮的。人眼对波长 555nm 的黄绿光最为敏感，所以内装材料应尽量采用淡黄和浅绿色。经过内装的墙面，污染仍然是不可避免的。但要求装修材料具有不易污染、容易清洗、耐冲刷、耐酸碱、耐腐蚀、耐高温等特点。

通常用于隧道的张贴内装材料包括：

（1）饰面板、镶板等材料，不容易污染，清洗效果好，洗净率高；各种管线容易在板背后隐蔽设置；板背后的空间有利于吸收噪声。

（2）瓷砖镶面材料，表面光滑，容易洗净且效果好；要求衬砌平整，以便镶砌整齐；镶面后面可以埋设小管线。

（3）油漆材料，容易清洗，但对衬砌表面要求高，需要压光、平整；要求隧道不能有漏水现象。

总之，用于隧道内装的材料应该具有：耐火性，在高温条件下仍能维持一定时间，不燃烧、不分解有害成分等；耐蚀性，在有害气体作用下不变质，在洗涤剂等化学物质作用下不被侵蚀；价格适中，隧道用材量大，价格高昂的材料不适合作隧道内装。

1-3 隧道构造认知

任务实施

1-4【知识巩固】

1-5【能力训练】

1-6【考证演练】

任务 1.2　地铁区间隧道构造认知

任务描述

学习“知识链接”相关内容，结合《地下工程施工技术》配套图纸，重点完成以下工作任务：一是回答与地铁区间隧道构造相关的问题；二是完成地铁区间隧道施工图总体识读任务；三是分析沿海地区采用管片作为地铁区间隧道永久衬砌可能存在的问题；四是完成与本任务相关的建造师职业资格证书考试考题；具体参见“任务实施”模块。

知识链接

1.2.1　管片

隧道衬砌是承受隧道周围的水、土等荷载，以确保隧道结构净空和安全的地下结构，是永久性构造物。衬砌分为一次衬砌和二次衬砌。盾构隧道的衬砌结构如图 1-28 所示，衬砌的双层构造，通常由一次衬砌和二次衬砌构成。外层称为一次衬砌，内层称为二次衬砌。一般来说一次衬砌是将称作“管片”的预制件用螺栓等连接物拼装起来而构成。二次衬砌是在一次衬砌的内侧现浇混凝土构成。

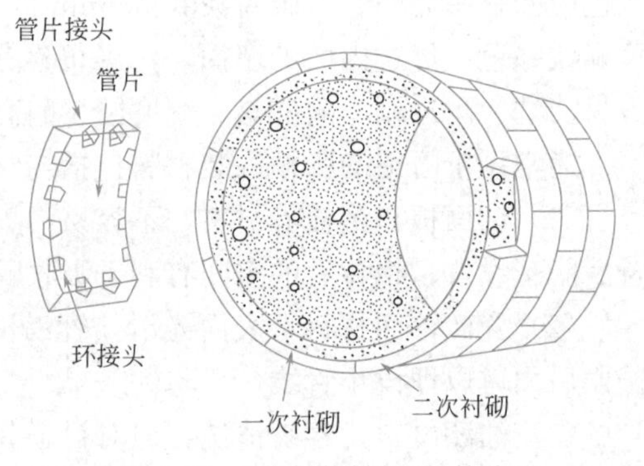

图 1-28　双层隧道衬砌的构成

管片作为一次衬砌，它的作用是支撑来自地层的土压力、水压力，防止隧道土体坍塌、变形及渗漏水，并且要承受盾构推进时的推力以及其他荷载。

采用盾构法施工的地铁区间隧道一般无须设置二次衬砌。如需补强、防渗或外水压力较大时，可设计二次衬砌。二次衬砌采用模筑混凝土，根据不同的地质情况，可设计为混凝土、钢筋混凝土或钢纤维混凝土衬砌。

1. 管片分类

1）按断面形式分类（见图 1-29）

（1）平板型管片

平板型管片是指手孔较小而呈现曲板型结构的管片，由于管片截面削弱小，对盾构推进油缸具有较大的抵抗能力，正常运营时对隧道通风阻力也小。

（2）箱形管片

箱形管片是指因手孔较大而呈肋板型结构的管片，手孔大不仅方便螺栓的穿入和拧紧，而且也节省了大批的材料，并使单块管片重量减轻。箱形管片通常使用在大直径隧道中，但若设计不当时，在盾构推进油缸的作用下容易开裂。

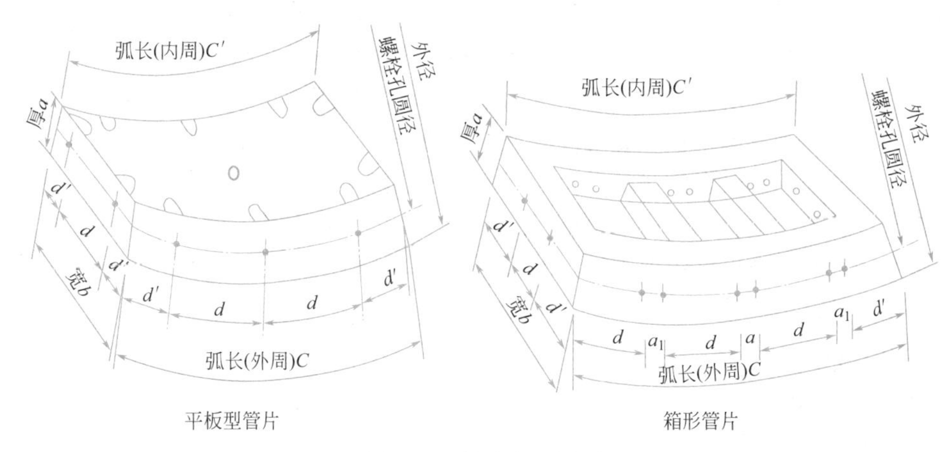

图 1-29　管片断面类型

2）按适用线形分类

（1）楔形管片

具有一定锥度的管片称为楔形管环。楔形管片主要用于曲线施工和修正轴向起伏。管片拼装时，根据隧道线路的不同，直线段采用标准环管片，曲线段施工时采用楔形管片（左转弯环、右转弯环）。由楔形管片组成的楔形环有最大宽度和最小宽度，用于隧道的转弯和纠偏。用于隧道转弯的楔形管片由管片的外径和相应的施工曲线半径而定。楔形环的楔形角由标准管片的宽度、外径和施工曲线的半径而定，其范围通常如表 1-1 所示。采用这类管片时，至少需三种管模，即标准环管模、左转弯环管模、右转弯环管模。

楔形管片参数　　表 1-1

图示	最小宽度 $\beta/2$ $\beta/2$ 最小宽度 β 标准宽度 最大宽度 最大宽度 标准环 楔形环		
参数	管片外径 D(m)	楔形量 β(mm)	楔形角 θ(°)
	$D<4$	15～45	15～60
	$4\leqslant D<6$	20～50	15～45
	$6\leqslant D<8$	25～60	10～35
	$8\leqslant D$	10～70	10～30

（2）通用管片

通用管片是针对同一条等直径隧道而言的。该管片既能适用于直线段隧道，也能适用于不同半径的曲线段隧道。通用管片就是由楔形管片拼装而成的楔形管环，所谓通用就是对楔形管环实施组合优化，使得楔形管环能适用于不同曲率半径的隧道。

通用管片可适用于所有单圆盾构施工的隧道工程，其理由在于，通过通用管片的有序旋转可完成直线段和不同半径的曲线段以及空间曲线段。在隧道的实际设计过程中，通用管片更适用于轴线存在较多曲线段以及空间曲线段的隧道，采用通用管片的优点在于：设计图纸简捷、施工方便、同时可减少钢模的品种、降低工程造价。其缺点在于：K块管片必须作纵向插入时，要求盾构推进油缸的行程增大，盾构的机身长度大、管环的每块管片必须等强度设计。

2. 管片构造

1）管环的构成

盾构隧道衬砌的主体是由管片拼装组成的管环。如图1-30所示，管环通常由A型管片（标准块）、B型管片（邻接块）和K型管片（封顶块）构成，管片之间一般采用螺栓连接。封顶块K型管片根据管片拼装方式的不同，有从隧道内侧向半径方向插入的径向插入型（见图1-31）和从隧道轴向插入的轴向插入型（见图1-32）以及两者并用的类型。半径方向插入型为传统插入型，早期的施工实例很多。但在B-K管片之间的连接部，除了由弯曲引起的剪切力作用其上外，由于半径方向是锥形，作用于连接部的轴向力的分力也起剪切力的作用，从而使得K管片很容易落入隧道内侧。因此，最近不易脱落的轴向插入型K型管片被越来越多地使用。这也与近来盾构隧道埋深加大，作用于管片上的轴向力比力矩更显著有关系。使用轴向插入型K型管片的情况下，需要推进油缸的行程要长些，因而盾尾长度要长些。有时在轴向和径向都使用锥形管片，将两种插入型K管片同时使用。径向插入型K型管片为了缩小锥度系数，通常其弧长为A、B型管片的1/4～1/3；而轴向插入型K型管片，其弧长可与A、B型管片同样大小。

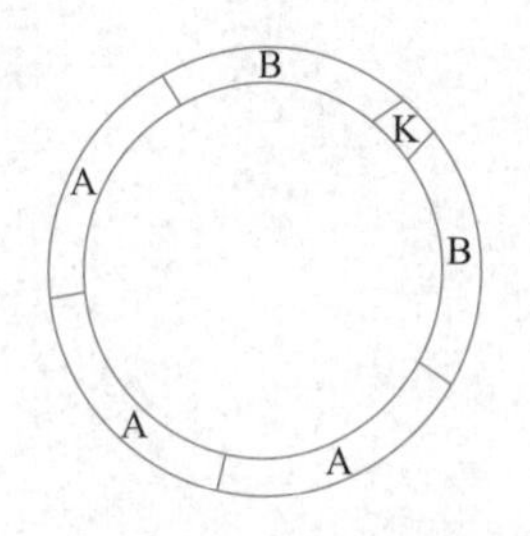

图1-30 管环的构造

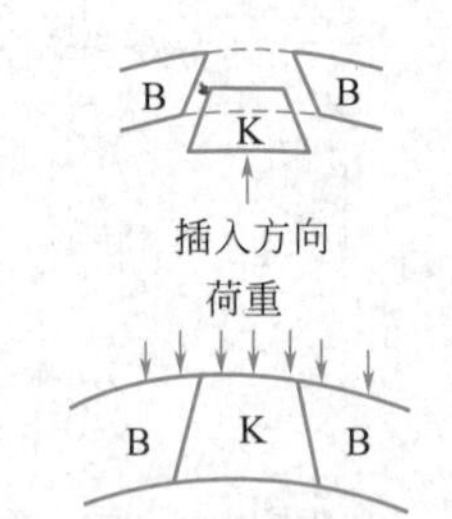

图1-31 K型管片径向插入型

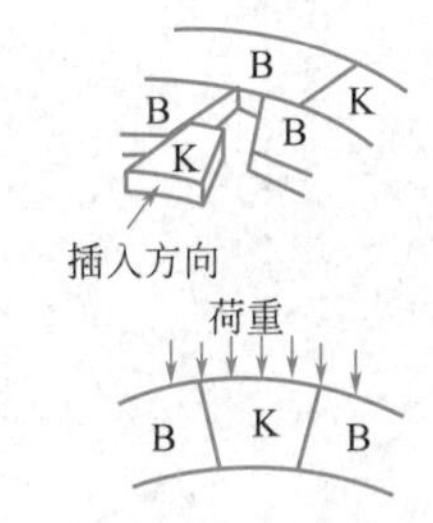

图1-32 K型管片轴向插入型

2）管环的分块

管环的分块数，从降低制作费用、加快拼装速度、提高防水性能角度看，是越少越好，但如果分块过少的话，单块管片的重量增加，从而导致管片在制作、搬运、洞内操作及拼装过程中出现各种各样的问题。因此在决定管片环分块时一定要经过充分研究。

管环的分块数应根据隧道的直径大小，螺栓安装位置的互换性（错缝拼装时）而定。

管环的分割数即管片数$n=x+2+1$。其中，x为标准块的数量，衬砌中有2块邻接块和1块封顶块。x 与管片外径有关，外径大则 x 大，外径小则 x 小。

一般情况下，软土地层中小直径隧道管环以4～6块为宜（也有采用3块的，如内径900～2000mm的微型盾构隧道的管片，一般每环采用3块圆心角为120°的管片），大直径以8～10块为多。地铁隧道常用的分块数为6块（3A+2B+K）和7块（4A+2B+K）。

封顶块有大、小两种，小封顶块的弧长S以600～900mm为宜。封顶块的楔形量宜取1/5弧长左右，径向插入的封顶块楔形量可适当取大一些，此外每块管片的环向螺栓数量不得少于2根。

管环分块时需考虑相邻环纵缝和纵向螺栓的互换性，同时尽可能地考虑让管片的接缝安排在弯矩较小的位置。一般情况下，管片的最大弧长宜控制在4m左右为宜。管环的最小分块数为3块，小于3块的管片无法在盾构内实施拼装。

3）管片宽度及厚度

（1）管片宽度

管片宽度的选择对施工、造价的影响较大。当宽度较小时，在曲线上施工方便，但接缝增多，加大了隧道防水的难度，增加管片制作成本，而且不利于控制隧道纵向的不均匀沉降；管片宽度太大则施工不便，也会使盾尾长度增长而影响盾构的灵活性。因此，过去单线区间隧道管片的宽度控制在700～1000mm，但随着铰接盾构的出现，管片宽度有进一步提高的趋势，目前，控制在1000～1500mm。上海地铁区间隧道的管片宽度为1000mm，广州地铁区间隧道采用铰接式盾构施工，其管片宽度为1200mm。

（2）管片厚度

管片的厚度取决于围岩条件、覆盖层厚度、管片材料、隧道用途、施工工艺等条件。根据经验，单层钢筋混凝土管片，其厚度一般为衬砌环外径的5.5%。上海地铁区间隧道管片厚度为350mm，广州、北京、深圳、南京地铁区间隧道管片厚度为300mm，一般为衬砌环外径的5%～6%。

4）管片接头

管片接头上作用着弯矩、轴力以及剪力，为了提高管片环的刚度，管片接头多用金属紧固件连接。管片有环向接头和纵向接头。接头的构造形式有直螺栓、弯螺栓、斜插螺栓、榫槽加销轴等，如图1-33所示。

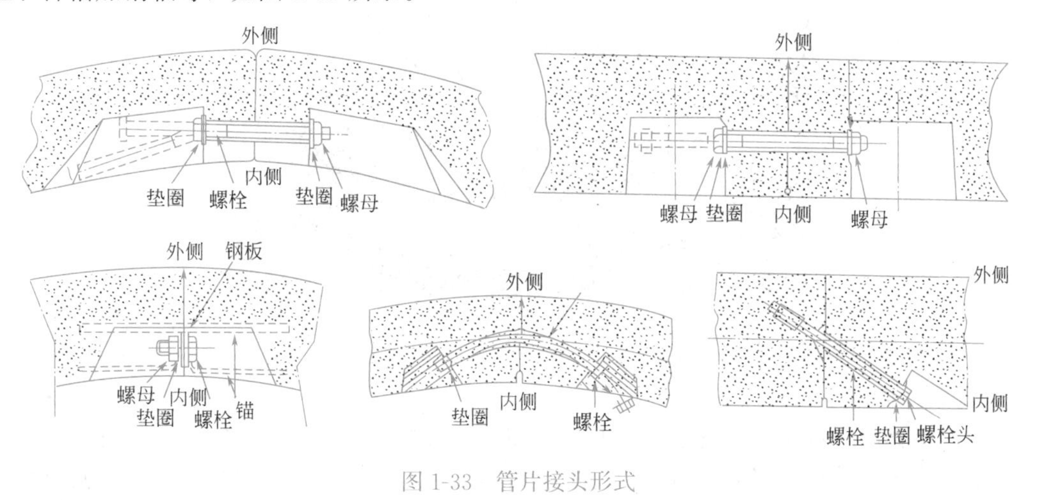

图1-33 管片接头形式

直螺栓接头是最普通常用的接头形式，不仅用于箱型管片，也广泛用于平板型管片，直螺栓连接条件最为优越，在施工方面，该形式的螺栓就位、紧固等最能让施工人员接受，弯螺栓接头是在管片的必要位置上预留一定弧度的螺孔，拼装管片时把弯螺栓穿入弯孔，将管片连接起来。

斜插螺栓在欧洲是最常用的接头形式。因相邻环之间采用有效的榫槽错缝拼装形式，因此隧道掘进到200环以后，一般多是拆除所有的环、纵向螺栓的，他们认为：拆除螺栓以后的隧道，能适应普通的荷载以及一定烈度（7度）的地震作用。环向的隧道接缝主要弯矩由相邻环的管片承担，另一部分由接头偏心受压条件负担，斜插螺栓预埋螺母（螺栓套）的设计至关重要，其直接影响管片的拼装速度及施工质量。国内目前用于管片连接的斜插螺栓接头是一种改良型接头，该接头形式可避免管片大面积开孔，还可相应减少螺栓的用钢量。

环向接头的螺栓是把相邻分散的管片进行连接的主体结构，螺栓的数量与位置直接影响圆环的整体刚度和强度，我国环向接头采用单排螺栓较为普遍，布置在管片厚度1/3左右的位置（偏于内弧侧），每处螺栓的接头数量不少于2根。

5）管片传力衬垫

传力衬垫材料粘贴在管片的环、纵缝内以达到应力集中时的缓冲作用，它不属于防水措施。衬垫材料根据不同位置，不同受力条件，不同使用习惯，其材料性质、厚度、宽度各有不同。国内最早明确提出使用衬垫的工程是上海地铁1号线试验段，当时主要采用的是2mm厚的胶粉油毡，以后的工程则大多采用丁腈橡胶软木垫，也有采用软质PVC塑料地板，或经防腐处理过的三夹板等。软质PVC塑料地板及胶粉油毡薄片在混凝土预制块中受压时，均反映出加工硬化的条件。

目前，地铁盾构用管片的传力衬垫材料一般采用厚度为3mm的丁腈橡胶软木垫，衬垫使用单组分氯丁-酚醛胶粘剂粘结在管片上。一般除封顶块贴1块传力衬垫外，其余每块管片上贴3块传力衬垫。如图1-34所示。

图1-34　平板型管片

6）管片防水

管片接缝面防水是盾构隧道防水的重要环节，盾构法隧道防水的核心就是管片接缝防水，接缝防水的关键是接缝面防水密封材料及其设置。一般在管片的接缝面设置密封材料沟槽，在沟槽内贴上框形三元乙丙橡胶或遇水膨胀橡胶弹性密封垫圈进行防水。管片角部防水一般采用自黏性橡胶薄片，其材料为未硫化的丁基橡胶薄片；尺寸一般为长 200mm、宽 80mm、厚 1.5mm。如图 1-34 所示。

7）管片拼装方式

管片的拼装方式有通缝和错缝两种，如图 1-35 所示。封顶块的拼装方式有径向楔入和纵向插入两种。

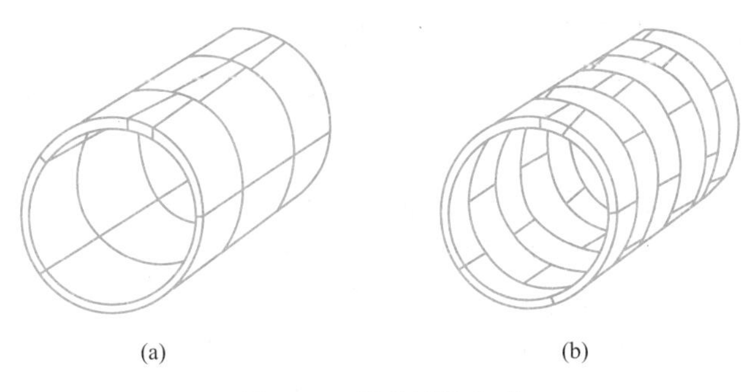

(a)　(b)

图 1-35　管片拼装方式

（1）通缝拼装：各环管片纵缝对齐的拼装方法。通缝拼装容易定位，纵向螺栓容易穿，拼装施工应力小，但容易产生环面不平，并有较大累计误差，导致环向螺栓难穿、环缝压密量不够。

（2）错缝拼装：前后环管片的纵缝错开拼装，一般错开 1/3～1/2 块管片弧长；错缝拼装隧道整体性较好，拼装施工应力大，纵向穿螺栓困难，纵缝压密差，但环面较平正，环向螺栓比较容易穿。

1.2.2　附属设施

1. 供电系统

供电方式有集中式、分散式、混合式三种。主变电所应从城市电网取得两路独立的电源牵引变电所的分布和容量应满足高峰运营的需要，当系统中任何一座牵引变电所故障解列时，靠其相邻牵引变电所的过负荷能力，应仍能保证列车正常运行。牵引变电所应有两路独立电源，设两套整流机组，其容量按远期运量的牵引负荷计算。地下车站还应设应急照明，其持续时间应不少于 1h。

2. 通信系统

为保证隧道安全、高效运营，必须建立安全可靠、有效的通信网，以传输和处理隧道运营所需的信息，以及对其进行监控，并在隧道出现异常情况时，能迅速转为供防灾救援和事故处理的指挥通信使用。通信系统应选用技术先进、可靠性高、价格合理、组网灵活的设备，并能适应一天 24h 不间断地运行。

3. 信号系统

信号系统由正线区段的列车自动控制系统和车辆段信号设备组成。信号系统的设备配置，应有利于行车组织和运营管理，实现行车支撑的自动化和科学化，应尽量采用计算机技术、网络技术、数据传输技术、设备结构模块化，便于功能扩展和控制范围的延伸。采用的信号系统，除了必须满足安全、可靠、技术先进实用和经济上合理外，操作员还必须有成熟的使用经验。

4. 防灾报警和机电设备监控系统

防灾报警系统应有防尘、防腐蚀、防潮、防霉、防振、防电磁干扰和静电干扰的能力。设备应选用技术先进、传输可靠、智能化程度高、保证不漏报误报并便于今后维修与管理。防灾报警系统实行两级管理体制，由设置在控制中心的中央级防灾指挥中心和设置在各车站（段、点）的车站级防灾报警系统，以及连接控制中心和车站的通信通道构成。

5. 通风空调系统

通风空调系统应能满足隧道车站内各种设备用房和管理用房不同温度和湿度及换气次数要求，保证隧道内的工作人员和运行设备有一个良好的工作环境，确保设备正常运行。列车发生阻塞事故时，通风空调系统应能向阻塞区间隧道内提供一定通风风速，并使列车周围环境温度满足要求，确保列车通风空调系统正常运行。隧道内发生火灾时，通风空调系统应能向疏散乘客提供一定风速的迎风新风，诱导乘客安全撤离事故现场，并迅速排除烟气。

6. 给水排水及消防系统

隧道给水系统包括生产生活及消防给水系统，排水系统包括污水、废水及雨水系统，排水系统应能及时排除各站、点、段及区间产生的污、废、雨水，渗漏水；排水应通畅，并便于清通。

隧道消防系统包括水消防系统、气体灭火系统及建筑灭火器配置，应做到“安全有效，经济合理，技术先进”。

7. 自动售检票系统

自动售检票系统由中央计算机系统、中央编码系统、车站计算机系统、车站售检票设备和网络设备作为基本构成，实行中央计算机系统和车站计算机系统两级监控。自动售检票系统应能自动控制进出站客流，实行封闭式票务管理。

8. 车站其他机电设备

车站其他机电设备包括电梯、自动扶梯、屏蔽门系统、防淹门等。

任务实施

1-7【知识巩固】

1-8【能力训练】

1-9【考证演练】

项目2　钻爆法施工

项目导读

钻爆法是山岭地区隧道最常用的施工方法，尤其是修建复杂地质条件下的隧道，其优势更加明显。钻爆法施工中，广泛采用“新奥法”施工理念，其目的是充分发挥隧道围岩的自承能力，降低二次衬砌的建设成本，正确认知围岩的性质，对于隧道建设至关重要。本项目首先进行围岩认知；在此基础上介绍常见的钻爆开挖方法；然后按照钻爆法施工过程依次安排“钻爆设计”“支护措施施工”学习任务，帮助读者有效掌握钻爆法施工要点，为今后从事山岭地区隧道施工工作奠定基础。

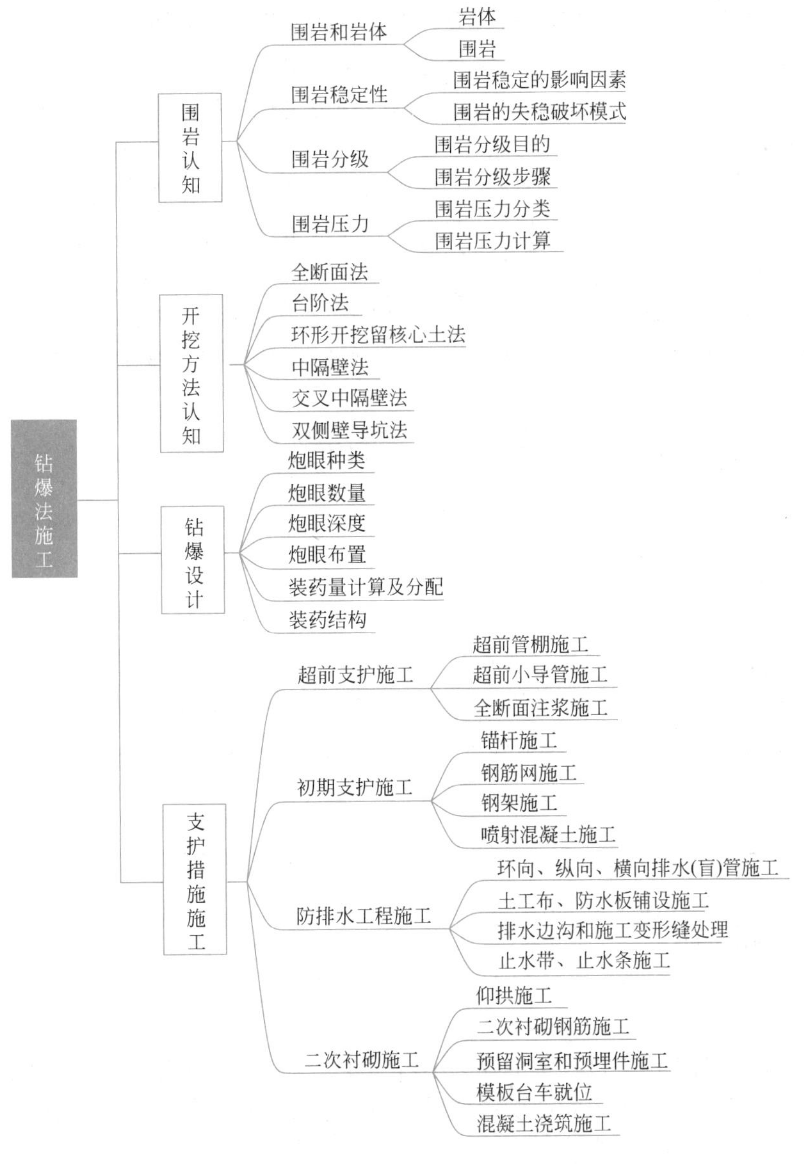

学习目标

◆ 知识目标

（1）掌握围岩分级的基本步骤；

（2）掌握隧道钻爆开挖的方法；

（3）掌握钻爆设计的主要内容；

（4）掌握隧道超前支护、初期支护、二次衬砌的施工工艺；

（5）掌握钻爆法施工组织与管理的基本内容；

（6）熟悉围岩压力的计算方法。

◆ 能力目标

（1）能够进行围岩分级、围岩压力计算；

（2）能够读懂隧道工程的洞门、支护措施、防排水等施工图纸；

（3）能够初步编制隧道钻爆设计方案、施工技术交底书等技术文件；

（4）能够初步按照施工图纸、技术规范组织施工班组进行隧道施工；

（5）能够根据隧道工程质量验收方法及验收规范进行工程质量的初步检验。

◆ 素质目标

（1）通过围岩分级、围岩压力计算，培养学生一丝不苟的工作态度；

（2）通过编制技术文件，并借助实训基地或虚拟仿真资源开展隧道施工实训，培养学生的工匠精神和知行合一的品质；

（3）通过学习"'逆天工程'——泥巴山隧道""'地狱隧道'——大柱山隧道"等课程思政案例，培养学生吃苦耐劳的品质，厚植民族团结的情怀，提高职业的认同感。

任务 2.1　围岩认知

任务描述

学习"知识链接"相关内容，结合《地下工程施工技术》配套图纸，重点完成以下工作任务：一是回答与隧道围岩相关的问题；二是根据给定的隧道工程案例，完成隧道围岩分级；三是完成与本任务相关的建造师职业资格证书考试考题；具体参见"任务实施"模块。

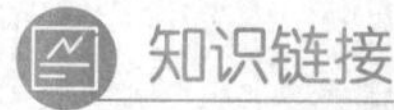

知识链接

2.1.1　围岩和岩体

1. 岩体

岩体是在漫长地质历史过程中形成的不连续性、非均质性和各向异性的地质体。它被许多不同方向、不同规模、不同性质的地质界面切割成大小不等、形状各异的块体。工程地质学中将这些地质界面称为结构面（见图 2-1），将这些块体称为结构体，并将岩体看作是由结构面、结构体及填充物组成的具有结构特征的地质体。在日常生活中，通常所说的岩石是指结构体，是岩体的组成部分之一。

(a)

(b)

图 2-1　岩体结构面

（a）原生柱状结构面；（b）水平构造应力作用下的共轭结构面

2. 围岩

围岩是指隧道周围一定范围内，受隧道开挖影响而发生应力状态改变，且对隧道稳定性产生影响的岩土体（见图 2-2）。围岩范围的大小受工程地质条件、隧道结构条件、隧道施工条件等因素的影响。

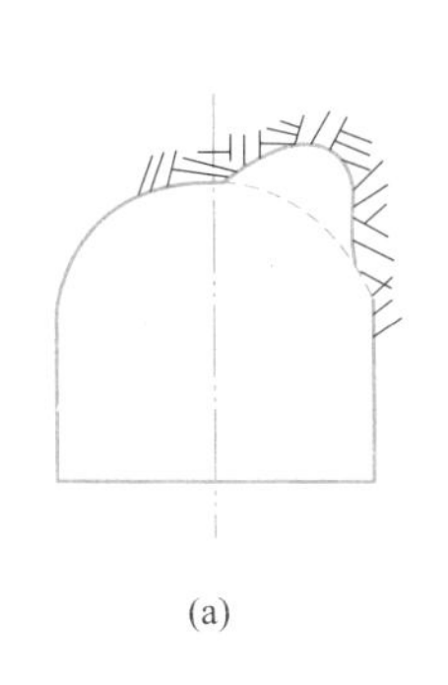

(a)

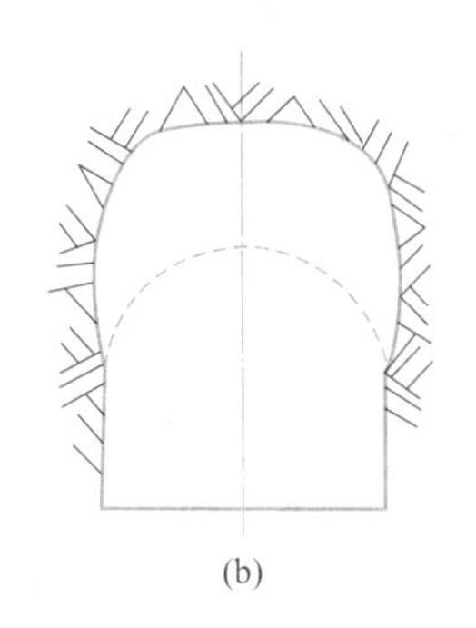

(b)

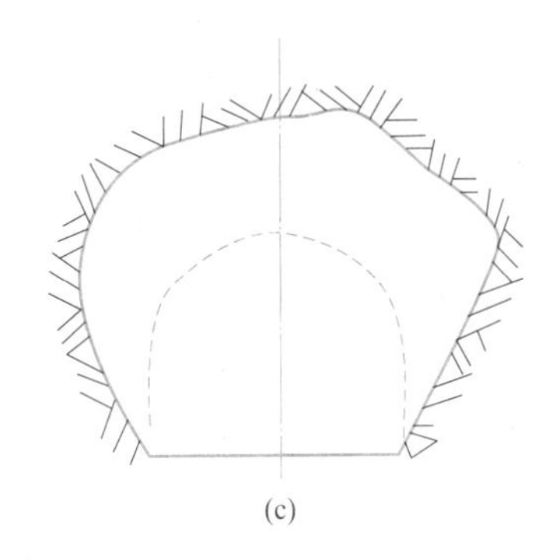

(c)

图 2-2　围岩典型塌方示意图

（a）局部塌方；（b）拱形塌方；（c）扩大拱形塌方

3. 围岩和岩体的区别

在隧道开挖过程中，可将地层岩体划分为三部分：第一部分是隧道范围内将被挖除的岩体；第二部分是围岩；第三部分是围岩以外的原状岩体。围岩是岩体，但岩体不一定是围岩。

对于隧道范围内被挖除的那部分岩体，主要讨论其挖除的难易程度和开挖方法。对于围岩，主要讨论其稳定能力、稳定影响因素，以及为保持围岩稳定所需要的支护、加固措施等。相比之下，围岩是否稳定比隧道范围内的岩体是否易于挖除更为重要。对于围岩以外的原状岩体，因其与隧道工程无直接关系，一般不予讨论。

2.1.2　围岩稳定性

1. 围岩稳定的影响因素

在隧道开挖过程中，围岩的表现有三种情形：不需要任何支护就可以获得稳定；需要加以支护才能获得稳定；由于支护不及时或不足而导致围岩坍塌。

显然，从安全和经济的角度考虑，以上第一种情形是我们所希望的；第二种情形是经常要做的；第三种情形则是要尽可能避免发生的。然而，在实际工程中，究竟会出现哪种情况是受多种因素影响的。这些影响因素归纳起来有以下三个方面：

一是围岩工程地质条件。主要是指围岩所处的原始应力状态，围岩的破碎程度和结构特征，围岩的强度特性和变形特征，地下水的作用等条件。

2-1 大柱山隧道

二是隧道工程结构条件。主要是指隧道所处的位置，隧道的形状（尤其是顶部形状），隧道的大小（跨度和高度）等条件。

三是隧道工程施工条件。主要是指施工方法（即对围岩的扰动程度），施工速度（即围岩的暴露时间），支护施作时间（即其发挥作用的时机），支护的力学性能及其与围岩的状态。

1）围岩工程地质条件的影响

（1）二次应力对围岩稳定状态的影响

受隧道开挖影响，围岩应力状态发生改变。当二次应力超过岩体的强度时，就会造成岩体的破坏，过大的塑性变形和位移，最终导致围岩塌方。

（2）二次应变对围岩稳定状态的影响

岩体强度破坏造成的有限变形，并不一定会导致围岩的坍塌失稳。渐进的强度破坏引起的变形积累超过其变形能力，才会导致围岩的坍塌失稳。因此，变形过度才是围岩坍塌失稳的充分条件。一些隧道在施工中，发生不同规模的围岩坍塌，正是对变形积累没有加以有效控制的结果。因此，对于流变性岩体，尤其是流变性很强的岩体，在施工中要特别注意及时量测和掌握其变形动态，并对其变形量和变形速度加以及时、有效的控制，以保证围岩的稳定。

（3）局部破坏对围岩稳定状态的影响

工程实践表明，整体性较好的围岩，其空间效应较好，可能因各种因素的影响而使局部岩块塌落，但一般不会导致围岩整体坍塌。镶嵌结构的块状围岩，其空间效应的可变性较强，常常由于关键岩块的塌落，带动邻近岩块塌落，并迅速发展为围岩整体失稳。有一定空间效应的散体结构围岩，虽然会产生比较大的变形，但却可以保持较长一段时间不坍塌。只有完全没有空间效应的散体结构围岩，才会表现为随挖随塌，或不挖自塌的状态。

2）隧道结构条件的影响

隧道结构条件对围岩稳定性的影响，主要表现在隧道横断面的形状和大小两个方面。

（1）隧道横断面形状与围岩稳定性的关系

隧道横断面形状（尤其是顶部形状）与围岩稳定性的关系，可以用围岩的自然成拱作用来解释，即自然界地层中的天然洞室，其顶部形状都趋向于形成拱形。在实际工程中，一般将隧道横断面顶部设计为拱形。当围岩压力不大时，隧道横断面两侧可简化为直边墙，隧道横断面底部可简化为直底板。

（2）隧道横断面大小与围岩稳定性的关系

隧道横断面大小与围岩稳定性的关系，可以用围岩的相对稳定性来解释，即隧道横断面越大，围岩的相对稳定性越低；反之，相对稳定性越高。在实际工程中，主要是用开挖成型方法来解决和协调这一关系。

3）隧道施工条件的影响

在对隧道围岩进行稳定性分析时，为了简化计算，基本不考虑施工方法和施工过程的影响。然而，实际的隧道围岩所处的环境条件要比假定的条件复杂得多，而且施工方法和施工过程的影响也是客观存在和不可避免的。因此，在进行隧道围岩稳定性分析时，不仅要尽可能使假设条件与围岩所处的环境条件相接近、与围岩的力学特性相接近、与围岩的原始应力状态等静态因素相接近，而且要充分考虑隧道施工方法、施工过程和应力重分布等动态因素的影响。隧道施工方法和施工过程因素对围岩稳定性的影响有以下四个方面：

（1）开挖方法的影响

开挖方法即隧道的开挖成型方法。显然，开挖方法不同，围岩应力重分布的次数就不同，应力重分布的次数越多对围岩的稳定越不利。从隧道横断面上来看，全断面一次性开挖时，围岩是一次进入二次应力状态，对围岩稳定有利；而分部开挖时，围岩应力重分布的过程就要复杂得多，对围岩的稳定不利。因此，隧道施工过程中应尽可能地采用大断面开挖，以简化围岩应力重分布的过程，从而减少对围岩稳定性的不利影响。

（2）开挖面支承作用的影响

在隧道纵断面方向上，隧道的开挖是分段逐次进行的。显然，下一次开挖会造成已开挖区段围岩的又一次应力重分布，这说明掌子面前方未被挖除的岩体对已开挖区段围岩的二次应力场有影响，即掌子面前方未被挖除的岩体对已开挖区段的岩体有约束作用。但随着开挖的推进，这种约束作用会逐渐消失。这种影响的范围一般在2～3倍的洞径范围以内。软弱破碎围岩，影响范围小一些；坚硬完整围岩，影响范围大一些。

（3）施工速度的影响

施工速度的快慢显然对围岩稳定有着重要的影响。若开挖快、支护慢，围岩自身变形时间长，变形积累对围岩的稳定不利；反之则是有利的。因此，施工中应对开挖后已暴露的围岩及时施作初期支护，控制围岩变形，尽量避免围岩长期自由变形。上一循环的支护未做好，不得进行下一循环的开挖，开挖速度与支护速度要协调一致。

（4）风化作用的影响

围岩，尤其是软弱破碎且易风化的围岩，风化后其稳定性会降低。围岩暴露时间越久，其稳定性降低越严重。因此，在隧道施工过程中，应及早封闭围岩表面，缩短围岩暴露时间，避免围岩急速风化。

2. 围岩的失稳破坏模式

隧道开挖后，地层中形成一个自由的变形空间，使原来处于挤压状态的围岩，由于失去支撑而发生向洞内松胀变形的后果；如果这种变形超过了围岩本身所能承受的能力，则围岩就要发生破坏，并从母岩中脱落，形成塌方。围岩变形破坏的形式与特点，除了与岩体内的初始应力状态及隧道横断面形态有关外，主要取决于围岩的岩性和结构（表 2-1）。

围岩的变形破坏形式

表 2-1

围岩岩性	岩体结构	变形、破坏形式	产生机制
脆性围岩	块体状结构及厚层状结构	张裂崩落	拉应力集中造成的张裂破坏
		劈裂剥落	压应力集中造成的压致拉裂
		剪切滑移及剪切碎裂	压应力集中造成的剪切破裂及滑移拉裂
		岩爆	压应力高度集中造成的突然而猛烈的脆性破坏
	中薄层状结构	弯折内鼓	卸荷回弹或压应力集中造成的弯曲拉裂
	碎裂结构	碎裂松动	压应力集中造成的剪切松动
塑性围岩	层状结构	塑性挤出	压应力集中作用下的塑性流动
		膨胀内鼓	水分重分布造成的吸水膨胀
	散体结构	塑性挤出	压应力作用下的塑流
		塑流涌出	松散饱水岩体的悬浮塑流
		重力坍塌	重力作用下的坍塌

岩体可划分为整体状、块状、层状、碎裂状和散体状五种结构类型。它们各自的变形特征和破坏机理不同，现分述如下：

1）整体状和块状岩体围岩

这类岩体本身具有很高的力学强度和抗变形能力，其主要结构面是节理，很少有断层，含有少量的裂隙水。在力学属性上可视为均质、各向同性、连续的线弹性介质，应力-应变呈近似直线关系。这类围岩具有很好的自稳能力，其变形破坏形式主要以岩爆、脆性开裂及块体滑移为主。

岩爆是高地应力地区，由于围岩中应力高度集中，使围岩产生突发性变形破坏的现象。伴随岩爆产生，常有岩块弹射、声响及冲击波等现象，对隧道施工造成极大危害。

脆性开裂常出现在拉应力集中部位。例如隧道拱顶常出现拉应力，围岩容易产生拉裂破坏。尤其是当岩体中发育有近铅直的结构面时，即使拉应力较小也可产生纵向张裂隙，在水平向裂隙组合切割作用下，易形成不稳定块体而塌落，形成洞顶塌方。

块体滑移是块状岩体常见的破坏形成。它是以结构面组合切割而成的不稳定块体滑出的形式出现。其破坏规模与形态受结构面的分布、组合形式及其与开挖面的相对关系控制。典型的块体滑移形式如图 2-3 所示。

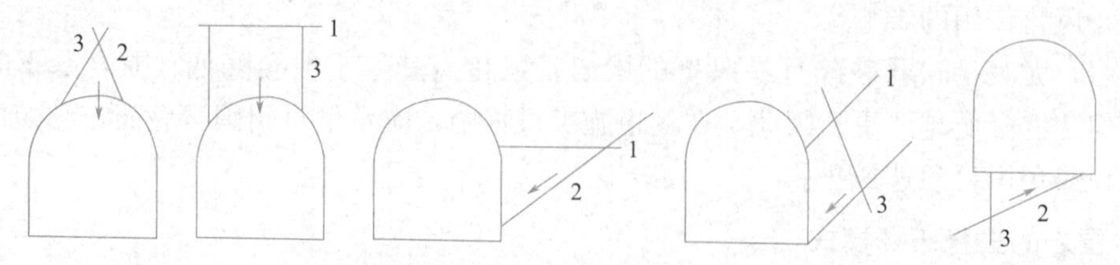

图 2-3　坚硬块状岩体中的块体滑移形式示意图

1—层面；2—断裂；3—裂隙

2）层状岩体围岩

这类岩体常以软硬岩层相间的互层形式出现。岩体中的结构面以层面为主，并有层间错动及泥化夹层等软弱结构面发育。受岩层产状及岩层组合等因素控制，其破坏形式主要有：沿层面张裂、折断塌落、弯曲内鼓等（见图 2-4）。

在水平层状围岩中，洞顶岩层可视为两端固定的板梁，在顶板压力下，将产生下沉弯曲、开裂。当岩层较薄时，如不及时支护，任其发展，则将逐层折断塌落，最终形成如图 2-4（a）所示的三角形塌落体。

在倾斜层状围岩中，常表现为沿倾斜方向一侧岩层弯曲塌落，另一侧边墙岩块滑移等破坏形式，形成不对称的塌落拱。这时将出现偏压现象，如图 2-4（b）所示。

在直立层状围岩中，在一定应力水平下，洞顶由于受拉应力作用，沿层面纵向拉裂，在自重作用下岩柱易被拉断塌落。侧墙则因压力平行于层面，常发生纵向弯折内鼓，进而危及洞顶安全，如图 2-4（c）所示。

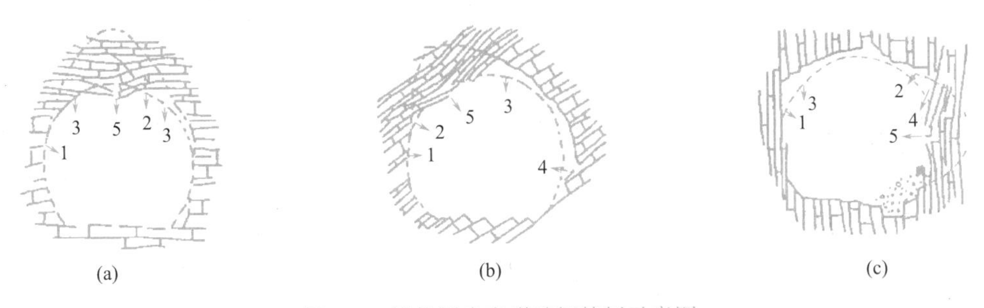

图 2-4　层状围岩变形破坏特征示意图

（a）水平层状岩体；（b）倾斜层状岩体；（c）直立层状岩体

1—设计断面轮廓线；2—破坏区；3—崩塌；4—滑动；5—弯曲、张裂及折断

3）碎裂状岩体围岩

碎裂岩体是指断层、褶皱、岩脉穿插和风化破碎加次生夹泥的岩体。这类围岩的变形破坏形式常表现为塌方和滑移（见图 2-5）。破坏规模和特征主要取决于岩体的破碎程度和含泥多少。在夹泥少、以岩块刚性接触为主的碎裂围岩中，由于变形时岩块相互镶合挤压，错动时产生较大阻力，因而不易大规模塌方。相反，当围岩中含泥量较高时，由于岩块间不是刚性接触，则易产生大规模塌方，如不及时支护，塌方将愈演愈烈。

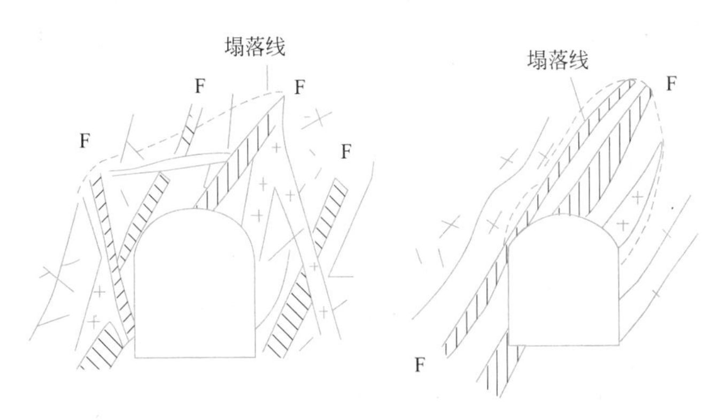

图 2-5　散体状围岩变形破坏特征示意图

4）散体状岩体围岩

散体状岩体是指强烈构造破碎、强烈风化的岩体或新近堆积的土体。这类围岩常表现为弹塑性、塑性或流变性，其变形破坏形式以拱形冒落为主，如图 2-6（a）所示。当围岩结构均匀时，冒落拱形状较为规则。但当围岩结构不均匀，则常表现为局部塌方、塑性挤入及滑动等变形破坏形式，如图 2-6（b）～（d）所示。

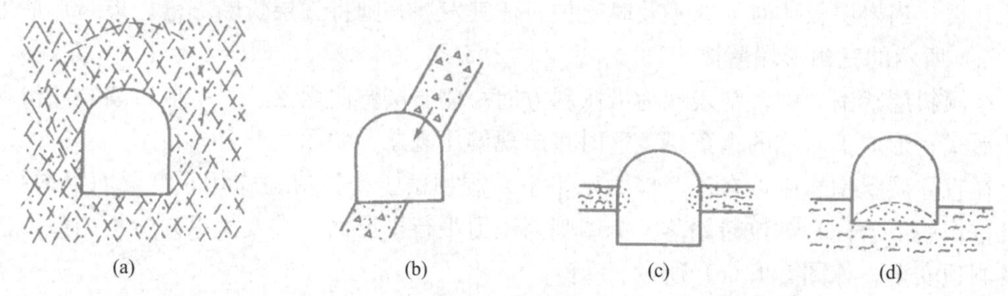

图 2-6 散体状围岩变形破坏特征示意图

（a）拱形冒落；（b）局部塌方造成的偏压；（c）侧鼓；（d）底鼓

2.1.3 围岩分级

1. 围岩分级目的

岩体所处的地质环境是千差万别的，围岩给隧道工程带来的问题也是各式各样的。人们对地下空间的要求是各不相同的，但对每一种特定要求下的地质环境和工程问题，不可能都有现成的经验，也没有必要逐一从理论到试验的全方位研究。因此，为了工程应用的便利，有必要将围岩按其稳定性的好坏划分为几个级别，以便于针对不同的围岩级别，确定不同的支护措施和施工方法。

2. 围岩分级步骤

根据《公路隧道设计规范 第一册 土建工程》JTG 3370.1—2018，隧道围岩级别的综合评判宜采用下列两步分级：

（1）根据岩石的坚硬程度和岩体完整程度两个基本因素的定性特征和定量的岩体基本质量指标 BQ，进行初步分级。

（2）在岩体基本质量分级基础上，考虑修正因素的影响，修正岩体基本质量指标值，得出基本质量指标修正值［BQ］，再结合岩体的定性特征进行综合评判，确定围岩的详细分级。

1）围岩基本质量指标确定

围岩基本质量指标 BQ 应根据分级因素的定量指标 R_c 值和 K_v 值，按下式计算：

$$BQ=100+3R_c+250K_v \tag{2-1}$$

式中：R_c——岩石单轴饱和抗压强度（MPa）；

K_v——岩体完整性系数。

使用上式应遵守下列限制条件：

（1）当 $R_c>90K_v+30$ 时，应以 $R_c=90K_v+30$ 和 K_v 代入计算 BQ 值。

(2) 当 $K_v>0.04R_c+0.4$ 时，应以 $K_v=0.04R_c+0.4$ 和 R_c 代入计算 BQ 值。

2) 围岩基本质量指标修正

围岩进行详细定级时，如遇下列情况之一，应对岩体基本质量指标 BQ 进行修正：

(1) 有地下水；

(2) 围岩稳定性受软弱结构面影响，且由一组起控制作用；

(3) 存在高初始地应力。

围岩基本质量指标修正值 $[BQ]$，可按式 (2-2) 计算：

$$[BQ]=BQ-100(K_1+K_2+K_3) \tag{2-2}$$

式中：$[BQ]$ ——围岩基本质量指标修正值；

BQ——围岩基本质量指标；

K_1——地下水影响修正系数；

K_2——主要软弱结构面产状影响修正系数；

K_3——初始应力状态影响修正系数。

K_1、K_2、K_3 可分别按表 2-2～表 2-5 确定：

地下水影响修正系数 K_1　　表 2-2

地下水出水状态	BQ			
	>550	550～451	350～251	<250
潮湿或点滴状出水，$p\leqslant0.1$ 或 $Q\leqslant25$	0	0	0.2～0.3	0.4～0.6
淋雨状或涌流状出水，$0.1<p\leqslant0.5$ 或 $25<Q\leqslant125$	0～0.1	0.1～0.2	0.4～0.6	0.7～0.9
淋雨状或涌流状出水，$p>0.5$ 或 $Q>125$	0.1～0.2	0.2～0.3	0.7～0.9	1.0

注：在同一地下水状态下，岩体基本质量指标 BQ 越小，修正系数 K_1 取值越大；同一岩体，地下水量、水压越大，修正系数 K_1 取值越大。

主要软弱结构面产状影响修正系数 K_2　　表 2-3

结构面产状及其与洞轴线的组合关系	结构面走向与洞轴线夹角<30° 结构面倾角 30°～75°	结构面走向与洞轴线夹角>60° 结构面倾角>75°	其他组合
K_2	0.4～0.6	0～0.2	0.2～0.4

注：1. 一般情况下，结构面走向与洞轴线夹角越大，结构面倾角越大，修正系数 K_2 取值越小；结构面走向与洞轴线夹角越小，结构面倾角越小，修正系数 K_2 取值越大；

2. 本表特指存在一组起控制作用结构面的情况，不适用于有两组或两组以上起控制作用结构面的情况。

初始应力状态影响修正系数 K_3　　表 2-4

初始应力状态	BQ				
	>550	550～451	450～351	350～251	≤250
极高应力区	1.0	1.0	1.0～1.5	1.0～1.5	1.0
高应力区	0.5	0.5	0.5	0.5～1.0	0.5～1.0

注：BQ 值越小，修正系数 K_3 取值越大。

根据岩体（围岩）钻探和开挖过程中出现的主要现象，如岩芯饼化或岩爆现象，可按表 2-5 规定评估围岩的应力情况。

高初始应力地区围岩在开挖过程中出现的主要现象 表 2-5

应力情况	主要现象	R_c/σ_{max}
极高应力	1. 硬质岩：开挖过程中有岩爆发生，有岩块弹出，洞壁岩体发生剥离，新生裂缝多，成洞性差； 2. 软质岩：岩芯常有饼化现象，开挖过程中洞壁岩体有剥离，位移极为显著，甚至发生大位移，持续时间长，不易成洞	<4
高应力	1. 硬质岩：开挖过程中可能出现岩爆，洞壁岩体有剥离和落块现象，新生裂缝较多，成洞性差； 2. 软质岩：岩芯时有饼化现象，开挖过程中洞壁岩体位移显著，持续时间较长，成洞性差	4～7

注：σ_{max} 为垂直洞轴线方向的最大初始应力。

3）围岩级别确定

可根据调查、勘探、试验等资料，隧道岩质围岩定性特征、岩体基本质量指标 BQ 或岩体修正质量指标［BQ］、土质围岩中的土体类型、密实状态等定性特征，按表 2-6 确定围岩级别。当围岩岩体主要特征定性划分与根据 BQ 或［BQ］值确定的级别不一致时，应重新审查定性特征和定量指标计算参数的可靠性，并对它们重新观察、测试。

公路隧道围岩级别划分 表 2-6

围岩级别	围岩岩体或土体主要定性特征	岩体基本质量指标 BQ 或岩体修正质量指标[BQ]
Ⅰ	坚硬岩，岩体完整	>550
Ⅱ	坚硬岩，岩体较完整； 较坚硬岩，岩体完整	550～451
Ⅲ	坚硬岩，岩体较破碎； 较坚硬岩，岩体较完整； 较软层，岩体完整，整体状或巨厚层状结构	450～351
Ⅳ	坚硬岩，岩体破碎； 较坚硬岩，岩体较破碎～破碎； 较软岩，岩体较完整～较破碎； 软岩，岩体完整～较完整	350～251
	上体：1. 压密或成岩作用的黏性土及砂性土； 2. 黄土（Q_1、Q_2）； 3. 一般钙质、铁质胶结的碎石土、卵石土、大块石土	
Ⅴ	较软岩，岩体破碎； 软岩，岩体较破碎～破碎； 全部极软岩和全部极破碎岩	≤250
	一般第四系的半干硬至硬塑的黏性土及稍湿至潮湿的碎石土，卵石土、圆砾、角砾土及黄土（Q_3，Q_4）。非黏性土呈松散结构，黏性土及黄土呈松软结构	
Ⅵ	软塑状黏性土及潮湿、饱和粉细砂层、软土等	

注：本表不适用于特殊条件的围岩分级，如膨胀性围岩、多年冻土等。

4）围岩指标有关的规定

（1）岩石坚硬程度定量指标用岩石单轴饱和抗压强度 R_c 表达。R_c 一般采用实测值，若无实测值时，可采用实测的岩石点荷载强度指数 $I_{s(50)}$ 的换算值，即按下式计算：

$$R_c = 22.82 I_{s(50)}^{0.75} \tag{2-3}$$

（2）R_c 与岩石坚硬程度定性划分的关系，可按表 2-7 确定。

R_c 与岩石坚硬程度定性划分的关系 表 2-7

R_c(MPa)	>60	60～30	30～15	15～5	<5
坚硬程度	坚硬岩	较坚硬岩	较软岩	软岩	极软岩

（3）岩体完整程度的定量指标用岩体完整性系数 K_v 表达。K_v 一般用弹性波探测值，若无探测值时，可用岩体体积节理数 J_v 按表 2-8 确定对应的 K_v 值。

J_v 与 K_v 对照表 表 2-8

J_v(条/m^3)	<3	3～10	10～20	20～35	≥35
K_v	>0.75	0.75～0.55	0.55～0.35	0.35～0.15	≤0.15

岩体完整性指标 K_v 测试和计算方法，应针对不同的工程地质岩组或岩性段，选择有代表性的点、段，测试岩体弹性纵波速度，并应在同一岩体取样测定岩石纵波速度，按式（2-4）计算：

$$K_v = (v_{pm}/v_{pr})^2 \tag{2-4}$$

式中：v_{pm}——岩体弹性纵波速度（km/s）；

v_{pr}——岩石弹性纵波速度（km/s）。

岩体体积节理数［J_v（条/m^3）］测试和计算方法，应针对不同的工程地质岩组或岩性段，选择有代表性的露头或开挖壁面进行节理（结构面）统计。除成组节理，对延伸长度大于 1m 的分散节理亦应予以统计。已为硅质、铁质、钙质充填再胶结的节理不予统计。每一测点的统计面积不应小于 $2m \times 5m^2$。岩体 J_v 值应根据节理统计结果，按式（2-5）计算：

$$J_v = S_1 + S_2 + \cdots + S_n + S_k \tag{2-5}$$

式中：S_n——第 n 组节理每米长测线上的条数；

S_k——每立方米岩体非成组节理条数（条/m^3）。

（4）K_v 与定性划分的岩体完整程度的对应关系，可按表 2-9 确定。

K_v 与定性划分的岩体完整程度的对应关系 表 2-9

K_v	>0.75	0.75～0.55	0.55～0.35	0.35～0.15	<0.15
完整程度	完整	较完整	较破碎	破碎	极破碎

（5）岩石坚硬程度可按表 2-10 定性划分。

岩石坚硬程度的定性划分表 表 2-10

名称		定性鉴定	代表性岩石
硬质岩	坚硬岩	锤击声清脆，有回弹，震手，难击碎；浸水后，大多无吸水反应	未风化～微风化的花岗岩、正长岩、闪长岩、辉绿岩、玄武岩、安山岩、片麻岩、石英片岩、硅质板岩、石英岩、硅质胶结的砾岩、石英砂岩、硅质石灰岩等
	较坚硬岩	锤击声较清脆，有轻微回弹，稍震手，较难击碎；浸水后，有轻微吸水反应	1. 中等(弱)风化的坚硬岩； 2. 未风化～微风化的凝灰岩、大理岩、板岩、白云岩、石灰岩、钙质胶结的砂页岩等

续表

名称		定性鉴定	代表性岩石
软质岩	较软岩	锤击声不清脆,无回弹,较易击碎;浸水后,指甲可刻出印痕	1. 强风化的坚硬岩; 2. 中等(弱)风化的较坚硬岩; 3. 未风化~微风化的凝灰岩、千枚岩、砂质泥岩、泥灰岩、泥质砂岩、粉砂岩、页岩等
	软岩	锤击声哑,无回弹,有凹痕,易击碎;浸水后,手可掰开	1. 强风化的坚硬岩; 2. 中等(弱)风化~强风化的较坚硬岩; 3. 中等(弱)风化的较软岩; 4. 未风化的泥岩、泥质页岩、绿泥石片岩、绢云母片岩等
	极软岩	锤击声哑,无回弹,有较深凹痕,手可捏碎;浸水后,可捏成团	1. 全风化的各种岩石; 2. 强风化的软岩; 3. 各种半成岩

(6) 岩体完整程度可按表 2-11 定性划分。

岩体完整程度的定性划分　　表 2-11

名称	结构面发育程度		主要结构面的结合程度	主要结构面类型	相应结构类型
	组数	平均间距(m)			
完整	1~2	>1.0	好或一般	节理、裂隙、层面	整体状或巨厚层结构
较完整	1~2	>1.0	差	节理、裂隙、层面	块状或厚层状结构
	2~3	1.0~0.4	好或一般		块状结构
较破碎	2~3	1.0~0.4	差	节理、裂隙、层面、小断层	裂隙块状或中厚层结构
	≥3	0.4~0.2	好		镶嵌碎裂结构
			一般		中、薄层状结构
破碎	≥3	0.4~0.2	差	各种类型结构面	裂隙块状结构
		≤0.2	一般或差		碎裂状结构
极破碎	无序		很差		散体状结构

注:平均间距指主要结构面(1~2 组)间距的平均值。

(7) 各级岩质围岩的物理力学参数及结构面抗剪强度,应通过室内或现场试验获得。当无实测数据时,可按下列各表选取:

① 各级岩质围岩物理力学参数可按表 2-12 选用。

各级岩质围岩物理力学参数　　表 2-12

围岩级别	重度 γ (kN/m^3)	弹性抗力系数 k(MPa/m)	变形模量 E (GPa)	泊松比 μ	内摩擦角 φ (°)	黏聚力 c (MPa)	计算摩擦角 φ (°)
Ⅰ	>26.5	1 800~2 800	>33	<0.2	>60	>2.1	>78
Ⅱ		1 200~1 800	20~33	0.2~0.25	50~60	1.5~2.1	70~78
Ⅲ	26.5~24.5	500~1 200	6~20	0.25~0.3	39~50	0.7~1.5	60~70
Ⅳ	24.5~22.5	200~500	1.3~6	0.3~0.35	27~39	0.2~0.7	50~60
Ⅴ	17~22.5	100~200	<1.3	0.35~0.45	20~27	0.05~0.2	40~50

续表

围岩级别	重度 γ (kN/m³)	弹性抗力系数 k(MPa/m)	变形模量 E (GPa)	泊松比 μ	内摩擦角 φ (°)	黏聚力 c (MPa)	计算摩擦角 φ (°)
Ⅵ	15～17	<100	<1	0.4～0.5	<20	<0.2	30～40

注：1. 本表数值不包括黄土地层；

2. 选用计算摩擦角时，不再计内摩擦角和黏聚力。

② 岩体结构面抗剪断峰值强度参数可按表 2-13 选用。

岩体结构面抗剪断峰值强度参数 表 2-13

序号	两侧岩体的坚硬程度及结构面的结合程度	内摩擦角 φ(°)	黏聚力 c(MPa)
1	坚硬岩，结合好	>37	>0.22
2	坚硬～较坚硬岩，结合一般； 较软岩，结合好	37～29	0.22～0.12
3	坚硬～较坚硬岩，结合差； 较软岩～软岩，结构一般	29～19	0.12～0.08
4	较坚硬～较软岩，结合差～结合很差； 软岩，结合差；软质岩的泥化面	19～13	0.08～0.05
5	较坚硬岩及全部软质岩，结合很差； 软质岩泥化层本身	<13	<0.05

③ 各级土质围岩物理力学参数可按表 2-14 选用。

各级土质围岩物理力学参数 表 2-14

围岩级别	土体类别	重度 (kN/m³)	弹性抗力系数 k(MPa/m)	变形模量 E (GPa)	泊松比 μ	内摩擦角 φ (°)	黏聚力 c (MPa)
Ⅳ	黏质土	20～30	200～300	0.030～0.045	0.25～0.33	30～45	0.060～0.250
	砂质土	18～19		0.024～0.030	0.29～0.31	33～40	0.012～0.024
	碎石土	22～24		0.050～0.075	0.15～0.30	43～50	0.019～0.030
Ⅴ	黏质土	16～18	100～200	0.005～0.030	0.33～0.43	15～30	0.015～0.060
	砂质土	15～18		0.003～0.024	0.31～0.36	25～33	0.003～0.012
	碎石土	17～22		0.010～0.050	0.20～0.35	30～43	<0.019
Ⅵ	黏质土	14～16	<100	<0.005	0.43～0.50	<15	<0.015
	砂质土	14～15		0.003～0.005	0.36～0.42	10～25	<0.003

2.1.4 围岩压力

1. 围岩压力分类

隧道开挖后，须及时施作支护措施防止围岩产生过大变形或坍塌。此时，围岩必会对支护措施产生作用，该作用称为围岩压力。围岩级别不同，其稳定性也不相同，相应的围岩压力也有差异。根据围岩变形破坏机理，围岩压力可分为四类，即松散压力、形变压力、冲击压力、膨胀压力。

1）松散压力

隧道开挖后，围岩产生应力重分布，会出现应力大小在围岩强度以内的情况，也会出现围岩产生屈服的情况。通常都把围岩视为均匀的连续体介质。但实际的围岩包含层面、节理等力学上不连续的结构面。不连续面，其强度对某个特定的方向是很低的，如在强度低的方向作用一个力，就容易产生相对滑移，围岩就出现松弛的现象，这部分岩体就以重力的形式塌落，支撑这部分岩体的支护结构上所承受的压力称为松散压力（见图 2-7）。

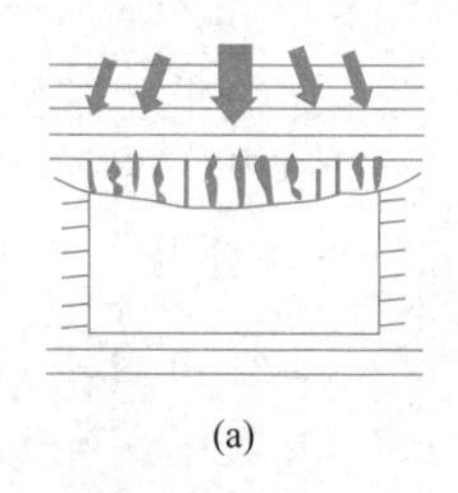

(a)

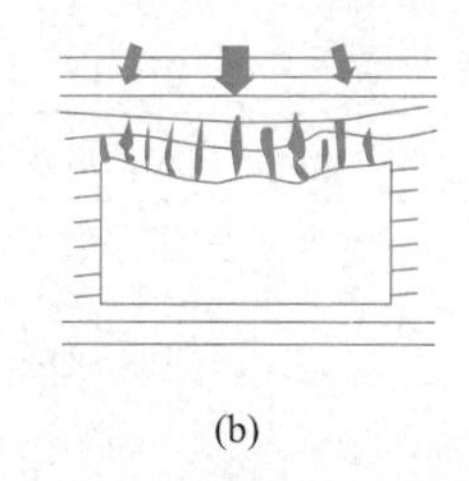

(b)

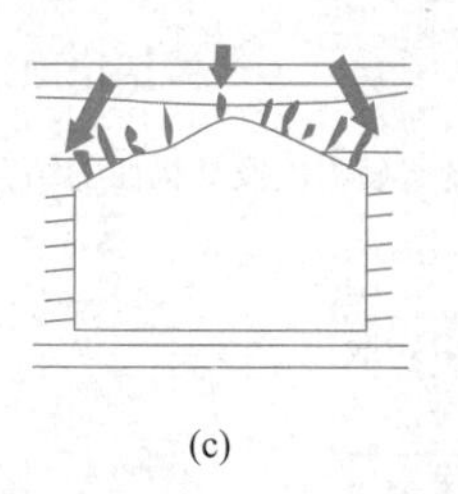

(c)

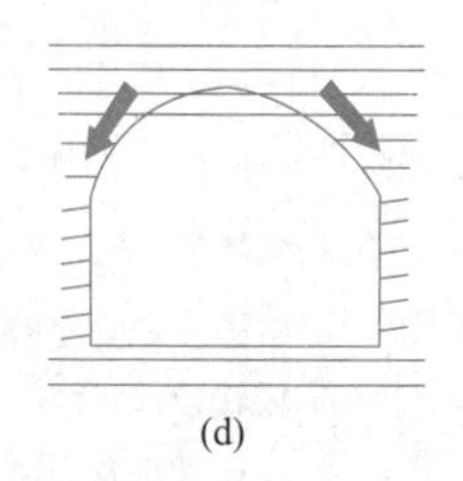

(d)

图 2-7　松散压力形成过程

（a）变形阶段；（b）松动阶段；（c）塌落阶段；（d）成拱阶段

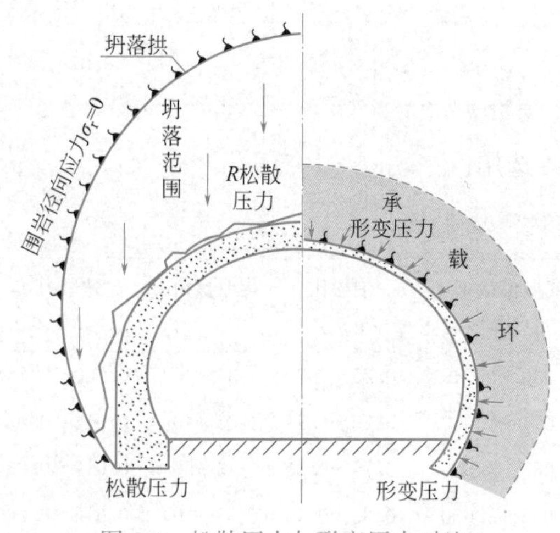

图 2-8　松散压力与形变压力对比

2）形变压力

形变压力，是指由围岩塑性变形所引起的作用在支护结构上的挤压力（见图 2-8）。围岩的塑性变形又分为两种情况：一种是开挖前岩体处于弹性状态，开挖后由于围岩周边应力集中，其值超过了围岩的屈服极限，使围岩产生塑性变形圈，从而对支护结构产生压力；另一种是开挖前岩体就处于潜塑状态，此种岩体一旦开挖，围岩就向洞内产生较大塑性变形，对支护结构作用以较大的压力。

3）冲击压力

冲击压力，是由岩爆形成的一种特殊围岩压力。其大小与天然应力状态、围岩力学属性等密切相关，并受到隧道埋深、施工方法及隧道断面形态等因素影响。冲击压力的大小目前无法进行准确计算，只能对冲击压力的产生条件及其产生可能性进行定性的评价预测。

4）膨胀压力

膨胀压力，实际上也是一种形变压力，只是其形变是由于亲水性矿物组成的某些围岩吸水膨胀所致。这种围岩压力至今尚无较好的计算方法。

2. 围岩压力计算

影响围岩压力的因素很多，难以用统一的数学模型表达。所以，采用统计分析的方法，基于大量实测数据基础上，建立一定条件下的统计经验公式，是目前探讨围岩压力问题的重要途径。当隧道埋深条件不同时，选用的围岩压力计算公式，亦有差异，故在计算围岩压力之前，首先应判断隧道的埋深条件。

1）隧道深埋、浅埋的判断：

浅埋和深埋隧道的分界，按荷载等效高度值，并结合地质条件、施工方法等综合因素，由以下两个步骤进行判断：

（1）计算垂直均布压力

$$q = 0.45 \times 2^{s-1} \times \gamma\omega \tag{2-6}$$

式中：q——垂直均布压力（kN/m^2）；

γ——隧道上覆围岩重度（kN/m^3）；

s——围岩级别；

ω——宽度影响系数，$\omega = 1 + i\ (B-5)$，其中 B 为隧道宽度（m），i 为隧道宽度每增减 1m 时的围岩压力增减率，以 $B = 5$m 的围岩垂直均布压力为准，按表 2-15 取值。

围岩压力增减率 i 取值表　　表 2-15

隧道宽度 B(m)	$B<5$	$5 \leqslant B < 14$	$14 \leqslant B < 25$	
围岩压力增减率 i	0.2	0.1	考虑施工过程分导洞开挖	0.07
			上下台阶法或一次性开挖	0.12

（2）判断隧道深浅埋

在钻爆法或浅埋暗挖法施工条件下，Ⅰ～Ⅲ级围岩取 $H_P = 2h_q$；Ⅳ～Ⅵ级围岩取 $H_P = 2.5h_q$；其中 $h_q = q/\gamma$。当隧道埋深 $H > H_p$，则为深埋隧道；当隧道埋深 $H \leqslant H_p$，则为浅埋隧道。

2）隧道围岩压力计算

（1）深埋隧道围岩压力计算

① 深埋隧道松散荷载垂直均布压力 q，在不产生显著偏压及膨胀力的围岩条件下，可按式（2-6）计算；

② 深埋隧道松散荷载水平均布压力 e，可按表 2-16 的规定确定。

围岩水平均布压力　　表 2-16

围岩级别	Ⅰ、Ⅱ	Ⅲ	Ⅳ	Ⅴ	Ⅵ
水平均布压力 e	0	$<0.15q$	$(0.15 \sim 0.3)q$	$(0.3 \sim 0.5)q$	$(0.5 \sim 1.0)q$

（2）浅埋隧道围岩压力计算（见图 2-9）

① 隧道埋深（$H \leqslant h_q$），计算方法如下：

a. 垂直均布压力 q

$$q = \gamma H \tag{2-7}$$

式中：q——垂直均布压力（kN/m^2）；

γ——隧道上覆围岩重度（kN/m^3）；

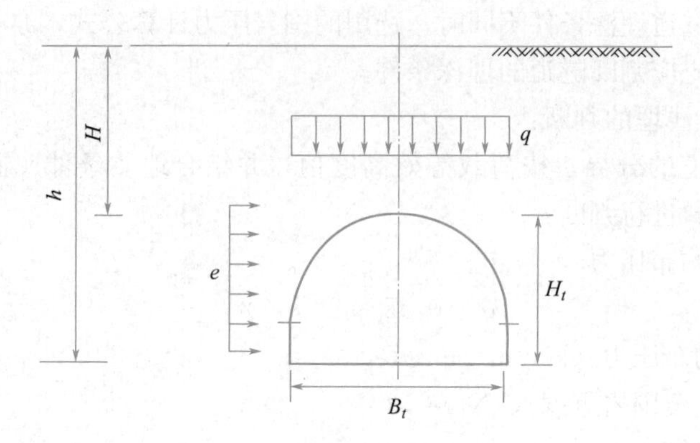

图 2-9 隧道围岩压力示意图

H——隧道埋深，指隧道顶至地面的距离（m）。

b. 水平均布压力 e

$$e=\gamma\left(H+\frac{1}{2}H_t\right)\tan^2\left(45-\frac{\varphi_c}{2}\right) \tag{2-8}$$

式中：H_t ——隧道高度（m）；

φ_c ——围岩计算摩擦角（°），其值可参见表 2-12 取值。

② 隧道埋深（$h_q<H\leqslant H_p$），计算方法如下：

a. 垂直压力

$$q=\gamma H\left(1-\frac{H}{B_t}\lambda\tan\theta\right) \tag{2-9}$$

$$\lambda=\frac{\tan\beta-\tan\varphi_c}{\tan\beta\left[1+\tan\beta(\tan\varphi_c-\tan\theta)+\tan\varphi_c\tan\theta\right]} \tag{2-10}$$

$$\tan\beta=\tan\varphi_c+\sqrt{\frac{(\tan^2\varphi_c+1)\tan\varphi_c}{\tan\varphi_c-\tan\theta}} \tag{2-11}$$

式中：B_t ——隧道宽度（m）；

λ ——侧压力系数，按式（2-10）确定；

θ ——与围岩级别及围岩内摩擦角 φ 有关的参数，按表 2-17 确定。

各级围岩的 θ 值　　表 2-17

围岩级别	Ⅰ、Ⅱ、Ⅲ	Ⅳ	Ⅴ	Ⅵ
θ 值	$0.9\varphi_c$	$(0.7\sim0.9)\varphi_c$	$(0.5\sim0.7)\varphi_c$	$(0.3\sim0.5)\varphi_c$

b. 水平压力

$$e_1=\gamma H\lambda \tag{2-12}$$

$$e_2=\gamma h\lambda \tag{2-13}$$

当水平压力视为均布压力时，按下式计算：

$$e=\frac{1}{2}(e_1+e_2) \tag{2-14}$$

任务实施

2-2【知识巩固】

2-3【能力训练】

2-4【考证演练】

任务 2.2　开挖方法认知

任务描述

学习“知识链接”相关内容，重点完成以下工作任务：一是回答与隧道钻爆开挖相关的问题；二是根据给定的隧道工程案例，完成相关问题分析；三是编制隧道洞身开挖技术交底书；四是完成与本任务相关的建造师职业资格证书考试考题；具体参见“任务实施”模块。

知识链接

隧道开挖方法是指开挖成形方法，即在隧道所穿越的地层内开挖出一个符合设计要求的空间，是隧道施工中的关键作业环节，对隧道施工的进度和工程造价影响很大，其工程量一般可占到隧道总工程量的 20%～40%。

隧道开挖作业一般包括钻眼、装药、爆破等几项工作。进行隧道开挖前，必须先探明隧道工程地质和水文地质条件，然后结合设计开挖断面尺寸、埋深等情况综合确定开挖步骤和循环进尺。此外，开挖轮廓要考虑预留变形量、施工误差等因素。

按照开挖断面方式不同，一般可分为：全断面法，是按设计开挖断面一次开挖成形；台阶法，是将隧道断面分为上半断面和下半断面，分两次开挖成形；分部开挖法，是将隧道断面分部开挖逐步成形，常用的有单侧壁导坑法、双侧壁导坑法、中隔壁法（CD 法）、交叉中隔壁法（CRD 法）等。上述开挖方法的特征比较见表 2-18。

隧道开挖方法分类与对比　　表 2-18

序号	开挖方法			适用围岩级别范围	
				双车道隧道	三车道隧道
1	全断面法	1　1		Ⅰ～Ⅲ	Ⅰ～Ⅱ
2	台阶法	长台阶法	1　2　L　1　2　5L	Ⅲ～Ⅳ	Ⅱ～Ⅲ

续表

序号	开挖方法		适用围岩级别范围	
			双车道隧道	三车道隧道
2	台阶法	短台阶法	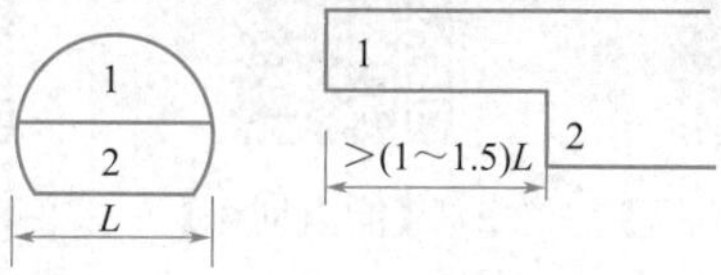 Ⅳ～Ⅴ	Ⅲ～Ⅳ
		微台阶法	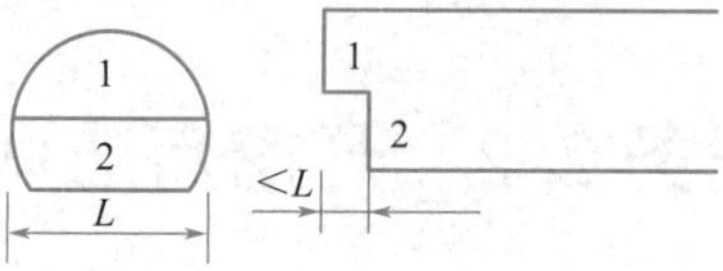 Ⅴ	Ⅳ
3	分部开挖法	环形开挖留核心土法	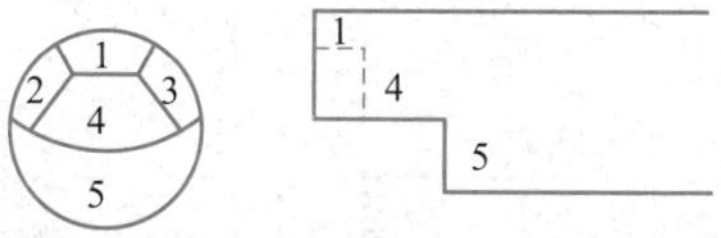 Ⅴ～Ⅵ	Ⅲ～Ⅳ
		中隔壁法	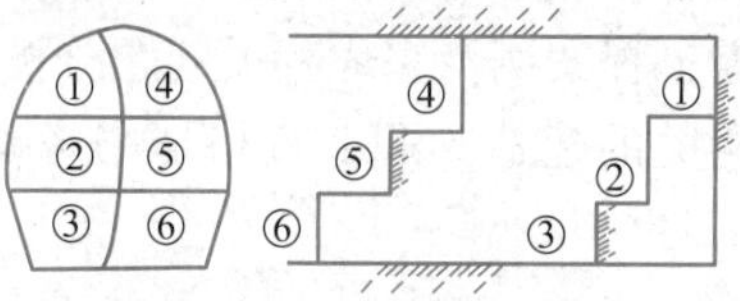 Ⅴ～Ⅵ	Ⅳ～Ⅴ
		交叉中隔壁法	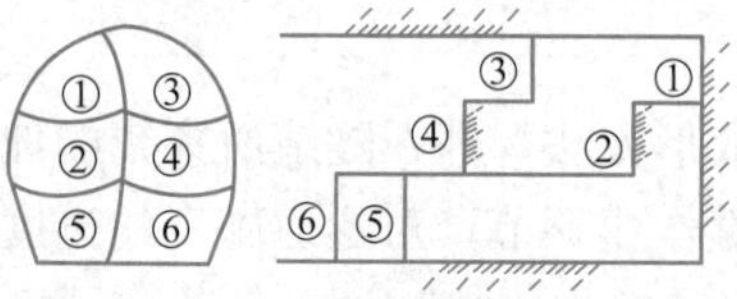 Ⅴ～Ⅵ	Ⅳ～Ⅵ
		双侧壁导坑法	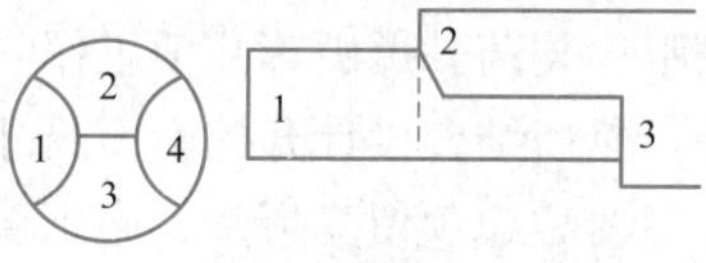 —	Ⅴ～Ⅵ

选择隧道开挖方法应考虑以下基本要素：

(1) 施工条件。一般包括施工队伍所具备的施工能力、素质及管理水平。隧道施工队伍的素质和施工装备水平，有高有低，参差不齐；因此，在选择施工方法时，必须考虑这个因素的影响。

(2) 围岩条件。围岩条件包括围岩级别、地下水及不良地质现象等。围岩级别是对围岩工程性质的综合判定，对施工方法的选择起着重要甚至决定性的作用。

(3) 隧道断面面积。隧道尺寸和形状，对施工方法的选择也有重要影响。目前，隧道断面有向大断面方向发展的趋势，如公路隧道已开始修建 4 车道的大断面，水电工程中的大断面洞室，更是屡见不鲜。在这种情况下，施工方法必须适应其发展。

(4) 埋深。隧道埋深与围岩的初始应力场等因素有关，通常将埋深分为浅埋和深埋两类，有时将浅埋又分为超浅埋和浅埋两类。在同样地质条件下，由于埋深的不同，施工方法也将有很大差异。

(5) 工期。作为设计条件之一的施工工期，在一定程度上会影响施工方法的选择。因为工期决定了在均衡生产条件下，对开挖、运输等综合生产能力的基本要求，即对施工均衡速度、机械化水平和管理模式的要求。

（6）造价。从工程造价方面考虑，施工方法的选择顺序应为：全断面法→正台阶法→单侧壁导坑法→中隔壁法（CD 法）→交叉中隔壁法（CRD 法）→双侧壁导坑法。

（7）环境。当隧道施工对周围环境产生如爆破震动、地表沉陷、噪声、地下水条件的变化等不良影响时，环境影响成为选择隧道施工方法的重要因素之一，在城市市区施工的条件下，甚至会成为选择施工方法的决定性因素。

影响隧道开挖方法选择的因素很多，如何正确选择施工方法，应根据实际情况综合考虑，但必须符合安全、质量及环境的要求，达到规避风险，加快施工进度与节约投资的目的。

2.2.1 全断面法

按设计要求将隧道断面一次开挖成形，初期支护一次施作到位的施工方法称为全断面开挖法。

1. 施工工艺

全断面法施工工艺示意，如图 2-10 所示。

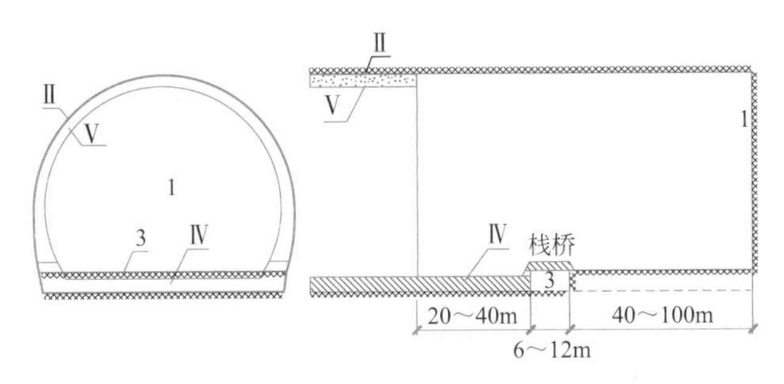

图 2-10 全断面法施工工艺示意图

1—全断面开挖；Ⅱ—初期支护；3—隧道底部开挖；Ⅳ—底板浇筑（仰拱及混凝土填充）；Ⅴ—拱墙二次衬砌

2. 特点

全断面法作业空间较大，工序少、干扰小，有利于大型机械配套作业，提高施工速度，便于施工组织和管理；另外，可减少开挖对围岩的扰动次数，利于围岩稳定。但全断面法对地质条件要求严格，围岩必须有足够的自稳能力；另外，由于开挖面较大，围岩相对稳定性降低，且每循环工作量相对较大；当采用钻爆法开挖时，每次深孔爆破振动较大，因此要求进行精心的钻爆设计和严格的控制爆破作业。

3. 施工要点

1）加强对开挖面前方工程地质和水文地质的调查，对不良地质情况，要及时预测预报、分析研究，随时准备好应急措施，以确保施工安全和工程进度。

2）应根据开挖面围岩稳定情况、爆破振动、钻孔和出渣效率、超挖控制等确定循环进尺：Ⅲ级围岩宜控制在 3m 左右；Ⅰ、Ⅱ级围岩，使用气腿式凿岩机时可控制在 4m 左右，使用凿岩台车时可根据围岩稳定情况适当调整。采用特殊设计的其他情况每循环进尺应符合设计规定。

3）各工序机械设备要配套。如钻眼、装渣、运输、模筑、衬砌支护等主要机械和相应的辅助机具，在尺寸、性能和生产能力上都要相互配合，工作方面能环环紧扣，不致彼此互受牵制而影响掘进，以充分发挥机械设备的使用效率和各工序之间的协调作用。同时，注意经常维修设备及备有足够的易损零部件，以确保各项工作的顺利进行。

4）加强各种辅助作业的检查。尤其在软弱破碎围岩中使用全断面法开挖时，应对支护后围岩的变形进行动态量测与监控，使各种辅助作业的三管两线（即高压风管、高压水管、通风管、电线和运输路线）保持良好状态。

5）重视和加强对施工操作人员的技术培训，使其能熟练掌握各种机械的操作方法，并进一步推广新技术，改进施工管理，加快施工速度。

2.2.2 台阶法

台阶法，是将开挖断面分成两步或多步进行开挖，具有上下两个工作面（多台阶时有多个工作面）。根据台阶的长短，台阶法又包括长台阶法、短台阶法和微台阶法三种，如图 2-11 所示。

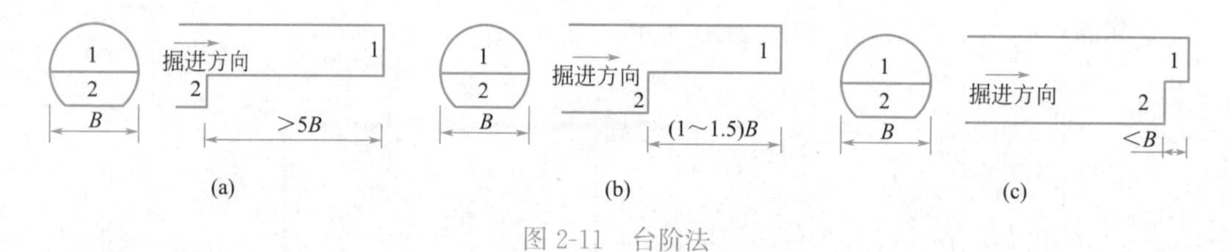

图 2-11 台阶法

（a）长台阶法；（b）短台阶法；（c）微台阶法

2-5 长台阶法

2-6 短台阶法

2-7 微台阶法

随着台阶长度的调整，它几乎可以用于所有的地层，台阶法表现在对地质变化的适应性较强，工序转换较容易，并能较早地使初期支护闭合，有利于控制沉降。至于施工中究竟应采用何种台阶法，要根据两个条件决定：一是初期支护形成闭合断面的时间要求，围岩越差，闭合时间要求越短；二是上断面施工所用的开挖、支护、出渣等机械设备对施工场地大小的要求。在软弱围岩中应以第一个条件考虑为主，兼顾后者，确保施工安全。在围岩条件较好时，主要考虑如何更好地发挥机械效率，保证施工的经济性，故只要考虑后一条件。

1. 施工工艺

台阶法施工工艺示意，如图 2-12 所示。一般采用人工和机械混合开挖，即上半断面采用人工开挖、机械出渣，下半断面采用机械开挖、机械出渣。有时为解决上半断面出渣对下半断面的影响，可采用皮带输送机将上半断面的渣土送到下半断面的运输车中。

2. 特点

台阶法因其灵活多变、适用性强等优点，已成为大断面隧道施工的主流施工方法。实际施工中视围岩条件和机械设备情况可派生出各种台阶法。台阶有利于开挖面的稳定，尤

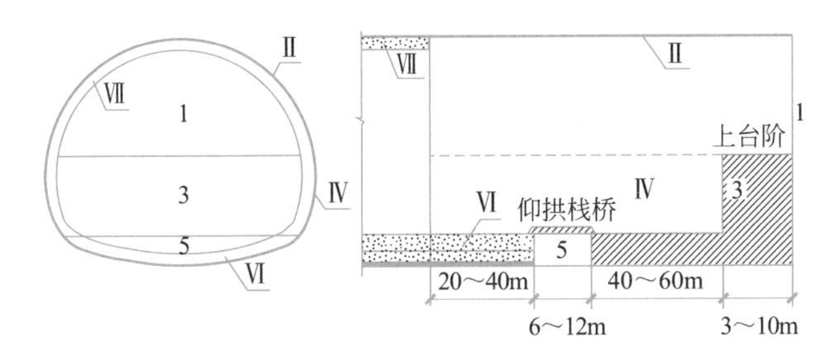

图 2-12 台阶法施工工艺示意图

Ⅰ—上台阶开挖；Ⅱ—上台阶初期支护；3—下台阶开挖；Ⅳ—下台阶初期支护；
5—底部开挖；Ⅵ—仰拱及混凝土填充；Ⅶ—二次衬砌

其是上部开挖支护后，下部作业则较为安全，且有足够的作业空间和较快的施工速度。但台阶法上下部作业相互有干扰，应注意下部作业时对上部稳定性的影响；另外，台阶开挖会增加对围岩的扰动次数。

3. 施工要点

1）台阶数量和台阶高度应综合考虑隧道断面高度、机械设备及围岩稳定性等因素确定。台阶开挖高度宜为 2.5～3.5m。台阶数量可采用二台阶或者三台阶，台阶数量不宜多于三个。

2）上台阶开挖每循环进尺，Ⅲ级围岩宜不大于 3m；Ⅳ级围岩宜不大于 2 榀钢架间距；Ⅴ级围岩宜不大于 1 榀钢架间距。Ⅳ、Ⅴ级围岩下台阶每循环进尺宜不大于 2 榀钢架间距。下台阶单侧拉槽长度宜不超过 15m。

3）下台阶左、右侧开挖宜前后错开 3～5m，同一榀钢架两侧不得同时悬空。

4）下部施工应减少对上部围岩、支护的干扰和破坏。

5）下台阶应在上台阶喷射混凝土强度达到设计强度的 70％以后开挖。

2.2.3 环形开挖留核心土法

环形开挖留核心土法是先开挖上部环形导坑，并进行支护，再分部开挖中部核心土、两侧边墙的一种施工方法。核心土的尺寸在纵向应大于 4m，核心土面积要大于上半断面面积的 1/2。

1. 施工工艺

环形开挖留核心土法施工工艺示意，如图 2-13 所示。

2. 特点

该方法因上部留有核心土支挡开挖面，且能迅速及时地施作拱部初期支护，所以开挖面稳定性好。和台阶法相同，核心土和下部开挖都是在拱部初期支护保护下进行的，故施工安全性好。虽然预留核心土增加了开挖面的稳定性，但开挖过程中围岩要经受多次扰动，而且断面分块较多，支护结构形成全断面封闭的时间较长，可能致使围岩变形增大。因此，它常要结合辅助施工措施对开挖面及其前方岩体进行预支护或预加固。

2-8 环形开挖预留核心土法

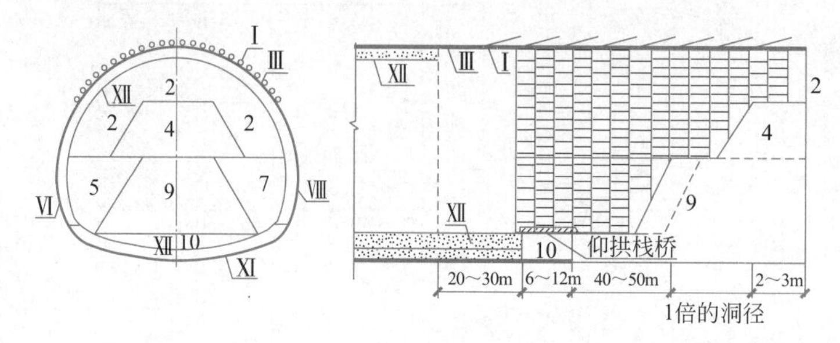

图 2-13　环形开挖留核心土法施工工艺示意图

Ⅰ—超前支护；2—上部环形导坑开挖；Ⅲ—上部初期支护；4—上部核心土开挖；5、7—两侧开挖；Ⅵ、Ⅷ—两侧初期支护；9—下部核心土开挖；10—仰拱开挖；Ⅺ—仰拱初期支护；Ⅻ—仰拱及填充混凝土；Ⅻ—拱墙二次衬砌

3. 施工要点

1）台阶开挖高度宜为 2.5～3.5m。

2）环形开挖每循环进尺，Ⅴ级围岩宜不大于 1 榀钢架间距，Ⅳ级围岩宜不大于 2 榀钢架间距。中下台阶每循环进尺，不得大于 2 榀钢架间距。核心土面积宜不小于断面面积的 50%。

3）上台阶钢架施工时，应采取有效措施控制其下沉和变形。

4）拱部超前支护完成后，方可开挖上台阶环形导坑；留核心土长度宜为 3～5m，宽度宜为隧道开挖宽度的 1/3～1/2。

5）各台阶留核心土开挖每循环进尺宜与其他分部循环进尺相一致。

6）核心土与下台阶开挖应在上台阶支护完成且喷射混凝土强度达到设计强度的 70%后进行。下台阶左、右侧开挖应错开 3～5m，同一榀钢架两侧不得同时悬空。

7）仰拱施作应紧跟下台阶，以及时闭合成稳固的支护体系。

2.2.4　中隔壁法

中隔壁法，简称 CD 法，是将隧道分成左右两部分进行开挖，先在隧道一侧采用二部或三部进行分层开挖，并施作初期支护与临时中隔壁，再分台阶开挖隧道另一侧，然后进行相应的初期支护。采用此方法时，两台阶之间的距离可采用微台阶法确定。

1. 施工工艺

中隔壁法施工工艺示意，如图 2-14 所示。

2. 特点

该方法施工时化大跨度为小跨度，且步步封闭。因此，每步开挖扰动土层的范围相对较小、封闭时间较短，隧道结构较快处于整体的受力状态。同时，中隔壁也起到了增大结构刚度的作用，有效抑制了隧道变形。但该方法分块太多，工序复杂、繁多，施工进度较慢；临时支撑的施作和拆除困难，且成本较高。

2-9 中隔壁法

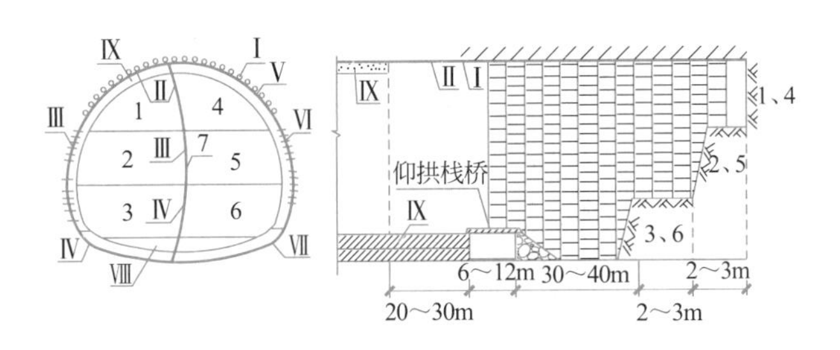

图 2-14　中隔壁（CD）法施工工艺示意图

Ⅰ—超前支护；1—左侧上部开挖；Ⅱ—左侧上部初期支护；2—左侧中部开挖；
Ⅲ—左侧中部初期支护；3—左侧下部开挖；Ⅳ—左侧下部初期支护；4—右侧上部开挖；
Ⅴ—右侧上部初期支护；5—右侧中部开挖；Ⅵ—右侧中部初期支护；6—右侧下部开挖；
Ⅶ—右侧下部初期支护；7—拆除中隔壁；Ⅷ—仰拱及填充混凝土；Ⅸ—拱墙二次衬砌

3. 施工要点

1）各分部开挖时，周边轮廓应圆顺。开挖进尺不得大于 1 榀钢架间距。

2）初期支护完成、强度达到设计规定后方可进行下一分部开挖。

3）当开挖形成全断面时，应及时完成全断面初期支护闭合。

4）临时支护拆除宜在仰拱施工前进行，一次拆除长度应与仰拱浇筑长度相适用。临时支护拆除后，应及时浇筑仰拱和仰拱填充、施作拱墙二次衬砌。

5）临时支护拆除前后，应进行变形量测。

2.2.5　交叉中隔壁法

2-10 交叉中隔壁法

交叉中隔壁法，简称 CRD 法，是先分部开挖隧道一侧，施作部分中隔壁和临时仰拱，并封闭成环；再交替分部开挖隧道另一侧，最终将隧道整个断面封闭成环。

CRD 法与 CD 法的主要区别是：CRD 法采用中隔壁和临时仰拱将隧道断面上下、左右分割，并进行分部开挖，每一分部开挖结束，均要求及时施作临时仰拱。CD 法采用中隔壁将隧道断面左右分割，并进行分部开挖，一般不设置临时仰拱。相比 CD 法，CRD 法对地层变形控制更为有效。

1. 施工工艺

交叉中隔壁法施工工艺示意，如图 2-15 所示。

2. 特点

交叉中隔壁法各分部增设临时仰拱和两侧交叉开挖，每步封闭成环，且封闭时间短，可抑制围岩变形，达到初期支护安全稳定的目的。同时，临时仰拱和中隔壁也起到了增大结构刚度的作用，有效抑制了隧道变形。但该方法分块太多，工序复杂、繁多，施工进度较慢；临时支撑的施作和拆除困难，且成本较高。

3. 施工要点

1）各分部开挖时，周边轮廓应圆顺。开挖进尺不得大于 1 榀钢架间距。

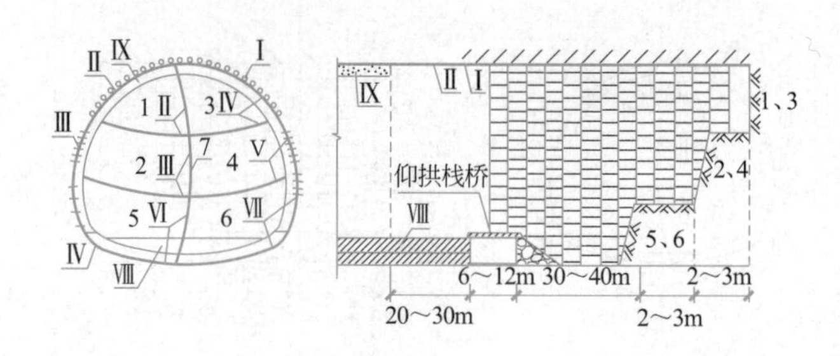

图 2-15　交叉中隔壁（CRD）法施工工艺示意图

Ⅰ—超前支护；1—左侧上部开挖；Ⅱ—左侧上部初期支护成环；2—左侧中部开挖；Ⅲ—左侧中部初期支护成环；
3—右侧上部开挖；Ⅳ—右侧上部初期支护成环；4—右侧中部开挖；Ⅴ—右侧中部初期支护成环；
5—左侧下部开挖；Ⅵ—左侧下部初期支护成环；6—右侧下部开挖；Ⅶ—右侧下部初期支护成环；
7—拆除中隔壁及临时仰拱；Ⅷ—仰拱及填充混凝土；Ⅸ—拱墙二次衬砌

2）初期支护完成、强度达到设计规定后方可进行下一分部开挖。每个台阶底部均应按设计规定及时施工临时钢架或临时仰拱。

3）当开挖形成全断面时，应及时完成全断面初期支护闭合。

4）临时支护拆除宜在仰拱施工前进行，一次拆除长度宜与仰拱浇筑长度相适应。临时支护拆除后，应及时浇筑仰拱和仰拱填充、施作拱墙二次衬砌。

5）临时支护拆除前后，应进行变形量测。

2.2.6　双侧壁导坑法

双侧壁导坑法，也称眼镜法，是指先开挖隧道两侧的导坑，并进行初期支护，再分部开挖剩余部分的施工方法。该法实质是将大跨度断面（大于 20m）分成 3 个小跨进行作业。一般采用人工、机械混合开挖，人工、机械混合出渣。施工过程中，左右侧壁导坑错开不小于 15m，这是基于在开挖过程中引起导坑周边围岩应力重分布不至于影响已成导坑的稳定性而确定的。上、下台阶之间的距离，视具体情况，按台阶法确定。

2-11 双侧壁导坑法

1. 施工工艺

双侧壁导坑法施工工艺示意，如图 2-16 所示。

2. 特点

双侧壁导坑法施工安全，每个分块都是在开挖后立即各自闭合的，在控制地表下沉方面，优于其他施工方法。现场实测表明，双侧壁导坑法所引起的地表沉陷仅为短台阶法的 1/2。此外，由于两侧导坑先行，能提前排放隧道拱部和中部土中的部分地下水，为后续施工创造有利条件。因此，浅埋、软弱、大跨隧道和软弱破碎、地下水发育的大跨隧道可优先选用双侧壁导坑法。但由于开挖断面分块多，扰动大，初期支护全断面闭合的时间长，施工进度较慢，成本较高。

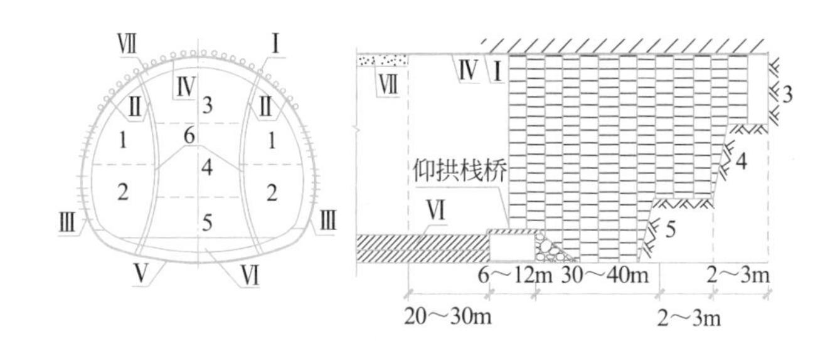

图 2-16　双侧壁导坑法施工工艺示意图

Ⅰ—超前支护；1—左（右）侧导坑上部开挖；Ⅱ—左（右）侧导坑上部支护；2—左（右）侧导坑下部开挖；Ⅲ—左（右）侧导坑下部支护成环；3—中槽拱部开挖；Ⅳ—中槽拱部初期支护与左右Ⅱ闭合；4—中槽中部开挖；5—中槽下部开挖；Ⅴ—中槽下部初期支护与左右Ⅲ闭合；6—拆除临时支护；Ⅵ—仰拱及填充混凝土；Ⅶ—拱墙二次衬砌

3. 施工要点

1）侧壁导坑开挖时，周边轮廓应圆顺。导坑跨度宜为整个隧道开挖宽度的三分之一。

2）导坑与中间土体同时施工时，导坑应超前 30～50m。

3）侧壁导坑开挖后，应及时施工初期支护并尽早形成封闭环。

4）临时支护拆除宜在仰拱施工前进行，一次拆除长度宜与仰拱浇筑长度相适应。临时支护拆除后，应及时浇筑仰拱和仰拱填充、施作拱墙二次衬砌。

5）临时支护拆除前后，应进行变形量测。

任务实施

2-12【知识巩固】

2-13【能力训练】

2-14【考证演练】

任务 2.3　钻爆设计

任务描述

学习“知识链接”相关内容，重点完成以下工作任务：一是回答与钻爆设计相关的问题；二是根据给定的隧道工程案例，完成钻爆设计；三是完成与本任务相关的建造师职业资格证书考试考题；具体参见“任务实施”模块。

知识链接

隧道开挖前，应根据工程地质条件、开挖断面、开挖方法、循环进尺、钻眼机具和爆破器材等做好钻爆设计。合理地确定炮眼布置、数目、深度和角度、装药量和装药结构、起爆方法、起爆顺序，安排好循环作业等，以正确指导钻爆施工，达到预期效果。

2-15 隧道爆破作业

2.3.1 炮眼种类

隧道爆破的炮眼类型按其所在位置、爆破作用、布置方式和有关参数的不同，一般可分为掏槽眼、辅助眼、周边眼三类，见图 2-17。

图 2-17 炮眼布置示意图
A—掏槽眼布置区；B—辅助眼布置区；C—周边眼布置区

1. 掏槽眼

针对隧道开挖爆破只有一个临空面的特点，为提高爆破效果，宜先在开挖断面的适当位置（一般在中央偏下部）布置几个装药量较多的炮眼，称为掏槽眼。其作用是先在开挖面上炸出一个槽腔，为后续炮眼的爆破创造新的临空面。

掏槽眼能否发挥良好的作用，将直接影响整个隧道爆破的成败。根据掏槽眼与开挖面的关系、掏槽眼的布置方式、掏槽深度以及装药起爆顺序的不同，可将掏槽方式分为如下几类：

1）直眼掏槽

直眼掏槽形式如图 2-18 所示，由若干个垂直于开挖面的炮眼所组成，掏槽深度受围岩软硬和开挖断面大小的限制。直眼掏槽时，可配合设置大直径的空眼，其作用相当于为装药掏槽提供了临空面，布置方式参见图 2-19。

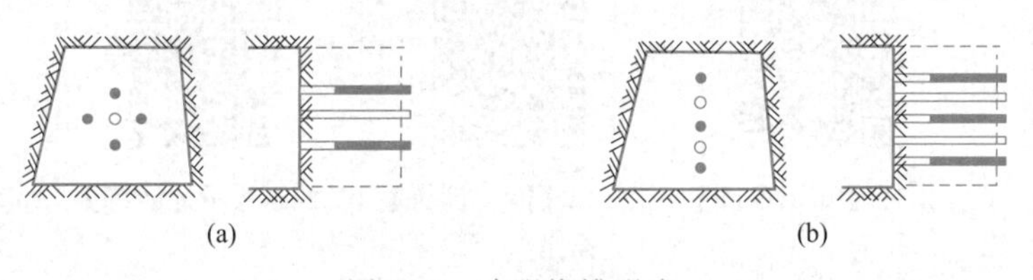

图 2-18 直眼掏槽形式
（a）炮眼菱形布置；（b）炮眼线形布置

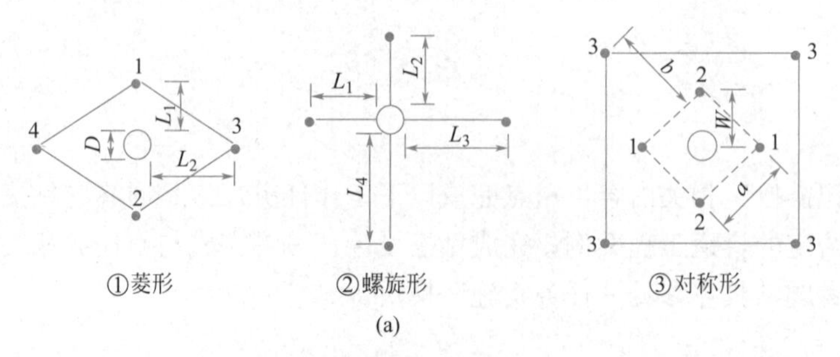

图 2-19 中空直眼掏槽形式（单位：cm）（一）
（a）中空直眼掏槽基本类型

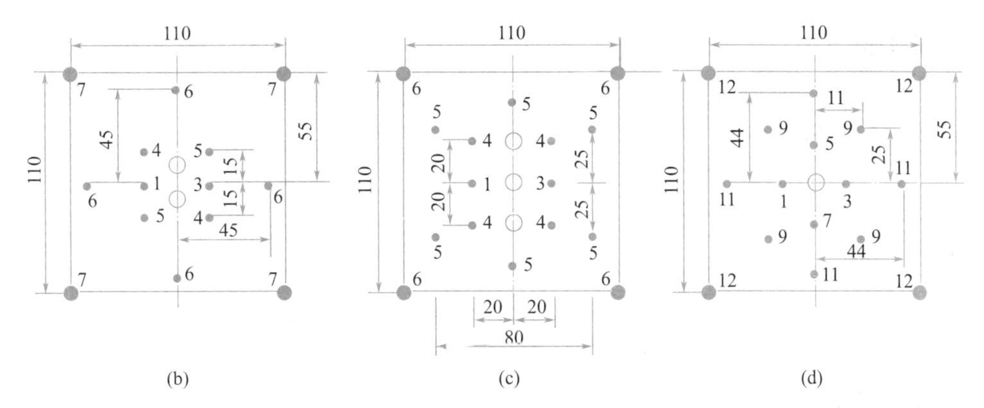

图 2-19 中空直眼掏槽形式（单位：cm）（二）

（b）双临空孔型；（c）三临空孔型；（d）单临空孔型

直眼掏槽的优点，便于机械同时钻眼和不受断面尺寸对爆破进尺的限制，可采用深孔爆破，从而为加快掘进速度提供有利条件。但其炮眼个数较多，炸药单耗值较大，炮眼位置和方向要求有较高的精度，才能保证良好的爆破效果。

2）斜眼掏槽

斜眼掏槽的特点是掏槽眼与开挖断面斜交，其形式常有垂直楔形掏槽和锥形掏槽两种形式，见图 2-20。

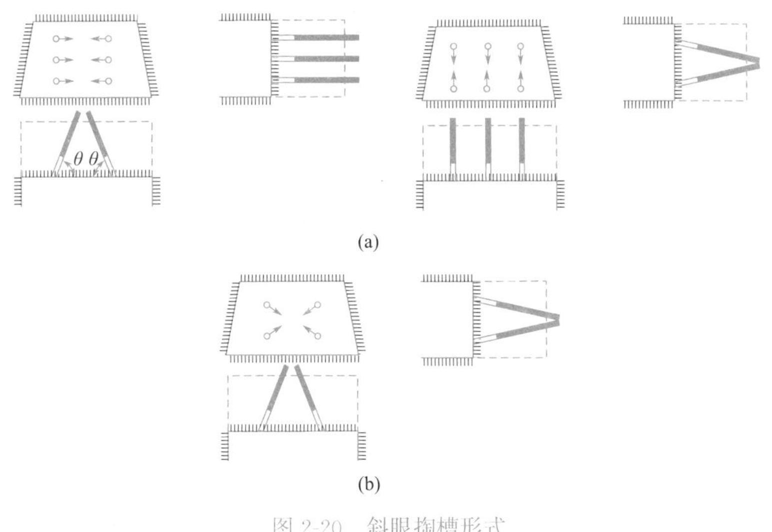

图 2-20 斜眼掏槽形式

（a）垂直楔形掏槽；（b）锥形掏槽

斜眼掏槽的优点是可以按岩层的实际情况选择掏槽方式和掏槽角度，容易把石渣抛出，掏槽眼的个数较少。缺点是眼深受到隧道断面尺寸的限制，且不便于多台钻机同时钻眼。

2-16 炮孔布置及爆破

2. 辅助眼

位于掏槽眼与周边眼之间的炮眼称为辅助眼，如图 2-17 中的 B 区域布置的炮眼。其作用是扩大掏槽眼炸出的槽腔，为周边眼爆破创造临空面。

3. 周边眼

沿隧道周边布置的炮眼称为周边眼，如图 2-17 中 C 区域布置的炮眼。其作用是爆破出较平整的隧道断面轮廓。

2.3.2 炮眼数量

炮眼数量主要与开挖断面、炮眼直径、岩石性质和炸药性能有关，炮眼数目过少会影响爆破效果，数目过多会增加钻眼工作量，因而影响隧道掘进速度。正确确定炮眼数目是取得良好爆破效果和提高掘进速度的重要条件之一。

1. 由经验公式确定炮眼数量

$$N=\frac{qS}{\alpha\gamma} \tag{2-15}$$

式中：N ——炮眼数量，不包括未装药的空眼数量；

q ——爆破 1m³ 岩石所需炸药消耗量，kg/m³，见表 2-19；

S ——开挖断面面积，m²；

α ——装药系数，即装药长度与炮眼全长的比值，见表 2-20；

γ ——每米药卷的炸药质量，kg/m，2 号岩石铵梯炸药的 γ 值见表 2-21。

爆破岩石所需的单位耗药量（kg/m³）（2 号岩石铵梯炸药） 表 2-19

开挖部位和开挖面积(m²)		围岩级别			
		Ⅳ～Ⅴ	Ⅲ～Ⅳ	Ⅱ～Ⅲ	Ⅰ
一个自由面	4～6	1.5	1.8	2.3	2.9
	7～9	1.3	1.6	2.0	2.5
	10～12	1.2	1.5	1.8	2.25
	13～15	1.2	1.4	1.7	2.1
	16～20	1.1	1.3	1.6	2.0
	40～43	1.0	1.2	1.1	1.4
多个自由面	扩大	0.6	0.74	0.95	1.2
	挖底	0.52	0.62	0.79	1.0

装药系数 α 值 表 2-20

炮眼名称	围岩级别			
	Ⅳ～Ⅴ	Ⅲ	Ⅱ	Ⅰ
掏槽眼	0.5	0.55	0.60	0.65～0.80
辅助眼	0.4	0.45	0.50	0.55～0.70
周边眼	0.4	0.45	0.55	0.60～0.75

2 号岩石铵梯炸药 γ 值 表 2-21

药卷直径(mm)	32	35	38	40	44	45	50
γ(kg/m)	0.78	0.96	1.10	1.25	1.52	1.59	1.90

2. 由经验类比确定炮眼数量

炮眼数目也可根据类似工程爆破条件，采用经验类比法确定。根据经验先布置掏槽眼，再根据地质情况及开挖断面的大小均匀布置周边眼和辅助眼。表 2-22 为经验类比数据，适用于炮眼直径为 38～46mm 的爆破作业，不装药炮眼未计入。当采用小直径炮眼或大直径炮眼时，炮眼数目应相应增减。

炮眼数目参考值 N　　表 2-22

围岩级别	开挖断面面积(m^2)				
	4～6	7～9	10～12	13～15	40～43
软石(Ⅴ)	10～13	15～16	17～19	20～24	65～72
次坚石(Ⅲ、Ⅳ)	11～16	16～20	18～25	23～30	75～90
坚石(Ⅱ、Ⅲ)	12～18	17～24	21～30	27～35	80～100
特坚石(Ⅰ)	18～25	28～33	37～42	38～43	110～125

2.3.3 炮眼深度

炮眼深度决定了一个循环的钻眼、装渣工作量、循环时间以及施工组织。循环进尺是确定炮眼深度的重要依据。软弱岩层的循环进尺一般在 0.8～1.5m 范围；硬岩的循环进尺一般为 3～5m，为减少对围岩的扰动，钻眼深度一般不大于 3.5m。同时，还应根据钻眼机械的最大钻眼深度、钻眼效率及与之相配套的装运机械设备的装运能力等因素综合考虑。亦可按以下方法估算炮眼深度。

1）炮眼平均深度

$$L=\frac{l}{\eta} \tag{2-16}$$

式中：L ——炮眼平均深度，m；

l ——每一掘进循环的计划进尺数，m；

η ——炮眼利用率，%；

注意：①辅助眼、周边眼可取炮眼平均深度；掏槽眼较炮眼平均深度再深 10～20cm；②掏槽眼、辅助眼、周边眼深度分别记为 L_1、L_2、L_3。

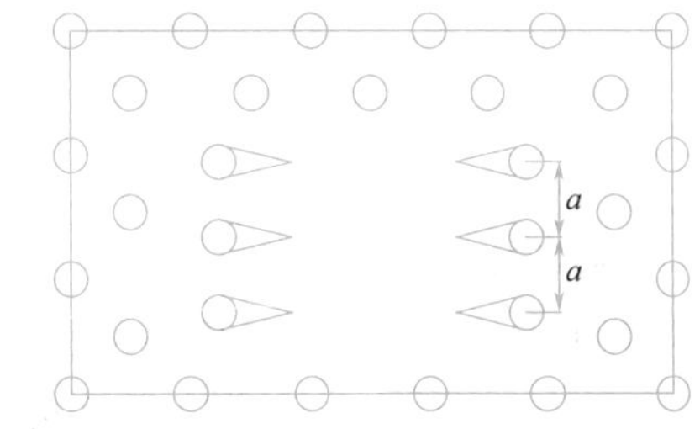

2）各类炮眼长度

依据图 2-21 炮眼深度与长度的关系，各类炮眼可按式（2-14）～式（2-16）计算其长度。

掏槽眼长度：

$$L'_1=\frac{L_1}{\sin\alpha} \tag{2-17}$$

辅助眼长度：

$$L'_2=L_2 \tag{2-18}$$

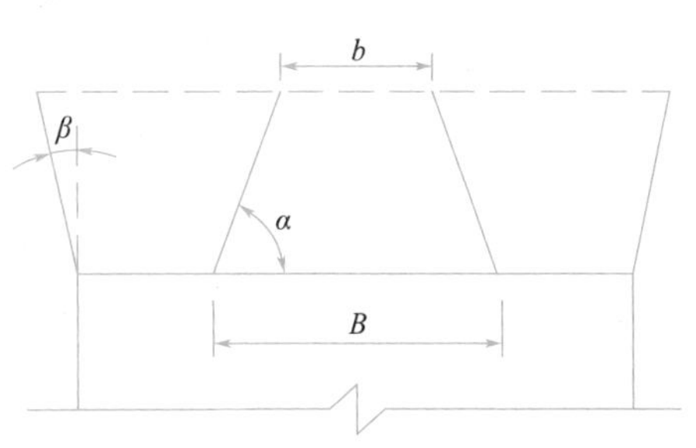

图 2-21　炮眼长度与深度关系图

周边眼长度：

$$L'_3=\frac{L_3}{\sin\beta} \tag{2-19}$$

2.3.4 炮眼布置

1. 掏槽眼

布置掏槽眼，应掌握以下要点：

1）掏槽眼本身只有一个临空面，故需要采用较大的炸药单位消耗量 q 值和较大的装药系数 α；为保证掏槽眼能有效地将石渣抛出槽口，掏槽眼应较平均炮眼深度加深 10～20cm，并采用反向连续装药，采用双雷管起爆。

2）槽口尺寸常在 1.0～2.5m^2 之间，要与循环进尺、断面大小和掏槽方式相协调，并要求掏槽眼口间距误差和眼底间距误差不得大于 5cm。

3）针对斜眼掏槽，一般可分为垂直楔形掏槽和锥形掏槽两大类。二者其炮眼布置相关参数可见表 2-23 与表 2-24。

垂直楔形掏槽爆破参数　　表 2-23

围岩级别	α(°)	a(cm)	b(cm)	炮眼数量(个)
Ⅳ级及以上	70～80	70～80	30	4
Ⅲ	75～80	60～70	30	4～6
Ⅱ	70～75	50～60	25	6
Ⅰ	55～70	30～50	20	6

锥形掏槽掏爆破参数　　表 2-24

围岩级别	α(°)	a(cm)	B(cm)	炮眼数量(个)
Ⅳ级及以上	70	100	100	3
Ⅲ	68	90	90	4
Ⅱ	65	80	80	5
Ⅰ	60	70	70	6

2. 辅助眼

辅助眼的布置，主要依据炮眼间距 E 值和最小抵抗线 W 值确定（见图 2-22）。一般取 $E/W=0.6\sim0.8$ 为宜，间距一般控制在 0.6～0.9m，并宜采用孔底连续装药。辅助眼应由内向外，逐层布置，逐层起爆，逐步接近开挖断面轮廓形状。

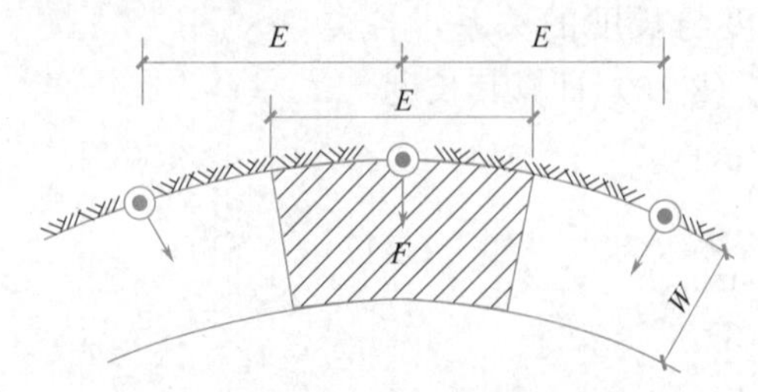

图 2-22　最小抵抗线参数示意图

3. 周边眼

周边眼的位置一般是沿着设计轮廓线均匀布置，其炮眼间距和最小抵抗线长度均比辅助眼小，目的是使爆破出隧道的轮廓较为平顺和控制超欠挖量。周边眼布置间距可参考表2-25。

周边眼间距取值表　　表2-25

岩石种类	周边眼间距(cm)
硬岩	55～70
中硬岩	45～60
软岩	30～50

为了控制超欠挖量和便于下一循环钻眼时落钻开眼，针对坚硬、完整岩体，眼口落在隧道设计轮廓线上，眼底落在设计轮廓线以外10～15cm；针对软弱、破碎岩体，眼口落在隧道设计轮廓线以内10～15cm，眼底落在隧道设计轮廓线上。

此外，为了保证开挖面平整，辅助眼及周边眼二者的眼底应落在同一垂直面上，必要时应根据实际情况调整炮眼的深度。

2.3.5 装药量计算及分配

炮眼装药量是影响爆破效果的重要因素。药量不足，炮眼利用率低、渣块过大；装药量过多，则会破坏围岩稳定，使抛渣过散，对装渣不利，且增加了洞内的有害气体，增加了排烟时间等。

一般先计算出一个循环的总用药量，然后按各种类型炮眼的爆破特性进行分配，再在爆破实践中加以检验和修正，直至取得良好的爆破效果。

1. 炸药总用量计算

$$Q=qV=qlS \tag{2-20}$$

式中：Q——每一爆破循环的总用药量，kg；

l——每一掘进循环的计划进尺数，m；

q——爆破每立方米岩石所需炸药消耗量，kg/m^3；

S——断面开挖面积，m^2。

2. 炸药总用量折合卷数

$$n=\frac{Q}{m}\text{（卷）} \tag{2-21}$$

式中：m——每卷炸药质量，kg。

3. 炮眼装药量分配

按装药系数α进行分配，见表2-18。每第i个炮眼装药卷数为：

$$n_i=\frac{L'\times\alpha}{\Delta l}\text{（卷）} \tag{2-22}$$

式中：L'——炮眼长度，m；

α——装药系数；

Δl——单卷药卷长度，m。

2.3.6 装药结构

按起爆药卷在炮眼中的位置可分为正向装药和反向装药；按装药的连续性则可分为连续装药和间隔装药。

（1）正向装药：是将起爆药卷放在眼口第一个药卷位置上，雷管聚能穴朝向眼底，并用炮泥堵塞眼口。

（2）反向装药：是将起爆药卷放在眼底第一个药卷位置上，雷管聚能穴朝向眼口，并用炮泥堵塞眼口。

（3）连续装药：是将药卷一个紧接一个地装入炮眼，直至把该炮眼所需药卷用量装完（见图 2-23）。

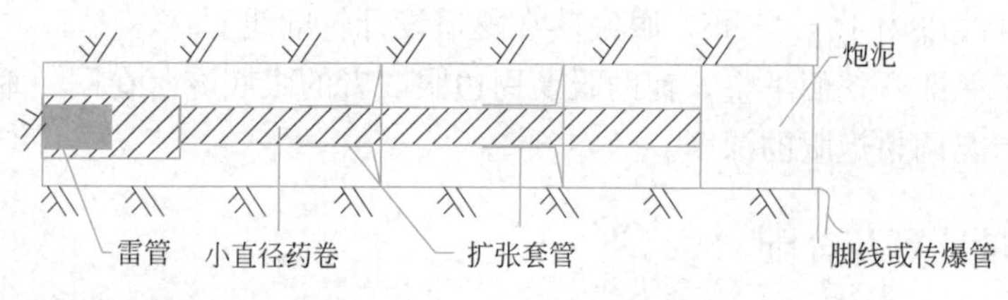

图 2-23 连续装药结构示意图

（4）间隔装药：是在眼底部位先装入一个起爆药卷，然后间隔一定距离装半个药卷，间隔一定距离再装半个药卷，直至把该炮眼所需药卷用量装完（见图 2-24）。

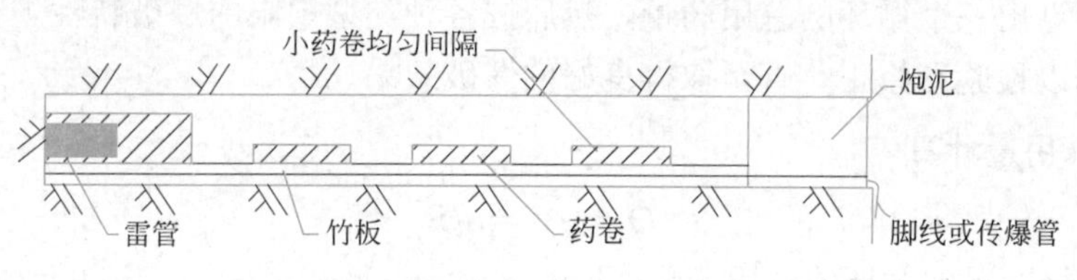

图 2-24 间隔装药结构示意图

掏槽眼首段采用正向装药起爆，其他炮眼采用反向装药起爆。掏槽眼和辅助眼可采用大直径药卷连续装药结构，周边眼可采用小直径药卷连续装药或大直径药卷间隔装药结构。

装药作业应符合下列规定：

（1）尽量采用装药机（有乳化炸药装药机、粉状炸药装药机）装药，以提高装药效率，减少不安全因素。

（2）清孔：装药前，采用掏勺或压缩空气吹眼器清除炮眼内的岩粉、积水，防止堵塞，使用压缩空气吹眼器时应避免炮眼内飞出的岩粉、岩块等杂物伤人。

（3）验孔：炮眼清理完成后，应采用炮棍检查炮眼深度、角度、方向和炮眼内部情况。发现炮眼不符合要求的，应及时处理。

（4）装药方法：验孔完成后，爆破工必须按作业规程、爆破设计规定的炮眼装药量、起爆段位进行装药。装药时要一手抓住雷管的脚线，另一手用木质或竹质炮棍将放在眼口处的药卷轻轻地推入眼底，使炮眼内各药卷间彼此密接。

（5）正向装药的起爆药卷最后装入，起爆药卷和所有药卷的聚能穴朝向眼底；反向装药起爆药卷首先装入，起爆药卷和所有药卷的聚能穴朝向眼口。

（6）所有装药的炮眼应采用炮泥堵塞，不得用炸药的包装材料等代替炮泥堵塞。宜用炮泥机制作炮泥，炮泥配合比一般为1∶3的黏土和砂子，加含有2%～3%食盐的水制成，炮泥应干湿适度。

（7）封孔时应注意：炮眼深度小于1m时，封泥长度不宜小于炮眼深度的1/2；炮眼深度超过1m时，封泥长度不宜小于0.5m；炮眼深度超过2.5m时，封泥长度不宜小于1m；光面爆破周边眼的封泥长度不宜小于0.3m。

任务实施

2-17【知识巩固】

2-18【能力训练】

2-19【考证演练】

任务2.4　支护措施施工

任务描述

学习“知识链接”相关内容，结合《地下工程施工技术》配套图纸，重点完成以下工作任务：一是回答与支护措施施工相关的问题；二是完成与隧道支护措施相关的图纸识读任务；三是完成超前管棚支护的工程案例分析；四是编制支护措施技术交底书；五是完成与本任务相关的建造师职业资格证书考试考题；具体参见“任务实施”模块。

知识链接

2.4.1　超前支护施工

1. 超前管棚施工

超前管棚是在隧道开挖前，将一系列钢管（导管）顺隧道轴线方向沿隧道开挖轮廓线外排列布置形成的钢管棚。随着隧道开挖，管棚钢管与及时施作的钢架连接形成纵横向的支护体系（见图2-25）。由于管棚是在隧道开挖前施作，对开挖面前方拱顶围岩形成纵向支护，隧道开挖过程中在钢架支撑的共同作用下，对阻止围岩下沉、防止开挖面拱顶塌方和保证开挖面稳定等有显著效果，超前管棚具有很强的超前支撑能力和控制沉降能力，在松散破碎地层、地面沉降有严格控制的浅埋段、塌方地段都可以采用。由于工艺条件限制，超前管棚多用于洞口，洞内因有其他超前支护措施替代，应用较少。超前管棚施工工艺流程如图2-26所示。

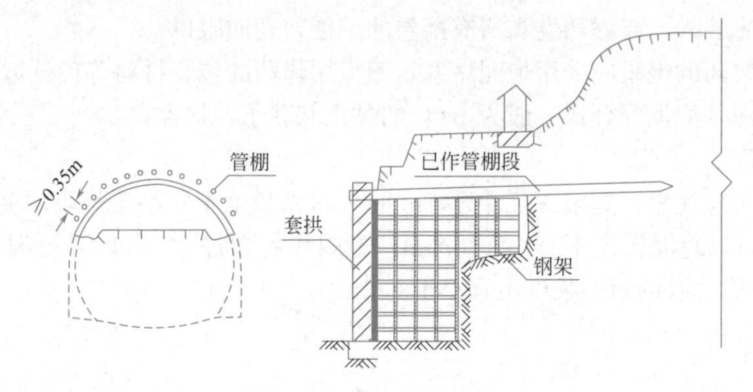

图 2-25 超前管棚支护

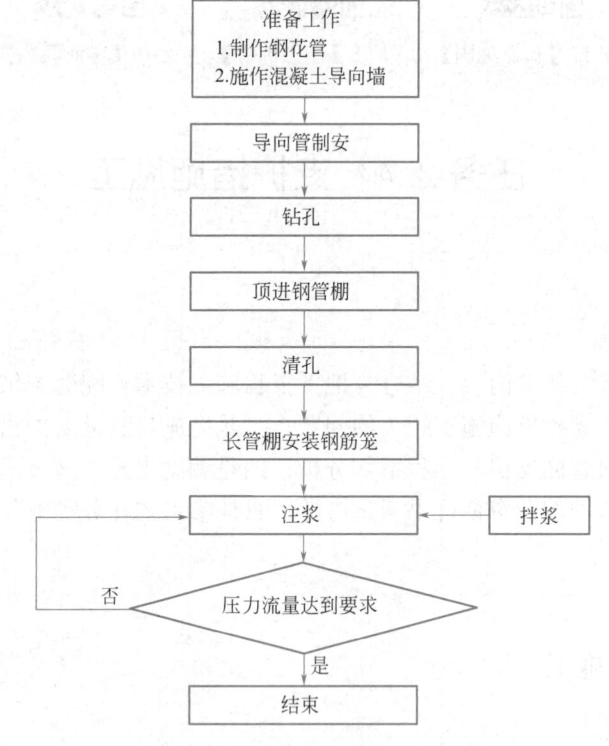

图 2-26 超前管棚施工工艺流程

2-20 超前管棚施工

1）施工准备

根据用于管棚施工的机械设备情况，在开挖至管棚施工段时，预留下台阶不开挖，作为管棚施工操作平台。

2）套拱施工

一般采用 C25 混凝土套拱作为管棚的导向拱。套拱在隧道衬砌的外轮廓线的外部。套拱内设 2～3 榀用 I20a 工字钢制作的钢架，作为环向支撑，管棚的导向管焊接固定在钢架上。具体布设如图 2-27 所示。

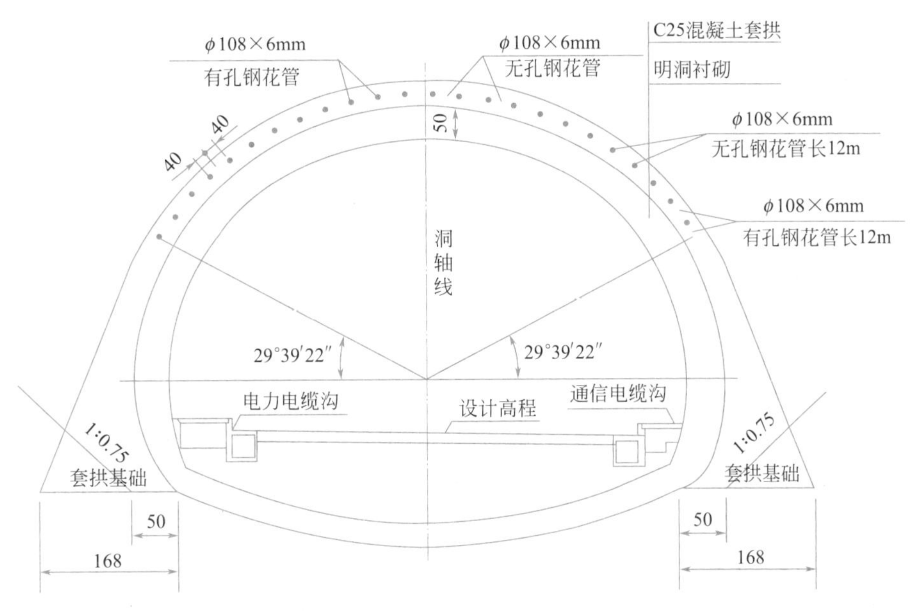

图 2-27　套拱及套管布设横断面示意（单位：cm）

3）管棚制作

管棚一般采用 ϕ108（ϕ60）mm 钢管制作，壁厚 6mm，管壁打孔，布孔采用梅花形，孔径为 10～16mm，孔间距为 15cm，钢管尾留 2～3m 不钻孔作为止浆段。加工后的钢花管大样见图 2-28。

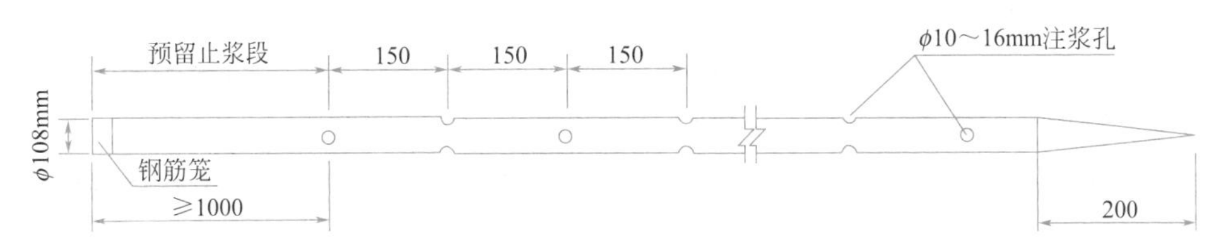

图 2-28　钢花管大样图（单位：mm）

4）钻孔

采用管棚钻机钻孔。为减少因钻具移位引起的钻孔偏差，钻进过程中经常采用测斜仪量测钻杆钻进的偏斜度，发现偏斜超过设计要求时及时纠正。其他相关要求如下：

（1）钻孔直径：ϕ108mm 管棚，采用 ϕ127mm 的钻孔直径。

（2）钻孔平面误差：径向不大于 20cm。

5）清孔、顶管、放钢筋笼

用高压风或清水清孔。钻孔检测合格后，将钢管连续接长（钢管搭接方式采用螺纹连接），用钻机旋转顶进，将其装入孔内。在钢管中增设钢筋笼，以增强钢管的抗弯能力。钢筋笼一般由 4 根 ϕ22mm 主筋和固定环组成。管棚钢筋笼布设如图 2-29 所示。

6）注浆

注浆浆液采用强度等级为 42.5 级普通硅酸盐水泥，水泥浆水灰比为 0.5：1～1：1。当地下水发育时，注浆浆液改为水泥-水玻璃，水玻璃浓度为 35～40°Bé。注浆压力采用

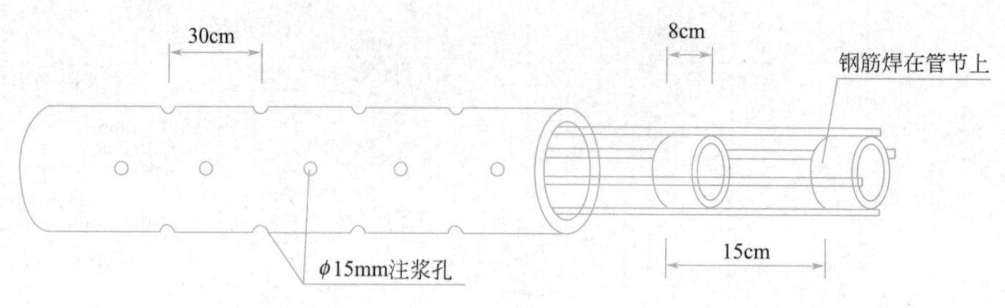

图 2-29 管棚钢筋笼布设示意

0.5～1.0MPa，施工中应根据实际情况进行调整。

注浆实施过程中，应采用全孔压入方式向管棚内压注水泥浆，选用大功率注浆泵注浆。注浆前先进行现场注浆试验，确定注浆参数及外加剂掺入量后再用于实际施工。注浆按先下后上、先稀后浓的原则进行。注浆量由压力控制，达到标准后关闭止浆阀，停止注浆。

7）施工有关注意事项

（1）管棚的各项参数应符合设计规定。

（2）管棚开孔前宜先施作导向墙，其纵向长度应不小于 2m、厚度应不小于 0.8m，并应有足够的强度和刚度，导向墙基础应置于稳定地基上。

（3）导向墙内的导向管内空直径应不小于管棚钻孔的钻头直径，布置间距和方向应满足设计要求。

（4）管棚钻孔不应侵入开挖范围，钻孔机械应具有纠偏功能。

（5）管棚钢管宜分节连接顶入钻孔，节段长度不宜小于 2m，相邻钢管的接头错开距离应大于 1m，各节段间应采用丝扣连接或套管焊接连接，连接长度不应小于 50mm。

（6）管棚钢管就位后，应插入钢筋笼，并应及时进行注浆施工，每根钢管应一次连续注满砂浆，注浆参数应根据现场试验确定，砂浆强度等级不应低于 M20。

（7）管棚钻孔应跳孔实施，先实施的管棚注浆凝固后，方可进行其相邻管棚的钻孔施工。

（8）围岩破碎、钻进难以成孔时，可采用跟管钻孔工艺施工。

（9）当洞内采用超前管棚时，管棚工作室参数应根据机具设备尺寸和设计管棚外倾角等因素设置。

2-21 超前小导管施工

2. 超前小导管施工

在隧道工作面开挖前，沿隧道拱部开挖轮廓线外打入带孔小导管，并通过小导管向围岩压注起胶结作用的浆液，在隧道轮廓线外形成一个 0.6～1.2m 厚的弧形加固圈，在此加固圈的保护下即可安全地进行开挖作业，见图 2-30。超前小导管施工工艺流程如图 2-31 所示。

1）小导管结构

小导管前端加工成锥形，以便插打，并防止浆液前冲。小导管中间部位钻 ϕ10mm 的注浆孔。注浆孔呈梅花形布置（防止注浆出现死角），间距为 15cm，尾部 1m 范围内不钻孔以防漏浆，末端焊直径为 6mm 的环形箍筋，以防打设小导管时端部开裂，影响注浆管连接。加工成形后的小导管构造详见图 2-32。

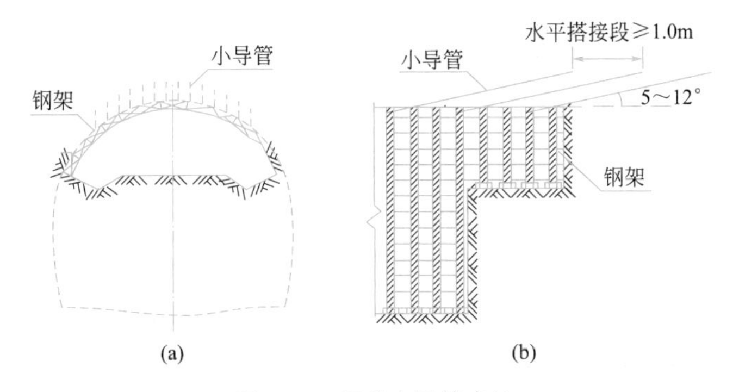

图 2-30　超前小导管支护

图 2-31　超前小导管施工工艺流程图

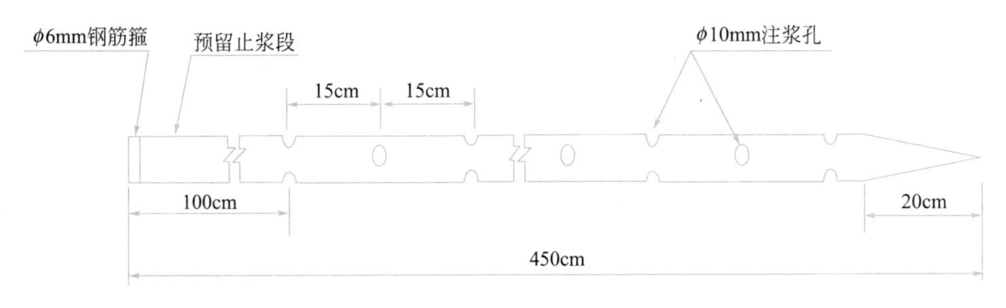

图 2-32　小导管构造

2）注浆材料

双液浆：又称CS浆；

水灰比：0.8∶1～1.5∶1；

水玻璃浓度：(35～40)°Bé。

3）注浆工艺

(1) 小导管安设

① 用风钻或用重锤将小导管送入孔中，然后检查导管内有无充填物。如有充填物，用吹管吹出或掏勾勾出。

② 用塑胶泥封堵导管周围及孔口。

③ 严格按设计要求打入导管，管端外露 20cm，以便安装注浆管路。

(2) 注浆浆液配制及搅拌

① 水泥浆搅拌在拌合机内进行。根据拌合机容量大小，严格按要求投料。水泥浆浓度根据地层情况和凝胶时间要求而定，一般应控制在 1.5∶1～1∶1。

② 搅拌水泥浆的投料顺序为：在加水的同时将缓凝剂一并加入并搅拌，待水量加够后继续搅拌 1min，最后将水泥投入并搅拌 3min。

③ 缓凝剂掺量根据所需凝胶时间而定，一般控制在水泥用量的 2%～3%。

④ 注浆用水玻璃的浓度一般为 35°Bé，浓水玻璃液的稀释采用边加水，边搅拌，边用波美计测量的方法进行。

(3) 小导管注浆采用双液注浆法，使用双浆泵将浆液输入至孔口混合器，经分浆器流入导管进入地层。注浆施工时应注意以下几点：

① 注浆口最高压力须严格控制在 0.5MPa 以内，以防压裂工作面。

② 进浆速度不宜过快，一般控制每根导管双液浆进浆量在 30L/min 以内。

③ 导管注浆采用定量注浆，一般每根导管内注入 400L 浆液后即结束注浆。如压力逐渐上升，流量逐渐减少，虽然未注入 400L 浆液，但孔口压力已达到 0.5MPa 时也应结束注浆。

(4) 注浆时，水泥浆与水玻璃浆的体积比（即 C∶S）应按所需凝结时间选定，一般应控制在 1∶0.6～1∶1。

(5) 注浆结束后应及时清洗泵、阀门和管路，保证机具完好，管路畅通。

(6) 注浆量估算

为了获得良好的加固效果，必须注入足够的浆液量，确保有效扩散范围。注浆范围为开挖轮廓线外 0.3～0.5m，并使浆液在地层中均匀扩散。浆液单孔注入量和围岩的孔隙率有关，根据扩散半径及岩层的裂隙进行估算，其值为：

① 浆液扩散半径 R

$$R = (0.6 \sim 0.7)L \tag{2-23}$$

② 单根钢管注浆量 Q

$$Q = \pi r^2 l + \pi(R^2 - r^2) l \cdot n \tag{2-24}$$

式中：L——钢管中心间距；

l、r——钢管长度、半径；

n——围岩孔隙率。

4）施工有关注意事项

（1）小导管各项参数应满足设计要求。

（2）超前小导管尾端应支撑于钢架上，并应焊接牢固。管口应设置止浆阀。

（3）超前小导管与围岩间出现间隙时，应采用喷射混凝土填满。

（4）超前小导管管内应注满砂浆。

（5）超前小导管施工完成 8h 后方可进行开挖。

（6）开挖时导管间仍有掉块时，应立即补打导管，并应在下一环小导管施工时适当加密。

3. 全断面注浆施工

当隧道穿越富水地段时，为确保施工安全，应采用全断面超前预注浆（以下简称“全断面注浆”）措施加固，见图 2-33。全断面注浆纵向长度一般为 12m，径向加固范围为隧道开挖工作面及开挖轮廓线以外 4m，见图 2-34。为减少注浆盲区，在前 8m 注浆盲区内增设补浆孔。全断面注浆工艺流程如图 2-35 所示。

2-22 全断面帷幕注浆施工

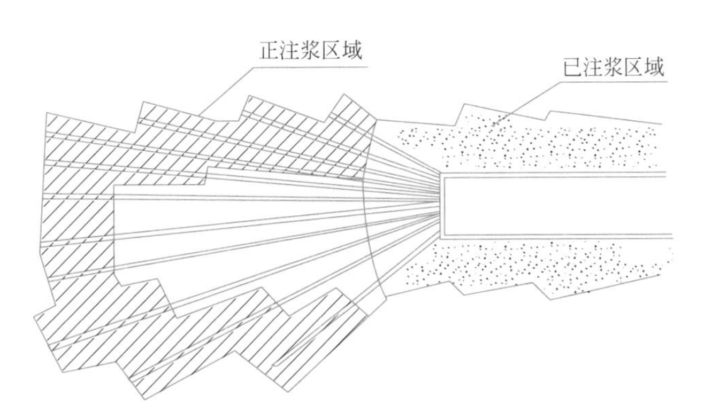

图 2-33　全断面注浆加固示意图

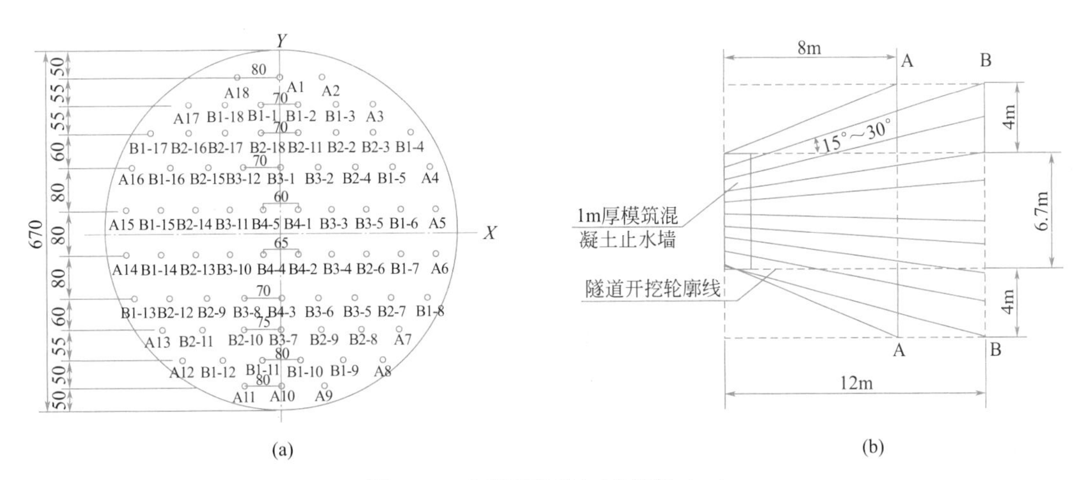

图 2-34　全断面注浆加固方案（一）

（a）注浆孔位布置（单位：cm）；（b）注浆孔开孔纵剖面

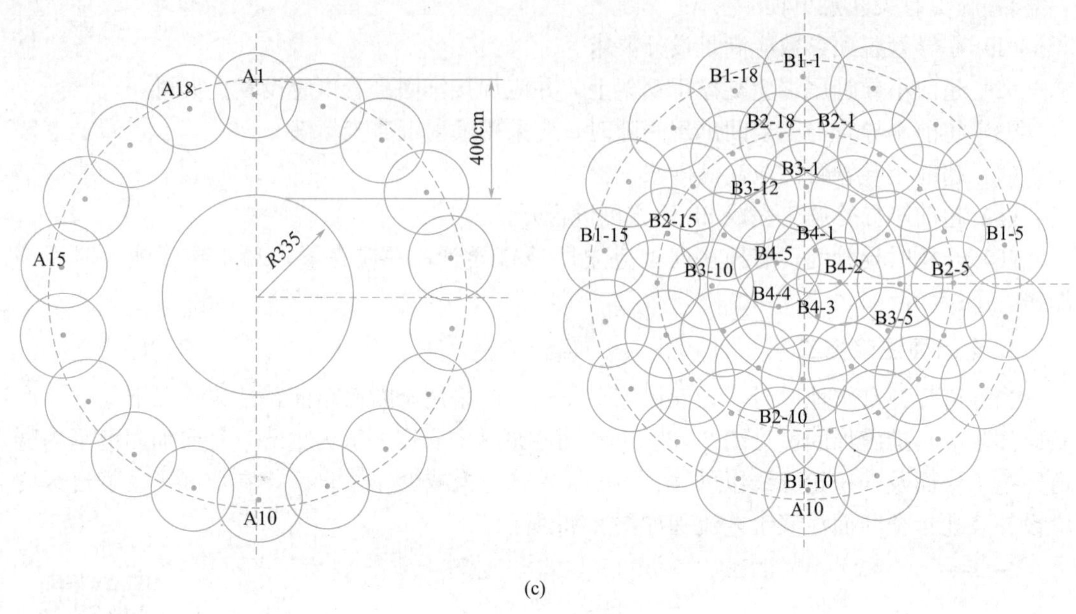

(c)

图 2-34　全断面注浆加固方案（二）

(c) A-A、B-B断面终孔交圈

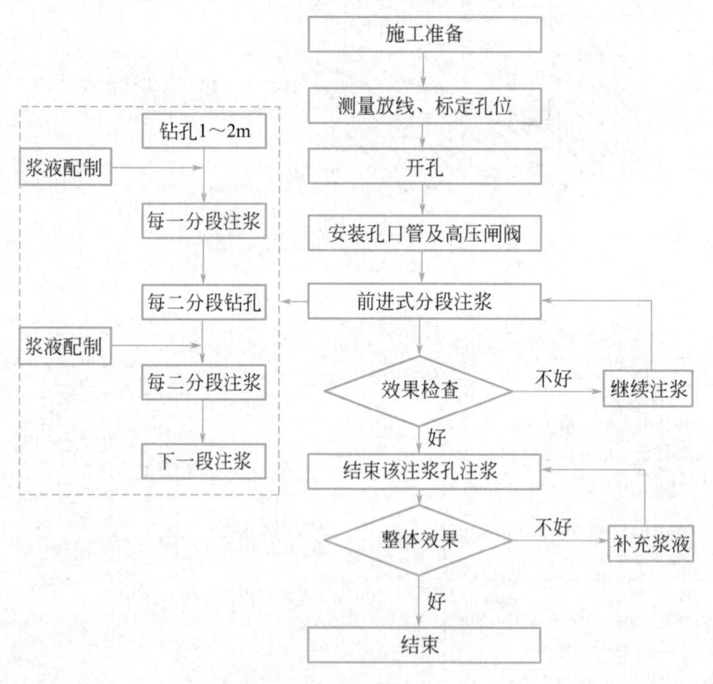

图 2-35　全断面注浆工艺流程

1）注浆材料

注浆材料以普通水泥-水玻璃双液浆为主，以普通水泥、超细水泥单液浆为辅。普通水泥强度等级为42.5R 硅酸盐水泥，水玻璃浓度为35°Bé，模数为2.4～2.8，浆液配合比见表 2-26。

浆液配比参照表　　表 2-26

序号	名称	浆液配合比	
		水灰比	体积比
1	普通水泥-水玻璃双浆液	(0.8～1)：1	1：(1～0.3)
2	普通水泥单浆液	(0.8～1)：1	/
3	超细水泥单浆液	(0.8～1.2)：1	/

2）注浆参数

选择双液注浆时，水泥浆水灰比一般取 1：1，即 15 袋水泥搅拌 1m^3 浆液，用 750L 水。水玻璃浆浓度为 30～35°Bé，实际注浆过程中，根据浆液变化及压力变化情况，可适当调浓或调稀一级，以确保施工质量，施工过程做好施工记录。注浆压力设计值根据断面、地面隆起情况取 3～5MPa，注浆时要严格控制压力，防止因地面隆起而破坏地面结构。根据现场监测情况，可适当调整注浆压力。

3）注浆作业

注浆采取从下向上、间隔跳孔、先外圈后内圈的顺序进行。具体如下：

(1) 施工准备

根据现场情况，焊接搭设钻机平台。平台结构为双层工字钢结构，每层高度一般为 3.2m，其他尺寸根据现场和钻机布置需要而定，保证平台强度以便架立钻机打孔，确保安全。

(2) 测量放线及标定孔位

施工前，测量组根据设计图纸放出断面中心点，现场按设计要求在开挖面标出开孔位置，确定注浆外插角，调整钻机至满足设计钻孔方向要求。

(3) 开孔

钻机采用低压力、满转速，直径一般为 130mm 的钻头开孔，钻深 2m，退出钻杆，安装孔口管。

(4) 安装孔口管及高压闸阀

开孔完成后，在孔口上安装孔口高压管及高压闸阀。孔口管及高压阀必须事先加工好。

(5) 注浆

钻孔至设计位置后，按照注浆方式和注浆工艺流程进行注浆作业。

(6) 注浆效果检查

注浆结束后，在注浆薄弱区域钻设检查孔，检查孔数量按设计注浆孔数量的 5%～10%考虑。检查孔要求不涌泥、不涌砂，出水量小于 0.2L/（min·m），否则应补孔注浆。通过统计总注浆量，反算浆液空隙填充率。浆液填充率要求达到 70%以上。

4）施工有关注意事项

(1) 钻孔过程中遇见突泥、突水情况，立即停钻，进行注浆处理。

(2) 在开挖面有小裂隙漏浆，先用水泥浸泡过的麻丝填塞裂隙，并调整浆液配比，缩短凝胶时间，若仍跑浆，在漏浆处用风钻钻浅孔注浆固结。

(3) 当注浆压力突然升高，则只注纯水泥浆或清水，待泵压恢复正常时，再进行双液注浆，若压力不恢复正常，则停止注浆，检查管路是否堵塞。

(4) 当进浆量很大，注浆压力长时间不升高时，应调整浆液浓度及配合比，缩短凝胶时间，进行小泵量、低压力注浆，使浆液在岩层裂隙中有相对停留时间，便于凝胶；有时也可以进行间歇式注浆，但停留时间不能超过浆液凝胶时间。

(5) 注浆发生堵管时，先打开孔口泄压阀，再关闭孔口进浆阀，然后停机，查找原因，迅速进行处理。

(6) 注浆结束时，应先打开泄压管阀门，再关闭进浆管阀门并用清水将注浆管冲洗干净后方可停机。

2.4.2 初期支护施工

初期支护是包含初喷射混凝土、锚杆、钢筋网、钢架、复喷射混凝土等单一或组合的支护形式。实际施工中应根据围岩条件、断面大小和施工条件等选择支护形式。初期支护施工程序如图 2-36 所示。

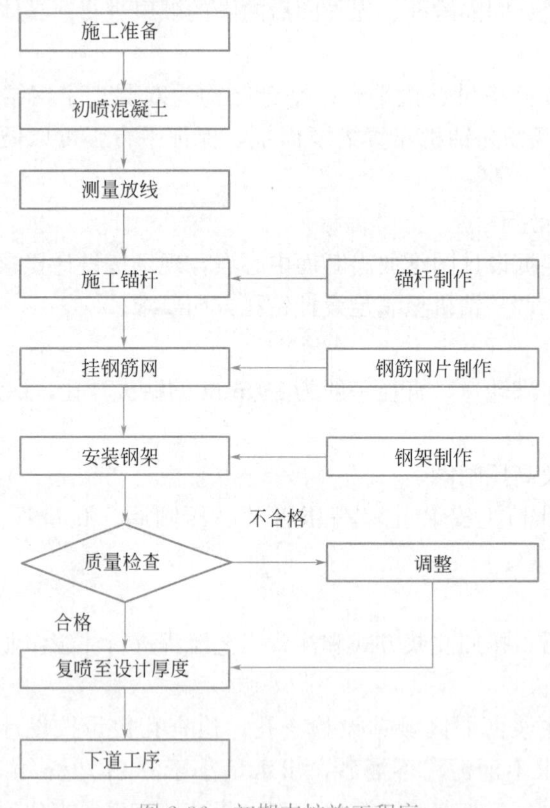

图 2-36 初期支护施工程序

1. 锚杆施工

锚杆是用金属或其他高抗拉性能的材料制作的一种杆状构件，是隧道施工过程中保持围岩稳定，保证施工安全的重要支护手段之一，见图 2-37。锚杆加固围岩可根据不同围岩的岩层产状和稳定状况灵活布设，且能发挥锚杆的悬吊作用、组合梁作用、内压作用、挤压加固拱作用，可有效维持围岩稳定，见图 2-38。

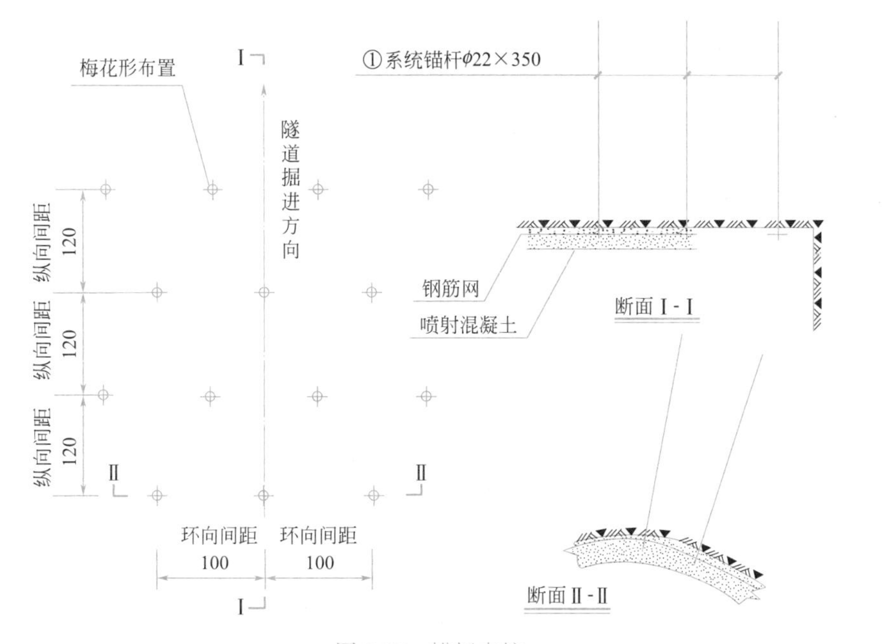

图 2-37　锚杆支护

2-23 锚杆施工

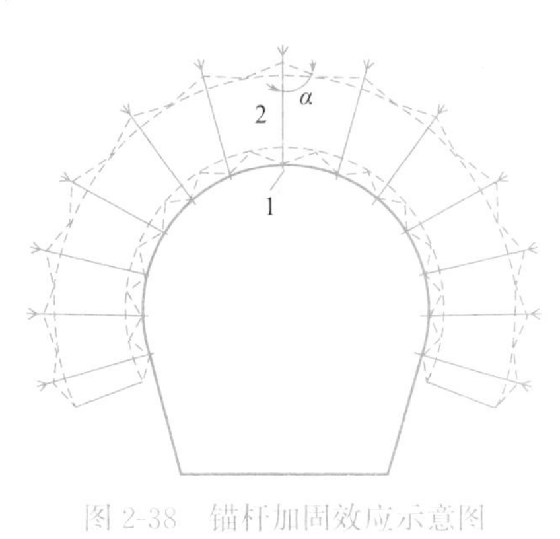

图 2-38　锚杆加固效应示意图

1—锚杆；2—围岩

隧道常用的锚杆有中空注浆锚杆、砂浆锚杆、药包锚杆、组合中空锚杆等类型。各类锚杆施工方法如下：

1）中空注浆锚杆

中空注浆锚杆由锚头与锚杆体连接组成。锚杆体上设有止浆塞、垫板以及紧固螺母，具有沿锚杆体轴向设置、位于锚杆体外侧并与锚杆体连接的测长排气管，见图 2-39。测长排气管前端封头与锚头平齐，测长排气管后端开口并伸出锚杆体，测长排气管的管壁上遍布可阻止水泥砂浆进入的气孔。既可在锚杆施工后方便地检查锚杆体的真实长度，确保施工质量，又可在注浆施工时排出锚孔中的空气，有利于注浆施工的进行。

（1）施工工艺

中空注浆锚杆施工工艺流程见图 2-40。

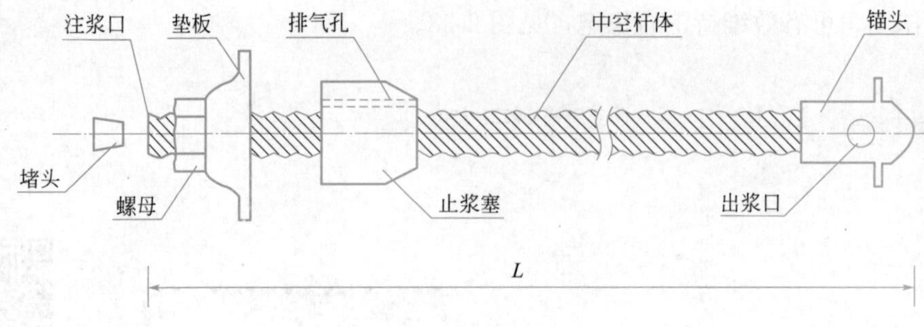

图 2-39　中空注浆锚杆说明图

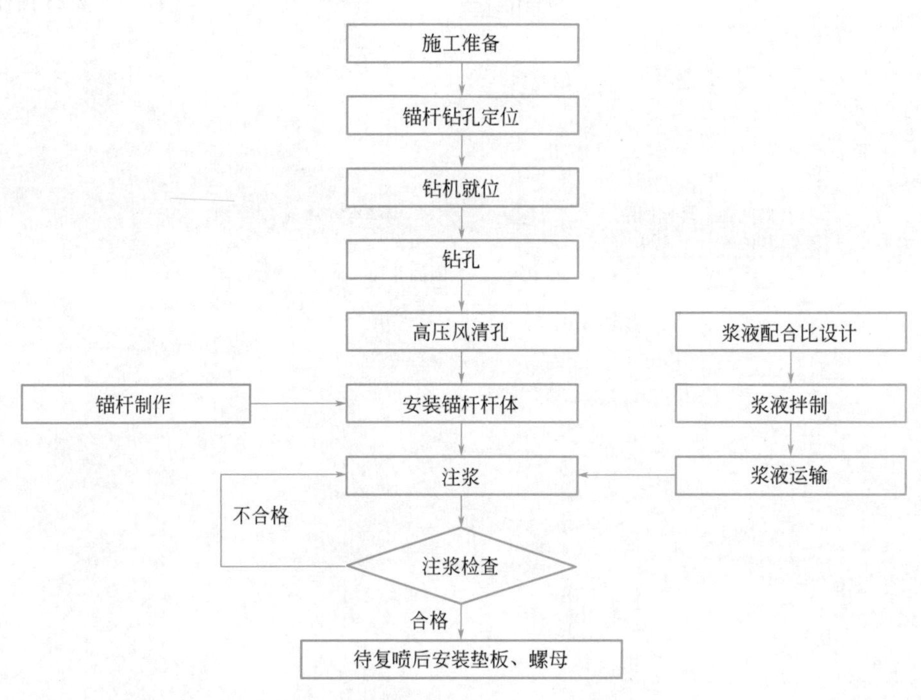

图 2-40　中空注浆锚杆施工工艺流程图

（2）施工控制要点

① 中空锚杆应有锚头、止浆塞、中空杆体、垫板、螺母等配件。

② 插入中空锚杆后，应安装止浆塞。止浆塞应留有排气孔。

③ 应对锚杆中孔吹气或注水疏通。

④ 中空注浆锚杆施工时应保持中空通畅，并留有专门排气孔。

⑤ 注浆过程中，注浆压力应保持在 0.3MPa 左右，待排气口出浆后，方可停止注浆。

⑥ 浆体终凝后应安装垫板、拧紧螺母。

2）砂浆锚杆

普通水泥砂浆锚杆（简称“砂浆锚杆”），是以普通水泥砂浆作为胶粘剂的全长黏结式锚杆。隧道初期支护常采用 ϕ22mm、ϕ25mm 两种直径的砂浆锚杆，见图 2-41。

（1）施工工艺

砂浆锚杆施工工艺流程见图 2-42。

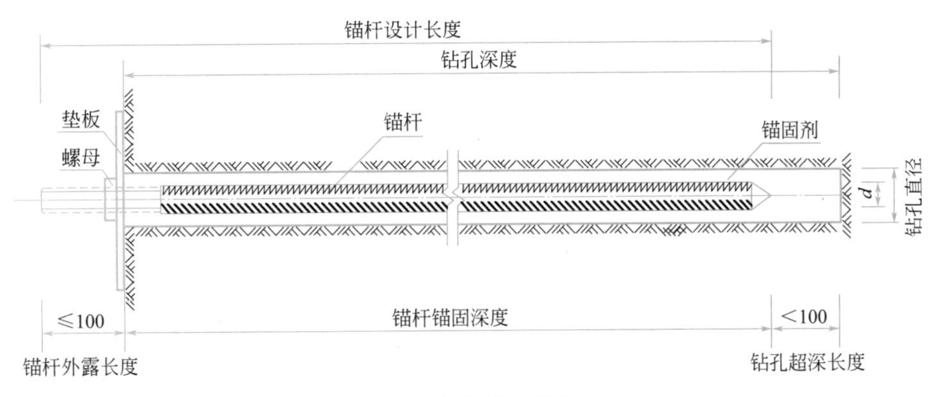

图 2-41　砂浆锚杆说明图

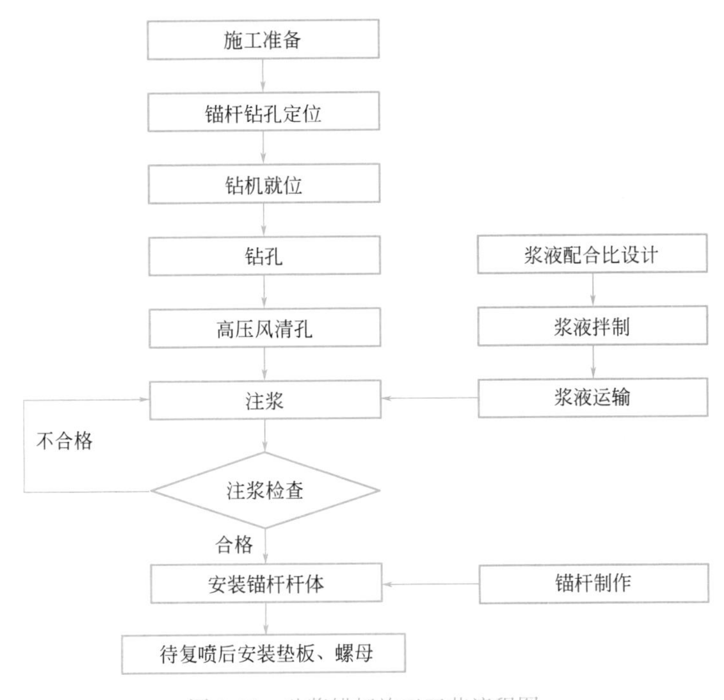

图 2-42　砂浆锚杆施工工艺流程图

（2）施工控制要点

① 锚杆外露端应加工 120～150mm 的螺纹，锚杆前端应削尖。

② 应配有止浆塞、垫板和螺母等配件。

③ 锚杆砂浆应拌合均匀、随拌随用，已初凝的砂浆不得使用。

④ 锚杆孔灌浆时，灌浆管应插至距孔底 50～100mm 处，并随砂浆的灌入缓慢匀速拔出。

⑤ 灌浆后应及时插入锚杆杆体，锚杆杆体插到设计深度时，孔口应有砂浆流出。孔口无砂浆流出或杆体插不到设计深度时，应将杆体拔出，清孔，重新安装。

⑥ 应及时安装止浆塞。

⑦ 砂浆终凝后应及时安装垫板、螺母，垫板应紧贴岩面，垫板与岩面不平整接触时，

应用砂浆填实。螺母应拧紧。

3）药包锚杆

药包锚杆，是以水泥药包为锚固剂的粘结型锚杆，是锚固剂和锚杆杆体的合称，一般设计为全粘结型，锚杆杆体一般采用螺纹钢筋，见图 2-43。

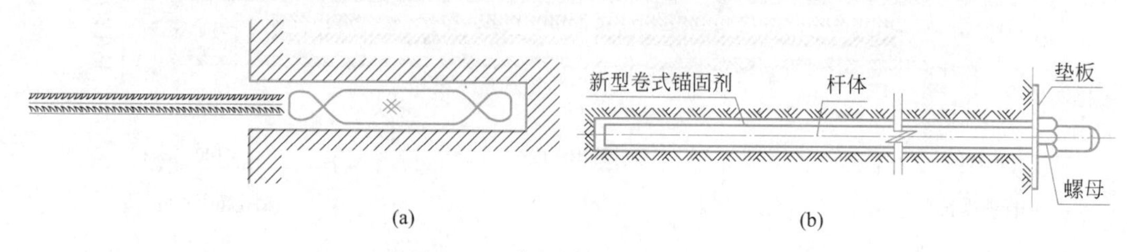

图 2-43　药包锚杆施工示意图

（a）杆体和药包；（b）药包锚杆整体图

（1）施工工艺

药包锚杆施工工艺流程见图 2-44。

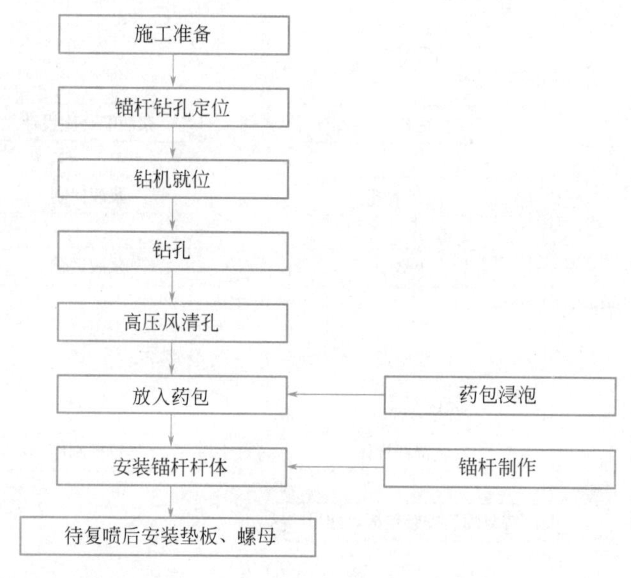

图 2-44　药包锚杆施工工艺流程图

（2）施工控制要点

① 药包应进行泡水检验。

② 不应使用受潮结块的药包。

③ 药包砂浆的初凝时间应不小于 3min，终凝时间应不大于 30min。

④ 药包宜在清水中浸泡，随用随泡。

⑤ 药包宜采用专用工具推入钻孔内，并应防止中途药包纸破裂。

⑥ 锚杆插到设计深度时，孔口应有浆液溢出。孔口无浆液流出或杆体插不到设计深度时，应将杆体拔出，清孔，重新安装。

⑦ 锚杆应安装垫板并拧紧螺母。

4）组合中空锚杆

组合中空锚杆由锚头、连接套、止浆塞、排气管、中空杆体、垫板、螺母等配件组成。其注浆是通过锚杆尾端的中空杆体经连接套的注浆孔向锚杆孔内注浆，由塑料软管排气。为保证注浆饱满，排气软管前端需到达锚孔底部，如图 2-45 所示。

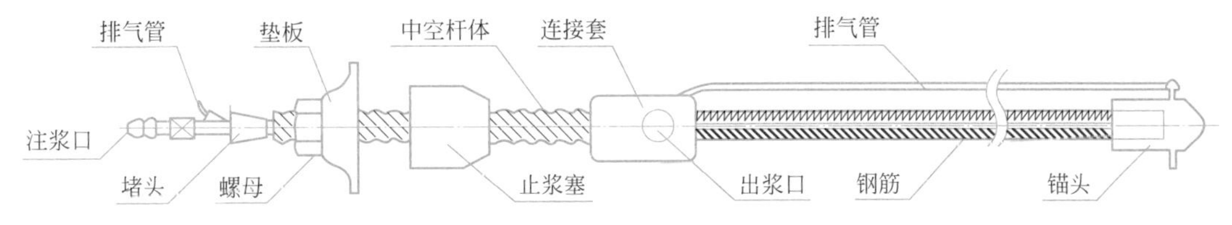

图 2-45 组合中空锚杆说明图

（1）施工工艺

组合中空锚杆施工工艺与中空注浆锚杆施工工艺类似。

（2）施工控制要点

① 锚杆前端应安上锚头，接上连接套、连接中空杆体。

② 应从中空杆体插入排气软管、从连接套穿至锚头，并与钢筋绑扎固定。

③ 插入组合中空锚杆后，应塞上止浆塞将锚杆固定。

④ 接上注浆接头后，应对排气管吹气或注水疏通。

⑤ 排气软管口出浆后，方可停止注浆。

⑥ 浆体终凝后应安装垫板、拧紧螺母。

2. 钢筋网施工（见图 2-46、图 2-47）

在喷射混凝土中增设钢筋网，可以防止受喷面由于承受喷射力而塌落，减少回弹量、喷射混凝土层的开裂，增强初期支护的整体作用，通常与锚杆或钢架焊接成一体。钢筋网的材质、规格、性能应满足设计要求。钢筋直径宜为 6～12mm，网格边长尺寸宜采用 200～250mm 搭接长度应为 1～2 个网格边长。

图 2-46 钢筋网片加工成品

图 2-47 钢筋网安装施工

钢筋网与钢筋混凝土中的钢筋一样，需要被混凝土完全包裹，初喷混凝土后再铺挂，才能保证被喷射混凝土包裹、发挥钢筋网的作用。同时，初喷混凝土后再进行钢筋网铺挂作业，有利于施工安全。钢筋网使用前要除锈，在洞外分片制作，然后运至洞内铺设。钢筋网铺设应符合下列要求：

（1）应在初喷混凝土后再进行钢筋网铺设。

（2）钢筋网应随受喷岩面起伏铺设，与初喷混凝土面的最大间隙不宜大于 50mm，不宜将钢筋预焊成片后铺挂。

（3）采用双层钢筋网时，两层钢筋网间距应满足设计要求，第二层钢筋网应在第一层钢筋网被喷射混凝土全部覆盖后铺挂。

（4）钢筋网钢筋每节长度不宜小于 2.0m，钢筋搭接长度不应小于 30 倍钢筋直径。

（5）钢筋网每个交点和搭接段均应绑扎或焊接。

（6）钢筋网应与锚杆或其他固定装置联结牢固，在喷射混凝土时不晃动。

3. 钢架施工（见图 2-48、图 2-49）

在隧道施工过程中，当围岩软弱破碎，自稳性差，可施作钢架（亦称）抑制围岩的过度变形。钢架的最大特点是：架设后立即受力，且其刚度大，可承受隧道开挖后引起的松动压力。钢架可分为型钢钢架和格栅钢架两种。

图 2-48　型钢钢架

图 2-49　格栅钢架

1）钢架制作要求

（1）钢架型号、规格、几何尺寸应满足设计要求，其形状应与开挖断面相适应。

（2）钢架支护断面内轮廓尺寸可根据隧道实际开挖轮廓进行加工，加工的内轮廓曲线半径不应小于设计钢架的内轮廓曲线半径。

（3）钢架可分节段制作，每节段长度应根据设计尺寸和开挖方法确定，每节段长度不宜大于 4m，每节段应编号，注明安装位置。

（4）钢架节段两端应焊接连接钢板，连接钢板平面应与钢架轴线垂直。

（5）连接钢板规格尺寸应满足设计要求，连接钢板上螺栓孔应不少于 4 个，应采用冲压或铣切成孔，并应清除毛刺，不得采用氧焊烧孔。

（6）不同规格的首榀钢架加工完成后应在平整地面上试拼。当各部尺寸满足设计要求时，方可进行批量生产。

2）型钢钢架加工要求

（1）型钢钢架应采用冷弯法制造成形，宜在工厂加工。

（2）型钢钢架每节段宜为连续整体，当节段中出现两段型钢对接焊接时，应在焊缝两侧增加钢板骑缝帮焊，并应进行抗弯和抗扭矩试验，每节段对接焊缝数不得大于 1。对接焊应在场外完成。

（3）型钢钢架与连接钢板焊接应采用双面焊。

3）格栅钢架加工要求

（1）格栅钢架应在工厂生产制造。

（2）所有钢筋连接结点必须采用双面对称焊接。

（3）格栅钢架主筋端头与连接板焊接时，除主筋端头与钢板焊接外，应采用 U 形钢筋帮焊。每块连接钢板的 U 形钢筋数量应不少于 2 个。U 形钢筋直径应不小于主筋直径。U 形钢筋应同时与主筋和连接钢板焊接。U 形钢筋与主筋的焊接长度不应小于 150mm。

4）钢架安装要求

（1）钢架应在初喷混凝土后安装，安装工艺流程如图 2-50 所示。

图 2-50　钢架安装工艺流程

2-24 钢（拱）架施工

（2）应清除钢架拱脚虚渣，使之支承在稳固的地基上。锁脚锚杆应及时施作并应符合设计规定。

（3）钢架节段与节段之间应通过连接钢板用螺栓连接。

（4）相邻两榀钢架之间应采用钢筋或型钢连接。

（5）钢架应垂直于隧道中线在竖直方向安装，竖向不倾斜，平面不错位、不扭曲；上、下、左、右允许偏差为±50mm，钢架倾斜度允许偏差为±2°。

（6）钢架应贴近初喷射混凝土面安装，当钢架和围岩初喷射混凝土面之间有间隙时应采用钢楔块或木楔块楔紧，并用喷射混凝土充填密实。有多个楔块时，楔块和楔块的间距不宜大于 2.0m，如图 2-51 所示。

（7）钢架安装宜采用机械设备配合进行。

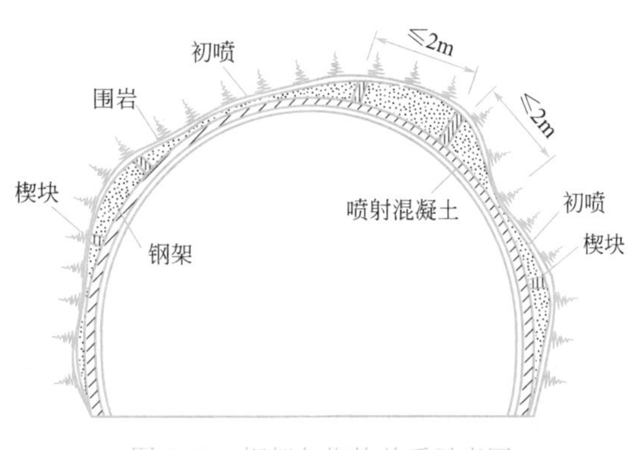

图 2-51　钢架与楔块关系示意图

4. 喷射混凝土施工

喷射混凝土作业应按初喷混凝土和

复喷混凝土分别进行，复喷混凝土可分层多次施作。喷射混凝土施工工艺流程如图 2-52 所示。

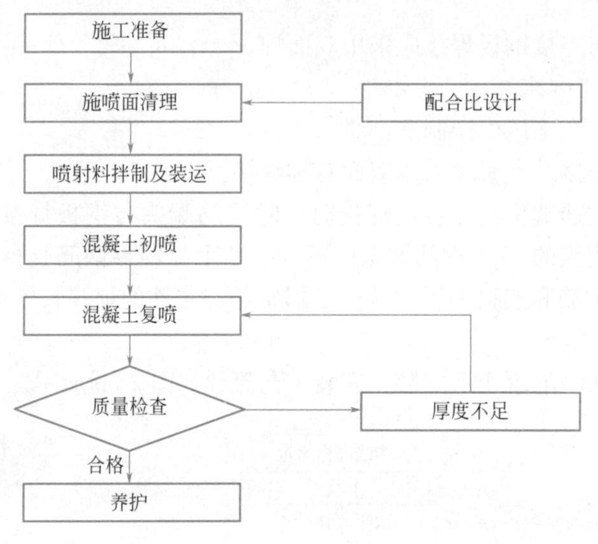

图 2-52　喷射混凝土施工工艺流程

初喷混凝土是指：隧道开挖爆破、清除危石后，在挂钢筋网和立钢架之前，对新暴露的围岩面进行初喷，一般不超过 4h 完成，围岩条件较好时一般在 6h 内完成。

复喷混凝土是指：在挂钢筋网和立钢架之后，进行混凝土喷射，并将钢筋网、钢架等支护措施覆盖完全。

1）原材料要求

喷射混凝土配合比应满足设计强度和喷射工艺的要求。喷射混凝土 1d 龄期的抗压强度不应低于 8MPa。

速凝剂等外加剂选择质量优良、性能稳定的产品。速凝剂在使用前，要做与水泥的相容性试验及水泥净浆凝结效果试验，保证喷射混凝土凝结时间控制在相关规范要求范围内。

2）喷射混凝土施工方法选择

喷射混凝土工艺主要有下列三种，《公路隧道施工技术规范》JTG/T 3660—2020 规定喷射混凝土施工宜采用湿喷工艺。

（1）干喷，是将喷射混凝土混合料、速凝剂在无水（含水率＜5%）的情况下搅拌均匀，用压缩空气使干集料在软管内呈悬浮状态压送到喷枪，再在喷嘴处与高压水混合，以较高速度喷射到岩面上。干喷作业的喷射混凝土水灰比控制比较困难，密实度较差，质量不易保证。但施工机械简单，作业灵活、易于操作。干喷作业时回弹多、粉尘大，对作业环境造成不良影响，并且对喷射手工艺技术要求较高，隧道内不允许采用。

（2）潮喷，将集料预加少量水（含水率 5%～7%），浸润成潮湿状，再加水泥、速凝剂拌合均匀，但大量的水仍是在喷头处加入和喷出的，其喷射工艺流程和使用机械与干喷工艺相同。潮喷作业可以降低上料、拌合和喷射时的粉尘，粉尘有所减少，喷射混凝土质量相对较好。

（3）湿喷，将喷射混凝土按集料、水泥和水按比例拌合均匀，用湿式喷射机压送到喷头处，再在喷头上添加速凝剂后喷出，以较高速度喷射到岩面上。湿喷作业，能显著减少粉尘、提高喷射混凝土的密实度，喷射质量容易得到控制，作用效率高，喷射过程中的粉尘和回弹量少，但对喷射机械要求高、湿喷机体积较大（见图 2-53）。

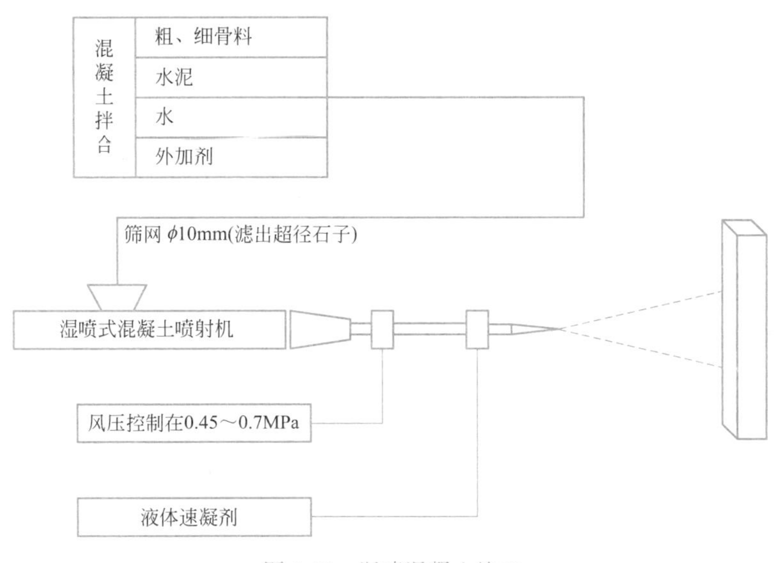

图 2-53　湿喷混凝土施工

3）喷射混凝土作业要求

（1）喷射混凝土应直接喷在围岩面上，与围岩密贴，受喷面不得填塞杂物。

（2）喷射混凝土作业应按初喷混凝土和复喷混凝土分别进行，复喷混凝土可分层多次施作。

（3）喷射混凝土应分段、分片、分层按由下而上顺序进行，拱部喷射混凝土应对称作业。

（4）初喷混凝土厚度宜控制在 20～50mm，岩面有较大凹洼时，可结合初喷找平。

（5）根据喷射混凝土设计厚度，喷射部位和钢架、钢筋网设置情况，复喷可采用一次作业或分层作业。拱顶每次复喷厚度不宜大于 100mm。边墙每次复喷厚度不宜大于 150mm。复喷最小厚度不宜小于 50mm。

（6）后一层喷射混凝土应在前一层喷射混凝土终凝后进行，若终凝后初喷射混凝土表面已蒙上粉尘时，后一层喷射混凝土作业前，受喷面应吹洗干净。

（7）未掺入速凝剂的混合料存放时间不宜大于 2h。

（8）喷射混凝土作业时，喷嘴宜垂直岩面，喷枪头到受喷面的距离宜为 0.6～1.5m。喷射机工作压力宜根据混凝土坍落度、喷射距离、喷射机械、喷射部位确定，可先在 0.2～0.7MPa 之间选择，并根据现场试喷效果调整。

（9）喷射混凝土不得挂模喷射。

（10）喷射混凝土回弹物不得重新用作喷射混凝土材料。

（11）有钢架的地段，钢架安装就位后应及时进行复喷射混凝土，由下至上进行，钢架背后与围岩之间的空隙不得填塞杂物，应喷密实。喷射混凝土应将钢架包裹、覆盖。混凝土喷射角度见图 2-54，喷射顺序见图 2-55。

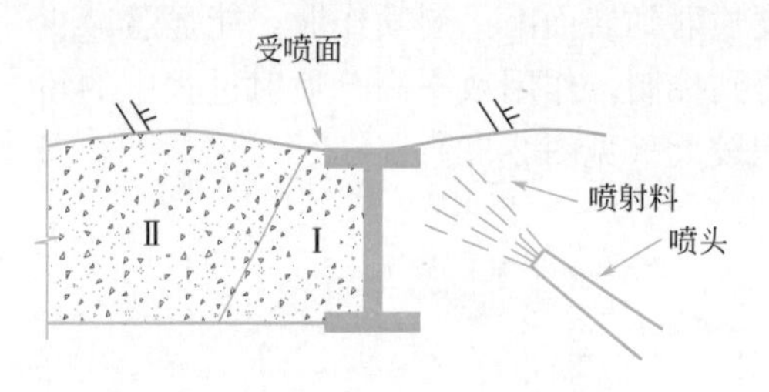

图 2-54　钢架背后的喷射角度

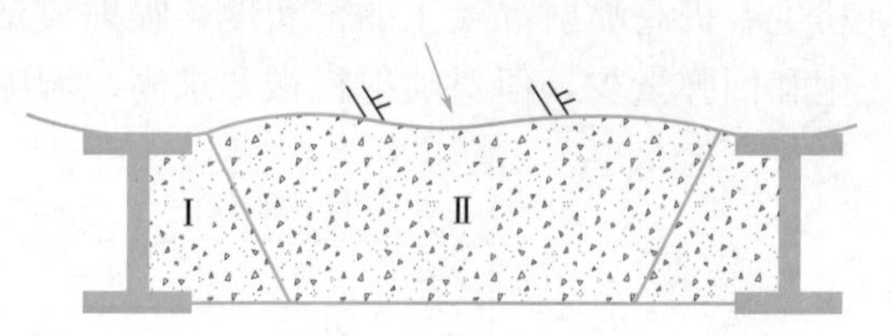

图 2-55　钢架之间的混凝土喷射顺序

4）喷射混凝土养护要求

（1）喷射混凝土终凝 3h 后，方可进行下一循环的爆破作业。

（2）喷射混凝土终凝 2h 后，应进行养护，养护时间不应少于 7d。

（3）隧道内环境日均温度低于 5℃时不得洒水养护。

2-25 初期支护施工

2.4.3　防排水工程施工

隧道防排水措施应遵循“防、排、截、堵相结合，因地制宜，综合治理”的原则，保证隧道结构物和营运设备的正常使用和行车安全，并对地表水、地下水妥善处理，形成一个完整通畅的防排水系统。隧道防排水包括洞内环向盲沟（管）、洞内纵向排水沟、洞内拱脚横向排水管、洞内路面横向盲沟、洞内防水板、二衬止水带止水条等。

1. 施工工艺

隧道防排水施工工艺流程见图 2-56。

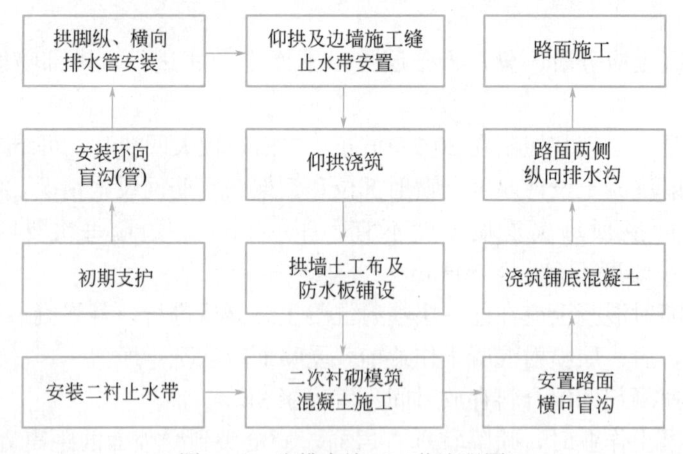

图 2-56　防排水施工工艺流程图

2. 施工准备

1）技术准备

（1）安置环向盲沟（管）前，对初级支护断面进行测量，检查是否满足设计净空需要。

（2）路面横向盲沟、排水沟施工前，对其位置及标高进行测量放样。

（3）进场原材料检验，对环向盲沟防水板、排水管等各种防排水材料规格、性能质量及气密性等进行检验。

2）现场准备

（1）做好防水材料的进场检查，施工前对隧道初期支护表面进行清理，去除可能损坏防水板的突出物，清除外露锚杆，对止水带、止水条预留槽进行清理。

（2）及早处理地表水，做好洞顶、洞口、辅助坑道口的地面排水系统，防止地表水的下渗和冲刷。

（3）对洞内的出水部位、水量大小、涌水情况、变化规律、补给来源及水质成分等做好观测和记录，并不断改善防排水措施。

（4）可穿行作业台架、自动走行热焊机、焊枪等机械设备到位，性能状态满足施工需要，并安排有相关维修人员负责设备的保养和维护。

3. 环向、纵向、横向排水（盲）管施工

1）工艺流程

安装环向、纵向、横向排水（盲）管施工工艺流程见图 2-57，相关排水管路设置见图 2-58，排水路径见图 2-59。

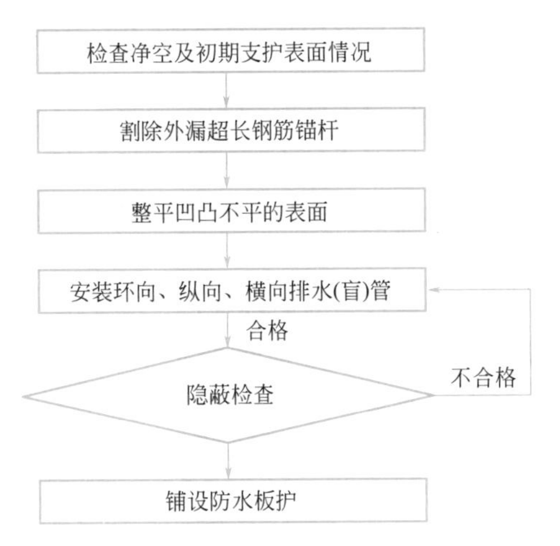

图 2-57 安装环向、纵向、横向排水（盲）管施工工艺流程图

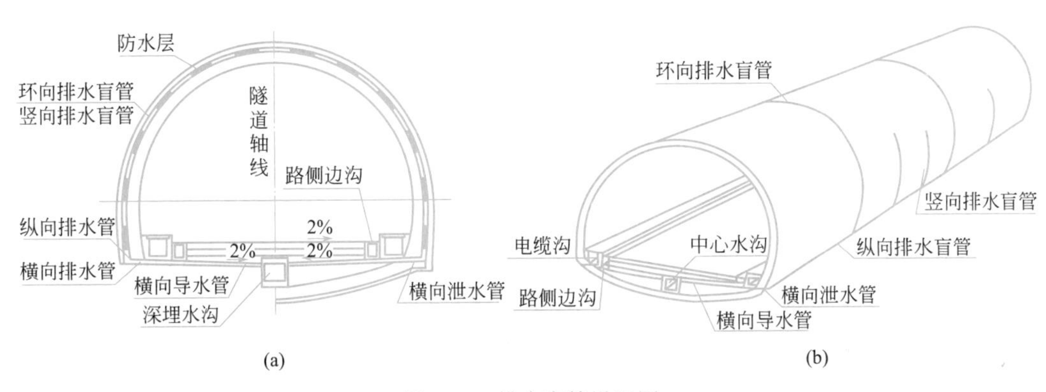

图 2-58 排水盲管设置图

（a）排水管路横断面布置图；（b）排水管路布置示意图

2-26 隧道
排水系统施工

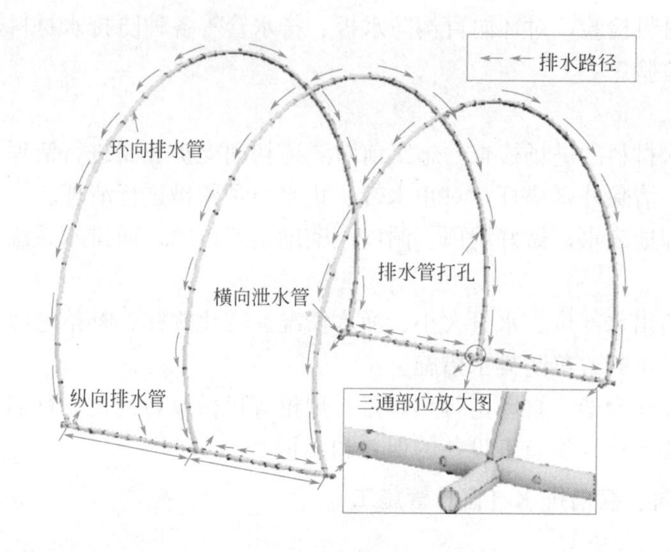

图 2-59 排水路径示意图

2）施工控制要点

（1）排水（盲）管的材质、强度、透水性应符合相关规范的规定，尺寸规格应满足设计要求，盲管不得有凹瘪、扭曲。

（2）环向排水盲管、竖向排水盲管应紧贴初期支护表面敷设，布置间距应满足设计要求，应在有集中渗水位置敷设，在地下水较大地段应适当加密。

（3）纵向排水盲管敷设的纵向坡度应与隧道纵坡一致，不得起伏不平，不得侵占衬砌结构空间。

（4）环向排水盲管、竖向排水盲管与纵向排水盲管应采用三通连接，并应连接牢固。

（5）横向泄水管应采用硬质不透水管，横向泄水管与纵向排水盲管应采用三通连接，并应连接牢固，衬砌混凝土浇筑时应露出横向泄水管管头。

（6）横向导水管应与泄水管管头连接牢固。

（7）横向导水管宜采用切槽方式铺设，浇筑路面混凝土时，槽顶面应采取隔离措施。

（8）横向导水管排水坡度不应小于设计值。

（9）环向排水盲管、竖向排水盲管、纵向排水盲管及透水的横向导水管的管体应用土工布包裹。

4. 土工布、防水板铺设施工

1）工艺流程

土工布、防水板铺设工艺流程如图 2-60 所示。

2）施工控制要点

（1）初期支护检查：检查初期支护表面的平整度，有无尖锐异物等；喷层面如有锚杆头或钢筋头外露，须及时处理，见图 2-61；对凸凹不平处应修凿、补喷或砂浆找平，见图 2-61。

（2）土工布铺设：土工布对防水板起缓冲、保护作用；通过射钉枪打入热熔垫圈钢钉进行固定，从拱顶向拱脚以下对称平行固定，搭接宽度应符合设计要求；一般规定拱部间距 0.5～0.8m，边墙 0.8～1m，搭接长度不小于 50mm，见图 2-62 与图 2-63。

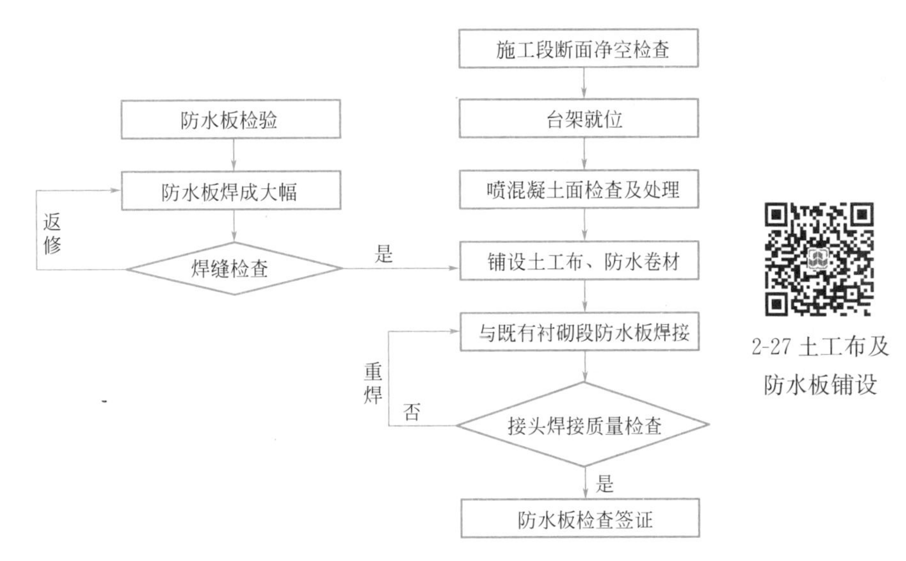

图 2-60　土工布、防水板铺设工艺流程图

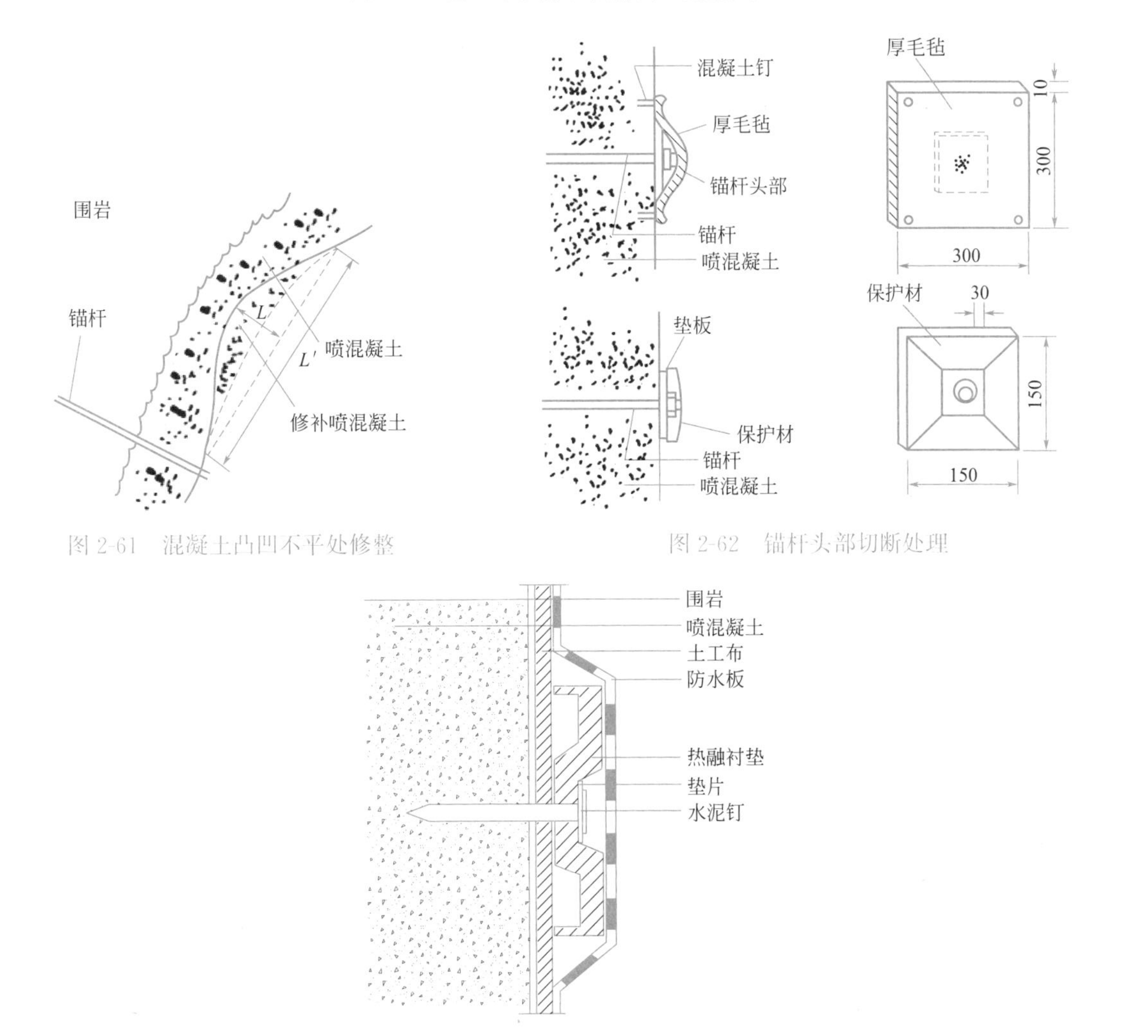

图 2-61　混凝土凸凹不平处修整

图 2-62　锚杆头部切断处理

图 2-63　土工布铺设示意图

(3) 防水板铺设：①防水板铺设应超前二次衬砌施工 1～2 个衬砌段，并与开挖面保持一定距离。②防水板铺设宜采用专用台架。铺设前进行精确放样，画出标准线后试铺，确定防水板每环的尺寸，并尽量减少接头。③防水板应无钉铺设，根据初期支护表面平整度适当调整，环向松弛率宜为 10%，纵向松弛率宜为 6%，以保证防水板与喷射混凝土面密贴。

(4) 防水板焊接：防水板焊接应采用热合机双焊缝焊接，焊接前焊接头板面应擦净，搭接宽度不小于 100mm，控制好热合机的温度和速度，保证焊接质量。焊缝应严密，不得有气泡、折皱及空隙，焊缝应牢固，焊缝强度应不低于母材，单条焊缝有效宽度不应小于 12.5mm。焊接时应避免漏焊、虚焊、烤焦或焊穿。

(5) 焊缝检查：防水板的搭接缝焊接质量应按充气法检查，当压力表达到 0.25MPa 时，停止充气，保持 15min，压力下降不超过 10%，则焊缝质量合格，见图 2-64。

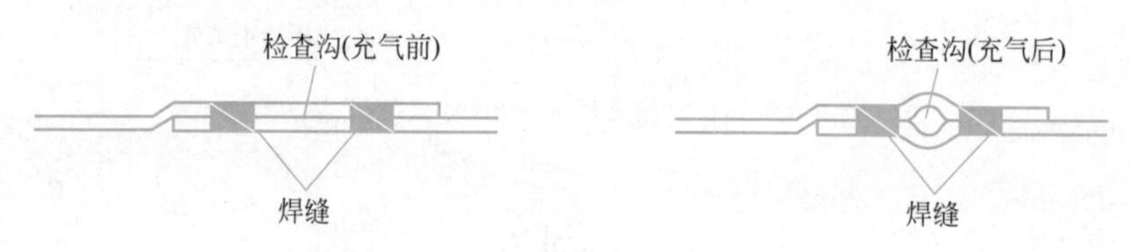

图 2-64　防水板焊缝检查示意图

(6) 施工二次衬砌钢筋过程中要防止钢筋安置过程中对防水板的破坏，对破损的必须及时修补。

5. 排水边沟和施工变形缝处理

1) 施工控制要点

(1) 隧道排水边沟：排水边沟的几何尺寸和沟底纵坡要严格按设计施工，以使洞内水顺利排出，同时按相关规范和设计要求设置伸缩缝。

(2) 中心排水管（沟）坡度应符合设计要求，管路埋设好后，应进行通水试验，发现积水、漏水应及时处理。

(3) 施工缝设置宜与变形缝相结合。施工缝施工时，应将其表面浮浆和杂物清除。刷不低于结构混凝土强度等级的净浆或涂混凝土界面处理剂，及时浇筑混凝土。端头模板应支撑牢固，严防漏浆。端头应埋设表面涂有隔离剂的楔形硬木条，隐藏预留浅槽，其槽应平直，槽宽比止水条宽 1～2mm，槽深为止水条厚度的 1/3～1/2，将雨水膨胀止水条牢固地安装在预留浅槽内。

(4) 变形缝应满足密封防水、适应变形、施工方便、检修容易等要求。

2) 质量控制要点

(1) 变形缝的最大允许沉降差值应符合设计规定，设计无规定时，不应大于 30mm。当计算沉降值大于 30mm 时，应采取特殊措施。

(2) 变形缝的宽度宜为 20～30mm。伸缩变形缝的宽度宜小于此值。

(3) 变形缝处的混凝土结构厚度不应小于 300mm。

(4) 缝底应设置与嵌缝材料无粘结力的背衬材料或遇水膨胀止水条。

(5) 变形缝嵌缝施工时，缝内两侧应平整、清洁、无渗水；封内应设置与嵌缝材料无粘结力的背衬材料，嵌缝应密实。

（6）变形缝的设置位置应使拱圈、边墙和仰拱在同一里程上贯通。

6. 止水带、止水条施工

1）工艺流程

止水带的安装工艺流程如图 2-65 所示。止水带的搭接要注意：①橡胶止水带：采用热压机硫化搭接胶合和冷粘接，接头处应平整光洁，抗拉强度不低于母材的 80%；采用以冷接法专用黏结剂连接时，搭接长度不得小于 20cm，黏结剂涂刷应均匀并压实。采用热压机硫化搭接胶合时搭接长度不得小于 10cm。②钢边止水带：中间橡胶板用热压机硫化搭接胶合，接好后，两侧钢边用铆钉将其搭接固定。

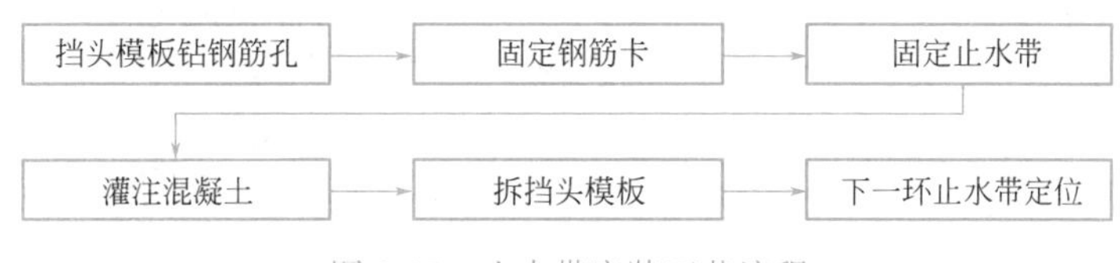

图 2-65 止水带安装工艺流程

2）施工控制要点

（1）止水带：①止水带埋设位置应正确，其中间空心圆环应与变形缝的中心线重合；止水带定位时，应使其在界面部位保持平展，防止止水带翻滚、扭结。②止水带先施工一侧混凝土时，其端头模板应支撑牢固，严防漏浆。③止水带的接头应连接牢固，宜设在距铺底面不小于 300mm 的边墙上。④止水带在转弯处应做成圆弧形，橡胶止水带的转角半径不应小于 200mm，钢边止水带不应小于 300mm，且转角半径应随止水带的宽度增大而相应增大。⑤不得在止水带上穿孔打洞固定止水带。⑥加强混凝土振捣控制，排除止水带底部气体，且止水带不能偏位和损坏。

（2）止水条：①挡头板制作时应考虑预留安装止水条的浅槽。②拆除混凝土模板后，凿毛施工缝，用钢丝刷清除界面上的浮碴，并涂 2～5mm 厚的水泥浆，待其表面干燥后，用配套的胶粘剂或水泥钉固定止水条，再浇筑下一环混凝土。③止水条走位后至浇筑下一环混凝土前，尽量避免被水浸泡，必要时加涂缓膨剂，防止其提前膨胀。④振捣混凝土时，振捣棒不得接触止水条。

2.4.4 二次衬砌施工

隧道衬砌要遵循“仰拱超前、墙拱整体衬砌”的原则。仰拱施作完成后，利用多功能作业平台人工铺设防水板、绑扎钢筋，采用液压整体式衬砌台车进行二次衬砌浇筑，混凝土在洞外采用拌合站集中拌合，用混凝土搅拌运输车运至洞内，并由输送泵泵送入模。主要的施工工艺包括：钢筋绑扎、台车就位、模板安装、二次衬砌浇筑及拆模养护。

1. 施工工艺

二次衬砌施工工艺流程见图 2-66。

2. 施工准备

1）技术准备

（1）在灌筑衬砌混凝土之前，要进行隧道中线和水平测量，检查开挖断面，放线定位

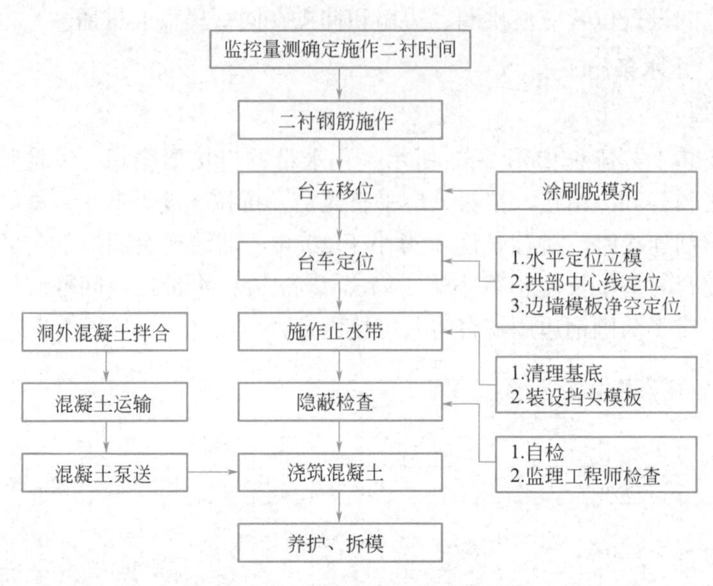

图 2-66　二次衬砌施工工艺流程图

台车和预留孔洞等准备工作。

(2) 断面测量：测量开挖断面是否符合设计要求，欠挖部分按要求进行修凿，并作好断面检查记录。对墙角地基标高进行复测，检查墙角标高是否开挖至设计标高。

(3) 放线定位：根据隧道中线和标高及断面设计尺寸，把隧道中心线在实地上测设标定出来，严格控制台车所在的平面和高程，确保隧道设计净空。

(4) 确定混凝土配合比、抗渗性、强度。

2) 现场准备

(1) 二衬台车定型及制作一般要求：

① 为保证衬砌净空，模板外径应考虑变形量适当扩大，作为预留沉降量。

② 两车道二次衬砌台车面板钢板厚应不小于 10mm；三车道隧道二次衬砌台车面板钢板厚应不小于 12mm；四车道的二次衬砌台车必须经过计算，邀请有关专家研究审查后定制。为减少二次衬砌模板间痕透，外弧模板每块钢板宽度推荐采用 2m，但不应小于 1.5m，板间接缝按齿口搭接或焊接打磨。

③ 模板台车侧壁作业窗宜分层布置，层高不宜大于 1.5m，每层宜设置 4～5 个作业窗，其净空不宜小于 45cm×45cm。作业窗周边应加强，防止周边变形，窗门应平整、严密、不漏浆。

④ 二次衬砌台车的长度应根据隧道的平面曲线半径、纵坡合理选择，长度一般为 10～12m，对曲线半径小于 1200m 的台车长度不应大于 9m。

(2) 二次衬砌作业区段的照明、供电、供水、排水系统满足衬砌正常施工要求，隧道内通风条件良好。

(3) 防水板和纵环向盲沟施工完毕，且验收合格。

(4) 衬砌台车打磨验收要求：

① 衬砌台车进场后应组织相关人员会同监理工程师共同对衬砌台车进行验收，重点检查设计尺寸是否准确、焊缝是否饱满、液压装置是否良好，窗口设置是否合理。

② 台车进场后要进行全面打磨，确保面板平整，重点是接缝和窗口部位。打磨完成后涂刷隔离剂。

（5）测量仪器精度满足要求，准确测量使衬砌台车定位，保证衬砌台车中线与隧道中线一致，拱墙模板成型后固定，衬砌台车调试运转正常。

3. 仰拱施工

1）工艺流程

仰拱施工工艺流程如图 2-67 所示。

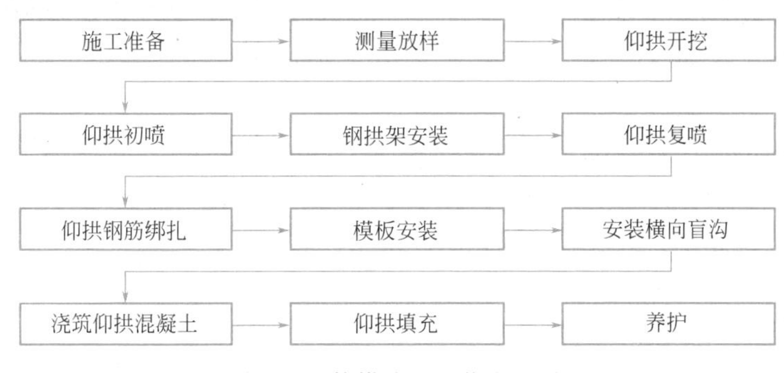

图 2-67　仰拱施工工艺流程图

2-28 仰拱浇筑施工

2）施工控制要点

（1）开挖施工

① 隧道设有仰拱时，应及时安排施工，使支护结构尽早闭合。仰拱与开挖面的距离要求：Ⅴ级围岩不大于 35m，Ⅳ围岩不大于 50m（见图 2-68）。

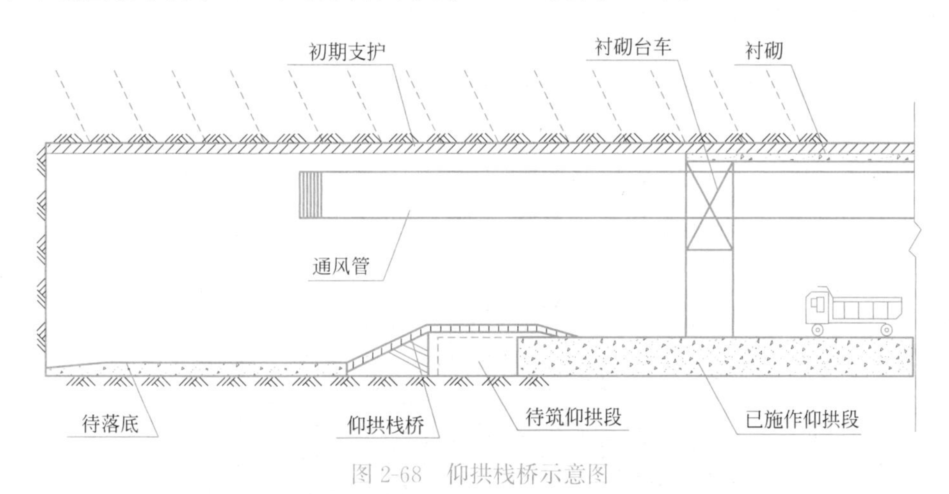

图 2-68　仰拱栈桥示意图

② 仰拱施工应采用栈桥全断面一次浇筑成型，严禁左右半幅分次浇筑，见图 2-69 和图 2-70。

③ Ⅴ级围岩仰拱纵向一次开挖长度宜控制在 2 榀钢架距离内，一次混凝土浇筑长度不应大于 5m，Ⅳ级围岩仰拱纵向一次开挖长度宜控制在 3 榀钢架距离内，一次混凝土浇筑长度不应大于 8m。

图 2-69　仰拱栈桥效果图

图 2-70　仰拱全断面一次浇筑成型

④ 隧道底两隅与侧墙连接处应平顺开挖，避免引起应力集中。边墙钢架底部杂物应清理干净，保证与仰拱钢架连接良好。

⑤ 仰拱或底板开挖完成后应及时清除积水、杂物、虚渣等。

（2）隧道底部初期支护施工

① 仰拱开挖完成后，应及时进行仰拱初期支护施工。

② 初期支护混凝土强度、厚度、钢架加工安装质量等应符合设计及相关规范要求。

③ 仰拱每次开挖长度应严格控制，Ⅴ级围岩每次不大于 3m，Ⅳ级围岩每次不大于 6m。

④ 仰拱钢架应与边墙钢架连接牢固。

⑤ 当设计无仰拱初期支护时，宜先施作混凝土封底，形成良好的作业面，以利于进行仰拱钢筋安装、立模等作业。

（3）仰拱钢筋施工

① 仰拱钢筋需在钢筋加工厂集中加工，统一配送至作业现场。

② 仰拱钢筋的安装应符合设计及相关规范要求。仰拱两侧二次衬砌边墙部位的预埋钢筋伸出长度应满足二次衬砌环向钢筋焊接要求，且将接头错开，使同一截面的钢筋接头数不大于 50%。

③ 仰拱钢筋的绑扎应采用定位架施作，保证钢筋的层距和间距符合要求，层距宜通过焊接定位钢筋固定，见图 2-71。

图 2-71　仰拱钢筋绑扎施工

（4）模板安装及混凝土施工

① 仰拱和底板混凝土施工前应清除积水、杂物等。

② 仰拱应在边墙结合处安装弧形模板，保证仰拱浇筑弧线满足设计要求，见图 2-72。仰拱与填充层应分开施工，先按设计完成仰拱混凝土施工，待混凝土强度达到 70%以上，再进行填充层混凝土施工。

③ 仰拱和底板的施工缝、变形缝应按设计要求进行防水处理。

④ 仰拱和底板的混凝土强度达到设计强度后方可允许车辆通行。

图 2-72　仰拱模板

2-29 隧道仰拱与填充混凝土摊铺机介绍

4. 二次衬砌施工时间确定

二次衬砌应在围岩和初期支护变形基本稳定后施作，特殊条件下（如松散堆积体、浅埋地段）的二次衬砌应在初期支护完成后及时施作。如在高地应力软弱围岩、膨胀岩等可能产生大变形，且变形长期不能趋于稳定的不良地质隧道，二次衬砌可提前施作，衬砌结构应有足够的强度和刚度。变形基本稳定时应符合下列条件：

（1）隧道周边变形速率明显趋于减缓；

（2）拱脚水平收敛小于 0.2mm/d，拱顶下沉收敛速度小于 0.15mm/d；

（3）施作二次衬砌前的累计位移值，已达极限相对位移值的 90%以上；

（4）初期支护表面裂隙不再继续发展。

5. 二次衬砌钢筋施工

1）工艺流程

二次衬砌钢筋施工工艺流程见图 2-73。

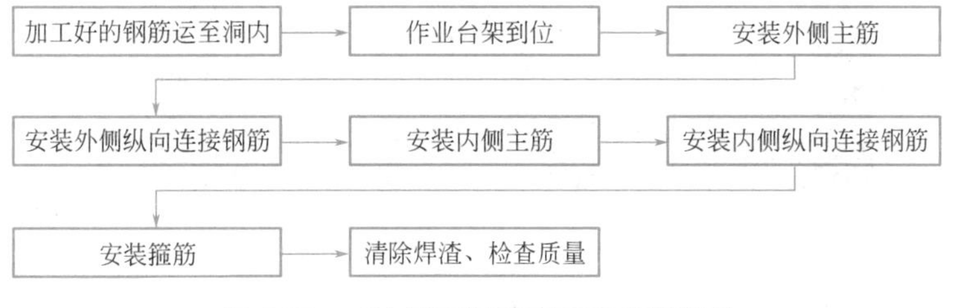

图 2-73　二次衬砌钢筋施工工艺流程图

2）施工控制要点

（1）钢筋定位

钢筋制作必须按设计轮廓进行大样定位，为确保二衬钢筋定位准确和钢筋保护层厚度符合要求，需采取以下措施：

① 先由测量人员用坐标放样在调平层及拱顶防水层上定出自制台车范围内前后两根钢筋的中心点，确定好法线方向，确保定位钢筋的垂直度及与仰拱预留钢筋连接的准确度。钢筋绑扎的垂直度采用三点吊垂球的方法确定。

② 用水准仪测量调平层上定位钢筋中心点标高，推算出该里程处圆心与调平层上中心点的高差，采用自制三脚架定出圆心位置。

③ 圆心确定后，采用尺量的方法检验定位钢筋的尺寸是否满足设计要求，对不满足要求位置重新进行调整，全部符合要求后固定钢筋。钢筋固定采用自制台车上由钢管焊接的可调整的支撑杆控制。

④ 定位钢筋固定好后，根据设计钢筋间距在支撑杆上用粉笔标出环向主筋布设位置，在定位钢筋上标出纵向分布筋安装位置，然后开始绑扎此段范围内钢筋。各钢筋交叉处均应绑扎。

（2）钢筋绑扎

① 二次衬砌钢筋的安装应采用定位台架，保证钢筋间距。两层主筋之间应采用定位筋保证层距，见图 2-74。

② 钢筋保护层应采用同二次衬砌混凝土强度的混凝土垫块，规格宜为 5cm×5cm（长×宽），厚度为保护层厚度。垫块在钢筋上固定牢固，拱顶 90°范围垫块间距为 1m×1m，边墙垫块间距为 1.5m×1.5m，呈梅花形布置。

2-30 二次衬砌钢筋绑扎

③ 横向钢筋与纵向钢筋的每个节点均必须进行绑扎或焊接。

④ 钢筋焊接搭接长度应满足设计及相关规范要求，受力主筋的搭接应采用焊接，焊接搭接长度及焊缝应满足相关规范要求。

⑤ 相邻主筋搭接位置应错开，错开距离不应小于 1000mm。

图 2-74　二次衬砌钢筋作业

⑥ 箍筋连接点应在纵横向筋的交叉连接处，必须进行绑扎或焊接。

6. 预留洞室和预埋件施工

（1）拱顶注浆孔根据设计要求进行预埋，但每板不少于两根。预埋件安装应满足规范要求，见图 2-75。

（2）预留洞室模板及预埋件在钢筋混凝土衬砌地段，宜固定在钢筋骨架上；在无筋衬砌地段采取在衬砌台车模板上钻孔，用螺栓固定。

（3）预留洞室模板宜采用钢模，承托上部混凝土重量时应加强支撑、确保混凝土成型质量合格。

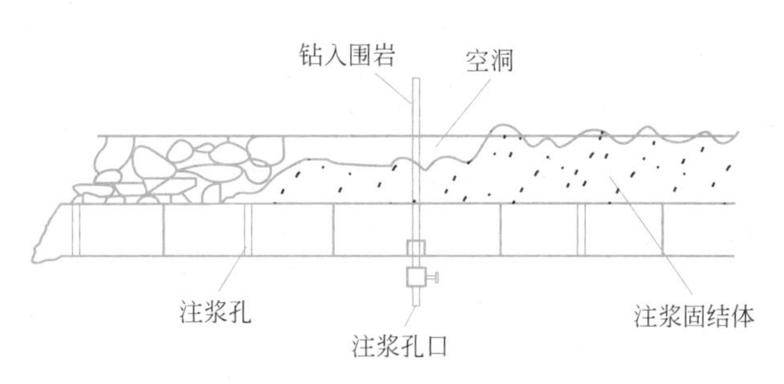

图 2-75　拱顶注浆孔预留

7. 模板台车就位

1）工艺流程

模板台车就位工艺流程如图 2-76 所示。

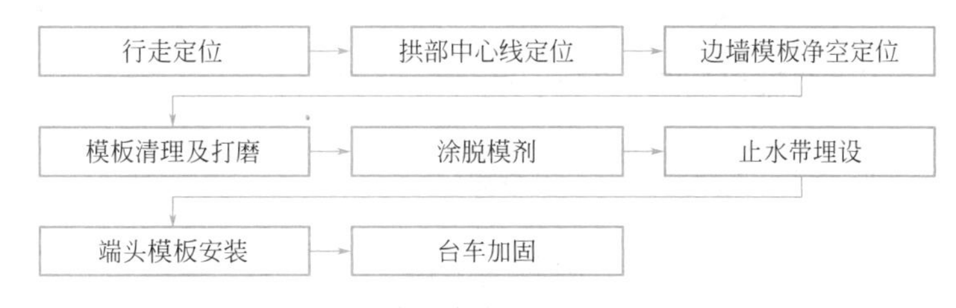

图 2-76　模板台车就位工艺流程图

2）施工控制要点

（1）测量放线。恢复隧道中线及高程，以指导台车正确的行走方向及定位，模板台车行走轨道的中线和轨面标高误差应不大于±10mm，见图 2-77。

图 2-77　二次衬砌台车就位

（2）模板台车清理。模板台车浇筑混凝土前必须进行处理，清除表面的杂物及灰尘，检查有无破损及设备状况是否良好，如有破损必须进行修复。状况良好的模板台车均匀涂抹隔离剂，以供使用。

（3）模板台车就位。端头模板安装及端头止水带安装。

（4）台车加固。首先将台车上下纵梁上的丝杆拧紧；当模板端头与上一板衬砌搭接不密贴时，采用模板侧向支撑千斤顶顶至与上一板衬砌混凝土密贴，再将侧模上的支撑丝杆全部拧紧，同时侧模下缘用方木或钢管进行加固。

3）质量控制要点

（1）模板台车就位前，模板正反面应均匀涂刷隔离剂。

（2）台车就位时，应准确定位台车中线及高程，检查二次衬砌厚度。

（3）台车就位后，模板接缝应填塞紧密，防止漏浆。台车面板应与已浇筑完成的二次衬砌端头紧贴，不得留有空隙，搭接长度不得超过 50cm，防止形成错台。

（4）浇筑混凝土前，应检查油缸和支撑杆件，确保支撑牢固。

2-31 新型智能二衬台车介绍

（5）台车端部的挡头模板应按衬砌断面制作，以确保衬砌厚度，并可适当调整以适应其不规则性，其单片宽度不宜小于 300mm，厚度不小于 30mm。

（6）挡头板应定位准确、安装牢固，其与岩壁间隙应嵌堵紧密。

（7）挡头板顶部应留有观察小窗口，以观察封顶混凝土情况。

8. 混凝土浇筑施工

1）工艺流程

混凝土浇筑施工工艺流程如图 2-78 所示。

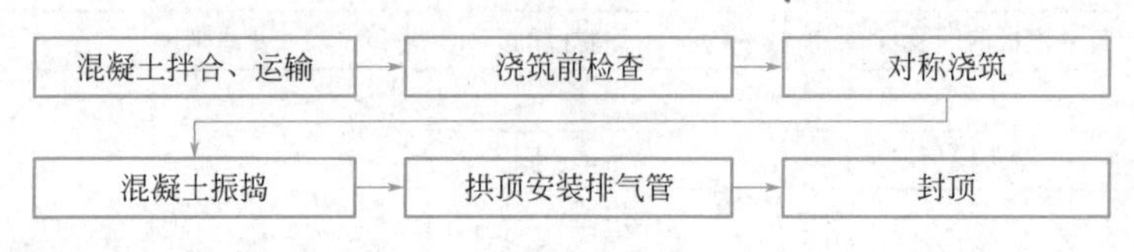

图 2-78　混凝土浇筑施工工艺流程图

（1）浇筑前检查

① 复查台车模板及中心线标高是否符合要求，仓内尺寸是否符合要求。

② 隔离剂是否涂抹均匀，模板接缝是否填塞紧密。

③ 预埋件、预留洞室等位置是否符合要求。

④ 输送泵接头是否密闭，机械运转是否正常。

⑤ 输送管道布置是否合理，接头是否可靠。

2-32 二次衬砌混凝土浇筑前准备作业

（2）混凝土拌合

① 拌制混凝土时严格按照试验室提供的施工配合比进行配料。

② 强制式搅拌机混凝土搅拌时间不少于 3min。

（3）混凝土运输

混凝土运输用混凝土罐车将混凝土从拌合站运送到浇筑点，搅拌罐不能停转，防止混凝土离析。

（4）混凝土浇筑

① 混凝土的入模温度应视洞内温度而调整。冬期施工时，混凝土的入模温度不应低于5℃；夏季施工时，混凝土的入模温度不宜高于洞内温度，且不宜超过30℃。

② 对混凝土拌合物的坍落度进行测定，测定值应符合理论配合比的要求，混凝土泵送的坍落度不宜过大，以避免离析或泌水，并应对混凝土拌合物的水胶比进行测定，测定值应符合施工配合比的要求。

2-33 二次衬砌混凝土浇筑

③ 混凝土使用附着式和插入式振捣器振捣，每一位置的振捣时间，以混凝土不再显著下沉、不出气泡，并开始泛浆为准。

2）施工控制要点

（1）混凝土浇筑应采用泵送入模，浇筑过程中利用工作窗口采用插入式振动器配合附着振捣器将混凝土捣固密实。

（2）混凝土应由下至上分层、从两侧拱墙向拱顶对称浇筑。两侧混凝土浇筑面高差应控制在50cm以内，同时应合理控制混凝土浇筑速度。

（3）混凝土应尽可能直接入仓，混凝土输送管端部应加3～5m软管，控制管口与浇筑面的垂距，混凝土不得直冲防水板板面流至浇筑位置，垂距应控制在1.2m以内，以防混凝土离析。

（4）作业窗关闭前，应将窗口附近的混凝土浆液残渣及其他杂物清理干净，涂刷隔离剂。作业窗关闭时应平整严密，防止窗口部位混凝土表面出现凹凸不平及漏浆现象。

（5）混凝土浇筑过程设专人检查台车模板、支架、钢筋骨架、预埋件等结构的设置和牢固程度，发现问题应及时处理。混凝土应分层对称、边浇筑边振捣，最大下落高度不能超过2m，台车前后混凝土高差不超过0.6m，左右侧混凝土高度不超过0.5m，插入式振捣棒变换位置时，应竖向缓慢拔出，不得在混凝土浇筑仓内平拖，不得碰撞模板、钢筋和预埋件。

（6）为保证拱顶混凝土灌注密实，采用封顶工艺。当混凝土浇筑面已接近顶部（以高于模板台车顶部为界限），进入封顶阶段时，为了保证空气能够顺利排除，在堵头的最上端预留两个圆孔，安装排气管，其大小以50mm为宜。排气管采用轻质胶管或塑料管，以免沉入混凝土之中。将排气管一端伸入舱内，且尽量靠前，以免被泵管中流出来的混凝土压住堵死，另一端即漏出端不宜过长，以便于观察。随着浇筑的继续进行，当发现有水（混凝土表层的离析水、稀浆）自排气管中流出时（以泵压不大于0.5MPa为宜），即说明仓内已完全充满了混凝土，立即停止浇筑混凝土，撤出排气管和泵送软管，并将挡板的圆孔堵死。

（7）拱顶预留注浆孔，注浆孔间距不应大于5m，且每模板台车范围的预留孔应不少于3个。拱顶注浆填充，宜在衬砌混凝土强度达到100%后进行，注入砂浆的强度应满足设计要求，注浆压力控制在0.1MPa以内。

2-34 二次衬砌拱顶注浆施工

3）拆模、养护

（1）拆模

① 不承受外荷载的拱、墙混凝土强度应达到2.5MPa。

② 承受围岩压力的拱、墙以及封顶和封口的混凝土应达到设计强度。

③ 拆模时，应根据锚固情况，分批拆除锚固连接件，防止大片模板坠落，拆模应使

用专门工具，以减少对混凝土及模板的损坏。

（2）养护

① 应配备养护喷管，在拆模前冲洗模板外表面，拆模后用高压水喷淋混凝土表面，以降低水化热，见图 2-79。在寒冷地区，应做好衬砌的防寒保温工作。

② 养护时间要求：洞口 100m 养护期不少于 14d，洞身养护不少于 7d，对已贯通的隧道二衬养护期不少于 14d。

2-35 隧道典型施工任务

图 2-79　二次衬砌混凝土洒水养护

任务实施

2-36【知识巩固】

2-37【能力训练】

2-38【考证演练】

项目3　盾构法施工

项目导读

盾构法是地铁区间隧道最常用的施工方法，尤其是沿海地区软土地层条件下修建隧道，其优势更加明显。盾构法施工安全可靠，地层适应性强，工效高，对地面交通干扰少，对地面建筑物振动小，可穿越江河、湖泊及既有铁路、公路或已建成的地铁、通道、管线等，是当前地铁建设中最先进的施工方法。本项目首先带领读者认知盾构，在此基础上介绍盾构选型的方法，然后按照盾构法施工过程依次安排“端头地层加固”“盾构组装与拆卸”“盾构始发与到达”“盾构掘进”等学习任务，帮助读者有效掌握盾构法施工要点，为今后从事地铁区间隧道施工工作奠定基础。

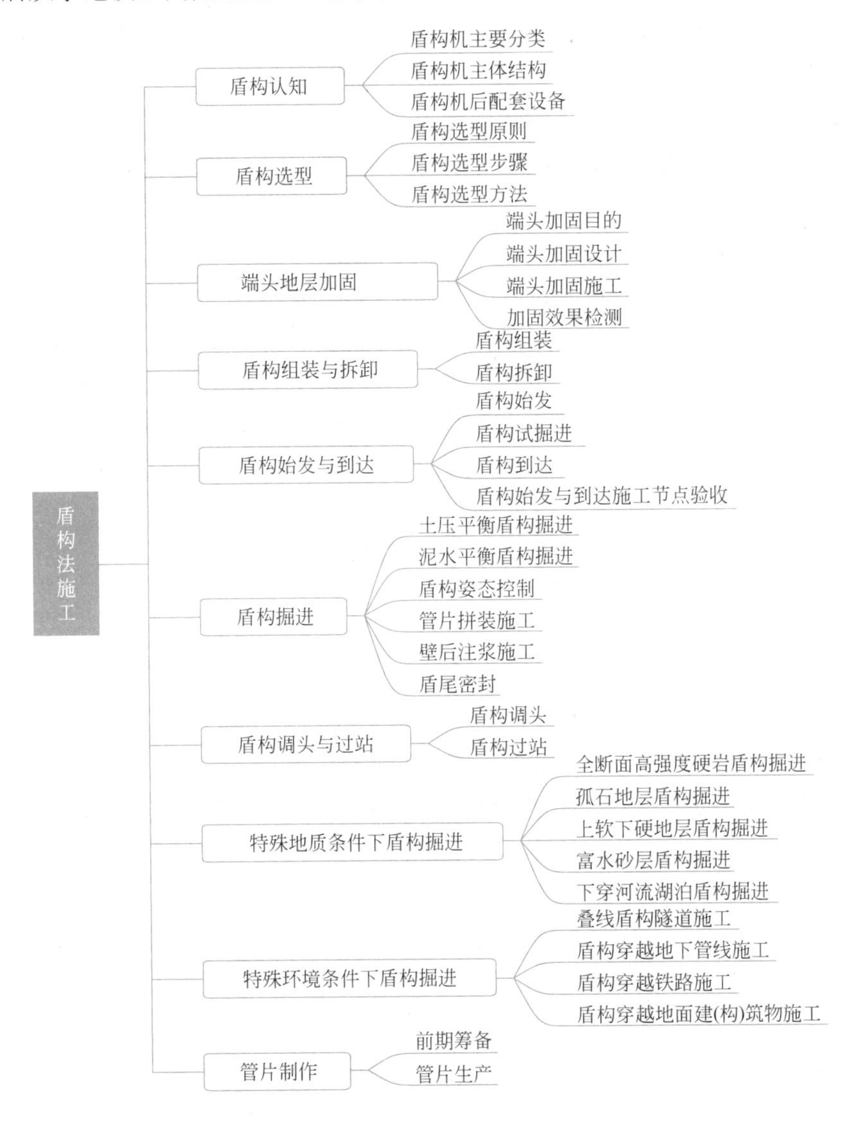

学习目标

◆ 知识目标

（1）掌握土压平衡盾构和泥水平衡盾构的工作原理；

（2）掌握盾构开挖掘进模式、盾构始发与到达、管片制作与拼装、注浆与防水等关键工序及技术措施；

（3）熟悉盾构机类型及对应的施工适用范围；

（4）熟悉盾构机结构构造及其组装作业；

（5）了解特殊地质条件下盾构掘进关键技术；

（6）了解特殊环境条件下盾构掘进关键技术；

（7）了解管片施工技术。

◆ 能力目标

（1）能够根据地铁区间隧道的工程条件，合理选择盾构机型；

（2）能够读懂地铁区间隧道的线路设计、洞门及端头加固设计、盾构管片设计、防水设计等施工图纸；

（3）能够初步编制盾构法施工方案和技术交底书；

（4）能够初步按照施工图纸、技术规范组织施工班组进行隧道施工；

（5）能够根据隧道工程质量验收方法及验收规范进行工程质量的初步检验。

◆ 素质目标

（1）盾构施工会遇到各种各样的复杂地层，但是不管地层多么复杂，掘进多么困难，盾构机永远只进不退。通过学习，培养学生不惧困难、勇往直前的奋斗精神；

（2）通过学习“珠海横琴杧洲隧道”“黄岗路‘穿黄’隧道”等采用盾构法施工的隧道工程案例，让学生了解当前我国隧道施工的先进技术，培养学生的民族自豪感，点燃学生投身国家基础设施建设的热情。

任务 3.1　盾构认知

任务描述

学习“知识链接”相关内容，重点完成以下工作任务：一是回答与盾构机构造相关的问题；二是根据给定的断面图，对盾构机的部件进行命名；三是完成与本任务相关的建造师职业资格证书考试考题；具体参见“任务实施”模块。

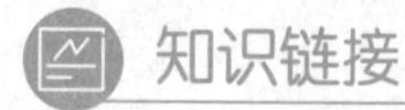

知识链接

3.1.1　盾构机主要分类

盾构机种类繁多，根据不同的参照标准有不同的分类方法。

按盾构机的尺寸大小可分为超小型（直径小于 1m）、小型（直径 1～3.5m）、中型（直径 3.5～6m）、大型（直径 6～14m）、特大型（直径 14～17m）、超特大型（直径大于 17m）。

按盾构切削断面形状，可分为圆形、非圆形两大类。圆形又可分为单圆形、半圆形、双圆搭接形、三圆搭接形；非圆形又可分为马蹄形、矩形（长方形、正方形、凹、凸矩形）、椭圆形（纵向椭圆形、横向椭圆形）。

盾构按开挖面与操作室之间关系，可划分为全开放式（见图 3-1）、部分开放式（见图 3-2）、封闭式盾构（见图 3-3）。三大类详细分类见图 3-4。

图 3-1 全开放式盾构

图 3-2 部分开放式盾构

图 3-3　封闭式盾构

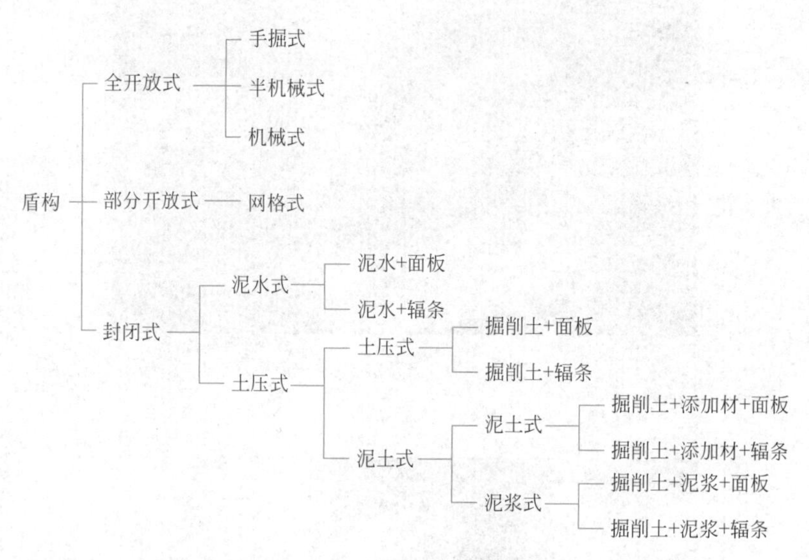

图 3-4　按开挖面与操作室之间关系进行盾构分类

3.1.2　盾构机主体结构

目前盾构机使用最多的是“土压平衡盾构机”和“泥水平衡盾构机”两种。土压平衡盾构机基本组成如图 3-5 所示，泥水平衡盾构机基本组成如图 3-6 所示。泥水平衡盾构机的总体构造与土压平衡盾构机相似，仅支护开挖面的方法和排渣方式有所不同。两种盾构主体结构均包括：盾壳、人闸舱、盾尾密封、刀盘刀具、刀盘驱动系统、推进系统、管片拼装机械手、出土器、PLC 控制系统和激光导向系统。

1. 盾壳

盾壳分为前盾、中盾和盾尾。盾体的钢结构是根据每个实际工程具体土压和水压等荷载而设计制造的。前盾和中盾间采用法兰盘连接，方便组装和拆卸；盾尾通过铰接油缸和中盾相连接，铰接接头设有可调密封条和遇水膨胀密封条。

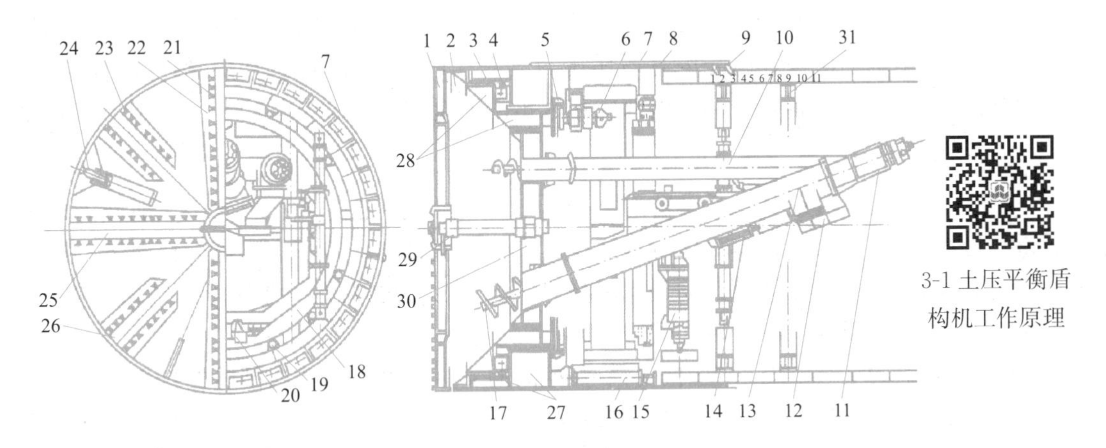

图 3-5 土压平衡盾构机

1—切削刀盘；2—泥土仓；3—密封装置；4—支撑轴承；5—驱动齿轮；6—液压马达；7—注浆管；8—盾壳；9—盾尾密封装置；10—小螺旋输送机；11—大螺旋输送机驱动液压马达；12—排土闸门；13—大螺旋输送机；14—闸门滑阀；15—拼装机构；16—盾构千斤顶；17—大螺旋输送机叶轮轴；18—拼装机转盘；19—支撑滚轮；20—举升臂；21—切削刀；22—主刀槽；23—副刀槽；24—超挖力；25—主刀梁；26—副刀梁；27—固定鼓；28—转鼓；29—中心轴；30—隔板；31—真圆保持器

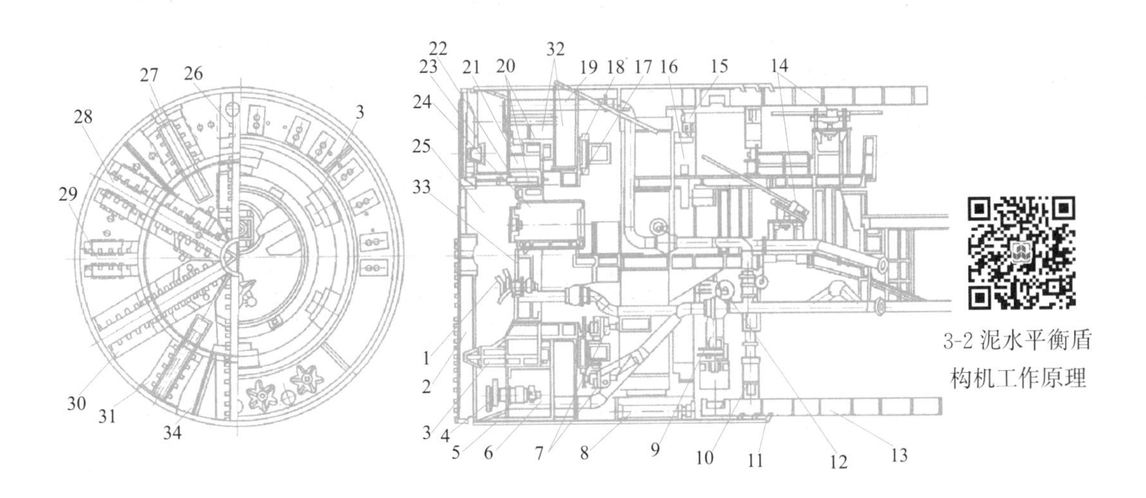

图 3-6 泥水平衡盾构机

1—中部搅拌器；2—切削刀盘；3—转鼓凸台；4—下部搅拌器；5—盾壳；6—排泥浆管；7—刀盘驱动马达；8—盾构千斤顶；9—举重臂；10—真圆保持器；11—盾尾密封；12—闸门；13—衬砌环；14—药液注入装置；15—支撑滚轮；16—转盘；17—切削刀盘内齿圈；18—切削刀盘外齿圈；19—送泥浆管；20—刀盘支撑密封装置；21—转鼓；22—超挖刀控制装置；23—刀盘箱形环座；24—进入孔；25—泥水室；26—切削刀；27—超挖刀；28—主刀梁；29—副刀梁；30—主刀槽；31—副刀槽；32—固定鼓；33—隔板；34—刀盘

前盾体内用隔板分隔出密封舱和土压舱或泥水压力舱，隔板上设有专门供人进入土压舱或泥水压力舱进行检查和更换刀具工作的闸门；中盾内布置了推进油缸、铰接油缸和管片拼装机架；后部为盾尾，尾壳内有盾尾密封装置。盾壳是盾构机受力支撑的主体结构，在其内部可安装各类设备，并保护内部操作人员的安全。

2. 人闸舱

在工作面能自稳且地下水不丰富的情况下，人员可直接通过人孔进入土压舱或泥水压力舱检修设备、更换刀具、排除孤石等。在工作面不能自稳或地下水丰富的情况下，需要设置人孔气压舱，并配备气压自动保持系统，人员可以通过人孔气压舱增压或减压进出，以保证进入土压舱或泥水压力舱人员的安全。

装在盾壳上的空气压缩系统用于调节开挖面的支撑压力和调节人闸舱的空气压力。空气压缩系统包括空气压缩机、压力调节器、压力传感器、控制阀。空气压缩系统只能调节所供应的空气，土舱内过高的压力由溢流阀来调节。安装在土舱内的压力传感器用来监测土压的实际值，压力调节器用来比较实际值和预设值，并打开供气阀门校正压力。

在进行换刀等施工过程中，在舱内设置照明系统，并配备有毒气体检测装置，保证作业环境的安全，同时利用空压机不断向舱内加压，通过压力调整装置来保证舱内压力平衡，维持开挖面的稳定。

3. 盾尾密封

盾尾密封通常由三道钢丝刷密封和六道弹簧钢板密封组成，用以防止地层中的水和注浆材料从盾尾间隙进入盾构机，如图 3-7 所示。配备有盾尾刷注脂装置，推进时在每两道密封之间自动注入密封用油脂，提高密封效果，并减小钢丝刷与隧道管片外表面之间的摩擦力，延长密封件的寿命。

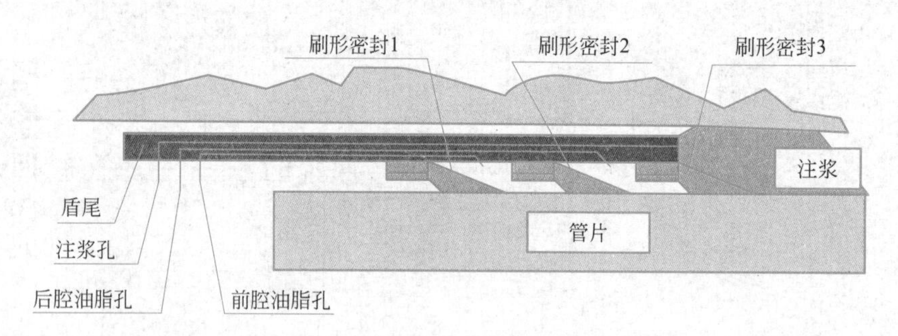

图 3-7　盾尾密封示意图

4. 刀盘

1）刀盘的主要功能

刀盘主要具有三大功能：

（1）开挖功能：刀盘旋转时，刀具切削开挖面的土体，对开挖面的地层进行开挖，开挖后的渣土通过刀盘的开口进入土仓。

（2）稳定功能：支撑开挖面，具有稳定开挖面的功能。

（3）搅拌功能：对于土压平衡盾构，刀盘对土舱内的渣土进行搅拌，使渣土具有一定的塑性，然后通过螺旋输送机将渣土排出；对于泥水平衡盾构，通过刀盘的旋转搅拌作用，将切削下来的渣土与膨润土泥浆充分混合，优化了对泥水压力的控制和改善了泥浆的均匀性，然后通过排泥管道，将开挖渣土以流体的形式泵送到设在地面上的泥水分离站。

2）刀盘的结构形式

刀盘一般有面板式刀盘、辐条式刀盘、辐板式刀盘三种，见图 3-8～图 3-10。具体应用时应根据施工条件和土质条件等因素决定。泥水平衡盾构一般都采用面板式刀盘；土压平衡盾构则根据土质条件不同可采用面板式或辐条式。

（1）面板式刀盘适用于：硬土层、粉土及粉质黏土层、砂层、圆砾层；

（2）辐条式刀盘适用于中软黏土以下土层、粉土及粉质黏土地层及粒径不大的砂卵石地层；

（3）辐板式刀盘：辐板式刀盘兼有面板式刀盘和辐条式刀盘的特点。

图 3-8　面板式刀盘

图 3-9　辐条式刀盘

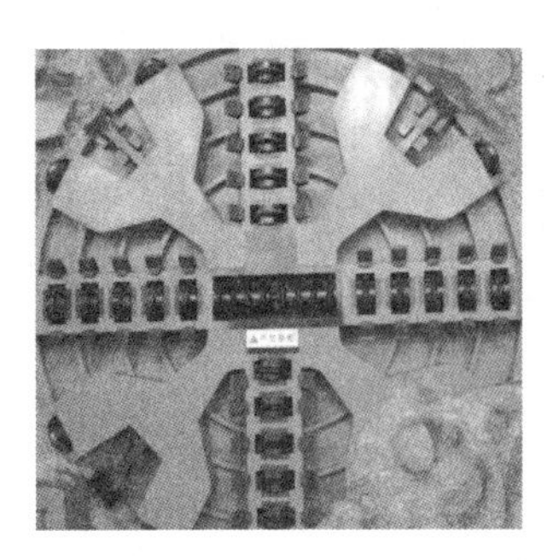

图 3-10　辐板式刀盘

5. 刀具

按切削原理，盾构机的刀具一般分为“滚刀”“切削刀”“辅助刀具”三种（表 3-1）。刀具布置方式及刀具形状选择将直接影响盾构机的切削效果、出土状况和掘进速度。我国地域广阔，地质差异大，且长大隧道多，需要针对不同地层的地质状况和工程环境，选择不同的刀盘结构和刀具结构布置方式。一般刀具分布状况见图 3-11。

刀具的类型　　表 3-1

刀具类别	刀具名称	
滚刀	盘形滚刀	
	齿形滚刀	
切削刀	切刀	
	先行刀	

续表

刀具类别	刀具名称	
辅助刀具	仿形刀	
	周边刮刀	

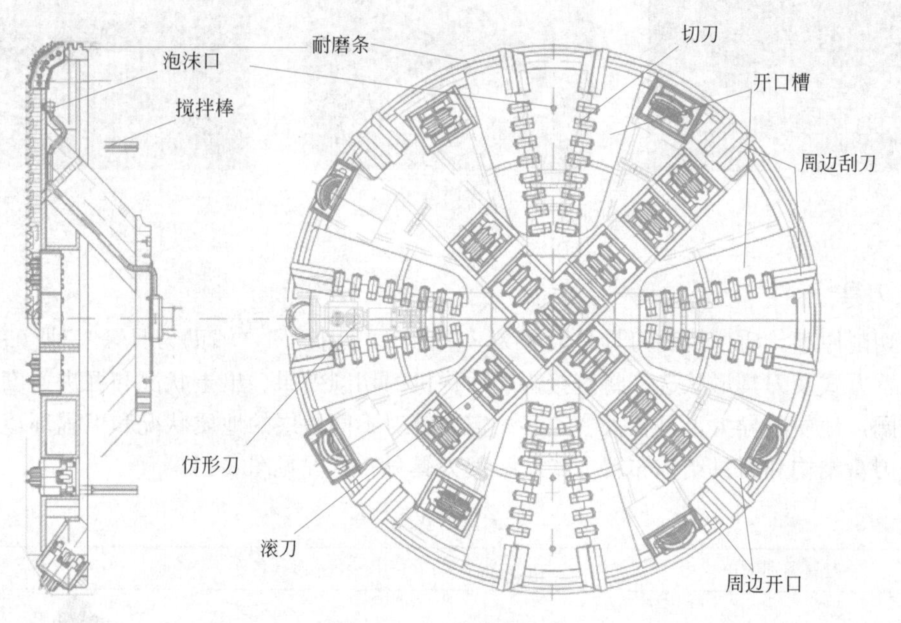

图 3-11　刀具分布状况

1）滚刀

滚刀分为齿形滚刀和盘形滚刀（见图 3-12 与图 3-13）。盾构上应用较广的是盘形滚刀。盘形滚刀按刀圈的数量分有单刃、双刃、多刃等三种形式。在风化的砂岩及泥岩等较软岩地层时，一般采用双刃滚刀；较硬岩，则采用单刃滚刀。齿形滚刀主要有球齿滚刀和楔齿滚刀两种，常用于软岩环境中。

2）切削刀

切削刀又分为切刀（刮刀）和先行刀（见图 3-14）等。

切刀安装在刀盘开口槽的两侧，也称刮刀。用来切削未固结的土壤，并把切削土刮入土仓中，刀具的形状和位置按便于切削地层和便于将土刮入土仓来设计，在同一个轨迹上一般有多把切刀同时开挖。

(a) (b) (c)

图 3-12　盘形滚刀
(a) 单刃滚刀；(b) 双刃滚刀；(c) 多刃滚刀

(a) (b)

图 3-13　齿形滚刀
(a) 球齿滚刀；(b) 楔齿滚刀

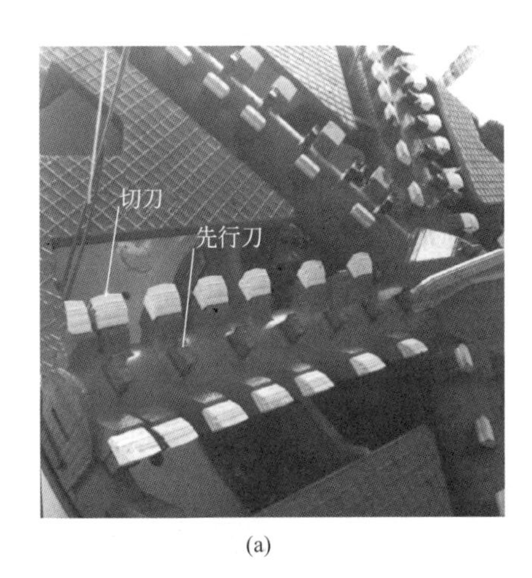

(a)

(b)

图 3-14　切削刀
(a) 切刀；(b) 先行刀

先行刀一般安装在辐条中间的刀箱中。采用背装式，可从土仓进行更换。先行刀超前先切削地层，避免切刀（刮刀）先切削到砾石或块石地层，从而起到保护切刀（刮刀）的作用。

3）辅助刀具

辅助刀具主要有仿形刀和周边刮刀（见图 3-11）。

仿形刀，安装在刀盘的外缘上，通过液压油缸动作，采用可编程控制，通过刀盘回转传感器来实现。驾驶员可以控制仿形刀开挖的深度（即超挖的深度），以及超挖的位置。例如：决定要对左侧进行扩挖以便盾构向左转弯时，那么仿形刀只需在左侧伸出，扩挖左侧水平直径线上、下45°范围即可。

周边刮刀，安装在刀盘的外圈，用于清除边缘部分的开挖渣土防止渣土沉积、确保刀盘的开挖直径以及防止刀盘外缘的间接磨损。周边刮刀采用背装式，可从土仓内进行更换。不同类型的周边刮刀如图3-15所示。

图3-15　不同类型的周边刮刀

对于不同地层的开挖，通常采用不同形式的盾构刀具。对于如上海、杭州、天津、西安、郑州等均一的软土地层，通常只使用切削类刀具即可。刀盘主要以辐条式为主。刀具也主要以软土切削型刀具为主，适用于未固结成岩的软土地层和某些全风化或强风化的软岩地层，一般破岩能力在单轴抗压强度20MPa以下。

针对硬岩地层，刀盘选择一般滚刀破岩为主，一般对于铁路、公路、水利、引水大埋深隧道，通常均在基岩中掘进，刀盘主要以面板式为主，开口率较小。可掘进的岩石强度达50～80MPa。

6. 刀盘驱动系统

以ϕ6.25m盾构机为例，其刀盘驱动系统通常包括主轴承、8台液压马达、8个减速器，如图3-16所示。刀盘通过中间支承方式由主轴承支承，刀盘驱动装置通过带减速机的液压马达→小齿轮→带齿轮的轴承→切刀圆筒→切削刀头的顺序来传送旋转力。刀盘转速可控制在0～4.4r/min之间。刀盘的额定扭矩为6228kN・m，最大脱困扭矩为7440kN・m，刀盘总驱动功率为945kW。

7. 推进系统

盾构机推进系统由千斤顶和泵站组成（见图3-17）。地铁盾构机通常设有30个千斤顶（10个单缸，10个双缸），支撑在已安装好的管片衬砌上，所产生的反作用力推动盾构机前进，最大推力达40MN。支座设计成铰接式，千斤顶表面贴有橡胶垫，以保证均匀地将力传递到管片环面上。把盾构机千斤顶分成4组，每个组可独立控制，并在千斤顶上装有行程计，可检测其伸缩行程、速度以及掘进方向。调节各组千斤顶的行程，可纠正或控制盾构机掘进的方向，同时在拼装管片时可以单独伸缩各个千斤顶。千斤顶的最大工作行程为2200mm，伸出速度为1800mm/min，缩回速度为2000mm/min。

8. 管片拼装机械手

管片拼装机械手的功能是安全且迅速地把管片组装成环，它具有伸缩、前后移动以及

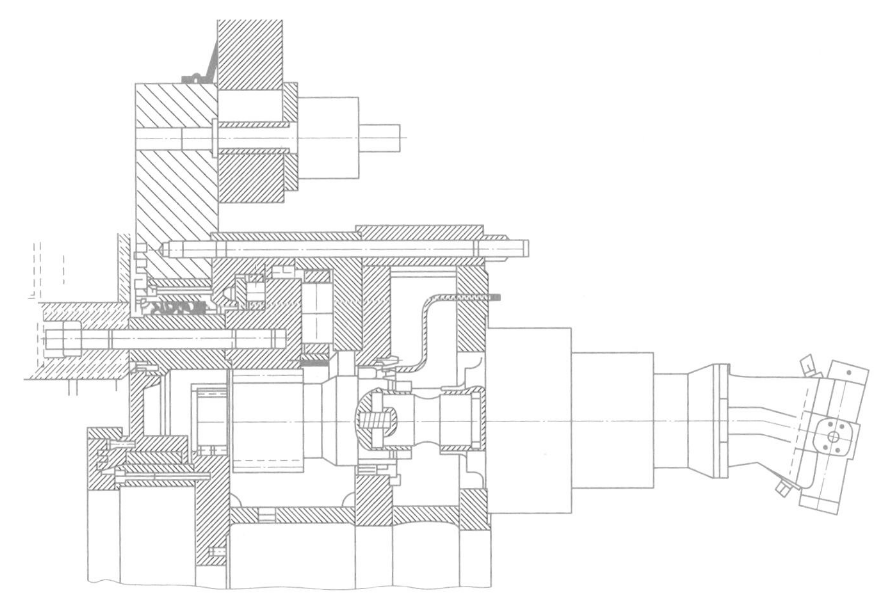

图 3-16　刀盘驱动示意

(a)

(b)

图 3-17　推进系统

(a) 推进系统；(b) 千斤顶

臂回转的功能，采用无线遥控盒操作。管片拼装机械手的各部分组成，如图 3-18 所示。拼装机械手由液压马达驱动，管片的轴向平移和封顶块的轴向移动，由平移千斤顶操作夹持器来完成，管片的提升由液压油缸操纵。液压油缸和马达由一个独立的液压泵站供油，采用带刹动器的液压马达，防止突然停电或液压管损坏时管片拼装机械手失控。通常拼装机械手的旋转范围为±200°，举升油缸行程为 1.0m，纵向移动行程为 2.0m。

9. 真圆保持器

盾构向前推进时，管片就从盾尾脱出。管片受到自重和土压力作用会产生变形，当该变形量很大时，既成环和拼装环拼装时就会产生高低不平，给安装纵向螺栓带来困难。为了避免管片产生高低不平现象，有必要让管片保持真圆，该装置就是真圆保持器（见图 3-19）。

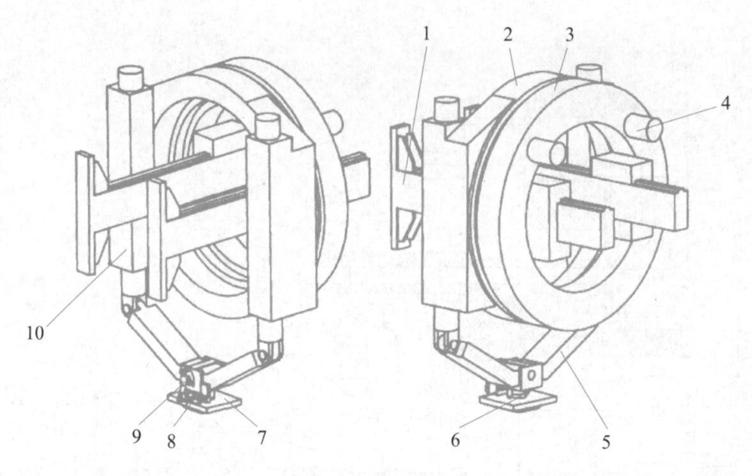

图 3-18 六自由度管片拼装机结构图

1—行走梁；2—旋转盘体；3—移动盘体；4—液压马达；5—提升横梁；6—中心球关节轴承；7—转动平台；8—偏转油缸；9—俯仰油缸；10—升降油缸

图 3-19 真圆保持器

真圆保持器上装有上下可伸缩的千斤顶，上下装有圆弧形的支架，它在动力车架挑出的梁上可滑动。当管片拼装成环后，就让真圆保持器移到该管片环内，支柱千斤顶使支架圆弧面密贴管片后，盾构就可进行下一环推进。

10. 螺旋输送机

盾构掘进过程中产生的渣土，通过速度可调的螺旋输送机（见图 3-20）从土仓运送到皮带输送机进料端，再由皮带输送机运送到盾构机后部的渣车上。皮带输送机长度的确定取决于渣车的数量，每辆渣车都可移动到皮带输送机出料口的下方。

螺旋输送机有轴式和无轴式两种，在卸料口设有防喷涌闸门。螺旋输送机内径和轴径决定了能通过的渣土的最大尺寸。如果遇到的孤石尺寸超过螺旋输送机的最大容许空间，可以关闭前闸门，然后从土舱人工搬除孤石。

11. PLC 控制系统和激光导向系统

PLC 控制系统的核心部分多采用西门子 S7PLC 系统，对盾构机主要功能进行控制。

图 3-20 螺旋输送机

所有的系统均设有安全保护，包括短路保护、互锁保护，用于防止设备的错误操作。如果主要系统由于安全原因，需要设置预先报警系统和悬挂遥控面板，则可以集成一个固定的系统。

导向系统硬件主要包括激光靶 1 台（含 1 台激光靶/倾角传感器＋集成棱镜）、便携式终端（含导向系统软件、纠偏曲线、数据历史纪录及隧道设计轴线计算软件）、控制单元（含无线传输单元、中央控制箱、连接电缆、工具箱及地面电脑浏览软件）、激光全站仪（徕卡 TCA1203 全站仪）、棱镜。

导向系统软件有隧道设计轴线计算软件、纠偏曲线软件、数据历史纪录软件、地面电脑浏览软件、系统安装光盘。导向界面被分为 8 个信息窗口，每一个信息窗口都可以通过点击屏幕进行选择。

3.1.3 盾构机后配套设备

1. 轨道运输设备

盾构掘进时所需要运输的主要为渣土、管片、砂浆料及其他轨道、管路等辅助材料，每环掘进出渣及管片材料运输由列车编组完成，列车编组由牵引电瓶机车、渣车、砂浆车、管片车组成。

地铁每掘进一环（幅宽约 1.5m），理论出土量为 55～69m^3，因此可采用 4 节 18m^3 渣车可满足出土要求。运输时，每节管片车承载 3 片，单节管片车承载 12t 左右（管片每片自重在 3～4t）。因此，多采用 15t 管片车。车辆自重加上渣土质量，总重约为 160t，可选用 45t 牵引机车。列车编组由 1 辆 45t 电瓶机车、4 节 18m^3 渣车、1 节 7m^3 砂浆车、2 节 15t 管片车组成。

2. 垂直提升设备

盾构掘进过程中，掘进的渣土、管片及材料应通过提升设备进行垂直运输及装卸。考虑渣斗除提升要求外还需要进行翻转作业，出渣门吊应同时具有起吊功能和渣斗翻转功能。出渣提升时，最大提升质量为矿车渣斗自重 5t 加平均每车渣土质量 28.1t，总质量为 33.1t，再考虑 1.2～1.3 的安全系数，所以出渣门吊主钩的最大提升能力选择 45t 的专用门吊。另外，下管片、材料采用起吊主钩提升能力为16t的专用门吊。

3. 砂浆搅拌设备

砂浆搅拌设备采用搅拌站。配料机根据场地情况可以加装自动称量水泥及粉煤灰系统，控制方式为自动质量控制，然后通过螺旋输送机或梭槽进入搅拌机搅拌舱内，砂和膨润土人工直接加进搅拌舱内，生产能力为25m^3/h，能满足掘进需要。

4. 通风设备

通风方式根据盾构施工情况选用，一般采用机械压入式通风方式，风管采用ϕ1000mm的拉链式软风管，通过盾构风管储存箱进行延伸，将新鲜空气压入盾构机后配套设备末端，再由盾构机后配套上的二次通风设备将新鲜空气压入盾构机前端和各作业空间。选用轴流式通风机，通风机主要参数：功率为552kW，风压为4200Pa。

5. 冷却系统

盾构机液压及电气系统采用外循环冷却，根据盾构机配套要求，选用45kW立式多级增压泵和SRM-80、22kW冷却塔，以便提供28℃冷却水。

任务实施

3-3【知识巩固】

3-4【能力训练】

3-5【考证演练】

任务3.2 盾构选型

任务描述

学习“知识链接”相关内容，重点完成以下工作任务：一是回答与盾构选型相关的问题；二是根据给定的工程案例，选择合适的盾构机型，并详细说明选择的依据；三是完成与本任务相关的建造师职业资格证书考试考题；具体参见“任务实施”模块。

知识链接

3.2.1 盾构选型原则

盾构选型是盾构法隧道能否安全、环保、经济、快速建成的关键。盾构选型应从安全、适应性、技术先进性、经济合理性等方面综合考虑，所选择的盾构形式要能尽量减少辅助工法，确保开挖面稳定，减少对周边环境的影响。盾构选型的原则如下：

(1) 应对工程地质、水文地质条件有较强的适应性，首先要满足施工安全的要求。

（2）技术先进性、经济合理性相统一，在安全可靠的情况下，考虑技术先进性和经济合理性。

（3）满足隧道外径、长度、埋深、施工场地、周围环境等条件。

（4）满足安全、质量、工期、造价及环保要求。

（5）后配套设备的能力与主机配套，生产能力与主机掘进速度相匹配，同时具有施工安全、结构简单、布置合理和易于维护保养的特点。

（6）盾构制造商的知名度、业绩、信誉和技术服务。

3-6 盾构机选型的基本要求

盾构选型应以工程地质、水文地质为主要依据，综合考虑周围环境条件、隧道断面尺寸、施工长度、埋深、线路的曲率半径、沿线地形、地面及地下构筑物等环境条件，周围环境对地面变形的控制要求，以及工期、环保等。盾构选型主要考虑的因素如下：

（1）工程地质、水文地质条件；

（2）隧道长度、隧道平纵断面及横断面形状和尺寸等设计参数；

（3）周围环境条件；

（4）隧道施工工程筹划及节点工期要求；

（5）宜用的辅助工法；

（6）技术经济比较。

3.2.2 盾构选型步骤

1. 盾构选型流程

盾构选型流程，如图 3-21 所示。

2. 盾构选型步骤

1）在对工程地质条件、水文地质条件、周围环境、工期要求、经济合理性等充分研究的基础上选定盾构的类型（开放式或封闭式盾构）。

2）在确定选用封闭式盾构后，根据地层的渗透系数、颗粒级配、地下水压、环保、辅助施工方法、施工环境、安全等因素对土压平衡盾构和泥水平衡盾构进行比选。

（1）土压平衡盾构特点：整体构造简洁，有利于操作及维修；适用地质范围广；对渣土改良材料（泡沫、膨润土）需求量少；可以控制开挖面的塌陷量；出渣及时；总装和始发需求空间较小；对环境的影响小；运营成本较低；土仓压力需在隧道推进前计算并设定；对刀盘扭矩需求较大；对刀盘动力需求较大。

（2）泥水平衡盾构特点：整体构造复杂，操作及维修费用高；需要泥水及泥水分离厂；对于环境的影响较大，且运营成本偏高；土仓压力在掘进过程中直接探测并由系统进行控制；在压力控制方面具有更高的准确性；对刀盘扭矩需求较小；对刀盘动力需求较小；渣土在运至地表前不会暴露。

3）根据详细的地质勘探资料，对盾构各主要功能部件进行选择和设计，如刀盘驱动形式、刀盘结构形式、开口率、刀具种类与配置、螺旋输送机的形式与尺寸、沉浸墙的结构设计与泥浆门的形式、破碎机的布置与形式、送排泥管的直径等。

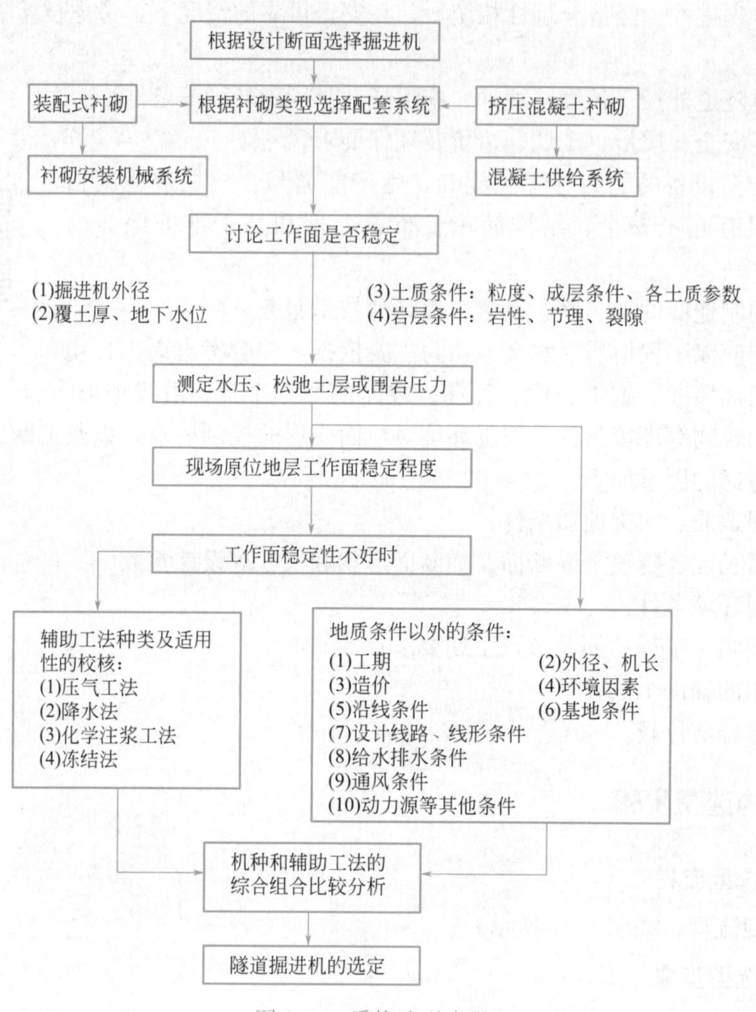

图 3-21 盾构选型流程

4）根据地质条件等确定盾构的主要技术参数，相关参数在选型时应进行详细计算，主要包括刀盘直径、刀盘开口率、刀盘转速、刀盘扭矩、刀盘驱动功率、推力、掘进速度、螺旋输送机功率、直径、长度、送排泥管直径、送排泥泵功率及扬程等。

5）根据地质条件选择与盾构掘进速度相匹配的后配套施工设备，包括轨道、运输车、管片拼装机械手、盾尾密封、供水、供风、照明、供电系统、控制系统、注浆系统、导航系统等。

3.2.3 盾构选型方法

1. 地层渗透系数法

地层渗透系数对于盾构选型是一个很重要的因素（见图 3-22）。通常情况下，当地层的渗透系数小于 10^{-7} m/s 时，可以选用土压平衡盾构；当地层的渗透系数在 10^{-7} m/s 和 10^{-4} m/s 之间时，既可以选用土压平衡盾构也可以选用泥水平衡盾构；当地层的渗透系数大于 10^{-4} m/s 时，宜选用泥水平衡盾构。

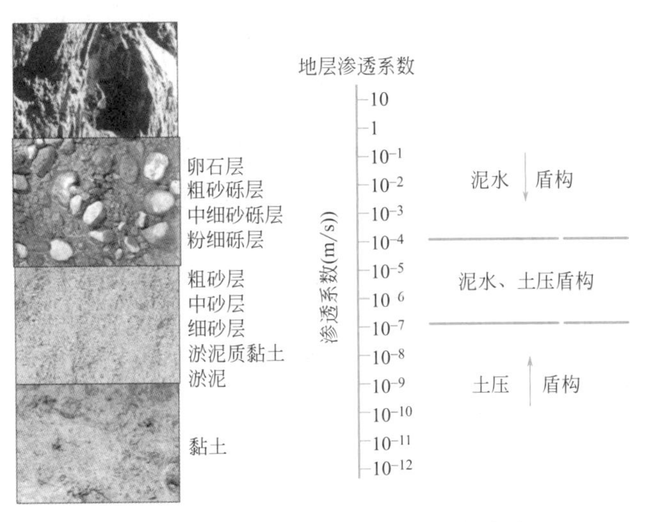

图 3-22 地层渗透性与盾构选型的关系

2. 地层颗粒级配法

一般来说，细颗粒含量多，渣土易形成不透水的流塑体，容易充满土仓的每个部位，在土仓中可建立压力，平衡开挖面的土体。粗颗粒含量多的渣土塑流性差，实现土压平衡困难。

盾构选型与颗粒级配的关系详见图 3-23。图中黏土、淤泥质土区为土压平衡盾构适用的颗粒级配范围；砾石、粗砂区为泥水平衡盾构适用的颗粒级配范围；粗砂、细砂区可使用泥水平衡盾构，也可经土质改良后使用土压平衡盾构。

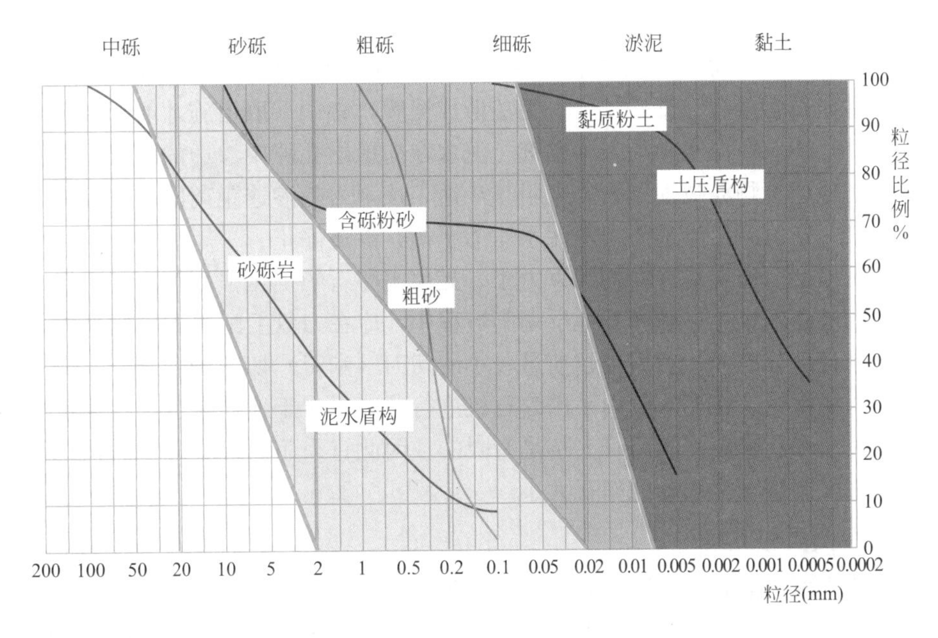

图 3-23 盾构选型与地层颗粒级配的关系

一般来说，当岩土中粉粒和黏粒的总量达到40%以上时，通常会选用土压平衡盾构，相反的情况则选择泥水平衡盾构。粉粒的绝对大小通常以0.075mm为界。

3. 水压法

当水压大于0.3MPa时，适宜采用泥水平衡盾构。如果采用土压平衡盾构，螺旋输送机难以形成有效的土塞效应，在螺旋输送机排土闸门处易发生渣土喷涌现象，引起土仓中土压力下降，导致开挖面坍塌。

当水压大于0.3MPa时，如因地质原因需采用土压平衡盾构，则需增大螺旋输送机的长度，或采用二级螺旋输送机。

3.2.4 盾构选型实例

1. 工程概述

某地铁区间盾构隧道最大覆土厚20m，纵坡0.2%～0.3%，线间距10～15m，最小曲线半径400m。沿线建筑物密集，隧道穿越的地层为饱和的砂卵石地层，卵石含量高，强度高达到50～100MPa，其粒径为50～200mm，卵石含量占30%～50%，充填物为密实的细砂及圆砾，黏土含量极少。砂卵石地层渗透系数大，地下水位较高（1～2m），渗透系数为$k=1.52\times10^{-4}$m/s，为强透水层。

2. 泥水平衡盾构方案

根据地层渗透系数法选型，该隧道地层渗透系数为$k=1.52\times10^{-4}$m/s时，可以采用泥水平衡盾构。泥水平衡盾构掘进中，以泥水压力来抵抗开挖面的土压力和水压力，以保持其稳定，同时形成弱透水性泥膜止水。

对于黏粒含量高的地层，可直接在开挖面形成泥膜；对于黏粒含量低的地层，因渗透性大而无法形成泥膜；对于黏粒含量中等的地层，尚可在开挖面前方一定距离形成泥膜。由于该隧道砂卵石含量高、渗透性强，无法形成泥膜，必须采取措施才能形成泥膜。通常加入膨润土外，还应在泥水中加入增黏剂。泥水在向地层孔隙中渗透的同时，自身形成大体积的颗粒与地层土颗粒吸附结合，来阻止渗透，该阻力随渗透距离的增大而增大。当渗透距离达到某一定值时，渗透阻力与泥水压力平衡，渗流停止。

在砂卵石地层，地层对卵石的约束力小，且由于卵石的抗压强度较高，因没有支反力而导致卵石的破碎困难。在砂卵石地层切削过程中，应在刀盘上配置重型撕裂刀作为先行刀，对卵石进行部分破碎，然后由超前量较小的切刀（刮刀）切削剩余部分，最后通过刀盘的开口进入泥水舱，在泥水舱内采用碎石机进行破碎。对于地铁隧道，在泥水仓内布置的碎石机的尺寸和能够破碎的卵石大小是有限的，因此宜采用面板式刀盘盾构，采用刀盘的开口大小来限制进入泥水仓的卵石大小。

3. 土压平衡盾构方案

土压平衡盾构是依靠推进油缸的推力给土舱内的土渣加压，使土压作用于开挖面使其稳定，主要适用于黏土地层。掘进中，刀盘切削的土体进入土仓后由螺旋输送机输出，在螺旋输送机中调节土压和止水，平衡土舱压力，从而稳定开挖面。

根据地层颗粒级配法，当粉粒和黏粒总量小于40%时，不宜使用土压平衡盾构。如果采用土压平衡盾构，在强渗水条件下，止水相当困难，开挖面易坍塌，施工风险高。因此，在富水砂卵石地层中施工，应重点防止地下水的渗透和喷涌。

当地层的渗透系数大于10^{-4}m/s时，添加剂易被稀释，在土舱内不易形成具有良好塑性及止水性的渣土，螺旋输送机难以形成土塞效应，从而造成土舱内压力不易控制，在螺旋机出渣门处易发生喷涌，故应选择不易被水稀释的添加剂。例如选用泡沫和膨润土对渣土进行改良。每掘进1.5m，泡沫剂的注入量为40L左右，膨润土的添加量为出渣量的15%。盾构面板式刀盘的开口宜加大，或采用辐条式刀盘。同时，使用较大直径的螺旋输送机，以方便渣土的排出，防止堵塞出土器。

4. 卵石破碎刀具选择

滚刀在破碎卵石中，需要约束力将卵石固定在某一位置上，以便使滚刀能够对该卵石施加剪切应力将其破碎。如果地层密实度很好，卵石被紧密地嵌固在地层中，则利于滚刀破碎。若隧道地层松散，卵石在刀盘搅动下不固定，难以被滚刀破碎，会被推至四周，对刀具造成很大的磨损。因此，对于松散的砂卵石，宜采用重型撕裂刀进行破碎。重型撕裂刀是利用撕裂刀随刀盘高速旋转产生的冲击惯性能力进行“键击”破碎。

5. 盾构机型方案比选

从设备的购置、运行成本比较，泥水平衡盾构需要泥水分离站，设备的费用高于土压平衡盾构。

从施工技术可行性比较，选用泥水平衡盾构和土压平衡盾构都是可行的。但如选用泥水平衡盾构，因采用泥浆管出渣，通过的最大粒径有限，隧道开挖面大于150mm的砂卵石均须进行破碎，而土压平衡盾构即使采用有轴式螺旋输送机也能通过300mm粒径的砂卵石，因此，土压平衡盾构在技术上占有优势。

综合以上技术经济比选，本区间宜采用土压平衡盾构。采用开口率较大的轮辐型面板式刀盘，开口率不小于30%。配置中心刀、切刀、重型撕裂刀，开口槽处设“钢隔栅”控制进入土仓的卵石大小，一般控制在300mm以下，宜采用双闸门防“喷涌”螺旋输送机。

任务实施

3-7【知识巩固】

3-8【能力训练】

3-9【考证演练】

任务3.3 端头地层加固

任务描述

学习“知识链接”相关内容，重点完成以下工作任务：一是回答与盾构隧道端头加固相关的问题；二是根据给定的工程案例，编写隧道端头地层旋喷桩加固技术交底书；三是完成与本任务相关的建造师职业资格证书考试考题；具体参见“任务实施”模块。

知识链接

3.3.1 端头加固目的

端头加固是盾构始发、到达技术的一个重要组成部分，其成败直接影响到盾构能否安全始发、到达（见图 3-24）。而盾构始发、到达是最容易发生盾构机“下沉、抬头、跑偏”，致使开挖面产生失稳、冒水、突泥等事故（见图 3-25）。端头加固的失败是造成事故多发的最主要原因之一。

图 3-24 端头加固效果良好

图 3-25 端头地层坍塌

因此，为了保证盾构机正常始发或到达，需对盾构始发或到达段一定范围内的土层进行加固，其加固范围在平面上一般为隧道两侧 3m，拱顶上方厚度为 3m，沿线路方向长 9～12m，如图 3-26、图 3-27 所示。

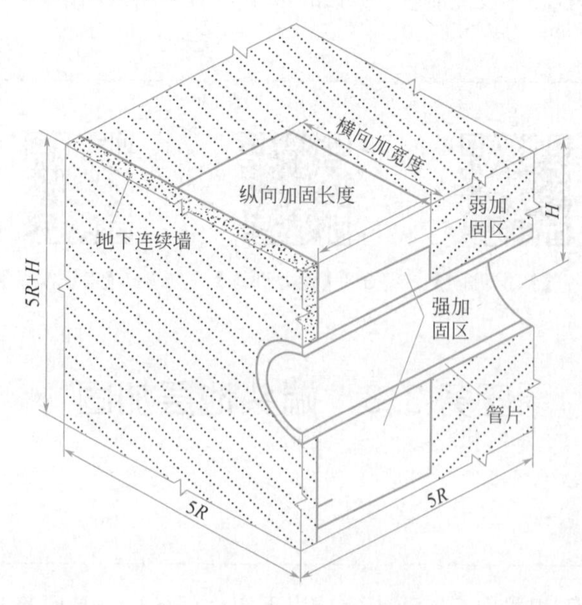

图 3-26 盾构隧道端头加固示意图

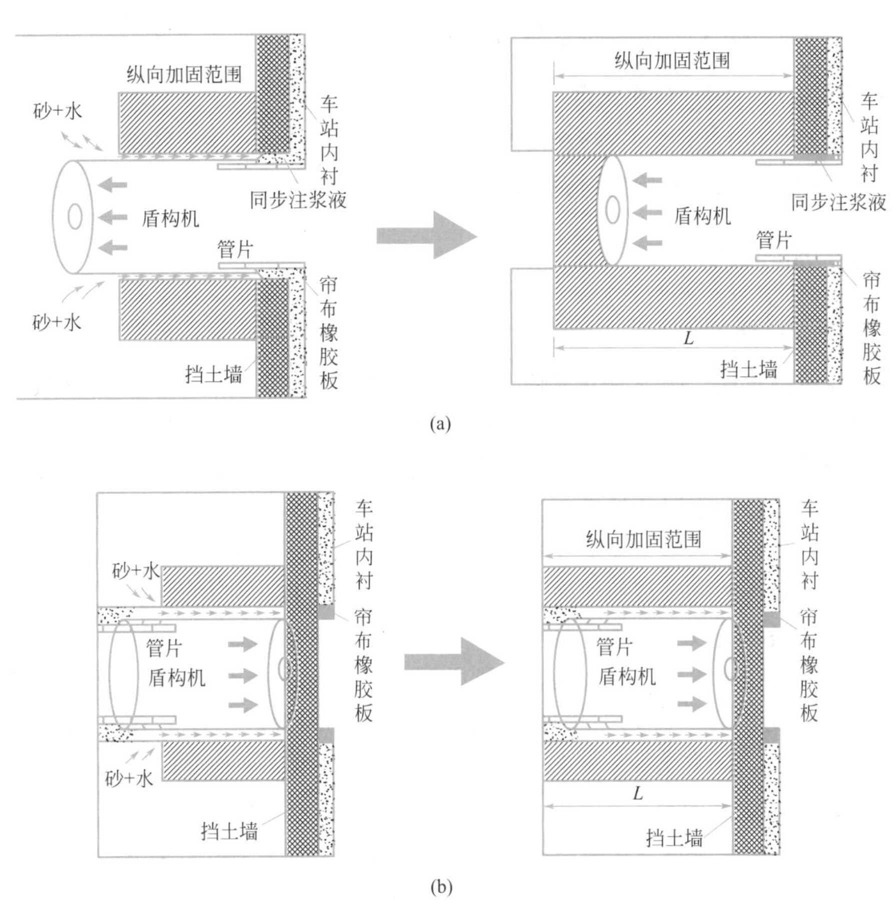

图 3-27 盾构隧道端头加固纵断面

（a）始发端头；（b）到达端头

合理选择端头加固施工工法，是保证盾构顺利施工的重要环节。改良端头土体，提高端头土体强度，改善土体渗透性，可确保盾构机始发和到达的安全。与一般地基加固不同，端头加固不仅有强度要求，还有抗渗透性要求。具体加固目的如下：

1. 保持地基稳定

始发、到达前往往需要凿除洞口井壁的混凝土，割断钢筋，确保盾构顺利进出洞。对隧道端头地层进行加固，可避免洞口井壁在凿除过程中地基发生坍塌，同时避免因井壁凿除后地基长时间暴露造成过大地表沉降。

2. 控制水土流失

盾构始发进入加固体，或盾构到达穿过加固体时，在含水量较高、渗透系数较大的砂卵石地层，盾构进出洞容易造成水土流失。采用泥水平衡盾构时，泥水压力的作用也会使加固体发生水土流失，导致无法达到泥水平衡状态。通过隧道端头地层加固，可控制水土流失，确保盾构施工安全。

3. 提高地基承载力

由于盾构吊装或拆卸时，重型吊机往往作用在端头位置，为防止重型机械作用在软弱土体上起吊时发生失稳、坍塌，或对已成形隧道的安全造成不利影响，应对地表的软弱地层进行加固，为重型机械作业提供足够的承载力。

4. 确保周边建（构）筑物安全

当隧道端头部位有房屋、管线和道路时，必须采取隧道端头地层加固措施，控制施工扰动的不利影响，确保盾构始发与到达时周边建（构）筑物的安全。

3.3.2 端头加固设计

1. 加固设计前期工作

盾构始发或到达前，必须充分了解工作井洞口周围地层的地质情况，掌握各层土的主要物理、力学性能指标。除了工程地质勘探报告外，采用补充勘探的方法对端头地层的土体强度（c、ϕ 值）、渗透系数（水平、竖直）、土质情况（砂粒、黏粒、粉粒含量）等特性进行了解。根据各种土层的特性，认真分析不同的施工方法，预测可能发生出洞和进洞施工时的复杂变化，避免施工险情及不利于工程质量的情况发生。

实地调查了解所影响区域的地面、地下建筑物、构筑物、公共设施、地下管线等，并与相关单位密切联系，以制订相应监护、处置措施。洞口处的地下障碍物，如桩基、回填石块、废钢材等处在盾构通过的位置上，则必须人工进入盾构开挖面将其排除。遇到体积大、重量重、长度长的障碍物，从地面挖孔人工处理困难时，还需在开挖后人工进仓处理。

2. 加固设计考虑的因素

一是刀盘的配置能否保证盾构机顺利切割加固土体；二是加固土体的抗渗性能能否满足要求；三是在盾构机吊装时，能否提供足够的地基承载力。

3.3.3 端头加固施工

端头加固的措施常有搅拌桩加固、旋喷桩加固、注浆加固、冻结法加固等，可以单独采用一种工法，也可采用多种工法相结合。这主要取决于地质情况、地下水、盾构机直径、盾构机型、施工环境等因素。同时，要考虑安全性、施工方便性、经济性、施工进度等。

3-10 水泥搅拌桩施工工艺

1. 搅拌桩加固

搅拌桩加固是用于加固饱和软黏土地基的一种方法，它利用水泥作为固化剂，通过特制的搅拌机械，在地基深处将软土和固化剂强制搅拌，利用固化剂和软土之间所产生的一系列物理化学反应，使软土硬结成具有整体性、水稳定性和一定强度的优质地基。该方法主要适用于淤泥、黏土层等地层，其优点是造价低，其不足为加固不连续、加固体强度偏低。

3-11 高压旋喷桩施工工艺

2. 旋喷桩加固

旋喷桩加固是以高压旋转的喷嘴将水泥浆喷入土层与土体混合，形成连续搭接的水泥加固体。旋喷桩对于砂层的改良效果较好，也适用于淤泥、粉土、黏土层，但在砂砾地基和黏聚力大的黏土有时不能形成满意的改良桩。具有施工占地少、振动小、噪声较低等优点，但造价偏高。

3. 注浆加固

注浆加固适用于多种地层，尤其是深度较大的砂质地层、砂砾层等。对于水量不大的地段可通过注浆加固进行止水。可进行单液或双液注浆，同时可进行跟踪注浆；浆液种类较多，经济性和可施工性好。注浆材料和施工方法种类繁多，需根据地下水、地质、施工环境等来确定；同时，要考虑因注浆而引起地基隆起等的处理对策。

4. 冻结法加固

冻结法加固是利用人工制冷技术，使地层中的水结冰，把天然岩土变成冻土，增加其强度和稳定性，隔绝地下水与地下工程的联系，以便在冻结壁的保护下进行隧道等地下工程施工。适用于各类淤泥层、砂层、砂砾层。冻结施工方法灵活、形式多样，冻结墙均匀完整，可靠性高、强度高。但对于流动水层和含水量低的地层，冻结法不适用。

冻结地层随着温度的变化会产生冻胀和融沉效应，从而引起地面沉降或隆起变形，对周边建筑物影响较大。冻胀和融沉因地基条件、冻结时间、冻结规模、解冻速度、荷载条件等而异，一般在砂和砂砾层中冻融比较小，在黏土、粉砂、黏质粉土地层中冻融影响比较大，当冻融对周围结构物有不利影响时，必须采取防止冻融的措施。

5. 地层降水法

在有些土质条件下，地下水位下降往往会产生地基沉降，在采用地层降水法时，必须事先周密研究地下水位下降对周围地基等的影响。因此，一般在地层较好，周边环境适应，对建（构）筑物影响范围小时采用降水法，且主要应用于始发时。盾构到达时要考虑降水对隧道的影响，须与其他加固措施相结合。

3.3.4 加固效果检测

加固体的检测方法多种多样，如标准贯入试验、静力触探、旋转触探、弹性波检测、电探、化学分析等。端头加固的主要检测手段如下：

（1）竖向抽芯检测：在砂层中，特别注意加固体连续性是否良好，抽芯率要达到90%以上。抽芯位置一般选在桩间咬合部位。抽芯数量按相关规范选取，且每个端头不应少于1根。目测判断加固体强度是否满足设计要求，同时试验判断加固体强度和抗渗性能。

（2）水平抽芯检测：一般在洞门范围内钻10个水平孔，孔径为5cm，孔深为4～5m，根据10个孔的出水量进行判别。

土体加固后，在盾构始发或到达以前需对土体的加固效果进行检查，内容包括加固土体强度、洞门处渗透性以及土体的均匀性。各指标的检测方法和需达到的标准见表3-2。

端头土体加固检测方法及标准表　　表3-2

序号	检查项目	标准	检测方法	备注
1	加固土体强度	无侧限抗压强度应达到≥1MPa，黏聚力 c≥0.5MPa	在每条隧道开挖线外侧2m施工2个钻孔取芯检查（钻孔深至开挖线底部）	取岩土芯进行抗压强度试验

续表

序号	检查项目	标准	检测方法	备注
2	加固体渗透性	渗透系数不大于 1.0×10^{-8}cm/s，渗水量总计不大于 10L/min，且不得漏泥沙，单孔渗水量不大于 2L/min	在洞门范围上、下左右及中心各施工钻孔 1 个，检查其渗水量	钻孔要打穿围护结构
3	加固体均质性	加固体均匀	利用钻孔岩土芯进行检查	现场判定

如果检测结果达不到加固要求，在始发井预留钢环的内部锚喷面上施作水平注浆管，在洞口进行水平注浆加固，以弥补地面加固的不足。

（1）注浆孔的施工

① 测量定位注浆孔并标记。

② 开孔及安装孔口管，钻机采用低压力、慢钻速，采用 ϕ89mm 的钻头开孔，钻深 600mm，退出钻杆安装孔口管；用预先准备做好的 ϕ89mm×5mm 无缝钢管加工制成的孔口管，孔口焊法兰盘，孔口管设计长 600mm，外留长度 100～150mm。

③ 在孔口管上安装高压球阀，在高压球阀上安装防喷装置后方允许钻进；钻进时采用 ϕ50mm×1000mm 钻杆，钻头为合金钢、直径为 65mm，采用锚杆钻机钻孔。

（2）注浆施工

利用双液注浆泵通过注浆管向孔内注入水泥、水玻璃双浆液。

① 单孔注浆采用前进式注浆，每前进 1m 注浆一次，直至把该孔注完为止。

② 各孔的注浆顺序是先上后下、先两侧后中间，采用间隔跳孔进行压密注浆。

③ 注浆终压设计值根据地面隆起情况取 3～5MPa，注浆时要严格控制注浆压力，防止地面隆起，破坏地表建（构）筑物。操作时要求控制浆液流量及压力，根据现场实际情况作适当调整。

3.3.5 端头加固实例

某地铁区间采用土压平衡盾构法施工，隧道埋深 9.0～10.2m，盾构接收端隧道埋深 9.8m。隧道位于中细砂层，且处于微承压水层，含水量丰富，灵敏度高，渗透性强，中～高压缩性，自稳性极差，易引起地面较大变形。上覆地层为砂性地层，地下水稳定水位埋深为自然地面下 2.5m。车站主体结构侧墙厚 800mm，围护结构采用 ϕ800mm@1000mm＋旋喷桩支护结构。盾构到达端洞门预埋钢环内径为 6500mm，盾构机外径为 6260mm，管片外径为 6000mm，故盾构机外壳与预埋钢环的间隙为 120mm，成型管片外径与预埋钢环的间隙为 250mm。

1. 加固方式

为减小盾构到达时涌水、涌砂风险，对盾构到达端头采用 ϕ900mm@600mm 三重管高压旋喷桩加固处理。为适当降低加固体强度，并保证加固体整体稳定性，旋喷材料中减少水泥用量，采用膨润土替代。经试桩确定水泥与膨润土质量比为 4∶1。

2. 加固范围

旋喷桩加固范围沿隧道纵向长 12m，以保证盾构机完全进入加固区后，通过壁后注浆能形成有效封堵环，防止后方地层中的砂土串入刀盘前方。为减少工程量，并保证洞门处加固效果，加固体沿隧道方向成杯状，竖直方向加固范围靠车站围护结构端为隧道上下各 3m 范围内，另一端为隧道上下各 2m 范围内；横向加固范围靠车站围护结构端为隧道左右各 3m 范围内，另一端为隧道左右各 2m 范围内。旋喷桩加固范围如图 3-28 所示。

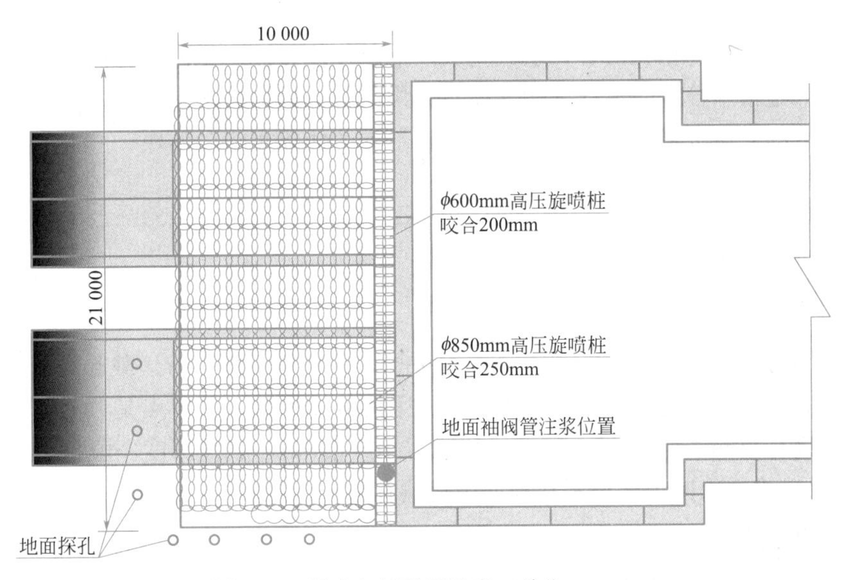

图 3-28　端头加固平面示意（单位：mm）

3. 施工参数

三重管旋喷桩施工前，在原位做三根试桩，通过试桩及取芯取得三重管旋喷桩施工参数，见表 3-3。

三重管旋喷桩施工参数　　表 3-3

水		空气		浆液			旋喷桩外径（mm）	提升速度（cm/min）	旋转速度（r/min）
压力（MPa）	流量（L/min）	压力（MPa）	流量（m^3/min）	压力（MPa）	流量（L/min）	水灰比			
32	90～100	0.7	1.0	1.5	70～80	0.5	900	8～12	10～20

任务实施

3-12【知识巩固】

3-13【能力训练】

3-14【考证演练】

任务 3.4 盾构组装与拆卸

任务描述

学习“知识链接”相关内容，重点完成以下工作任务：一是回答与盾构组装、拆卸相关的问题；二是根据给定的工程案例，编写盾构组装与拆卸技术交底书；三是完成与本任务相关的建造师职业资格证书考试考题；具体参见“任务实施”模块。

知识链接

3.4.1 盾构组装

通常地铁盾构单台总长约 80m，总重约 450t，盾构机不能自行运载起降下井至施工作业面，需要进行吊装、组装作业。地铁盾构机采用分体吊装，其难点是：吊装时，吊车最大作业半径只有 10m 左右，最大起重量却达 100t（前盾），竖井深度一般超过 10m，吊装高度超过 6m，多个大吨位部件需在地面由运输存放姿态翻转 90°方可下井。

1. 组织机构及职责

吊装下井人员组织如图 3-29 所示。

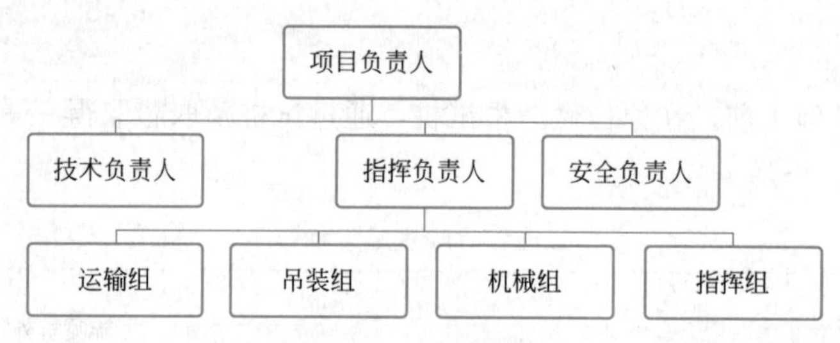

图 3-29　盾构吊装下井组织机构

项目负责人对工程全面负责，在组织工程施工中，制订措施，确保施工处于受控状态，工程质量达到合同要求，对工程的质量、安全负全面责任。技术负责人提供吊装过程中的技术指导，负责吊装过程的技术交底等工作，保证过程施工始终处于受控状态。协调员在施工过程中对内外进行沟通协调，使整个工程顺利完成。安全员对施工过程中的吊装安全、文明施工临建等进行综合管理，制订各种安全技术措施，对工程安全生产目标进行控制，负责对施工过程中的安全技术交底。指挥员对施工范围内的进度进行具体管理、调度，指挥具体吊装操作。

2. 吊机选择

以表 3-4 某土压平衡盾构机为例，吊装采用一台 QUY250 液压履带式起重机（主吊）和一台 QAY160 全地面起重机（副吊）配合完成。QUY250 液压履带式起重机：21.2m 重主臂及额头副臂，最大额定起质量为 200t，作业半径 5.0～22.0m，占地尺寸 9.4m×

7.6m；尾部回转半径 6.1m。QAY160 全地面起重机：额定起重量 160t，作业半径 3～52m，支脚全伸占地尺寸 8.7m×15.9m，尾部回转半径 4.85m。

盾构机的前盾、中盾、盾尾有四个吊点，刀盘有两个吊点。盾构机的前盾、中盾、盾尾钢丝绳的选用按盾构前盾考虑，构件加吊具吊索重 93t（按 100t 计算），长 6.3m，宽 6.3m，高 3.4m。采用四个吊点，每吊点为 25t，选用型号为 6×37（直径 5mm）+IWR-21.16kg/m、4 只头、长度为 20m 的钢丝绳一副。该钢丝绳破断拉力为 277.5t，安全系数 k=277.5/25=11.1>8 倍，满足安全吊装要求。

盾构机的刀盘重 55t 左右，长 6.3m、宽 6.3m、高 1.8m。采用两个吊点，每个吊点为 28.75t，选用型号为 6×37+IWR-21.16kg/m、4 只头、长度为 20m 的钢丝绳一副，其安全系数尺=277.5/28.75=9.65>8 倍，满足安全吊装要求。其他构件也选用同样的钢丝绳进行吊装。

盾构机设备一览表　　表 3-4

序号	名称	规格(mm)	质量(t)	运输车辆
1	刀盘	6 280×1 400	55	9 轴平板车
2	前盾	6 250×3 100	92	9 轴平板车
3	中盾	6 240×3 300	85	9 轴平板车
4	盾尾 1	6 230×3 200×3 700	13	
5	盾尾 2	5 150×1 300×3 700	7	
6	盾尾 3	3 800×650×3 700	4	
7	连接桥	1 250×2 500×2 200	6	
8	螺旋输送机	12 150×1 800×1 600	20	
9	管片拼装机	4 430×3 900×3 230	16	
10	拼装机导轨	5 650×2 270×2 100	9	
11	1 号台车	9 000×5 100×3 450	28	
12	2 号台车	9 000×5 100×3 450	31	
13	3 号台车	9 000×5 100×3 450	20	
14	4 号台车	9 000×5 100×3 450	20	
15	5 号台车	9 000×5 100×3 450	20	

3. 场地承载力验算

根据盾构始发井端头加固方案提供的资料，通常承载面下部采用 ϕ800mm 咬合 150mm 的梅花形布置旋喷桩，地表上铺垫一层 2～3cm 厚的细砂层，再铺垫 30mm 厚钢板。依据《建筑地基处理技术规范》JGJ 79—2012，计算履带吊机活动范围的地基承载力特征值 f_{spk}，吊机质量 G_1，被吊物最大件（前盾）质量 G_2。单侧履带作用于地面的范围为 8m×2.5m，总面积为 40m^2。40m^2 范围的 2～3cm 厚的细砂层重 G_3，30mm 厚钢板重 G_4。履带吊机在地面单位面积产生的压力为 $q_1=(G_1+G_2+G_3+G_4)/40\text{m}^2$，取安全系数为 1.5，若 $1.5q_1<f_{spk}$，则地基承载力满足要求。

4. 吊装前准备工作

井底清理后测量放线，前后两段轨架必须固定在地面上，且轨面必须在同一水平面上，并符合盾构机始发定位的要求。在始发洞门口安装完毕的始发托架，经测量定位后焊接牢固。

在始发井内铺设符合要求的两对路轨，从开挖面向后铺设轨道的距离应大于 80m，并在始发托架上铺设管片，将路轨按固定轨距前后水平延伸至始发洞门。各种工具、使用材料、安装用辅助设备下井就位。

在地面进行拖车车轮安装，并在车轮附近用[14b 槽钢焊接支撑，保证左右车轮中心距为 2080mm，对拖车连接管线编号。盾构机各部件运输、摆放到位，台车和连接桥做到进场后立即组织卸车并进行轮子的装配。为防止整体吊装时发生变形，用左右连接件支撑台车底部，后续台车上的皮带输送机连同后续台车一起吊入。

5. 盾构机吊装

盾构机吊装工艺流程如图 3-30 所示。

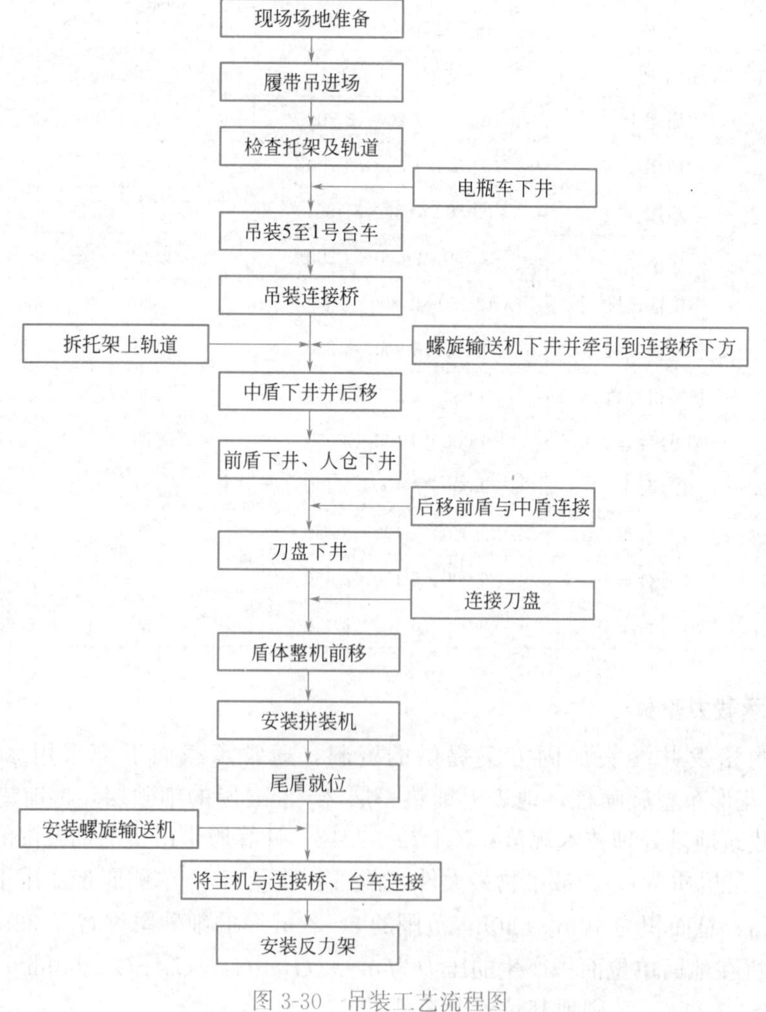

图 3-30 吊装工艺流程图

在盾构机吊装过程中，凡不影响到吊装工作的零部件，连接固定好后同各自的台车一起吊装下井。凡对下井有影响的台车零部件均应拆下，在该台车下井后随即下井，并立即按要求组装。起吊物件应有专人负责，地上、地下两级统一指挥。指挥时手势要清楚，信号要明确，不得远距离指挥吊物。吊运物上的零星物件必须清除，防止吊运中坠落伤人。

起吊大尺寸、大吨位物件时，必须先试吊，离地不高于 0.5m，并用围绳牵住物件保持平稳，试吊 2 次经检查确认安全可靠后，方可指挥吊装工作。大型物件的翻转吊装，应划出警戒区，检查各点受力情况及焊接质量，并经试吊，确认安全可靠后方可指挥翻转吊装工作。

1）始发托架吊装

将始发基座吊装下井，调整中心线使其与隧道设计轴线重合，与始发位置的要求尺寸完全符合，满足条件后进行固定；吊入反力架下部，与始发基座固定。在始发基座上放置标准块负环管片，在管片上铺设轨枕、钢轨，供组装时电瓶车与拖车行走。如图 3-31 所示。

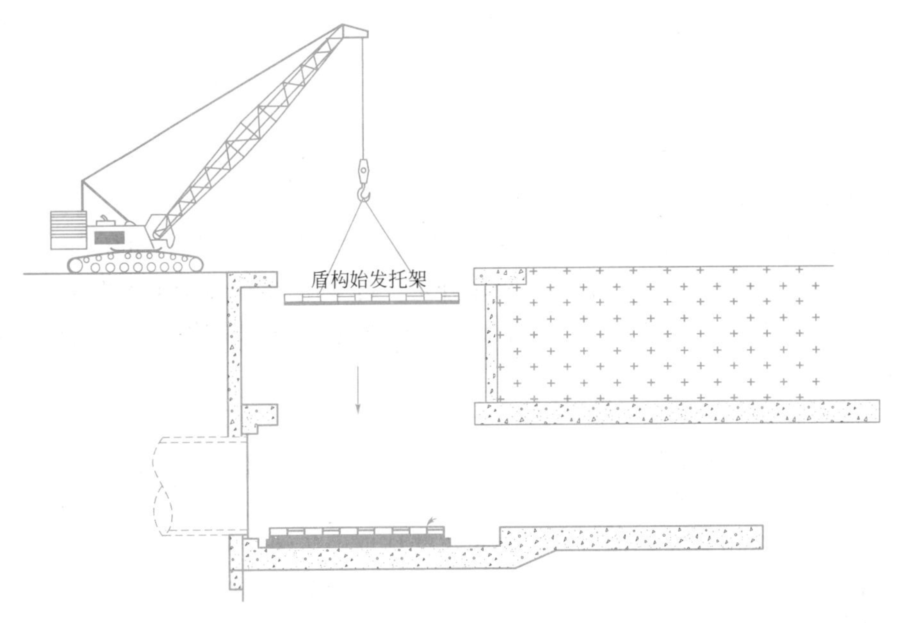

图 3-31　始发托架吊装

3-15 盾构机吊装

2）铺轨、电瓶车吊装

在始发托架上及车站底板铺上轨道 120m，钢轨间距以保证电瓶车和拖车可以在上面顺利运行为度，轨道完成后把电瓶车吊下井并放在轨道上，为台车后移提供动力。

3）台车、连接桥吊装

按反顺序 5 号到 1 号依次吊装后配套台车下井，台车下井后进行连接桥吊装下井；连接桥吊装下井前应焊接连接桥临时支腿，保证桥架后移方便；二号桥架与一号台车连接后，牵引至车站标准段；台车下井时一定要将该台车内部件全部放置就位，经技术人员确认后方可吊装下一节，如图 3-32 所示。

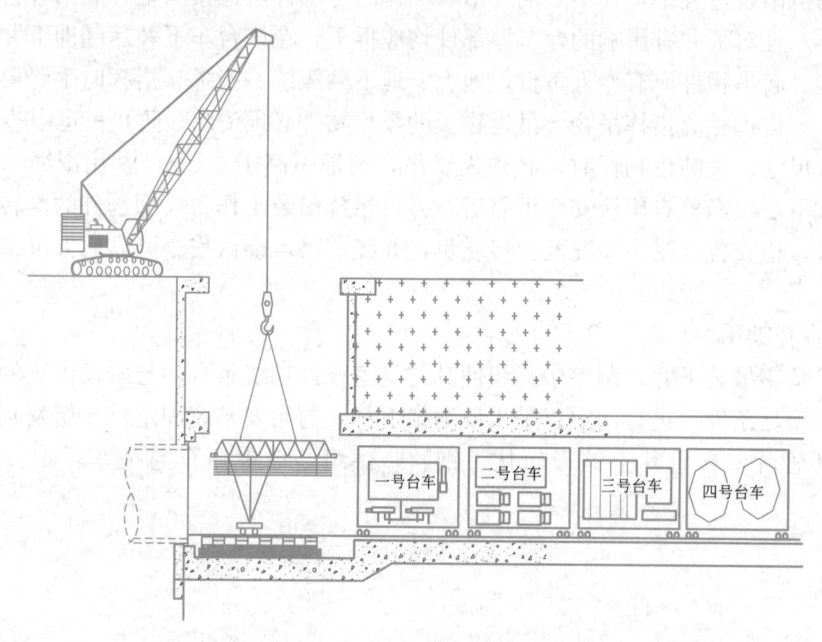

图 3-32　台车吊装

4）螺旋输送机下井

用平板车把螺旋输送机运至工地，停放到吊装最佳位置；选择合适的位置系上两条起吊平衡索，先把其微微吊起，然后将平板车开走；再采用 250t 履带吊将螺旋输送机缓缓吊到距始发井 1m 处时，把管片车放在下面，螺旋输送机按要求放在管片车上并焊接好，后移到拖车下方位置。

5）中盾吊装

一般选用 250t 履带吊和 160t 汽车式起重机吊装。中盾竖直放在地面上，先提升 250t 履带式液压吊车一侧的 2 个吊点，慢慢放下 160t 汽车式起重机一侧的 2 个翻身吊点，使部件翻至水平位置；260t 履带吊通过旋转、起落臂杆把中盾缓缓吊到距始发井 1m 处停止，保证中盾水平和垂直，缓慢放至始发架上；在盾体两侧焊接牛腿，在始发架上装上活动牛腿，并用 80t 千斤顶向后推到要求的位置，如图 3-33 所示。

6）前盾（含刀盘驱动）吊装

前盾吊装方式与中盾类似，在盾体两侧焊接牛腿，以便将前盾推至中盾处与中盾进行组装；待组装负责人确认组装完成后，用 80t 千斤顶将前盾、中盾推向开挖端，保证刀盘的组装距离保持在 3.5m，如图 3-34 所示。

7）刀盘吊装

在地面安装好刀具和回转接头，刀盘起吊也需采用抬吊方式翻转刀盘。选用一台 250t 履带式吊车将刀盘竖直吊稳，刀盘下井后，将其慢慢靠向前盾，回转接头穿过主轴承；在土舱里焊接两个耳环，用两个 2t 的导链拉住刀盘，前盾和刀盘的螺栓孔位及定位销完全对准后，再穿入拉伸预紧螺栓；按拉伸力由低到高分两次预紧螺栓，待组装负责人确认预紧完毕解索，如图 3-35 所示。

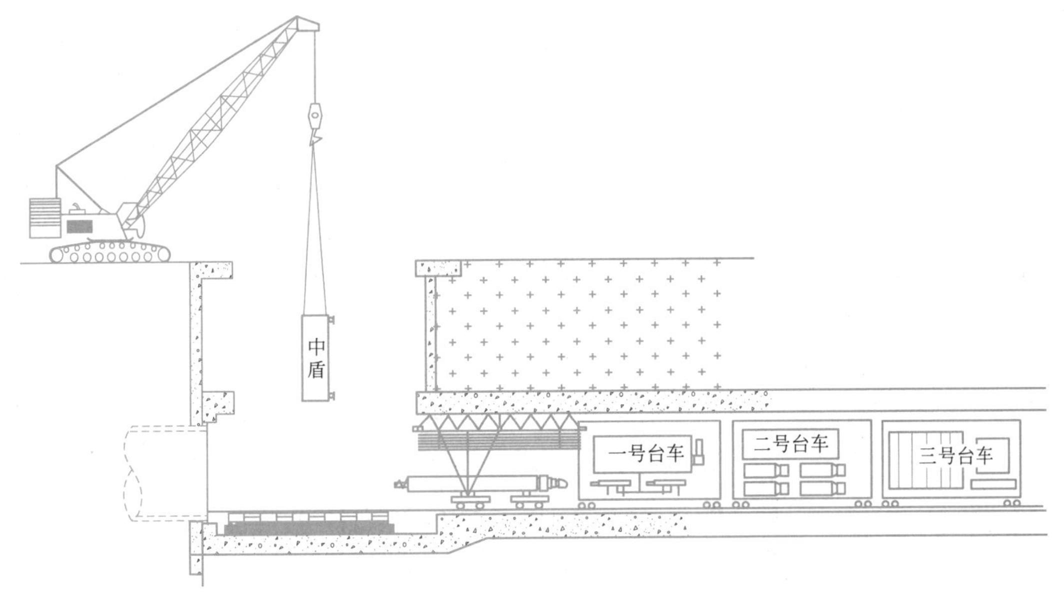

图 3-33　中盾吊装

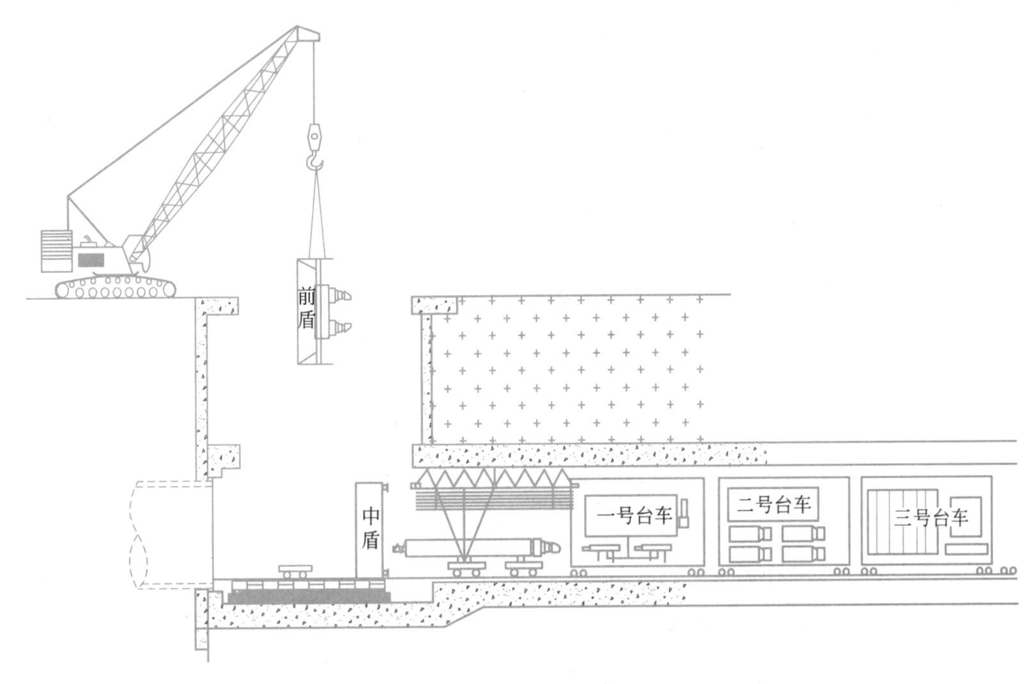

图 3-34　前盾吊装

8）管片拼装机和盾尾吊装

拼装机导轨在地面组装好后，用 160t 汽车式起重机吊入井下，安装在指定位置；平板车把拼装机运到现场，用一台 250t 履带式吊车缓缓吊入井下，找准机械装配位置，让拼装机组装在拼装机的导轨上，固定螺栓及销子；随后吊装盾尾，将盾尾与中盾连接的法兰对齐，插入定位销，再穿入固定螺栓并上紧，如图 3-36 所示。

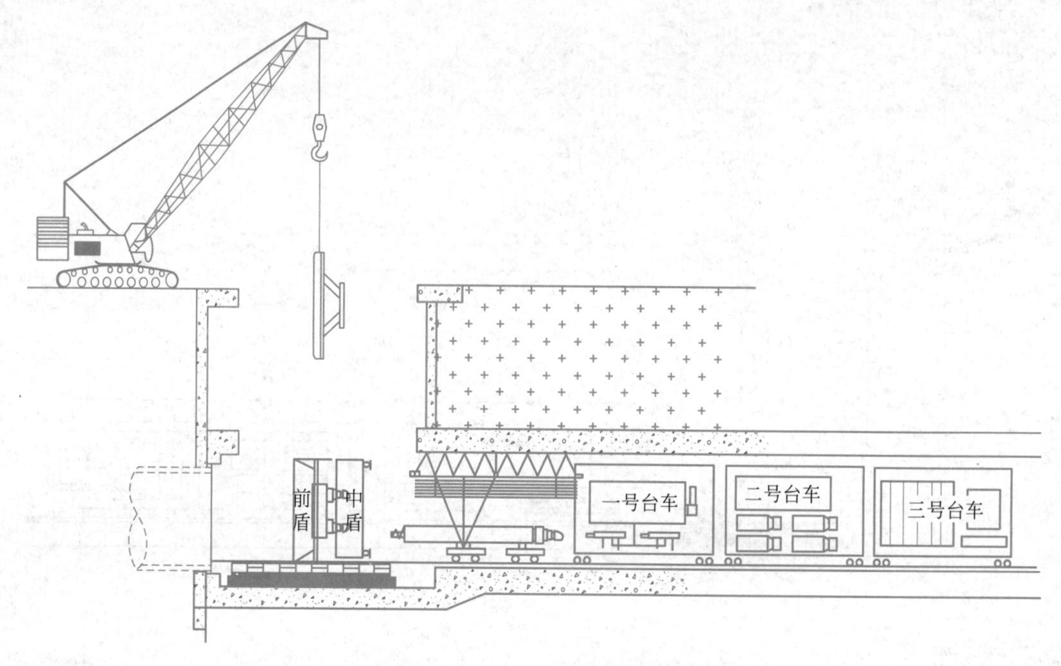

图 3-35　刀盘吊装

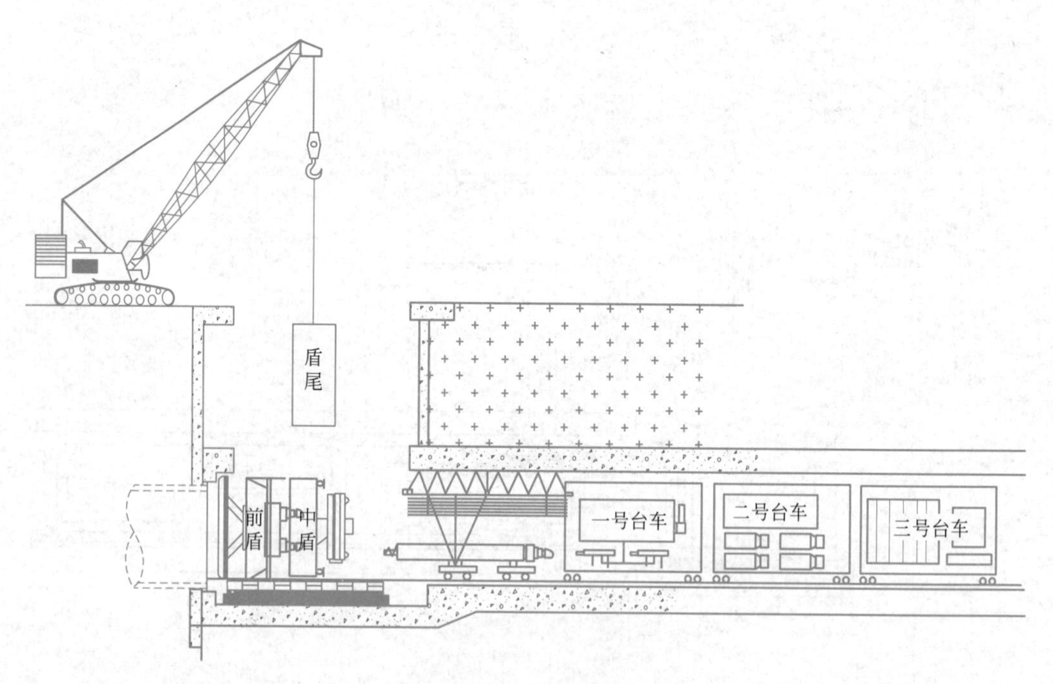

图 3-36　拼装机吊装示意

9）螺旋输送机组装

把螺旋输送机推到吊点位置，采用 250t 履带吊将螺旋输送机起吊，并缓慢地从拼装机的内圆斜向插入；到一定的吊装位置后解掉前吊点，再用倒链吊住螺旋输送机的前端，缓慢移动到前盾的准确位置，完成安装，如图 3-37 所示。

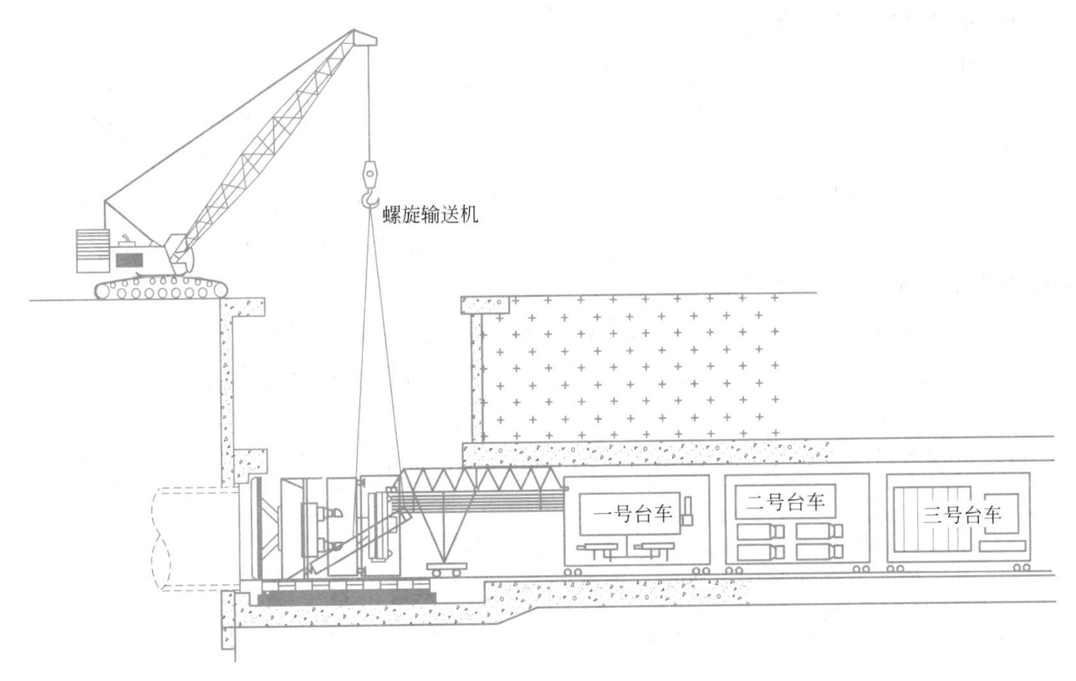

图 3-37　组装螺旋输送机

10）反力架吊装

在后配套与主机连接前，先将反力架底部横梁安放在反力架需安装的大概位置；待盾尾安装完成后，再进行反力架精确定位并焊接，如图 3-38 所示。

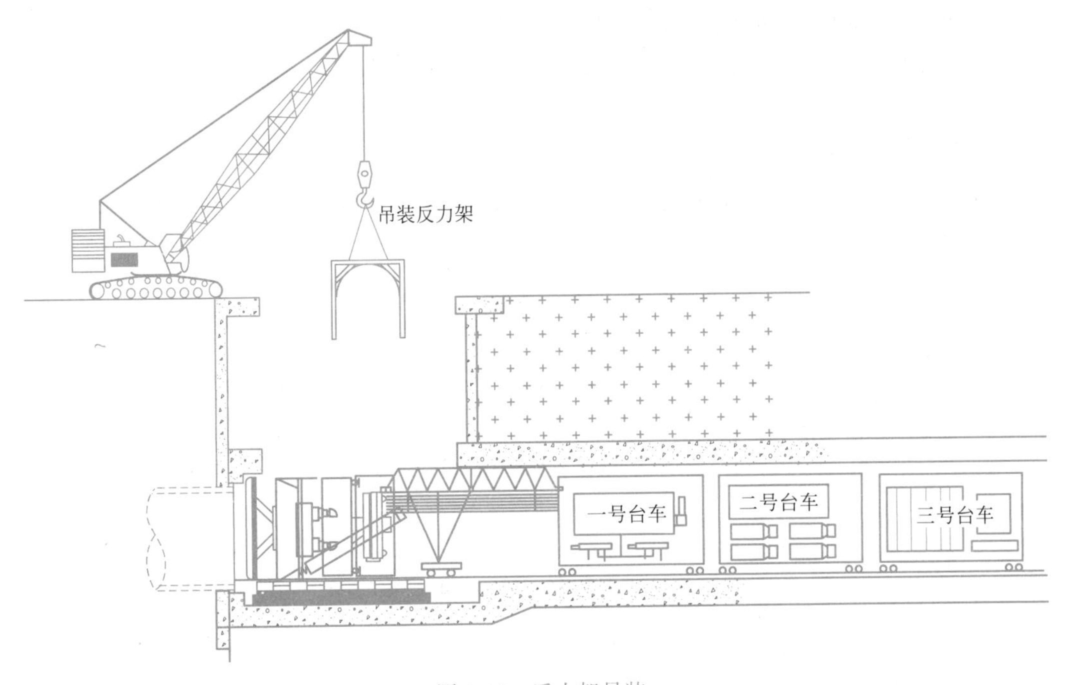

图 3-38　反力架吊装

6. 盾构吊装注意事项

1）进入施工现场必须戴安全帽，高处作业人员应佩戴安全带。

2）施工前，安全检查员应组织有关人员进行安全培训及交底，吊装过程中安全工程师在现场全过程参与。

3）吊车、拖挂机车行走路线应平整压实，基坑回填的地方应铺设 30mm 厚钢板。

4）在规定的地点起吊，检查地面是否稳定，检查起吊半径、最大的起吊荷载、吊臂的长度是否在限制范围内。

5）每个部件都应试吊两次，确认没有任何问题后再进行起吊作业。

6）采用双机抬吊时，要根据起重机的起重能力进行合理的荷载分配，整个抬吊进程中两台吊钩应保持垂直状态，并统一指挥，密切配合。

7）指挥人员应使用统一指挥信号，信号要鲜明、准确，吊装下井时须采用井上、井下两级指挥。

8）开吊前应检查工具、机械的性能，防止绳索脱扣、破断。

9）高处作业人员切勿用力过猛，严禁向下丢掷工具。

10）井下施工应设置足够亮度的灯光，满足现场施工的需要。

11）注意井口安全施工，需铺设安全网、上下通道及作业指挥平台。

12）盾构吊装作业时应设置施工禁区，禁区有明显的标示，并安排专门警戒人员。

13）吊装前组织相关人员熟悉图纸、方案，并进行技术交底。

14）在吊装过程中，构件吊点应按规定不得随意改动。

15）吊装过程中，应在构件扶稳后，吊车才能旋转和移动。

16）吊装过程中，严禁碰撞其他构件，以免损坏盾构机。

17）各构件应小心移动，速度应缓慢，以免损坏盾构机。

3.4.2 盾构拆卸

盾构机拆卸流程如图 3-39 所示。与下井相同，一般由一台 250t 履带吊机和一台 160t 汽车式起重机配合起重。

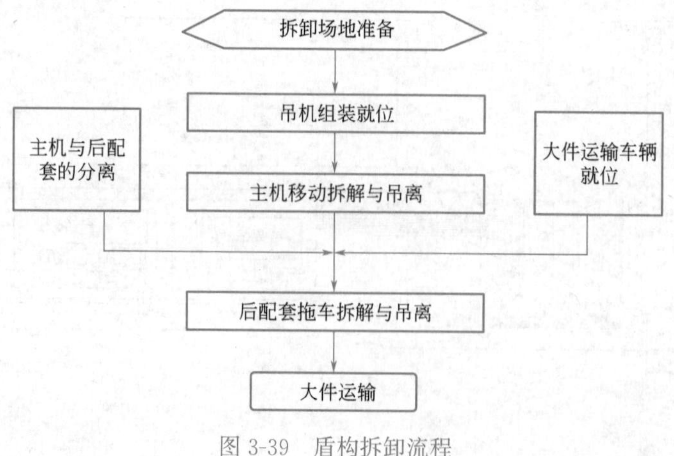

图 3-39　盾构拆卸流程

1. 拆盾构的准备工作

盾构机拆卸场地的准备，包括两台吊机吊运位置和盾构机出洞位置，并应提前做好盾构机接收台制作工作。必须确保接收台与盾构机接口轴线对齐，避免盾构机无法驶入接收台轨道。为防止盾构机出洞时“叩头”而无法驶上接收台，必须制作接收架以便将盾构机引入导轨。在盾构机滑上引入导轨前，必须保证盾构滑上导轨后与接收架轴线对齐。

准备供水管 40m 长，以备清洁、消防等用；水管末端安装球阀。准备两个配电箱，井上、井下各安装一个；准备 2 台电焊机、2 台砂轮机、1 台电动空压机、1 台液压扭力扳手泵站、1 台辅助泵站。

盾构出洞后，首先把刀盘上和土舱的渣土清理干净，再用高压水冲洗，将螺栓冲洗干净，便于拆卸螺栓。清洁中盾螺旋输送机底部，把杂物、淤泥完全清理干净，方便工作人员进入中盾底部拆卸螺旋输送机与中盾的连接螺栓。

2. 刀盘的拆卸

拆除旋转接头处连接的泡沫管，旋转接头下垫两根小方木，拆解旋转接头与刀盘的连接螺栓，螺栓清洁装箱，把旋转接头平移向后拉。拆卸刀盘与主轴承内圈的连接螺栓，在吊耳焊接完成但吊机未受力前，外圈的连接螺栓每四个螺栓区位要留四颗不拆。穿挂卸扣、钢丝绳，当吊机示重达 35t 时再拆卸剩余的螺栓，拆卸完后，直至刀盘上的四个定位销脱离销孔，再起吊刀盘上井。

刀盘吊至地面后缓缓放平，刀盘面朝下，支撑方枕木于刀盘面板下，刀具不得与地面、方枕木接触。将四个吊耳用双头螺柱安装在刀盘与前体接触面上，起吊到平板车上，用方木铺垫，用倒链固定。运输到目的地后前盾与刀盘连接面要涂防锈油；此外，螺栓、螺栓保护帽、密封圈等清点数量后清洗装箱。

3. 螺旋输送机的拆卸

首先拆卸螺旋输送机与前盾的连接螺栓，然后拆解与中盾的连接拉杆，放长吊链，同时吊机缓慢提升，使螺旋输送机沿倾斜方向缓慢上移。2 个 10t 的倒链挂在管片安装机梁上用来倒换钢丝绳，在人员仓下面的吊耳处再挂一个 10t 倒链。将螺旋输送机从主机中抽出放置在已经准备好的管片小车上，缓慢推动管片小车移动到隧道内。

待主机全部拆除吊出井后，在接收台上搭设平台和轨道，把螺旋输送机从隧道内推出，穿挂好钢丝绳再吊出，放到平板车上，下垫方枕木。螺旋输送机整体用吊链固定，运输到目的地。

4. 盾尾的拆卸

先将铰接密封压板螺栓松动 20mm，再将铰接油缸与盾尾连接处拆解，销子、垫圈、挡圈等安装回原位。盾尾外壳焊接顶推支座，用油缸顶推盾尾，使其与中盾分离，吊至地面。盾尾内壁下部均布焊接两个厚 30mm 的吊耳，然后由汽车式起重机配合将盾尾翻转平放到平板车上，下垫方枕木，运输到目的地。

拆除铰接油缸连接销子时，注意拆除方向，部分销子只能从一端拆除。注浆管连接装置另装木箱存放标识，盾尾注脂球阀保留在管路上。注浆压力传感器和数据线装箱防护，做好标识。

5. 管片拼装机的拆卸

在管片拼装机顶部吊耳上穿挂好钢丝绳，拆除平移油缸连接端的销子，拆解后的连接销仍然安装回原位。拆除拼装机轨道前端的端梁，用油漆标识。将拼装机滑出轨道，用吊机提升到地面，用汽车式起重机配合翻转。拆解拼装机支撑梁与中盾的螺栓，起吊至地面后与拼装机一起运输到目的地。

6. 前盾与中盾的拆卸

启动辅助泵站，顶推主机移动到吊车的吊装范围内。人员仓内外的易损部件做好防护或者拆除装箱，拆除下部两铰接油缸，把长吊耳安装固定在拆除铰接油缸后的销子上。拆卸前盾与中盾的连接螺栓，用千斤顶顶推使其分离。在前盾与中盾上安装起吊吊耳，然后吊起放到平板车上，下垫方枕木，运输至目的地。

7. 盾构拆卸注意事项

1）所有作业人员必须穿工作服、戴好安全帽，指挥人员必须配备必要的口哨和指挥旗、袖章等。

2）制订详细的施工技术方案，并对作业人员进行拆机技术培训和安全技术措施交底。

3）拆除有压力管路时，先做好泄压工作，同时做好人身防护工作。

4）各种吊运机具设备正式使用前，必须组织试吊和试运行。

5）按照相关规范要求加强现场洞外施工场地的用电管理和照明，保证场地作业在足够的光线下进行，确保用电安全。

6）吊装作业前，首先由专职安全员将作业区与安全区用警戒线隔离开。

7）与吊装作业有关的人员全部到齐后，由信号工检查盾构机吊装所用材料与设备是否准备齐全。准备齐全后，由信号工指挥，将吊车布置在合理的位置。由司索工对盾构机穿绳作业，司索工作业完毕，由信号工和专职安全员按先后顺序对盾构机吊绳的各个控制环节进行详细检查。检查无误后，在确保现场所有人员都在安全区的情况下，统一由信号工一人指挥起吊。

8）在露天遇六级以上大风或雷雨、大雾等恶劣天气时，应停止起重吊装作业。雨停止后作业前，应先试吊，确认制动器灵敏可靠后，方可进行作业。

9）每班作业前，应检查钢丝绳及钢丝绳的连接部位，当钢丝绳在一个节距内断丝根数达到或超过规定根数时，应予以报废。

10）双机抬吊构件时，要根据起重机的起重能力进行合理的负荷分配，必须在统一指挥下，动作协调，同时升降和移动，并使两台起重机的吊钩、滑轮组基本保持垂直状态。

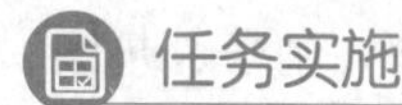

任务实施

3-16【知识巩固】 3-17【能力训练】 3-18【考证演练】

任务 3.5　盾构始发与到达

 任务描述

学习“知识链接”相关内容，重点完成以下工作任务：一是回答与盾构始发与到达相关的问题；二是根据给定的工程案例，编写盾构始发与到达技术交底书；三是完成与本任务相关的建造师职业资格证书考试考题；具体参见“任务实施”模块。

知识链接

3.5.1　盾构始发

1. 盾构机始发流程

盾构机始发是指利用反力架及临时拼装起来的管片承受盾构机前进的推力，盾构机在始发基座上向前推进，由始发洞门贯入地层，开始沿所定线路掘进所做的一系列工作，见图 3-40。盾构始发是盾构施工过程中开挖面稳定控制最难、工序最多、比较容易产生危险事故的环节，因此进行始发施工各个环节的准备工作至关重要。盾构始发流程如图 3-41 所示。其中端头地层加固、始发基座安装、盾构组装及调试等内容在前面已经介绍，以下重点介绍安装反力架、洞门凿除、洞口密封、安装负环管片等内容。

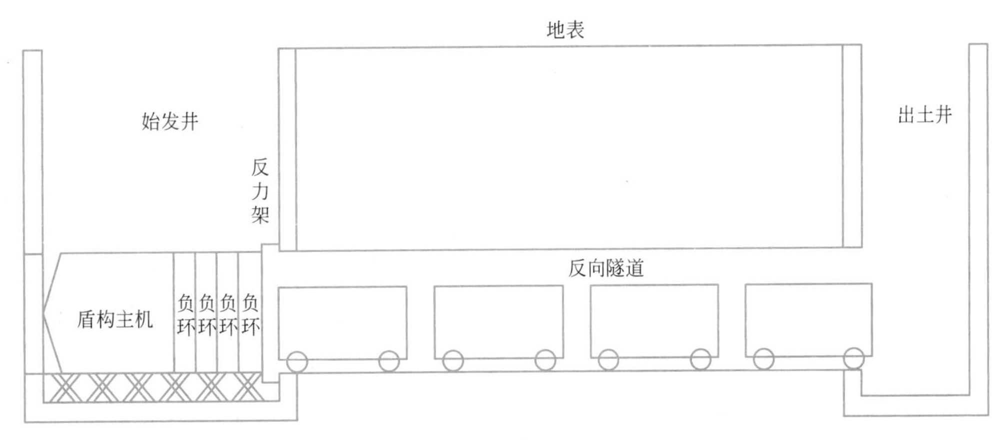

图 3-40　盾构始发示意图

2. 安装反力架

盾构机始发时，巨大的推力通过反力架传递给车站结构。为确保盾构机顺利始发及车站结构的安全，需要在车站结构内预埋构件，并吊装反力架。反力架采用 H 型钢和钢管制作，如图 3-42 和图 3-43 所示。反力架在地面制作完成后分体调运下井，根据盾构机及基座的实测位置，调整好反力架的安装位置和纵、横向垂直度。

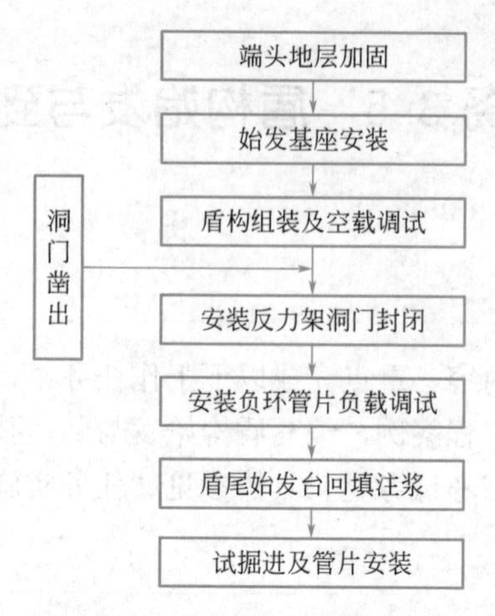

图 3-41　盾构始发流程

图 3-42　盾构始发反力架设置示意图

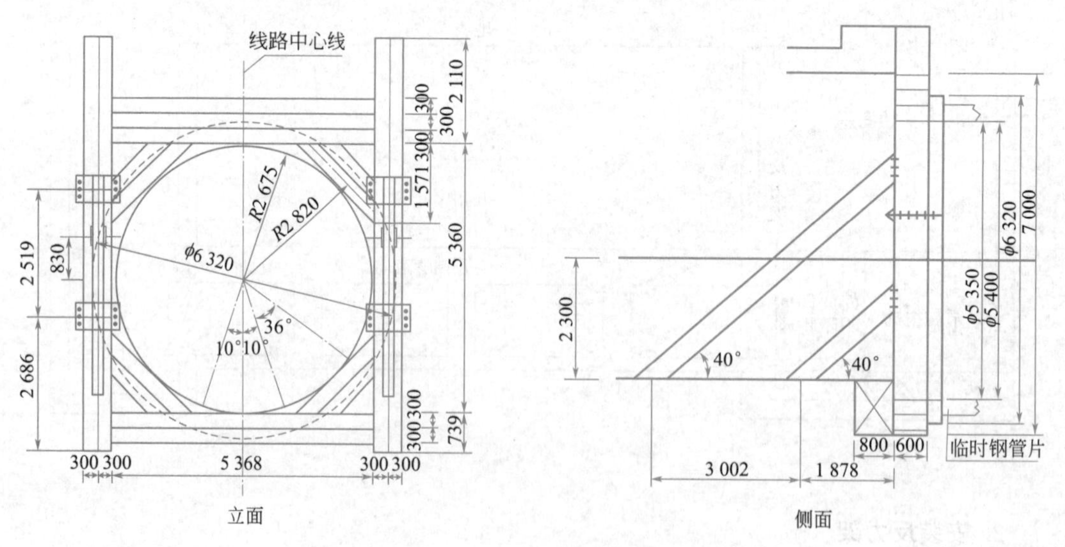

图 3-43　盾构始发反力架设计图（单位：mm）

3. 洞门凿除

洞门混凝土凿除前，端头加固的土体须达到设计所要求的强度、渗透性、自立性等技术指标后，方可开始洞口凿除工作。

洞门壁混凝土采取人工用高压风镐凿除，凿除工作分两步进行，第一步，先凿除外层 500mm 厚混凝土并割除钢筋及预埋件，保留最内层钢筋；外层凿除工作先上部后下部，钢筋及预埋件割除须彻底，以保证预留洞门的直径。第二步，当盾构组装调试完成，并推进至距离洞门约 1.0～1.5m 时，凿除里层。里层凿除方法是根据断面的不同，将其分割成 9～20 块。图 3-44 是分割为 12 块的施工方法，具体做法是，在洞门中心位置上凿 3 条水平槽，沿洞门周围凿一条环槽，然后开 2 条竖槽，具体见洞门凿除顺序示意图 3-44。

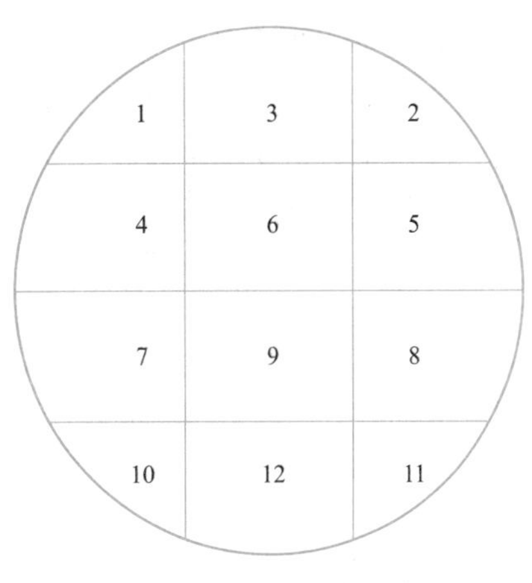

图 3-44　洞门凿除顺序

4. 洞口密封

始发井处洞口内径与盾构外径之间存在环形空隙，为防止盾构机始发掘进时土体或地下水从空隙处流失，盾构机始发前在洞门处安装橡胶帘布密封装置（见图 3-45、图 3-46），橡胶帘布压板采用翻转式，作为施工阶段临时防泥水措施。

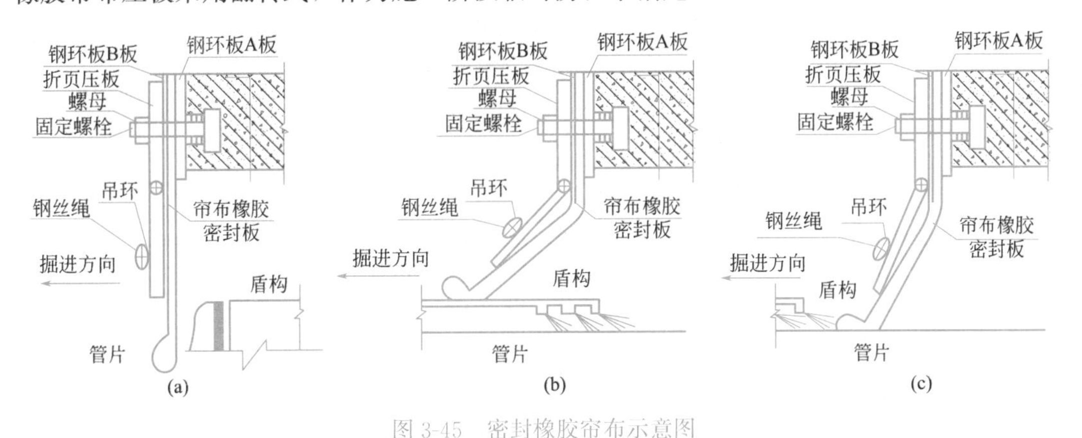

图 3-45　密封橡胶帘布示意图

(a) 盾头未到前；(b) 盾头未出前；(c) 盾尾出来后

图 3-46　完成密封橡胶帘布安装

5. 安装负环管片

当完成洞门凿除、洞门密封装置安装及盾构组装调试等工作后，组织相关人员对盾构设备、反力架、始发基座等进行全面检查与验收。验收合格后，开始将盾构向前推进，并安装负环管片，见图 3-47 和图 3-48。具体事项如下：

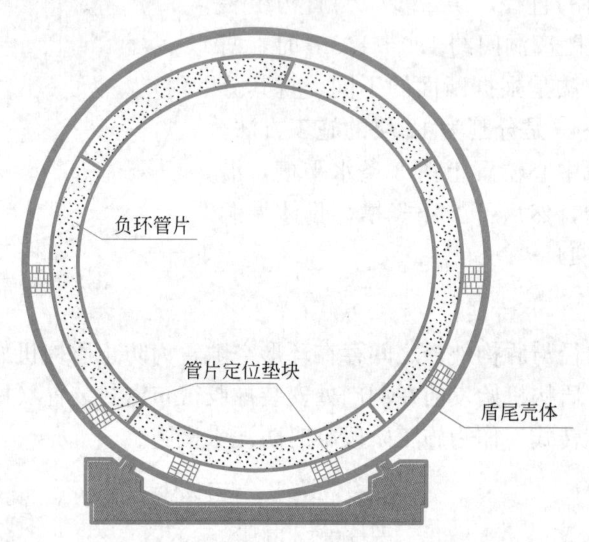

图 3-47 负环管片拼装横断面图

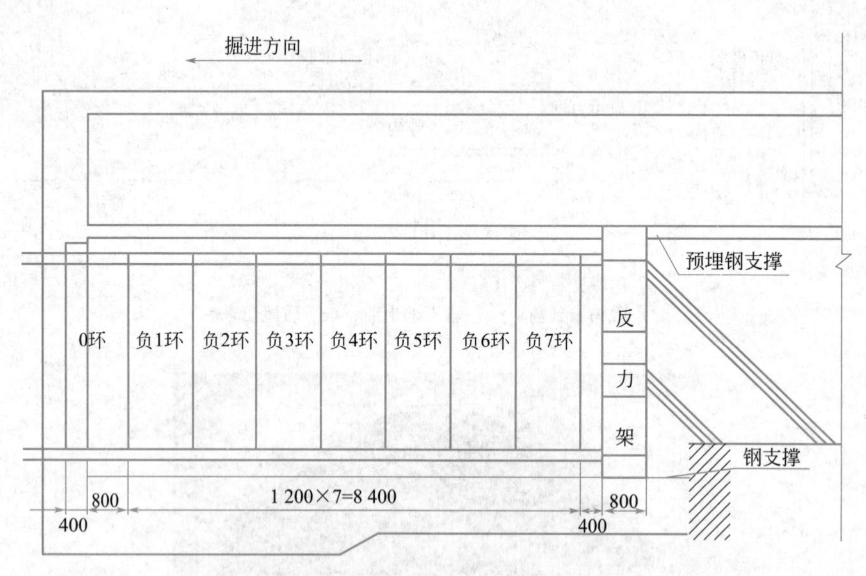

图 3-48 负环管片拼装纵断面图（单位：mm）

① 在盾尾壳体内安装管片支撑垫块，为管片在盾尾内的定位做好准备。

② 从下至上一次安装第一环管片，要注意管片的转动角度一定要符合设计，换算位置误差不能超过 10mm。

③ 安装拱部的管片时，由于管片支撑不足，一定要及时加固。

④ 第一环负环管片拼装完成后，用推进油缸把管片推出盾尾，并施加一定的推力把

管片压紧在反力架上的负环钢管片上，用螺栓固定后即可开始下一环管片的安装。

⑤ 管片在被推出盾尾时，要及时支撑加固，防止管片下沉或失圆。同时也要考虑盾构推进时可能产生的偏心力，因此支撑应尽可能稳固。

⑥ 当刀盘抵达开挖面时，推进油缸已经可以产生足够的推力稳定管片，就可以把管片定位块取掉。

3.5.2 盾构试掘进

盾构试掘进是盾构法施工技术的关键，也是盾构施工成败的一个标志，必须全力做好，同时还应确保盾构连续正常地从非土压平衡工况过渡到土压平衡工况，以达到控制地面沉降、保证工程质量等目的。

1. 试掘进准备

1）技术准备与安全措施

盾构始发前，需检查核实各电缆、电线及管路的连接是否留有足够的供盾构机前进需要的电量，人员组织及机具设备配备是否到位等，检查基座、反力架、洞口密封是否满足设计要求。

为防止盾构机旋转，可在盾构机的两侧焊两对防转块，防转块应能承受盾构机的扭矩并能将扭矩传递给盾构基座；当盾构机推进至防转块距洞门密封 500mm 左右时，必须割除防转块，并将割除面打磨光滑；减少刀盘的设定扭矩，使其值不超过最大扭矩的 40%。

2）盾构始发姿态测量

始发前的负环管片拼装好并定位后，始发推进前必须经精确量测盾构及拼好的负环管片的各项位置参数，并输入自动导向测量系统及监测系统，之后方可始发推进。

2. 盾构试掘进

盾构在空载向前推进时，应主要控制盾构的推进油缸行程和限制盾构每一环的推进量。在盾构向前推进的同时，应检查盾构是否与始发基座、工作井发生干扰或是否有其他异常情况或事故发生，确保盾构安全向前推进。

盾构始发施工前，首先需对盾构机掘进过程中的各项参数进行设定，施工中再根据各种参数的使用效果及地质条件变化在适当的范围内进行调整和优化。需设定的参数主要有土压力、推力、刀盘扭矩、推进速度及刀盘转速、出土量、同步注浆压力、添加剂使用量等。

盾构掘进施工过程中的轴线控制是整个盾构施工过程中的一个关键的环节，盾构在施工中大多数情况下不是沿着设计轴线掘进，而是在设计轴线的上、下、左、右方向摆动，偏离设计轴线的差值必须满足相关规范的要求，因此在盾构掘进中要采取一定的控制措施来控制隧道轴线的偏离。

3. 盾构试掘进过程中常见问题的预防和处理

1）洞门土体失稳

洞门土体坍塌和水土流失，其主要原因是端头地层加固效果不良。在小范围的情况下，可采用边破除洞门混凝土，边利用喷素混凝土的方法对土体临空面进行封闭。如果土体坍塌失稳情况严重时，则只有封闭洞门重新加固。

2）始发后盾构机“叩头”

始发推进后，在盾构机抵达开挖面及脱离加固区时容易出现盾构机“叩头”的现象，有时可能出现超限的情况。采用抬高盾构机的始发姿态、合理安装始发导轨以及快速通过的方法，通常可避免出现“叩头”或减少“叩头”。

3）洞门密封效果不好

洞门密封的主要目的也是在始发掘进阶段减少土体流失。当洞门加固达到预期效果时，对于洞门环的强度要求相对较低，否则要在盾构推进前彻底检查和确定洞门环的状况。在始发过程中，若洞门密封效果不好，可及时调整壁后注浆的配合比，也可采用在洞门密封外侧向洞门密封内部注快凝双液浆的办法解决。

4）盾尾失圆

正常情况下，在盾构机组装阶段，由于盾尾内部没有支撑，盾尾因自重可能会出现失圆现象。在盾尾焊接前，应对盾尾圆度进行测量，并进行调整。调整完成后才能进行焊接。焊接时，应使用两把焊枪分别在同一侧焊缝的内外两侧同时进行，并采用分段焊接的方式先进行位置固定，以减少焊接时盾尾产生变形。

5）支撑系统失稳

支撑系统在某些情况下由于盾构机推进中的瞬时推力或扭矩较大而产生失稳，这样将导致整个始发工作失败。对于支撑系统的失稳，只能先做好预防工作，同时在始发阶段对支撑系统加强人工观测。如发现异常，应立即通知操作手停止掘进，对支撑系统进行加固处理后，再进行掘进。

6）地面沉降较大

由于始发施工的特殊性，始发阶段的地面沉降值均较大，因此在始发阶段需尽早建立盾构机的适合工况，并严密注意出土量及土压平衡情况，同时加大监测频率，控制地面沉降值。

3.5.3 盾构到达

图 3-49　盾构到达施工流程

1. 盾构到达施工流程

盾构到达施工流程如图 3-49 所示。

2. 盾构到达施工技术

（1）盾构到达段掘进

在盾构到达前，首先应做好地层加固等到达准备工作。进入加固体掘进后，要加强洞口段的观察与沉降监测，及时与盾构操作主司机沟通，以便控制掘进。

根据进洞段的地质情况确定合理的掘进参数并作出书面交底，总的要求是：低速度、小推力、合理的土压力和及时饱满的回填注浆。最后 10 环管片拼装中要及时用槽钢将管片沿隧道纵向拉紧，以免在推力很小或者没有推力时管片松动，如图 3-50 所示。在盾构到达工作井后，停止掘进，对盾尾后 4～6 环管片背部进行二次补充注浆。

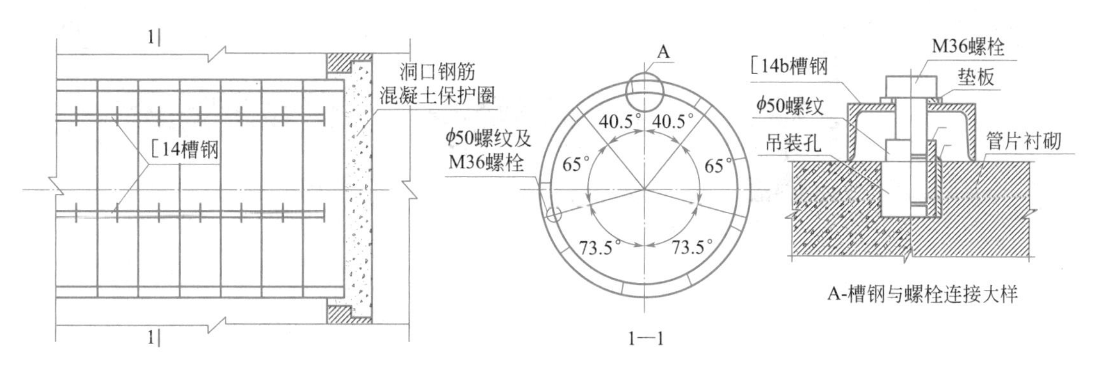

图 3-50　盾构到达段管片拉紧

（2）渣土清理及洞门临时密封装置安装

在盾构掘进贯通后，及时人工使用小型机具清理贯通时产生的渣土，然后安装洞门临时密封装置。到达端洞门临时密封装置与始发时类似，需在翻板外焊接固定螺栓圆孔，通过拉紧穿在螺栓孔内的钢丝绳将洞门临时密封装置与管片外弧面密贴。

（3）接收基座安装及接收盾构机

接收基座在准确测量定位后安装，构造同始发基座。接收基座的中心轴线应与盾构机进接收井的轴线一致，同时还要兼顾隧道设计轴线。接收基座的轨面高程应适应盾构机姿态，为保证盾构刀盘贯通后拼装管片有足够的反力，可考虑将接收基座的轨面坡度适当加大。接收基座定位放置后，采用工字钢对接收基座前方和两侧进行加固，防止盾构机推上接收基座过程中，接收基座移位造成盾构机接收失败。

在接收基座安装固定后，盾构机可慢速推上接收基座。在推进通过洞门临时密封装置时，为防止盾构刀盘和刀具损坏帘布橡胶板，可在刀盘外圈和刀具上涂抹黄油。盾构机在接收基座上推进时，每向前推进 2 环拉紧一次洞门临时密封装置，通过同步注浆系统注入速凝浆液填充管片外环形空隙，保证管片姿态正确。

（4）洞门圈封堵

最后一环管片拼装完成后，拉紧洞门临时密封装置，使帘布橡胶板与管片外弧面密贴，通过管片注浆孔对洞门圈进行注浆填充。注浆过程中要密切关注洞门情况，一旦发现有漏浆现象应立即停止注浆并进行封堵处理，确保洞口注浆密实，洞门圈封堵严密，见图 3-51。

3.5.4　盾构始发与到达施工节点验收

盾构始发与到达施工节点验收有以下几方面：

1. 工作井已按设计要求完成并通过验收，其高程、轴线、结构强度等各项技术参数符合设计和相关规范要求并能满足盾构施工各阶段受力要求，端头井结构尺寸和洞门中心已复核且符合设计要求。

2. 盾构推进、始发与到达方案已完成编制审批，监理细则已完成编制审批。

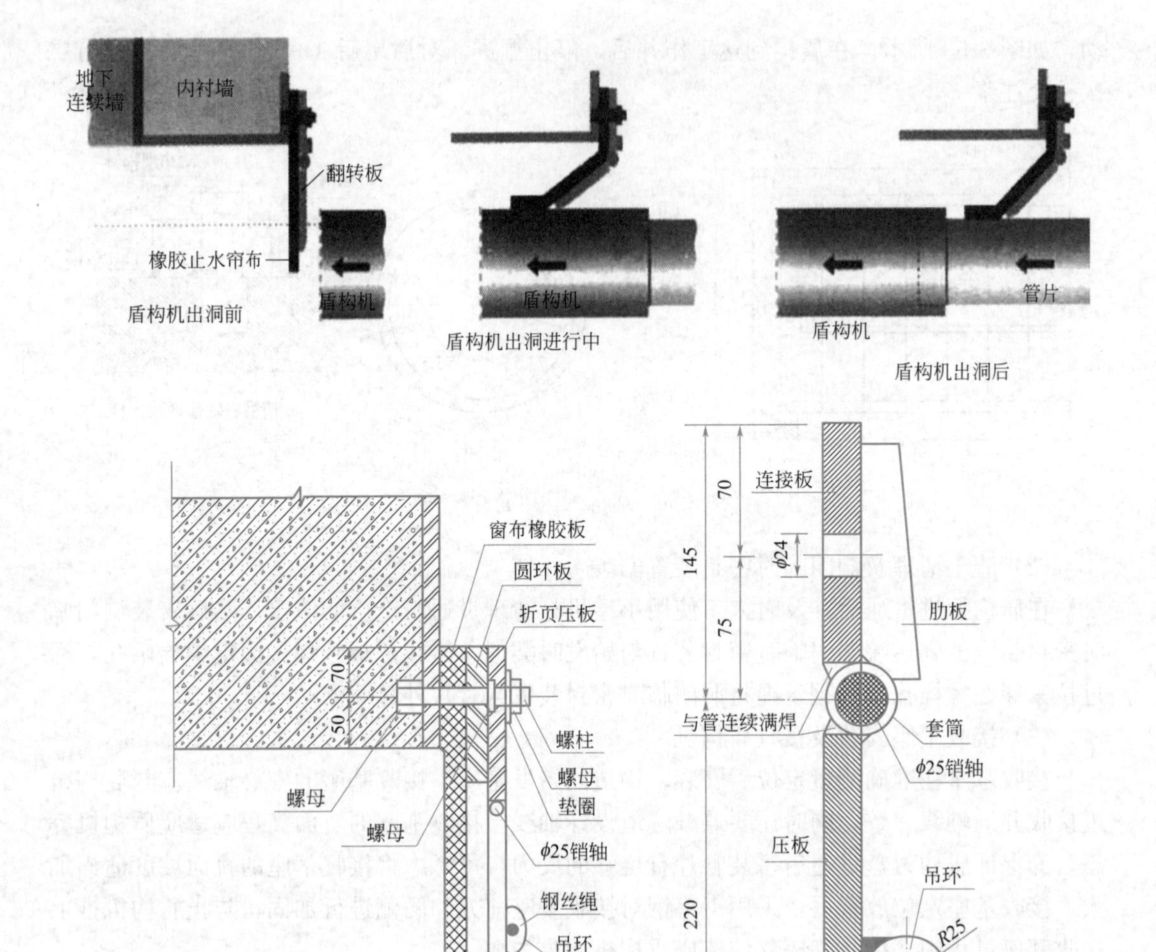

图 3-51　盾构出洞密封示意

3. 测量、监测方案已完成编制审批，监测控制点已按监测方案布置好，且已测取初始值。

4. 井下控制点已布设且固定，并进行了测量复核。

5. 要求的各项端头加固已经完成，各项指标已经达到设计要求并有检测报告。

6. 洞门探孔已打，未发现异常情况并满足始发与到达要求。

7. 始发与到达接收架已经施作，结构强度满足要求。

8. 施工现场技术和安全交底已按要求完成。

9. 人员、机械、材料按要求到位，起吊设备已通过政府监督部门验收。

10. 对本工程潜在的风险进行了详细辨识和分析，编制完成了有针对性、可操作性的应急预案，并落实了抢险设备、材料、人员、方案等。

 任务实施

3-19【知识巩固】

3-20【能力训练】

3-21【考证演练】

任务 3.6 盾构掘进

任务描述

学习“知识链接”相关内容，重点完成以下工作任务：一是回答与盾构掘进相关的问题；二是根据给定的工程案例，编写盾构掘进技术交底书；三是完成与本任务相关的建造师职业资格证书考试考题；具体参见“任务实施”模块。

 知识链接

3.6.1 土压平衡盾构掘进

1. 施工工艺

土压平衡盾构施工工艺流程见图 3-52。

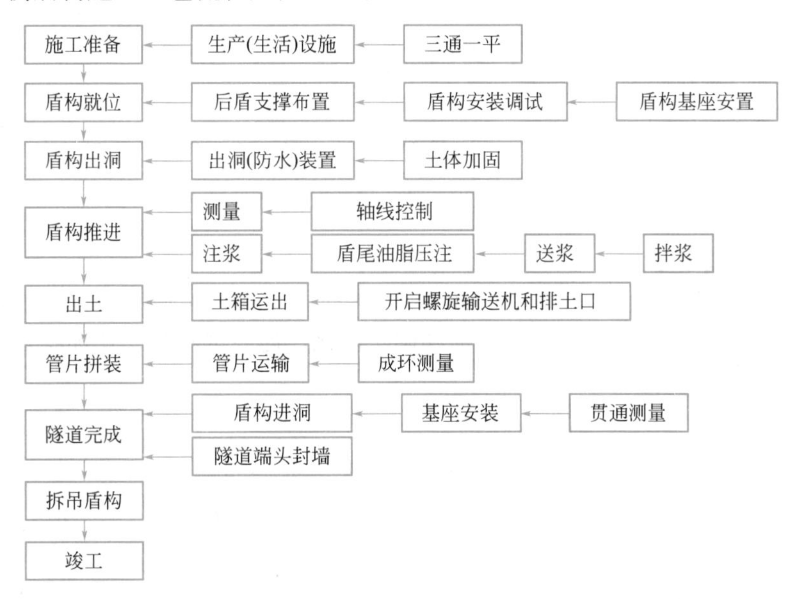

图 3-52 土压平衡盾构施工工艺流程图

2. 掘进控制

掘进控制程序如图 3-53 所示。在盾构掘进中，保持土仓压力与作业面压力（土压、水压之和）平衡是防止地表沉降，保证建筑物安全的一个很重要的因素。

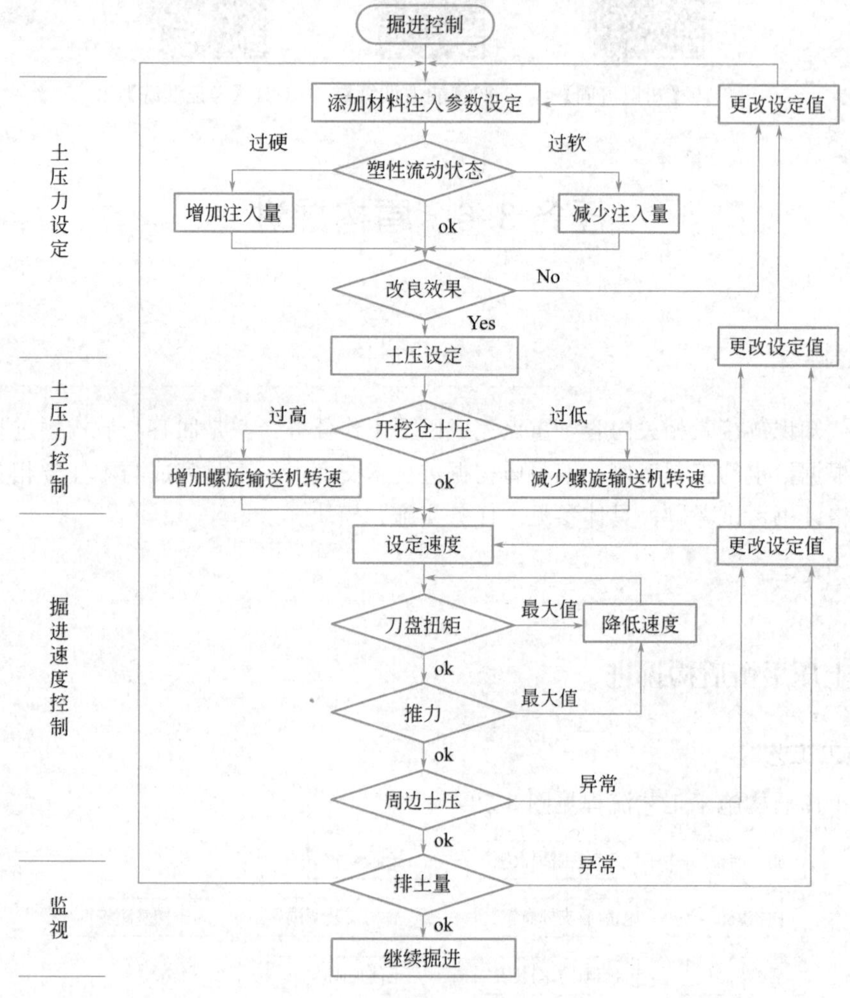

图 3-53 土压平衡掘进控制程序

1）土仓压力值选定

土仓压力值 P 值应能与地层静止土压力 P_o 相抗衡，在地层掘进过程中根据地质和埋深情况以及地表沉降监测信息，进行反馈和调整优化。地表沉降与工作面稳定关系，以及相应措施对策见表 3-5。

地表沉降与工作面稳定关系以及相应措施与对策 表 3-5

地表沉降信息	工作面状态	P 与 P_o 关系	措施与对策	备注
下沉超过基准值	工作面坍陷与失水	$P_{max}<P_o$	增大 P 值	P_{max}、P_{min} 分别表示 P 的最大峰值和最小峰值
隆起超过基准值	支撑土压力过大，土仓内水进入地层	$P_{min}>P_o$	减小 P 值	

2）土仓压力保持

土仓压力主要通过维持开挖土量与排土量的平衡来实现。可通过设定掘进速度、调整排土量，或设定排土量、调整掘进速度两条途径来达到，见图 3-54。

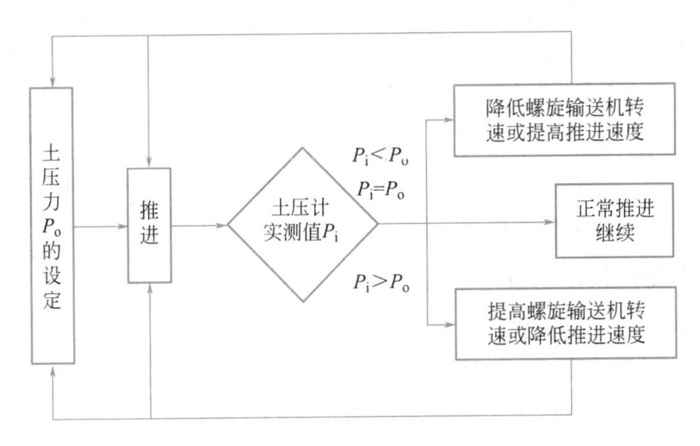

图 3-54　土压力管理原理

3）排土量控制

排土量的控制是盾构在土压平衡工况模式下工作时的关键技术之一。理论上螺旋输送机的排土量 Q_s 是由螺旋输送机的转速来决定的，当推进速度和 P 值设定，盾构可自动设置理论转速 N：

$$Q_s = V_s N \tag{3-1}$$

式中：V_s ——设定的每转一周的理论排土量；

Q_s ——与掘进速度决定的理论渣土量 Q_0 相当，即 $Q_0 = AVn_0$，其中 A 为切削断面面积；n_0 为松散系数；V 为推进速度。

通常，理论排土率用 $K = Q_s/Q_0$ 表示。

理论上，K 等于 1 或接近 1，这时渣土就具有低的透水性且处于良好的塑流状态。事实上，地层的土质不一定都具有这种特性，这时螺旋输送机的实际出土量就与理论出土量不符，当渣土处于干硬状态时，因摩擦阻力大，渣土在螺旋输送机中的输送遇到的阻力也大，同时容易产生固结、阻塞现象，实际排土量将小于理论排土量，则必须依靠增大转速来增大实际出土量，以使之接近 Q_0。这时 $Q_0 > Q_s$，$K < 1$。当渣土柔软而富有流动性时，在土仓内高压力的作用下，渣土自身有一个向外流动的能力，从而使实际排土量大于螺旋输送机转速决定的理论排土量。这时 $Q_0 < Q_s$，$K > 1$，必须依靠降低螺旋输送机的转速来降低实际排土量。当渣土的流动性非常好时，由于输送机对渣土的摩擦阻力减小，有时还可能产生渣土喷涌现象，这时，转速很小就能满足出土要求，K 值接近于 0。

渣土的排出量必须与掘进的挖掘量相匹配，以获得稳定而合适的支撑压力值，使掘进机的工作处于最佳状态。当通过调节螺旋输送机的转速仍不能达到理想的出土状态时，可以通过改良渣土的塑流状态来调整。

4）渣土具有的特性

在土压平衡工况模式下渣土应具有以下特性：

① 良好的塑流状态；

② 良好的黏—软稠度；

③ 低内摩擦力；

④ 低透水性。

一般地层岩土不一定具有这些特性，从而使刀盘摩擦增大，工作负荷增加。同时，密封舱内渣土塑流状态差时，在压力和搅拌作用下易产生泥饼、压密固结等现象，从而无法形成有效对开挖舱密封和良好的排土状态。当渣土具有良好的透水性时，渣土在螺旋输送机内排出时无法形成有效的压力递降，土舱内的土压力无法达到稳定的控制状态。

当渣土满足不了这些要求时，需通过向刀盘、混合舱内注入添加剂对渣土进行改良，采用的添加剂种类主要是泡沫或膨润土。

3. 确保土压平衡而采取的技术措施

(1) 拼装管片时，严防盾构后退，确保正面土体稳定。

(2) 同步注浆充填环形间隙，使管片衬砌尽早支承地层，控制地表沉陷。

(3) 切实做好土压平衡控制，保证开挖面土体稳定。

(4) 利用信息化施工技术指导掘进管理，保证地面建筑物的安全。

(5) 在砂质土层中掘进时向开挖面注入黏土材料、泥浆或泡沫，使搅拌后的切削土体具有止水性和流动性，既可使渣土顺利排出地面，又能提供稳定开挖面的压力。

4. 渣土改良

为了使刀盘切削下来的渣土具有好的流塑性、合适的稠度、较低的透水性和较小的摩擦阻力，通过盾构配置的专用装置向刀盘前面、土仓及螺旋输送机内注入添加剂，如泡沫、膨润土或聚合物等，利用刀盘的旋转搅拌、土仓搅拌装置搅拌及螺旋输送机旋转搅拌，使添加剂与土渣充分混合，达到稳定土压平衡的作用。

通过渣土改良，可以达到渣土的流塑性以及较小的摩擦阻力，减少泥饼的形成。不同厂家为防止泥饼产生，在结构设计上有一些改进，这也是有益的措施。

3.6.2 泥水平衡盾构掘进

1. 施工工艺

泥水平衡盾构施工工艺流程见图 3-55。

2. 掘进控制

1) 切口水压设定

盾构切口水压由地下水压力、静止土压力、变动土压力组成，切口泥水压力应介于理论计算值上下限之间，并根据地表建构筑物的情况和地质条件适当调整。

2) 掘进速度设定

正常掘进条件下，掘进速度应设定为 20～40mm/min；在通过软硬不均地层时，掘进速度控制在 10～20mm/min。在设定掘进速度时，注意以下几点：

(1) 盾构启动时，需检查推进油缸是否顶实，开始推进和结束推进之前速度不宜过快。每环掘进开始时，应逐步提高掘进速度，防止启动速度过大冲击扰动层。

(2) 每环正常掘进过程中，掘进速度值应尽量保持恒定，减少波动，以保证切口水压

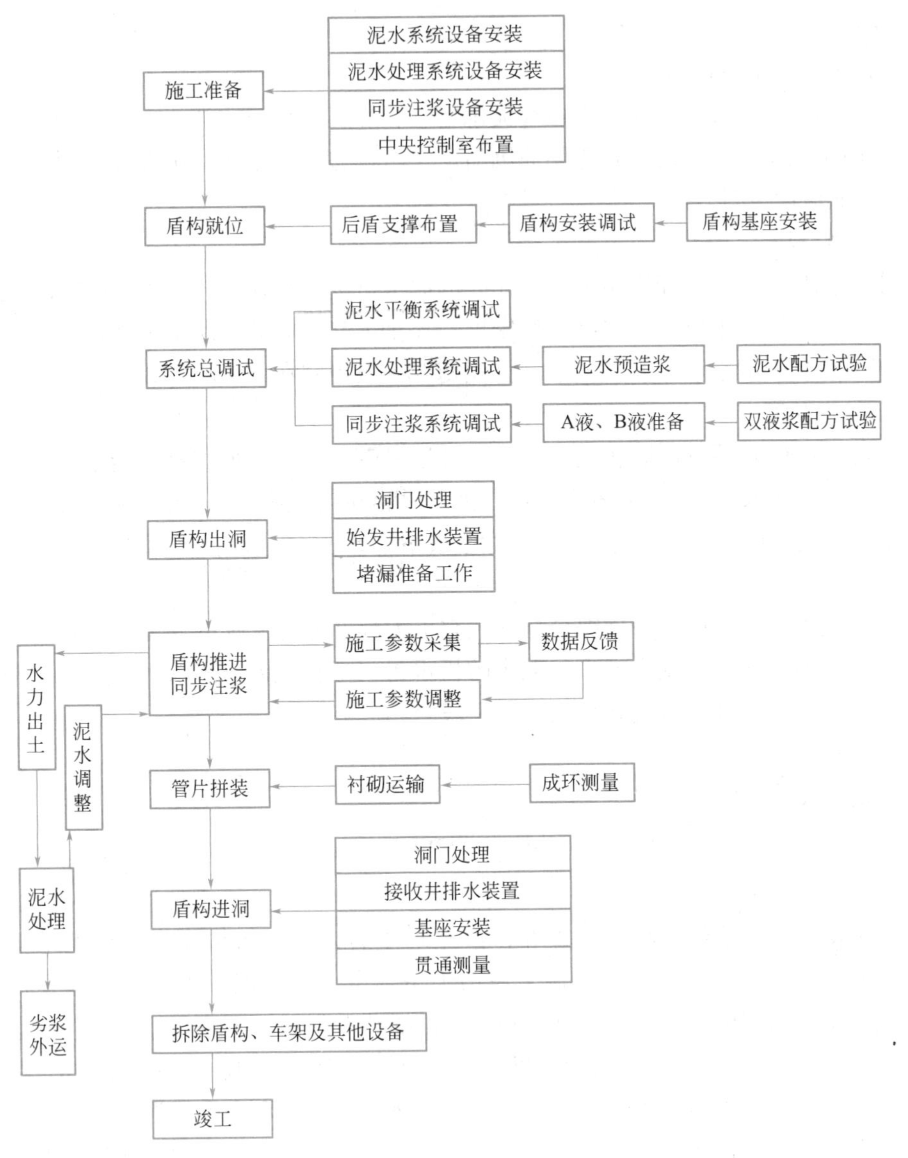

图 3-55　泥水平衡盾构施工工艺流程图

稳定和送、排泥管的畅通。在调整掘进速度时，应逐步调整，避免速度突变对地层造成冲击扰动和造成切口水压摆动过大。

(3) 推进速度的快慢必须满足每环掘进注浆量的要求，保证同步注浆系统始终处于良好工作状态。

(4) 掘进速度选取时，必须注意与地质条件和地表建筑物条件匹配，避免速度选择不合适对盾构刀盘、刀具造成非正常损坏和造成隧道周边土体扰动过大。

3) 掘削量控制

掘进实际掘削量可由下式计算得到实际掘削量：

$$Q=(Q_2-Q_1)t \tag{3-2}$$

式中：Q_2——排泥流量，m^3/h；

Q_1——送泥流量，m^3/h；

t——掘削时间，h。

当发现掘削量过大时，应立即检查泥水密度、黏度和切口水压。此外，也可以利用探查装置，调查土体坍塌情况，在查明原因后应及时调整有关参数，确保开挖面稳定。

4）泥水指标控制

（1）泥水密度

泥水密度是泥水主要控制指标。送泥时的泥水密度控制在 1.05～1.08g/cm^3 之间；使用黏土、膨润土（粉末黏土）提高相对密度；添加 CMC 来增大黏度。工作泥浆的配制分两种，即天然黏土泥浆和膨润土泥浆。排泥密度一般控制在 1.15～1.30g/cm^3。

（2）漏斗黏度

黏性泥浆在砂砾层可以防止泥浆损失、砂层剥落，使作业面保持稳定。在坍塌性围岩中，使用高黏度泥水。但是泥水黏度过高，处理时容易堵塞筛眼，造成作业性下降；在黏土层中，黏度不能过低，否则会造成开挖面塌陷或堵管事故，一般漏斗黏度控制在 25～35s。

（3）析水量

析水量是泥水管理中的一项综合指标，它更大程度上与泥水的黏度有关，悬浮性好的泥浆就意味着析水量小，反之就大。泥水的析水量一般控制在 5%以下，降低土颗粒和提高泥浆的黏度，是保证析水量合格的主要手段。

（4）pH 值

泥水的 pH 值一般在 8～9。

（5）API 失水量 $Q \leqslant 20$mL（100kPa，30min）。

3. 泥水压力控制

泥水平衡盾构工法将泥膜作为媒介，由泥水压力来平衡土体压力。在泥水平衡理论中，泥膜的形成是至关重要的，当泥浆压力大于地下水压力时，泥水按达西定律渗入地层，形成与土壤间隙成一定比例的悬浮颗粒，被捕获并集聚于土壤与泥水的接触表面，泥膜就此形成（见图 3-56）。随着时间的推移，泥膜的厚度不断增加，渗透抵抗力逐渐增强。当泥膜抵抗力远大于正面土压时，产生泥水平衡效果。当泥水仓内的泥水压力大于地层压力和水压力时，地表将会隆起；当泥水仓内的泥水压力小于地层压力和水压力时，地表将

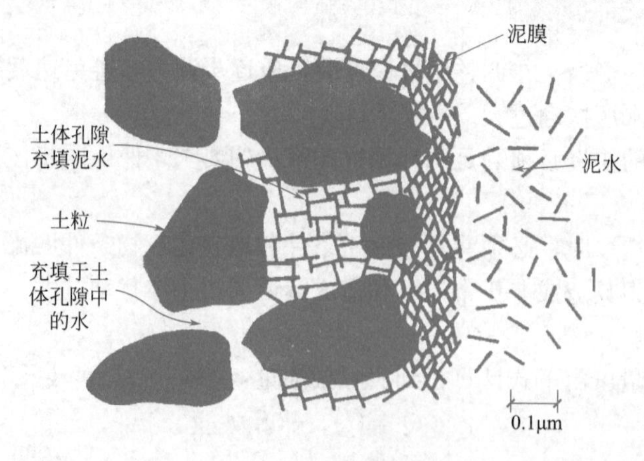

图 3-56　泥膜形成示意图

会下沉。因此泥水仓内的泥水压力应与地层土压力和水压力平衡。

作用在开挖面上的泥水压力一般设定为：泥水压力＝土压＋水压＋附加压。

附加压的一般标准为0.02MPa，但也有比开挖面状态大的值。一般要根据渗透系数、开挖面松弛状况、渗水量等进行设定。但附加压过大，则盾构推力增大和对开挖面的渗透加强，相反会带来塌方、造成泥水窜入等危害，需要谨慎考虑。

4. 泥水循环系统及分离技术

泥水循环系统具有两个基本功能：一是稳定开挖面；二是通过排泥泵将开挖渣料从泥水仓通过排泥管送到泥水分离站。泥水循环系统由送排泥泵、送排泥管、延伸管线、辅助设备等组成。

通常将盾构排出的泥水进行水、土分离的过程称为泥水处理。泥水处理设备设于地面，由泥水分离站和泥浆制备设备两部分组成。泥水分离站主要由振动筛、旋流器、储浆槽、调整槽、渣浆泵等组成；泥浆制备由沉淀池、调浆池、制浆系统等组成。选择泥水分离设备时，必须考虑两个方面：一是必须具有与推进速度相应的分离能力；二是必须能有效地分离排泥浆中的泥土和水分。同时在考虑分离站的能力时还应有一定的储备系数。

泥水处理一般分为3级，一般情况下，砂质土做一次处理，黏性土做二次处理。

1）一级处理

一级泥水处理的对象是粒径在74μm以上的砂、砾、粉砂、黏土块，使用振动筛和离心分离器等设备对其进行筛分，即可达到目的，分离出的土颗粒由土车运走。

2）二级处理

二级泥水处理的主要对象是泥水一次处理时不能分离的74μm以下的粉砂、黏土等细小颗粒。处理过程中一般先用絮凝剂PAC（聚合氯化铝）使其絮凝成团，然后用压力过滤筛将其压滤成含水量较低的泥块后与泥水分离。

3）三级处理

三级处理是将进入pH槽中的液体进行酸碱处理，达到排放标准后方可排放。采用的材料主要是稀硫酸或适量的二氧化碳气体。

3.6.3 盾构姿态控制

盾构在掘进过程中，由于地质因素、设备因素及人为操作因素等，经常导致盾构机前进方向与隧道设计轴线间出现偏差，因此需要实时对盾构掘进方向及盾构自身姿态进行调整控制，以满足隧道设计轴线掘进及管片拼装作业要求。如图3-57所示为盾构掘进过程中的姿态空间关系。

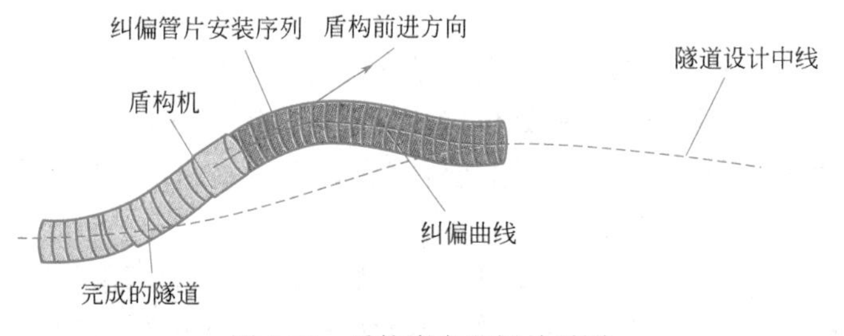

图3-57　盾构姿态空间关系图

1. 盾构姿态偏差

姿态偏差是指盾构机掘进中，由自动测量系统或人工测量系统经过测量或计算所得到的盾构机偏离隧道设计轴线的状态。姿态偏差可分为“滚动偏差”和“方向偏差”。

1）滚动偏差

盾构掘进时，刀盘切削土体的扭矩主要是靠盾构壳体与洞壁之间形成的摩擦力矩来平衡。当此摩擦力矩不能平衡刀盘切削土体产生的扭矩时，将出现盾构机的滚动，产生滚动偏差。过大的滚动会引起隧道轴线的偏斜，从而影响管片的拼装。

2）方向偏差

盾构在掘进过程中，由于各种因素的影响，会产生竖直方向和水平方向的偏差，分别称为“水平偏差”和“竖直偏差”。

3）产生偏差的影响因素

（1）盾构所受外力不均衡的影响

盾构在地层中受多个外力作用，这些外力随地层的土质情况、覆土厚度的变化而变化，若不及时调整掘进参数或参数设置不合理，就会产生姿态偏差。

（2）成环管片轴线对盾构轴线的影响

盾构推进反力支点设在成环管片上，当成环管片轴线控制不理想时，就会对盾构轴线产生影响，产生方向偏差。

（3）盾尾间隙的影响

尚未脱离盾尾的管片外弧面与盾壳内弧面的间隙，称为盾尾间隙。当一侧盾尾间隙为零，盾构需向另一侧纠偏时，就会在该侧盾尾和管片外弧面间产生摩擦阻力，从而产生姿态偏差。

（4）同步注浆压力的影响

注浆时，由于各种原因而不能保证对称作业或浆液注入量、注入速度控制不得当，则注浆产生的反力将使盾构轴线产生偏差。

（5）盾构本身结构的影响

由于盾构各部位结构的影响，其重心位置趋前，“叩头”现象普遍存在，在松软地层中尤为显著。

2. 盾构姿态监测

通过人工监测和自动监测两种方法可对盾构掘进姿态进行监测。盾构掘进时，自动监测与人工监测同时使用，通过二者的相互配合，可提高盾构姿态监测的精度。

1）自动监测

采用 VMT 导向系统对盾构机的位置和情况进行连续测量。该系统是在一固定基准点发出激光束的基础上，根据盾构机所处位置计算其对设计线路的偏差，并将信息反映在大型显示器上，见图 3-58 和图 3-59。监测装置安设在主控室内，操作人员通过控制系统进行调整。

用目标装置（激光靶板）和倾角罗盘仪测量盾构机的位置。用激光靶板测量激光束的入射点位置和入射角大小，用倾角罗盘仪测量盾构机在两个方向的转角。

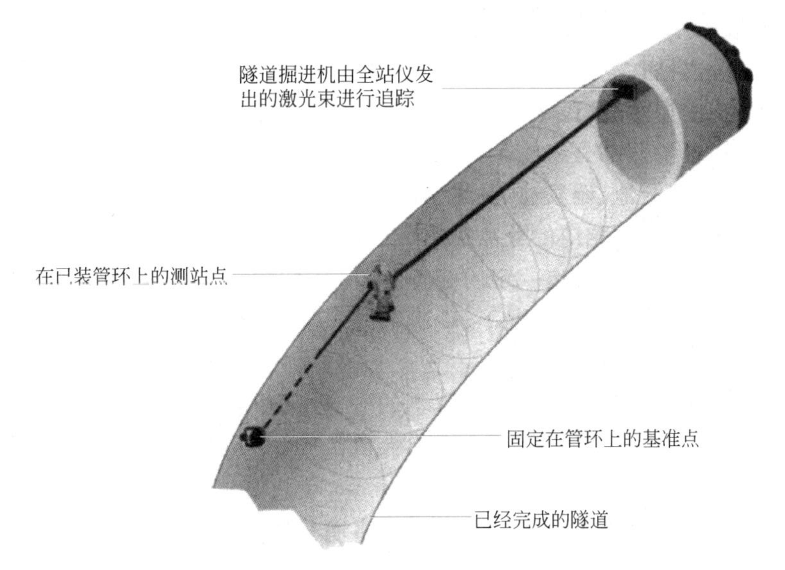

图 3-58　VMT 导向系统工作原理

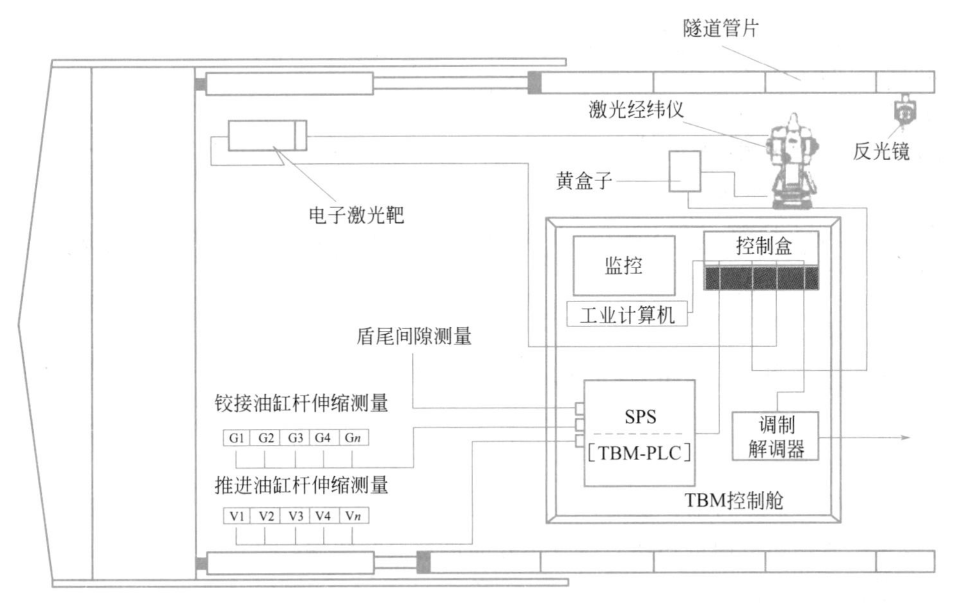

图 3-59　VMT 导向系统总图

2）人工监测

采用通用的光学测量仪器（如全站仪、水准仪等），对盾构的姿态进行监测。

（1）滚动角监测

用电子水准仪测量高程差，计算出滚动圆心角。在切口环隔墙后方对称设置两点（测量标志），在 a、b 两点之间拉线并使其长度为一定值，测量两点的高程差，即可算出滚动角，如图 3-60 所示。

图中 A、B 为测量标志，a、b 为盾构机发生滚动后测量标志所处的新位置，H_a、H_b 为 a、b 两点的高程，α 为盾构机的滚动圆心角。

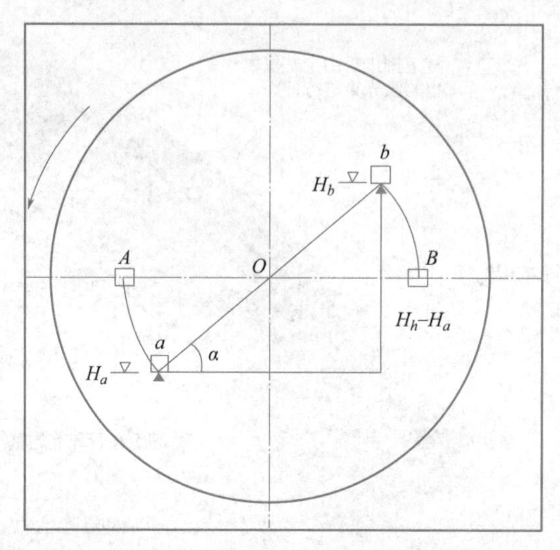

图 3-60 滚动角计算

线段 AB＝定值，OA＝OB，$\alpha=\arcsin[(H_b-H_a)/AB]$。

上式中，如果 $H_b-H_a>0$，表明盾构机逆时针方向滚动；如果 $H_b-H_a<0$，表明盾构机顺时针方向滚动。

（2）竖直方向监测

采用全站仪直接测量盾构的俯仰角变化，上仰或下俯时其角度增量的变化方向相反。

（3）水平方向角监测

采用全站仪直接测量盾构的左右摆动，左摆或右摆时其水平方向角的变化方向相反。

3. 盾构掘进调整

盾构机姿态的调整包括纠偏和曲线段施工两种情况。

1）纠偏

（1）滚动纠偏

采用使盾构刀盘反转的方法来纠正滚动偏差。允许滚动偏差≤1.5°，当超过 1.5°时，盾构机报警，盾构司机通过切换刀盘旋转方向进行反转纠偏。

（2）竖直方向纠偏

控制盾构机方向的主要因素是千斤顶的单侧推力，它与盾构机姿态变化量间的关系比较离散，靠操作人员的经验来控制。当盾构机出现下俯时，加大下端千斤顶的推力进行纠偏；当盾构机出现上仰时，加大上端千斤顶的推力进行纠偏。

（3）水平方向纠偏

与竖直方向纠偏的原理一样，左偏时，加大左侧千斤顶的推力纠偏；右偏时，加大右侧千斤顶的推力纠偏。

2）曲线段施工

在曲线地段（包括平面曲线和竖向曲线）施工时，对推进油缸实行分区操作，使盾构机按预期的方向进行调向运动。分区操作方法见表 3-6，油缸分区见图 3-61。

分区操作方法表　　表 3-6

油缸分区	盾构机预期走行方向				
	直线	左转	右转	上仰	下俯
A	加压	加压	加压	减压	加压
B	加压	减压	加压	加压	加压
C	加压	加压	加压	加压	减压
D	加压	加压	减压	加压	加压

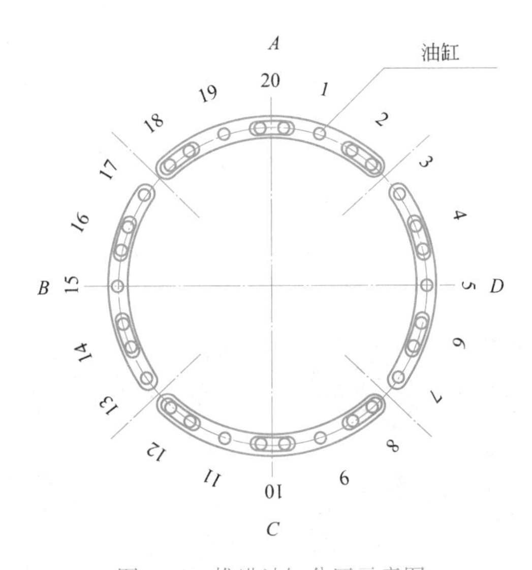

图 3-61　推进油缸分区示意图

3）纠偏注意事项

（1）在切换刀盘转动方向时，保留适当时间间隔，切换速度不宜过快。

（2）出现偏差及时根据开挖面地层情况调整掘进参数、调整掘进方向，避免引起更大偏差。

（3）蛇行的修正以长距离缓慢修正为原则，如修正过急，蛇行反而会更加严重。在直线推进的情况下，选取盾构当时所在位置点与设计线上远方的一点作一直线，然后再以这条线为新的基准进行线形管理。在曲线推进的情况下，使盾构机当时所在位置点与远方点的连线同设计曲线相切。

3.6.4　管片拼装施工

1. 管片拼装方式

管片拼装按照设计图纸要求进行。一般隧道衬砌由六块预制钢筋混凝土管片拼装而成，包括封顶块、邻接块、标准块。采用错缝、自下而上交叉拼装，封顶块和邻接块搭接 1/3，最后纵向插入。封顶块安装时需保证两块邻接块间有足够的插入空间。

2. 管片拼装流程

管片一般采用错缝拼装，工艺特点为“先下后上、先纵后环、左右交叉、纵向插入、封顶成环”，见图 3-62 和图 3-63。其步骤如下：

（1）管片选型是以满足隧道线形为前提，重点考虑管片安装后盾尾间隙要满足下一掘进循环限值，确保有足够的盾尾间隙，以防盾尾直接接触管片。一般情况下，管片选型与安装位置是根据推进指令先行决定，目的是使管片环安装后推进油缸行程差较小。

（2）每环掘进的后期，清除前一环环面和盾尾的杂物；在一环掘进结束后，将操作盘上的掘进模式转换为管片安装模式；盾构推进后，须符合拼装要求。

（3）管片安装必须从隧道底部开始，然后依次安装相邻块，最后安装封顶块。

（4）封顶块安装前，应对止水条进行润滑处理，安装时先径向插入，调整位置后缓慢纵向顶推。

（5）管片安装到位后，应及时伸出相应位置的推进油缸顶紧管片，其顶推力应大于稳定管片所需的力，然后方可移开管片拼装机。

（6）在管片环脱离盾尾后要对管片连接螺栓进行二次紧固。

（7）管片安装时，非管片安装人员不得进入管片安装区。

（8）在切换刀盘转动方向时，保留适当的时间间隔，以切换速度进行控制，切换速度过快可能造成管片受力状态突变，导致管片损坏。

图 3-62　管片拼装机拼装管片

图 3-63　管片完成拼装

3.6.5　壁后注浆施工

当管片在盾尾处安装完成后，盾构机向前推进，管片与土层之间形成约 4cm 的间隙，须及时采用浆液材料填充此环形空隙，以有利于防止和减少地层变形，提高隧道结构的稳定性。壁后注浆分为同步注浆和二次补强注浆，应根据工程地质条件、地表沉降状态、环境要求及设备情况等选择注浆方式和注浆参数。

1. 同步注浆

同步注浆材料及配合比

采用水泥砂浆作为同步注浆材料，具有凝结时间较短、强度高、耐久性好和抗腐蚀性好等特点。

对浆液配合比进行不同的试调配及性能测定比较后，优化出满足不同条件下使用要求的配方，书面报监理工程师审定后正式投入使用。同时应在试推进施工过程中对不同浆液的配合比而产生的地表不同沉降值进行核对后，再对浆液配合比进行相应的优化及调整。

常用的同步注浆材料配合比见表 3-7。

同步注浆浆液配合比（kg/m^3） 表 3-7

水泥	细砂	粉煤灰	膨润土	水	外加剂
120～260	850～600	380～240	60～40	400～470	根据需要添加

该浆液配合比的物理力学指标如下：

（1）胶凝时间：一般为 3～10h，根据地层条件和掘进速度，通过现场试验加入速凝剂及变更配合比来调整胶凝时间。对于强透水地层和经过建筑物、小曲线等地段，可通过现场试验进一步调整配合比和加入早强剂或减水剂，进一步缩短胶凝时间，获得早期强度，保证良好的注浆效果。

（2）固结体强度：1d 强度不小于 0.2MPa，28d 强度不小于 2.5MPa。

（3）固结收缩率：＜5%。

（4）浆液稠度：9～13cm。

（5）浆液稳定性：离析率小于 5%。

2. 同步注浆设备

盾构机推进时，通过安装在盾尾内的内置式注浆管向管片与地层间的环形空隙注入足量的填充浆液，如图 3-64 所示。每根管上有高压力表和阀门，该管通过软管与盾构机 1 号拖车上配置的注浆泵分别相连。

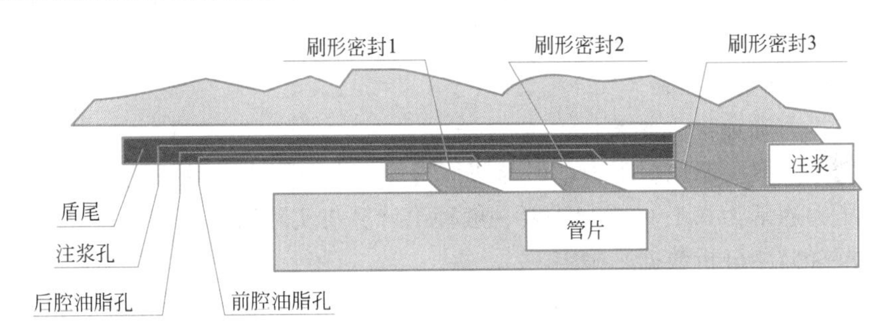

图 3-64 同步注浆示意图

同步注浆系统：配备液压注浆泵 2 台，注浆能力 $2\times12m^3/h$，8 个盾尾注入管口（其中 4 个备用）及其配套管路。

运输系统：砂浆罐车（$7m^3$），带有自搅拌功能和砂浆输送泵，随编组列车一起运输。

3. 同步注浆施工工艺

同步注浆与盾构掘进同时进行，通过同步注浆系统及盾尾的内置 4 根注浆管，在盾构向前推进盾尾空隙形成的同时进行。同步注浆与盾尾空隙形成在瞬间产生，从而使周围土体获得及时的支撑，可有效地防止土体的坍陷，控制地表的沉降。

同步注浆材料大多为水泥砂浆，由水泥、砂、粉煤灰、膨润土、水和外加剂等组成。注浆可根据需要采用自动控制或手动控制方式，自动控制方式即预先设定注浆压力，由控制程序自动调整注浆速度，当注浆压力达到设定值时，自行停止注浆。手动控制方式则由人工根据掘进情况随时调整注浆流量，以防注浆速度过快而影响注浆效果。一般不从预留注浆孔注浆，以降低从管片渗漏水的可能。

1）注浆量确定

注浆量是以盾尾环形空隙量为基础并结合地层、线路及掘进方式等确定的，应考虑适当的饱满系数，以保证达到充填密实的目的。根据施工实际，这里的饱满系数包括由注浆压力产生的压密系数、取决于地质情况的土质系数、施工消耗系数和由掘进方式产生的超挖系数等，一般主要考虑压密系数和超挖系数。以上饱满系数在考虑时须累计。

同步注浆注浆量经验计算公式为：

$$Q=q\lambda \tag{3-3}$$

式中：q——充填体积（m^3），$q=\pi(b^2-d^2)L/4$；

λ——注浆率（一般为130%～180%），$\lambda=a_1+a_2+a_3+a_4+1$；

Q——盾构施工引起管片背面的空隙（m^3）；

b——盾构切削外径（m）；

d——管片外径（m）；

L——回填注浆段长，即管片每环长度；

a_1——压密系数，0.3～0.5；

a_2——土质系数，0.05～0.15；

a_3——施工损耗系数，0.1～0.2；

a_4——超挖系数，0.1～0.2。

在全风化带、残积土中注浆率λ取1.2～1.5；在强风化带、中风化带、微风化带中，注浆率λ取1.8～2.15。

2）注浆压力确定及控制

（1）注浆压力确定

注浆压力主要取决于地层阻力，但与浆液特性、土仓压力、设备性能、管片强度也有关系。注浆压力通常为0.1～0.3MPa，一般理论计算与实际情况有出入，应结合现场实际情况和地面沉降监测分析数据来确定。

在全风化及以下的地层中，注浆压力一般在0.15～0.30MPa；在中风化以上的岩层中，注浆压力取决于围岩条件和裂隙水压力，一般在0.1～0.15MPa。考虑到管片的抗剪切能力，注浆压力一般不大于1MPa；当注浆压力为4MPa左右时，管片封顶块的螺栓会被剪断。

（2）注浆压力控制

注浆过程有注浆压力、注浆量两个控制标准。一般情况下，以注浆压力控制注浆过程为主；如果地层自稳性好，地下水压小，则以注浆量控制为主。

全风化地层的理论注浆量为6.0～7.0m^3/环。以海瑞克盾构机为例，其注浆泵为活塞式注浆泵，每冲程的理论注浆量为12L，由于活塞泵前面的储浆囊中经常有凝结的水泥块。根据经验，每冲程的注浆在10～11L，施工时一般按10L考虑，6m^3浆液冲程数就是600个。

海瑞克盾构机注浆管沿盾尾圆周方向均匀布置，相邻两个注浆管的圆心角为90°。注浆管布置如图3-65所示。（①、④号注浆量）：（②、③号注浆量）≈3：1

注浆过程控制要求如下：

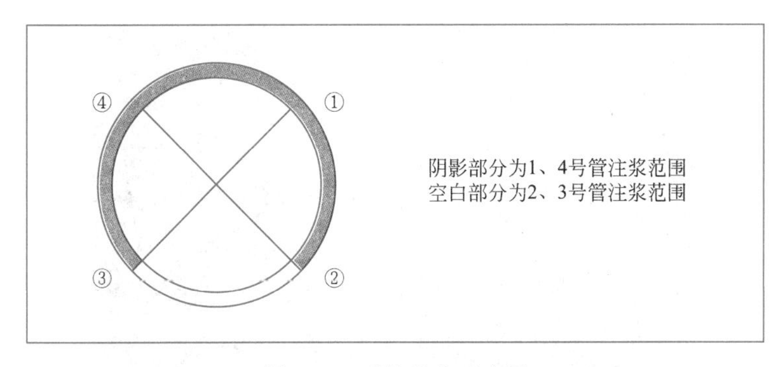

图 3-65　盾构注浆示意图

①、④号管注浆量应达到 450mm 冲程，注浆压力控制在 0.15～0.25MPa；

②、③号管注浆量应达到 150mm 冲程，注浆压力控制在 0.15～0.30MPa。

当 4 根注浆管的冲程与掘进长度不成比例，注浆量偏小时，调大①、②、③、④号管注浆压力，加快注浆速度。

当 4 根注浆管的压力都大于限值时，停止注浆，以防堵管。

（3）注浆速度

注浆速度应与掘进速度相匹配，所以注浆泵的性能要满足注浆速度的需求。注浆速度计算公式为：

$$Q_v = Q \times v \times t / L_0 \tag{3-4}$$

式中：Q_v——在长度 $v \times t$ 范围内理论注浆量（m^3）；

Q——每环管片理论注浆量（m^3）；

v——掘进速度（mm/min）；

t——掘进有效时间（min）；

L_0——管片宽度减去 150mm（例如，$L_0 = 1500 - 150 = 1350$mm）。

若掘进速度稳定，Q_v 与 t 呈线性关系。同步注浆速度和推进速度应保持同步，即在盾构机推进的同时进行足量注浆。

（4）注浆结束标准

采用注浆压力和注浆量双指标控制。

4. 二次注浆

同步注浆填充量不足、地面变形过大、经过建筑物等地段须进行二次注浆（见图 3-66）。二次注浆通过吊装孔进行，可选用水泥、水玻璃双液浆或水泥砂浆，在管片出台架后进行，注浆压力一般为 0.3～1.0MPa。

注浆前，需在起吊孔内装入单向逆止阀并凿穿外侧保护层。在一台砂浆泵的输浆管上装一个分支接口，通过该接口即可实施管片注浆。二次注浆一般采用手动控制。

3.6.6　盾尾密封

始发前，每一块密封刷必须焊接牢固，并保证密封刷无损坏。施工过程中可在各道密封刷之间利用自动供给油脂系统压注高止水性油脂，确保高水压作用下的止水可靠性。盾

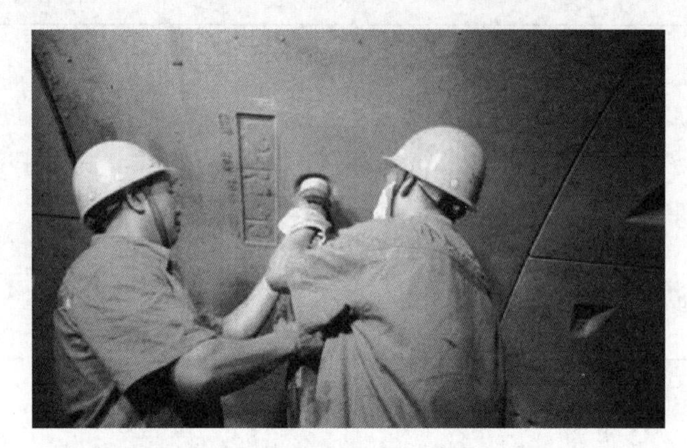

图 3-66　二次注浆作业

构掘进过程中视油脂压力及时进行补充，当发现盾尾有少量漏浆时，采用手动方式对漏浆部位及时补压盾尾油脂。盾尾油脂压注流程如图 3-67 所示。

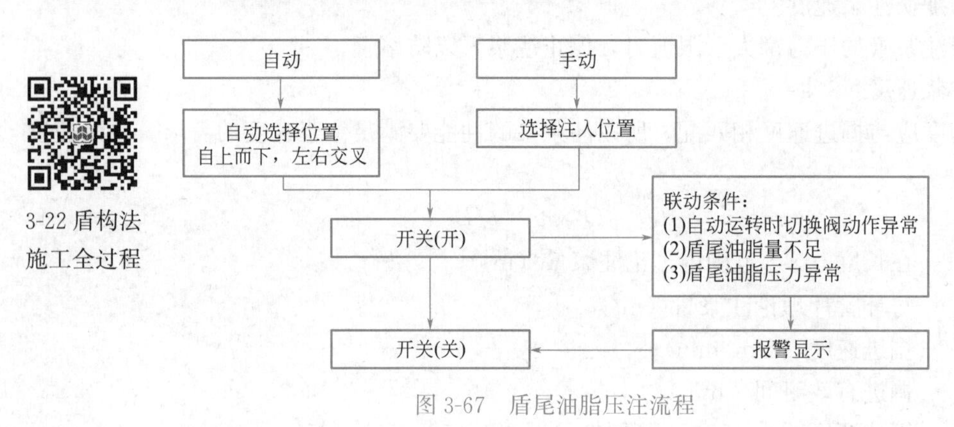

图 3-67　盾尾油脂压注流程

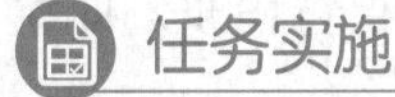

任务实施

3-23【知识巩固】

3-24【能力训练】

3-25【考证演练】

任务 3.7　盾构调头与过站

任务描述

学习“知识链接”相关内容，重点完成以下工作任务：一是回答与盾构调头与过站相关的问题；二是根据给定的工程案例，阐述盾构调头的基本流程和关键技术；三是完成与本任务相关的建造师职业资格证书考试考题；具体参见“任务实施”模块。

知识链接

3.7.1 盾构调头

盾构调头施工是指在一个区间的地铁隧道上下行线施工时，只投入1台盾构，盾构从区间隧道一端掘进到工作井时，在车站内部将盾构平移、调头到另一条隧道线上，再做反向掘进的施工过程。具有工程投入少、效率高等显著特点。

盾构进入车站前，应先安装好盾构接收托架。由于需要在车站内调头，车站调头井上部若有圈梁，梁底与盾构顶部应不小于13cm，因此安装接收架时，应先按照盾构进入车站时的高程确定接收架的高度并进行固定，待接收盾构后，再把盾构连同接收架的高程降下来，以便于盾构转向时与车站结构的梁、板不发生干涉。

1. 盾构调头步骤

1）及时清理盾构主机进站带来的渣土。

2）盾构向前推进至接收架上，将主机与设备桥脱离，拆除主机与设备桥间的连接管线，设备桥前端利用自制门架支撑，同时拆除皮带输送机。

3）将接收架和主机盾壳通过焊接连为一体，并在盾壳两侧焊接4个支撑座，然后拆除接收架固定支撑，并利用4个150t的液压千斤顶将主机连同接收架顶升起来，拆除接收架底部的垫层。

4）将主机连同接收架回落至底板的滚珠上，利用20t手拉葫芦将接收架连同盾构主机拖至端头井中部并调头，调头后平移至右线，然后进行初步定位，采用4个150t的液压千斤顶将主机连同接收架顶升起来，在下部垫入垫层并固定牢固，将主机与接收架分离。

2. 设备桥调头步骤

1）用枕木搭建临时轨线基础，设备桥后部利用自制门架支撑，设备桥与一号拖车断开，在设备桥支架下部铺设ϕ50mm圆钢。

2）用手拉葫芦和油缸将门架及设备桥一起推入车站内部，并在车站立柱之间进行调头，进入车站的另一条线中。

3）将设备桥前端与盾构对接，后部安装设备桥和皮带输送机的共同支撑架，并在设备桥上安装临时皮带输送机。

4）设备桥和后配套拖车之间利用延长管线进行连接。

5）安装反力架、钢环和负环管片。

6）盾构调试、始发，掘进中的渣土及材料的运输通过左右线的临时轨线完成。掘进60m后，可进行后配套的跟进。

3. 后配套拖车调头转向

在端头井内进行后配套拖车的平移调头，在掘进60m后，在非掘进状态下拆除反力架、始发架；将 0～15 环管片用拉杆连接成整体，可以有效防止管片后退、松弛。拆除设备桥与第一节后配套拖车间的延长管线，利用盾构接收架将后配套一号拖车移至工作井中间进行调头并平移至右线，利用电瓶车将后配套拖车拖至洞内与设备桥连接成整体，连接后配套拖车，重新连接水、电、油等管路，使盾构形成正常的掘进状态，将盾构配套的皮带输送机进行硫化安装，对主机和后配套所有机构进行调试，并进行掘进。

3.7.2 盾构过站

1. 盾构过站技术措施

1）盾构过站前，制订详细的组装方案与计划，同时组织有经验的经过技术培训的人员组成作业班组。

2）到达前，对基座进行加固和精确定位，确保盾构过站时托架的刚度。

3）到达前，将站台板预埋插筋和其他影响盾构过站的预埋件砸平，保证底板的平整。

4）在底板铺设钢板，并涂抹黄油，减少盾构滑动的摩擦力。

5）底板铺钢板前，做一个找平层，减少滑动附加力。

6）定时校正千斤顶油缸的行程，使千斤顶行程同步。

2. 过站准备

1）过站小车的准备

过站小车由始发托架改造而成。具体要求为：在始发托架底焊接一块 $\delta=30$mm 的钢板（宽 500mm），焊缝间距为 150mm，每一处焊缝长度为 150mm。始发托架每一侧必须双面焊接，端头两侧加焊推进油缸延长臂，四面用挡块和钢支撑固定，防止盾构被推上始发托架时发生移动。

2）车站底板的准备

准备工作主要包括场地平整和在场地上铺设钢板，为盾构过站小车提供平整且强度足够的滚动面。为便于钢板的移动，需在车站一端安设一台卷扬机，在盾构到站之前进行车站内卷扬机的安装固定工作。

3）盾构固定

盾构安设在始发托架后，需将盾构与始发托架焊接成一个整体。

4）盾构平移和推进准备

为保证盾构平移，在始发托架下部铺上钢板，并在钢板上涂抹黄油。为保证盾构的顺利推进，在场地铺设的钢板上安装推进反力座，同时准备两个推进油顶。为了便于盾构的推进及过程中的调向，在过站小车与底板钢板间放置滚轴。

5）盾构主机与后配套分离

在盾构到达前做好电缆线与油管的标识。盾构安设在始发托架后，将主机与后配套之间各种管线拆开，同时用支撑架把连接桥支撑起来，最后把连接桥与主机连接的拖拉油缸拆除，完成主机与后配套的分离。

3. 盾构主机过站

盾构主机过站步骤见表 3-8，具体过程如下：

盾构主机过站步骤　　表 3-8

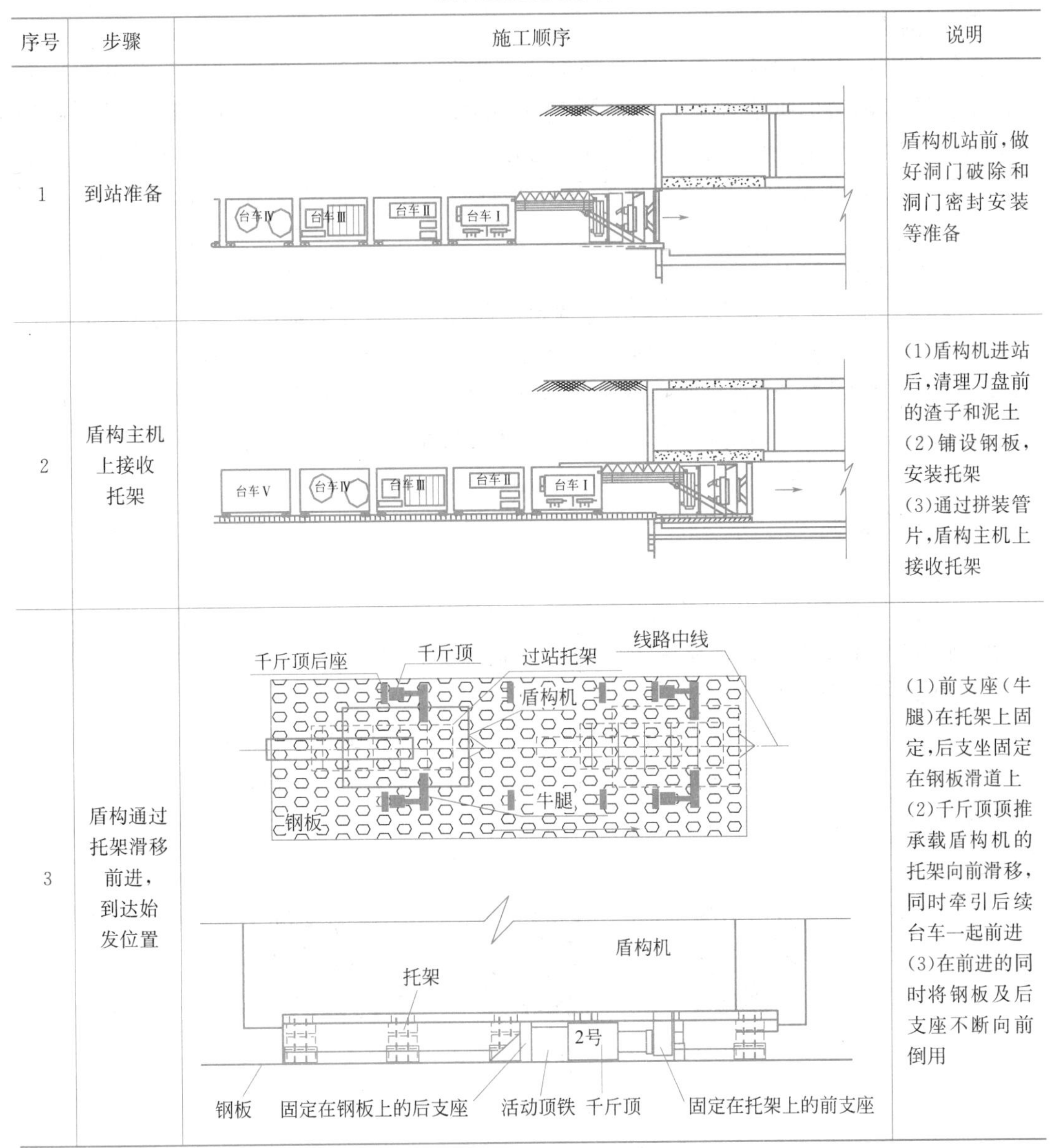

序号	步骤	施工顺序	说明
1	到站准备		盾构机站前，做好洞门破除和洞门密封安装等准备
2	盾构主机上接收托架		(1)盾构机进站后，清理刀盘前的渣子和泥土 (2)铺设钢板，安装托架 (3)通过拼装管片，盾构主机上接收托架
3	盾构通过托架滑移前进，到达始发位置		(1)前支座(牛腿)在托架上固定，后支坐固定在钢板滑道上 (2)千斤顶顶推承载盾构机的托架向前滑移，同时牵引后续台车一起前进 (3)在前进的同时将钢板及后支座不断向前倒用

1）盾构平移

盾构的平移根据施工需要进行。首先，把固定始发托架上的挡块和钢支撑拆除，保证始发台四周没有障碍物。在始发台的右侧平移钢板上焊上反力座（250mm×100mm×40mm)，把两个油顶放置在反力座与始发台间，开始水平推移盾构。

2）钢板及滚轴放置

先把 4 个顶升液压千斤顶安装到盾构两侧的支撑座上，并把液压千斤顶的油管接好。开动液压泵站，把顶升液压千斤顶油缸均匀、平稳地慢慢伸出，顶起盾构。盾构抬起后，先把始发台下部的平移钢板用卷扬机拖出，然后再用卷扬机在过站小车底放置推进钢板，铺好钢板后，在钢板与过站小车之间放入滚轴，然后收回顶伸油缸，使盾构和过站小车落在滚轴上。

3）盾构主机推进

先把盾构后侧面的两个液压千斤顶的油管拆除，再将油缸放置到位。打开液压泵站，依次开启两边的推进油缸，然后同时开动两边的推进油缸，推动盾构前进。盾构往前行走 300mm 后，把推进油缸收回，前移到下一个反力座，继续进行下一循环的推进。盾构前进过程中，操作人员要及时把后面的滚轴拿到盾构的前部，摆放在钢板上。

4）地面钢板前移

盾构前移约 8m 后，需要将过站小车底钢板前移。具体方法是：首先开动千斤顶把过站小车连同盾构顶起到完全离开滚轴，然后用卷扬机把钢板前拖，直到钢板的尾部和过站小车的尾部基本在同一位置。在拖动钢板到位后，调整钢板的横向位置及滚轴的摆放位置，然后再收起千斤顶，使盾构连同过站小车落到滚轴上，再开始下一循环的前移。依此循环，直至盾构主机推进到位即完成盾构主机过站。

4. 后配套过站

1）过站轨道铺设

根据区间隧道与车站位置关系，在接收井内用枕木（250mm×300mm）做临时轨枕将轨线延伸至站台，站台内轨枕用 15 号工字钢制成。

2）后配套设备过站

后配套设备的轨道铺设完成后，开始后配套设备的过站工作。将后配套连接桥的前端支撑在一管片运送车上，直接利用电瓶机车牵引整个后配套系统向前移动。

任务实施

3-26【知识巩固】

3-27【能力训练】

3-28【考证演练】

任务 3.8　特殊地质条件下盾构掘进

任务描述

学习“知识链接”相关内容，重点完成以下工作任务：一是回答与特殊地质条件下盾构掘进相关的问题；二是根据给定的工程案例，阐述在孤石群这种特殊地质条件下盾构掘进的处置方法；三是完成与本任务相关的建造师职业资格证书考试考题；具体参见“任务实施”模块。

知识链接

3.8.1 全断面高强度硬岩盾构掘进

全断面硬岩主要是指隧道整个断面都是微风化和中风化岩层，岩石强度高，一般极限抗压强度大于 30MPa。盾构掘进施工过程中的主要问题是滚刀和刮刀磨损严重、推进速度缓慢、配置普通刀具的盾构机不适应此种地层。

1. 选择合理的盾构掘进参数

在全断面硬岩区域施工，盾构掘进模式可以从土压平衡模式转换为敞开模式。硬岩段敞开掘进时，遵循“高转速、低扭矩”原则选取参数，以提高纯掘进速度。其掘进参数可参考如下：盾构机推力为 1000kN，盾构机扭矩为 1000kN·m，贯入度为 5～10mm，推进速度为 8～15mm/min。在实际施工过程中，根据盾构掘进情况，适当调整上述掘进参数。

2. 配置合适的刀盘

盾构机采用滚刀进行破岩，其破岩机理属于滚压破碎岩石，依靠滚刀的滚动产生冲击压碎和剪切碾碎的作用来达到破碎岩石的目的。滚刀滚压破碎如图 3-68 所示，轴力 P 使滚刀压入岩石，滚动力矩 M 使滚刀滚压岩石，两者的共同作用使滚刀随着刀盘的转动和自身的旋转而在开挖面上压切产生沟槽，每一个刀刃在岩石上压切出一条沟槽。刀盘向沟槽施加压力时，刀刃与岩体间产生侧向剪切力，如果产生的剪切力高到足以使槽间岩石破碎时，由于岩石具有的脆性，槽间的岩石就形成碎块而掉落。

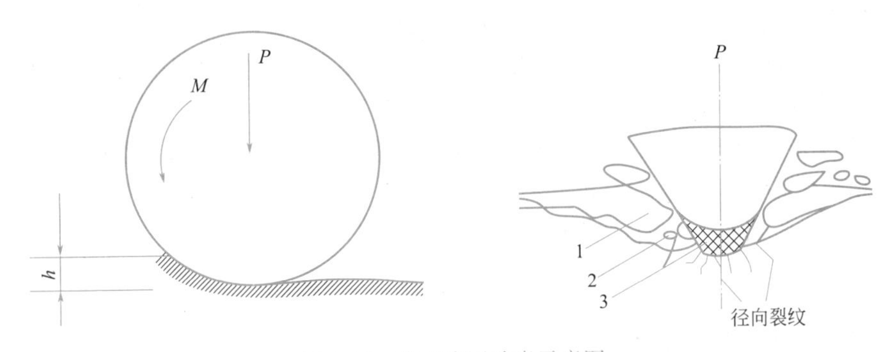

图 3-68 滚刀滚压破岩示意图

1—断裂体；2—碎断体；3—密实承载体

针对硬岩段，盾构机刀盘配置可采用重型滚刀、镶高强度合金的滚刀、齿轮刀等刀具。通常的盾构刀具配置：4 把镶高强度合金的中心滚刀，31 把重型单刃滚刀，64 把切刀，8 把弧形刮刀，1 把超挖刀。具体刀具配置可根据刀盘和硬岩情况进行相应调整。

3. 刀具磨损的控制

在硬岩地段掘进施工，刀具、刀盘的磨损较大。为此，在硬岩段盾构掘进施工中，需储备足够的破岩滚刀、滚刀刀圈和中心滚刀。施工过程中，一旦发现刀具磨损较大，则应选择合适位置更换刀具。

在硬岩地层掘进时，要采取措施加强刀具的冷却，向土仓内、刀盘面板和螺旋输送机内注入膨润土。

在硬岩段盾构掘进的同时，要仔细、认真地总结和积累硬岩地层盾构机在不同掘进参数下的刀具磨损情况，成立刀具检查维修小组，对刀具进行研究和管理，制订盾构掘进的“刀具管理程序”，从而为后续盾构穿越硬岩地层积累宝贵的经验，确保硬岩段施工顺利进行。

4. 刀具的检查和更换

以往类似工程施工过程中发现，盾构在硬岩掘进过程中，往往是一个或几个滚刀由于磨损超限而没有及时更换，其破岩能力相对减小，其他滚刀的破岩能力相对要大而产生较严重的磨损直至破坏，最终导致整盘滚刀的磨损和盾构破岩能力的下降。因此，在硬岩段掘进时，必须加强对刀盘、刀具的检查与更换工作。盾构在硬岩段掘进过程中，要求每掘进 2 环即进行一次刀具检查，特别是对周边滚刀磨损量的检查。

周边滚刀的磨损标准为 10mm，正面滚刀的磨损标准为 20mm。一旦达到更换标准，必须及时更换，以免造成掘进困难及刀盘磨损。

5. 盾构姿态控制

在硬岩段掘进时，通过刀盘前方的推力和扭矩共同作用进行破岩。因此，盾构在硬岩段掘进时会产生很大的扭矩，从而产生盾体的翻转。同时，在硬岩段掘进过程中，如果盾构姿态控制不好，经常进行纠偏，势必会造成刀盘前方工作面的凹凸不平，极易产生滚刀的不均匀受力而发生磨损。为此可采取如下措施：

1）制订合理的盾构掘进参数，特别是滚刀的嵌岩深度，防止盾体产生过大的扭矩而发生滚动偏差。

2）若盾壳已发生偏转，则采用刀盘反转，慢慢调正。在切换刀盘转动方向时，应保留适当的时间间隔，切换速度不宜过快。

3）根据开挖面地层情况及时调整掘进参数和掘进方向，避免偏差累积过大。蛇行修正应以长距离慢慢修正为宜。

4）在进入硬岩段时，应注意防止盾构机“仰头”，一旦出现一定程度的偏差，应及时采取纠偏措施。

3.8.2 孤石地层盾构掘进

在花岗岩地层中，尤其是残积层和全风化层，由于岩石的差异风化，会形成分布不均、大小不一的微风化球体，又称孤石。微风化球体一般强度极高，由于分布的不均匀性和粒径的不统一性，很难在线路选线的时候全部避开。孤石的强度极高，部分可达 150MPa 以上。当采用明挖法施工时，对此种地层的处理并不困难。但是，当采用盾构法施工时，往往会造成盾构机发生偏转或被卡住，导致无法正常掘进，而且纠偏困难，甚至需要从地面往下施作竖井进行盾构解救，严重影响工期。

1. 孤石的分布规律

花岗岩微风化球状体（孤石）的分布具有离散性大、埋藏深度大、空间赋存特征不规则的特点，但它也具有一定的规律：

1）孤石主要分布在全风化带和强风化带中。

2）孤石在垂直剖面上具有“上多下少、上小下大”的特点，即随着高程的增加，孤石的密度越来越大，而体积越来越小。

3）孤石的大小随着风化程度的增强而减小，而数量却随着风化程度的增强而增加。

4）在全风化带中可能存在较大的孤石，在强风化带中可能出现较小的孤石，说明孤石的大小也受到局部岩性条件和地质条件等因素的影响。

2. 孤石地层盾构掘进面临的风险

1）通常情况下，孤石的单轴抗压强度非常高，与四周岩土的强度差异大，因此很难被刀具破碎，常在刀盘前方随着盾构一起前进，易造成刀具和刀盘的严重损坏，从而导致掘进异常困难，掘进速度极其缓慢，见图 3-69 和图 3-70。

2）刀具在破碎孤石时因孤石无法固定，常在刀盘前滚动，会降低盾构的掘进速度，延长对地层的扰动时间，还会使盾构在掘进中发生姿态偏差。

3）由于孤石四周的花岗岩强风化、全风化层稳定性较差，且遇水极易软化崩解，这给刀具更换带来极大困难，同时对上方建（构）筑物的保护也极其不利。

图 3-69 切刀磨损严重

图 3-70 先行刀磨损严重

3. 孤石地层盾构掘进的处理措施

1）盾构机破除孤石

盾构机破除孤石一般需要满足两个条件：一是盾构机必须具有足够的破岩能力，即刀具有足够的切削岩石的能力；二是在刀具破碎孤石的过程中，孤石必须处于固定状态，不能在刀盘前滚动，因此通常需要对孤石周边风化岩土层进行预加固，以固定孤石，另外还需配置破岩能力强的滚刀。

2）洞内人工破除孤石

洞内人工破除孤石的主要方法有静态爆破、炸药定向爆破和用岩石分裂机等设备进行破除。通常需要对孤石周边风化岩土层进行地面或洞内预加固，以维持开挖面的稳定，提供人工洞内作业的安全环境。

3）地面人工破除孤石

地面人工破除孤石的主要方法有地面钻孔爆破、冲孔破除、人工挖孔破碎等。应根据现场地质条件、地面环境、孤石分布情况综合分析确定。目前比较常见的方法是钻孔爆破法，如图 3-71 所示。

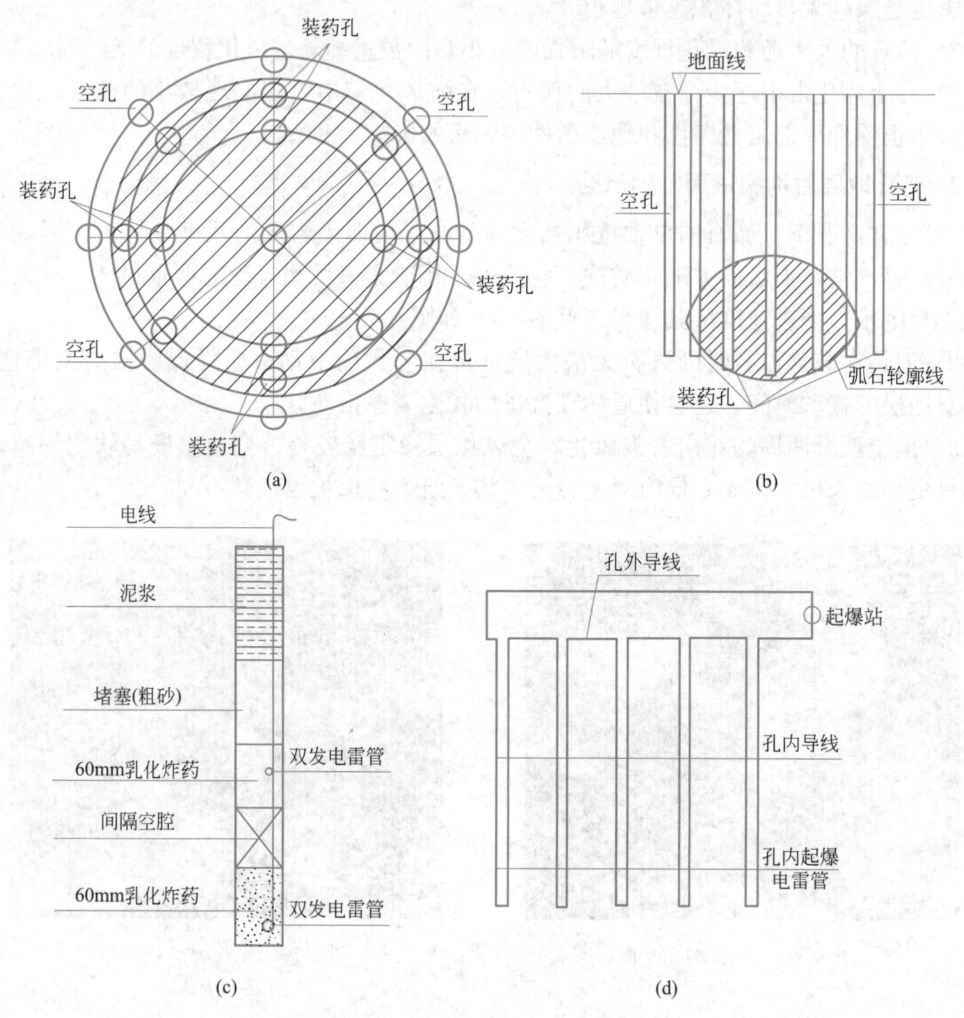

图 3-71　钻孔爆破法破除孤石

（a）钻孔平面；（b）钻孔剖面；（c）炮孔间隔装药示意；（d）电雷管串联起爆网络

4. 孤石地层盾构掘进的注意事项

1）加密补充地质勘探，掌握孤石分布情况。提前做好准备工作，例如地面预加固，或为破除孤石提前更换好刀具等。

2）施工过程中进行预测和判断是否存在孤石。掘进过程中主要观测盾构机的异常情况以及掘进参数的异常变化，例如速度突然变慢、推力和扭矩突然增大、刀盘振动、盾构机有异常响声等，以此作为判断是否碰上孤石的依据。掘进过程中随时监测刀具和刀盘的受力状态，以防止刀盘产生变形。

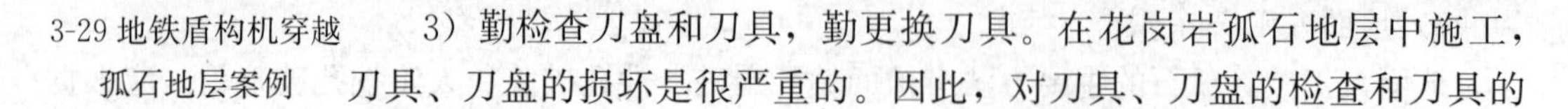

3-29 地铁盾构机穿越孤石地层案例

3）勤检查刀盘和刀具，勤更换刀具。在花岗岩孤石地层中施工，刀具、刀盘的损坏是很严重的。因此，对刀具、刀盘的检查和刀具的更换是非常重要的。为了尽量减少刀具、刀盘的损坏，掘进过程中应通过控制掘进速度、刀盘扭矩、贯入度、刀盘转速等措施减少刀具磨损，通过控制推力来减少刀座、刀盘变形。另外，掘进时还要控制土仓的温度，因为土仓温度过高亦会加速刀具、刀盘的损坏。

3.8.3 上软下硬地层盾构掘进

在盾构施工中，常遇到上半断面为全风化、强风化岩层，而下半断面却为中风化或微风化岩层，在这种上软下硬地层中掘进会带来一系列问题。

1. 上软下硬地层盾构掘进面临的风险

上软下硬地层，既有软岩地层的不稳定性，又具有硬岩的高强度。因此，在这类地层中，盾构施工比较困难，主要表现在：

1）盾构姿态难以控制

在盾构推进过程中，上部软地层较易被切削进入土仓，而下部较硬岩体不易破碎，导致盾构机的姿态不易被控制。

2）刀具损坏严重且更换困难

由于隧道断面下部坚硬的岩石强度很高，有的高达 80MPa 以上，刀具完全不能适应，整盘刀在很短距离内就可能损坏殆尽，需要频繁换刀。而开挖面上半部花岗岩风化土层遇水软化，易崩解，甚至泥化成流塑状，自稳性极差，会给换刀带来极大的困难。

3）地面沉降难以控制

一方面，由于刀具和软硬不均的岩面作周期性碰撞，刀盘振动很大，且掘进速度很慢，对地层的扰动持续时间长；另一方面，上部软弱地层稳定性差，易造成地面坍塌、建筑物开裂等。

4）盾构机易被卡住

盾构在上软下硬地层中掘进，边缘滚刀及周边刮刀极易被损坏，造成隧道开挖直径缩小，导致盾构机卡壳的现象时有发生。

2. 上软下硬地层盾构掘进的技术措施

1）加强地质补勘

一般情况下，初步地质勘探时的钻孔间距较大，不能满足盾构施工需要。施工前必须进行详细的补充地质勘探，通常采用左右线中心位置 5～10m 的加密探孔，查明隧道范围内以下地质情况：

（1）软硬不均地段的硬岩分布位置和占盾构开挖面积的比例，软土的类别和相应参数；

（2）硬岩侵入隧道的高度和走势；

（3）硬岩的风化状况、裂隙发育情况、强度和完整性；

（4）是否有孤石或其他硬质夹杂体存在；

（5）软硬不均地段的上方覆土类别。

在进行地质情况分析时，不能只看隧道纵向的地层情况，还应结合横断面的地层情况，立体地分析盾构掘进范围的地层特征。

2）刀盘选择及刀具配置

（1）刀盘选择

刀盘形式必须满足同时能掘进硬岩和软岩甚至砂土、黏土等的需要。刀盘在掘进时，既能在需要的位置安装切削硬岩的刀具，又能在需要的位置安装切削软岩的刀具，且刀盘的开口率应满足切削下来的岩块顺利进入土仓的同时又能使软岩顺利进入土仓。

根据施工经验，常采用面板式刀盘，利于保证布置了滚刀后的刀盘结构强度，在硬岩或软硬不均地段掘进发生坍塌时刀盘面可起支撑作用。在刀盘周边布置更多的滚刀以满足破岩的需要。

（2）刀具配置

针对地层软硬不均的情况，特别是硬岩分布的位置，应结合各种刀具的破岩特点，在刀盘面板上装配不同的刀具。

① 滚刀的使用

在软硬不均地层中掘进时，硬岩部位应安装滚刀。当选用双刃滚刀时，为防止硬石块卡在双刃滚刀两个刀刃之间，导致滚刀不能正常工作，因此要选择适当规格的双刃滚刀。

② 切刀的使用

切刀呈靴状，一般不垂直于刀盘安装。切刀是切削软土的刀具，在刀盘的转动下，通过刀刃和刀头部分插入到地层内部，切削地层。切刀的前后角等斜面结构利于软土切削时的导渣作用。原则上安装嵌入式刀具，所有切刀均可从刀盘背面更换。

3）刀具管理

（1）提高对上软下硬地层的认识，防止掘进参数设置不当。如刀盘转速设置过低、贯入度太大，可导致刀具出现崩裂损坏。

（2）提前筹划刀具检查，并对换刀区进行加固。

（3）换刀期间，应保证人舱与操作室之间的通信正常。

（4）小半径曲线地段换刀时，应加强周边刮刀检查。周边刮刀严重磨损而不更换，将造成开挖洞径缩小、盾构机卡壳的事件发生。若发生卡壳现象，可采用冲孔桩对前方硬岩进行破除，或采用在盾体外注膨润土等润滑剂措施，以减小岩石对盾壳的摩阻力。

（5）袖阀管注浆、旋喷桩加固是刀具更换最有效的加固措施，但需要防止注浆浆液或旋喷浆液将盾构机刀盘、壳体包裹。

（6）压气作业是解决在花岗岩上软下硬地层换刀的有效措施。

3. 上软下硬地层盾构掘进的注意事项

（1）加强地质补勘，摸清上软下硬地层的特性；对周边建（构）筑物进行详细调查，特别是浅基础类旧建筑，进行安全评估，若有必要可采取注浆加固基础等措施。

（2）盾构机施工进入上软下硬地层前，在具备条件的地段停机进行盾构机设备检查、修复，同时对损坏的刀具进行更换。

（3）刀具布置应采用全断面滚刀的刀具配置形式。

（4）在施工前，应根据工程地质条件，提前制订刀具更换计划。对于换刀困难的地段，可进行预加固，以增加换刀的安全性。

（5）掘进时，如掘进速度、刀盘转速、刀盘扭矩、盾构机的推力发生突变或不在正常的范围内，应立即分析原因，检查刀具情况，不可盲目掘进。

（6）对于隧道下部的坚硬岩石，若使用盾构机无法破除，可采用辅助措施进行处理，例如采用地面钻孔爆破、冲孔破除、人工挖孔破碎等方法进行处理。

（7）应合理选择、控制掘进参数（例如盾构机推力、刀盘扭矩等），减少对地层的扰动，避免造成上部软弱地层沉降。特别是花岗岩全风化、强风化、残积层受扰动时，极易软化、崩解。

（8）做好监测工作，及时反馈、调整土仓压力、千斤顶推力等施工参数。

3.8.4 富水砂层盾构掘进

对于富含地下水的砂层，考虑地下水的影响，以及地层的渗透特性，盾构在掘进中会面临喷涌、地面沉降等风险，尤其是选用土压平衡盾构穿越富水砂层。

1. 富水砂层盾构掘进面临的风险

1）易产生喷涌

由于富水砂层含水量丰富，渗透性好，土压平衡盾构机在富水层中掘进容易出现喷涌现象。喷涌发生后，一方面，需用大量的时间进行盾尾清理，严重影响施工进度；另一方面，大量泥砂喷出或砂遇水液化，均易引起地层沉降，从而导致地面建（构）筑物沉降变形，甚至破坏。

2）易产生地面沉降

因富水砂层自身稳定性差，在刀盘掘进后，完成同步注浆前，需要一段时间，这期间不可避免地会引起地面沉降；另外，盾构在掘进过程中，会造成砂层失水，从而引起地层自重应力增大，也会诱发地面沉降。

2. 富水砂层盾构掘进的技术措施

盾构通过砂层地段的关键是防止因喷涌、失水、扰动等原因造成的沉降，并做好上方建（构）筑物的保护，主要措施有：

1）在盾构穿越砂层前，应对盾构机进行全面的检查，尤其要排除泥水、砂浆从盾尾冒出的风险。

2）采用聚合物添加剂、膨润土等改良渣土，以改善渣土的和易性，增加止水效果，避免喷涌发生。

3）做好同步注浆和二次注浆工作。一方面，要防止隧道后方的水流入土仓；另一方面，要及时填充管片背后的空隙，防止沉降进一步扩大。

4）根据地下水位、地层条件、隧道埋深等合理选择土仓压力和掘进参数（如螺旋输送机的转速、闸门开度、刀盘转速、千斤顶的推力等）。

5）加强盾构姿态的控制，若盾构姿态不理想，就需要频繁纠偏，从而增大了地面沉降的风险。

6）应提高掘进速度，缩短刀盘旋转对地层扰动的时间；同时，掘进速度加快能够及早完成管片壁后注浆，有利于控制地表沉降。

7）适当增加监测频率，根据地表沉降和建筑物沉降的监测数据，结合地质情况，及时调整土仓压力、千斤顶推力等参数。

8）对附近建筑物进行原始鉴定，必要时提前进行加固或基础托换。

3.8.5 下穿河流湖泊盾构掘进

3-30 地铁盾构机穿越人工湖案例

在河流众多的区域建设河底（湖底）隧道较为常见，采用盾构法在河流下方进行隧道施工时，为了满足线路坡度要求，河底段覆土往往较浅，切口水压较难控制，极有可能导致隧道上浮、管片开裂以及河底冒顶、河底大面积塌陷等重大工程事故。

1. 下穿河流湖泊盾构掘进面临的风险

1）在浅覆土处易产生冒顶。

2）开挖面失稳破坏。

3）土压平衡盾构喷涌。

4）隧道上浮、管片开裂、漏水。

5）河底换刀或设备检修困难。

2. 下穿河流湖泊盾构掘进的技术措施

1）穿越前准备工作

（1）盾构穿越河流施工前，通过刀头上的磨损检测装置对刀头进行检测，必要时更换刀具，以确保盾构机顺利过河。

（2）对盾构机进行一次全面的维修保养，尤其是重点检查注浆系统，盾尾密封、中体与盾尾铰接处密封的止水效果，使盾构机及配套系统的工作状态良好，避免过河途中出现机械故障或其他原因造成盾构停推。

2）掘进注意事项

（1）平衡压力值设定

盾构在穿越河流湖泊前后存在覆土厚度的突变，因此在盾构掘进前应根据覆土深度变化，对平衡压力设定的差值有一个理论上的认识，在盾构穿越河流湖泊前后，及时对设定平衡压力进行调整。根据地质情况及隧道埋深等情况，进行切口平衡压力计算。具体施工设定值根据盾构埋深、所在位置的土层状况以及监测数据进行不断调整。

（2）出土量控制

严禁超挖、欠挖，并根据模拟段参数设计及理论出土量分析，严格控制出土量，确保盾构按土压平衡模式推进。

（3）推进速度

盾构推进速度不宜过快，以1～2cm/min为宜，且确保盾构均衡、匀速穿越，避免盾构在推进中过度挤压土体。

（4）盾构轴线及地面沉降量控制

盾构轴线偏离设计轴线不得大于50mm，地面沉降量控制在＋10～－30mm；且需满足相关规范要求。

(5) 同步注浆控制

同步注浆浆液严格按照配比，加水一次到位。在转驳过程中严禁加水。注浆方量必须严格按照指令执行，方量计量必须以台车上浆斗实测数据为准。

(6) 二次注浆控制

当盾构穿越河流、湖泊后，可能会有不同程度的后期沉降，因此必须准备足量的二次补压浆材料以及设备，根据后期沉降观测结果，及时进行二次注浆，以便能有效控制后期沉降，确保安全。

(7) 盾尾油脂压注

盾构在整个穿越河流、湖泊或浅海过程中，盾尾密封功能特别重要，必须切实保证盾尾内充满油脂并保持较高的压力，以免水流通过盾尾进入隧道。

3) 防止切口冒顶措施

(1) 运用导向系统分区操控推进油缸，严格控制盾构姿态，防止盾构抬升。

(2) 严格控制出土量，原则上按理论出土量出土，可适当欠挖，保持土体的密实，以免河水渗透入土体并进入盾构。

(3) 若出现机械故障或其他原因造成盾构停推，应采取措施防止盾构后退。

(4) 在螺旋输送机的出口设置防喷涌设施。

4) 防止盾尾漏泥、漏水措施

(1) 定期、定量、均匀地压注盾尾油脂。

(2) 严格控制同步注浆量及注浆压力，防止注浆压力过高造成地层扰动过大，避免与上部河底贯通。

(3) 控制同步注浆的压力，以免浆液进入盾尾，造成盾尾密封装置被击穿，引起土体中的水跟着漏入隧道，盾尾密封性能降低。

(4) 管片考虑居中拼装，以防盾构与管片之间的建筑空隙过分增大，降低盾尾密封效果，引发盾尾漏泥、漏水。

5) 防止隧道上浮及保持纵向稳定的对策

(1) 竖曲线段施工期间严格控制隧道轴线，使盾构尽量沿着设计轴线推进，每环均匀纠偏，减少对土体的扰动。

(2) 加强隧道纵向变形的监测，并根据监测的结果进行针对性的注浆纠正。如调整注浆部位及注浆量，配置快凝及提高早期强度的浆液。

任务实施

3-31【知识巩固】

3-32【能力训练】

3-33【考证演练】

任务 3.9　特殊环境条件下盾构掘进

任务描述

学习“知识链接”相关内容，重点完成以下工作任务：一是回答与特殊环境条件下盾构掘进相关的问题；二是根据给定的工程案例，阐述盾构侧穿既有地铁隧道的关键工程技术措施；三是完成与本任务相关的建造师职业资格证书考试考题；具体参见“任务实施”模块。

知识链接

3.9.1　叠线盾构隧道施工

叠线盾构隧道指一条地铁线路在另一条地铁线路的上方或侧向距离很近，隧道上下之间的净距 2m 左右，这在地铁建设中普遍存在，如图 3-72 所示。

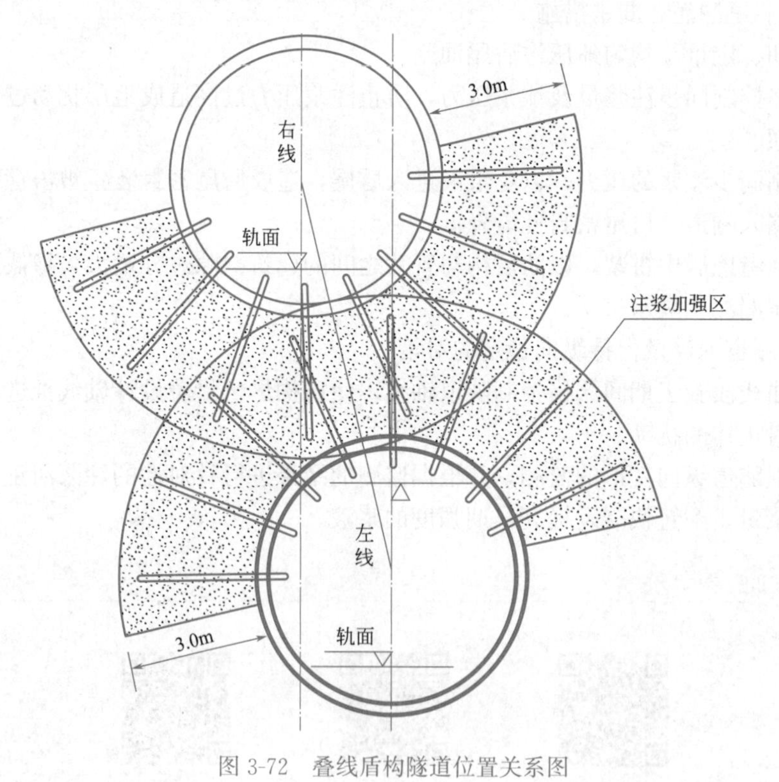

图 3-72　叠线盾构隧道位置关系图

1. 叠线盾构隧道施工次序

根据实践经验，我国叠线盾构隧道施工多采用下层隧道先掘进、上层隧道后掘进的施工顺序。

2. 叠线盾构隧道施工技术措施

1）管片结构加强措施

考虑上下隧道在施工期间和使用阶段列车震动的影响，为保证安全，上下洞的衬砌结构均应作加强处理。在叠线段加大管片配筋量和管片之间的连接螺栓直径，以满足管片的各项受力要求。同时，管片采用错缝拼装方式，以增大衬砌的整体刚度。

2）叠交部位加固措施

在下部隧道施工后、上部隧道施工前，通过管片的吊装孔对完成的下部隧道进行二次注浆，使加固后的土体具有良好的均匀性和较小的渗透系数，减小上部隧道施工时对其的影响。上部隧道施工时，要通过对下部隧道内的监测数据反馈，调整上部隧道的推进参数、隧道内注浆量、注浆压力及注浆部位，同时在下部隧道内进行隧道径向变形及隧道沉降的监测。

3）下洞临时支撑措施

若上下洞的净距较小，在上洞掘进过程中，为提高下洞刚度，减小下洞弯曲变形，保证下洞管片的安全，可在盾构机所处位置对应的下洞内前后各 10 环管片设临时支撑，如图 3-73 所示。

图 3-73　现场滚轮台车支撑

4）施工监测措施

对于叠交段隧道，首先应建立地面变形监测系统，及时将信息反馈于施工，以便根据地面变形情况反馈指导盾构掘进和注浆施工。

（1）在位于隧道推进方向上，沿隧道中心线每 5m 布置一沉降观测点，每 50m 布置一沉降测量断面。每一测量断面以轴线为中心，向两侧每 2m、4m、7m 各布置一沉降测点，总计 7 点。

（2）施工前所得的初始数据为三次观测平均值，以保证原始数据的准确性。

（3）监测频率为一天两次，对于沉降变化量大的点，根据实际情况加密监测频率，必要时进行跟踪监测。

（4）将监测结果及时反馈给有关施工人员。当监测值接近报警值时应提请有关方面注意，当监测值达到报警值时及时报警。

（5）施工监测工作延续到施工结束后，观测值稳定一周后方可停止监测。

3.9.2 盾构穿越地下管线施工

由于城市的快速发展，建筑物构筑物逐渐增多，各种地下管线错综复杂，如排水管、上水管、雨污水管、燃气管道和电力管沟等，见图 3-74。隧道施工过程中会扰动周围的地层，地层的变形将会引起部分管线的变形、弯曲甚至断裂，最终导致水管漏水、燃气管漏气、电力中断等严重影响居民生命与财产安全的状况，见图 3-75。

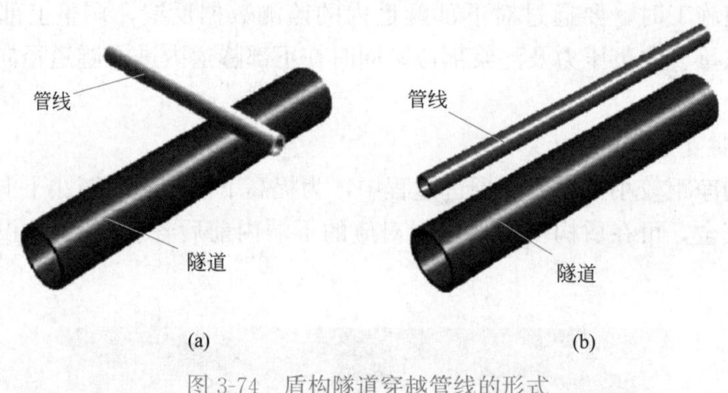

图 3-74 盾构隧道穿越管线的形式

（a）相交穿越；（b）平行穿越

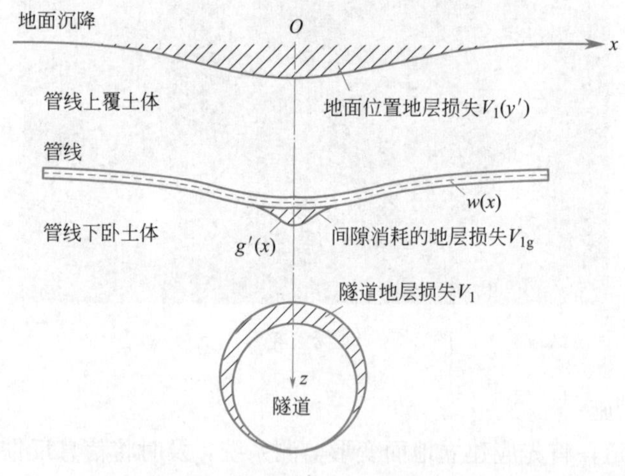

图 3-75 管线下方可能形成的缝隙

1. 地下管线变形控制标准

为避免盾构施工对已有的重要管线造成不利的影响，一般采用“小于允许值”作为施工管理、控制标准。国内、外在盾构工程中常用的管线控制标准如下：

1）机械铸铁、柔性接缝管道，每节允许差异沉降为 $L/1000$（L 为管节长度）；

2）北京地铁、重庆地铁施工管线的最大斜率为 2.55mm/m；

3）上海市政部门规定煤气管线的允许水平位移为 10～15mm；

4）德国规定：管线允许水平变形为0.6mm/m，允许倾斜变形为1～2mm/m；

5）管节受弯应力应满足$\sigma_t<[\sigma_t]$和$\sigma_c<[\sigma_c]$，其中$[\sigma_t]$为允许拉应力，$[\sigma_c]$为允许压应力；

6）管缝张开值控制标准，管线接缝允许张开值［Δ］取为0.925mm。即直径为D、管节长为b的管线，在沉降曲线曲率最大处（R），接缝的张开值需满足：$\Delta=\frac{Db}{R}<[\Delta]$。

2. 盾构穿越地下管线施工技术措施

1）严格控制盾构正面平衡压力

在盾构穿越污水管过程中必须严格控制切口平衡压力，同时也必须严格控制与切口压力有关的施工参数，如推进速度、总推力、出土量等。

2）严格控制盾构纠偏量

结合以往穿越管线的经验，在盾构穿越的过程中，推进速度不宜过快。盾构姿态变化不可过大、过频，控制单次纠偏量不大于10mm（高程、平面），控制盾构每次变坡不大于0.1%，以减少盾构施工对地层的扰动影响。

3）严格控制同步注浆量

同步注浆浆液选用可硬性浆液严格控制浆液配比。通过同步注浆及时充填建筑空隙，减少施工过程中周边的土体变形。

4）二次注浆

视实际情况需要，在管片脱出盾尾环后，可采取对管片的建筑空隙进行二次注浆的方法来填充。二次注浆根据地面监测情况调整，使地层变形量减至最小。

5）管线周边地层注浆加固

对于难以采用主动保护措施达到目的的情况，可以从传播介质和影响对象入手，通过对管线周边地层进行加固来实现施工期以及施工后一段时间内的沉降控制。目前常用的管线保护方法有管线改移、隔离法、注浆加固法等，其中注浆加固是最常用的方法，见图3-76。

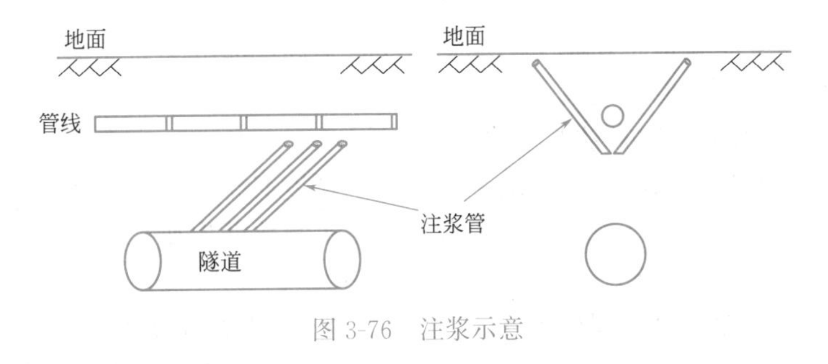

图3-76　注浆示意

3.9.3　盾构穿越铁路施工

1. 盾构穿越铁路风险分析

列车运行对沉降、隆起和铁轨间的差异沉降有着特殊的严格要求，较小的变化都会对列车安全运行构成灾难性的影响，盾构法穿越铁路时对列车运行形成如下的一些影响：

1）沉降对列车运行的影响

在列车动荷载作用下，支撑面下沉的枕木带着铁轨产生较大的变形量，导致铁轨中应力大大升高，土体沉降过大时可使铁轨断裂枕木的支撑面形成沉陷坑，列车通过就会收到来自下方的冲击，这种垂直向上的冲击可同列车的自振相结合引发更大的列车振动，严重时造成列车出轨。列车车速越快，沉陷坑的高长比越大，危险越高。

2）铁轨的差异沉降对列车运行的影响

盾构穿越铁路时，两条铁轨可能产生铁轨间的差异沉降，特别是当盾构推进轴线和铁路轴线夹角较大时，同一条铁轨以及同一断面上的两条铁轨下方的土体沉降量是不同的，这会加大铁轨间的差异沉降。这些差异沉降和列车的自振相结合，使得列车振幅增大，产生摇摆。

3）盾构推力对列车运行的影响

在上覆土层薄，土体密实度和稳定性较差的时候，盾构推力过大会使铁轨发生位移。

2. 盾构穿越铁路施工技术措施

1）与铁路部门配合做好穿越铁路前的准备工作

盾构推进前和铁路部门联系，积极配合铁路部门的工作，在穿越过程中与铁路部门相关负责人同时进行全程监控。

2）做好勘察工作，防止推进过程发生意外

施工前对下穿的铁路区域进行雷达空洞探测，并对探测出的空洞异常区进行及时的回填注浆处理。

3）地面加固和线路加固

依据穿越段的地质水文情况，结合相应技术对穿越段地面和线路进行加固，减小盾构施工对铁路带来的影响。

4）使用加强型管片

考虑到铁路列车运行时的冲击荷载，在铁路正下方可以使用加强型的管片，以保证安全。

5）加强推进过程中土压平衡操作，严格控制推力

在盾构施工中要坚持信息化施工的原则，及时掌握地面沉降监测信息、盾构姿态以及各推进参数，调整土压力的设定值。

6）加强同步注浆和二次补注浆工作

同步注浆浆液严格按照配比，加水一次到位。稠度必须控制在 9.5～10。注浆方量必须严格按照指令执行，方量计量必须以台车上浆斗实测数据为准。

7）加强泥土塑流化改造

注入膨润土等制泥材料，调整土体黏粒含量。制泥材料的浓度可根据开挖土的级配、不均匀系数和透水性确定。另外，向开挖土层中加入泡沫能有效减少砂卵石之间的摩擦力，降低刀盘扭矩，有利于土的塑流性改造。

8）加强沉降监测

加强地面沉降及地层内部变形监测，对地层做三维变形量测。

3. 盾构穿越铁路实例

以长沙地铁 1 号线涂家冲站—铁道学院站区间下穿京广铁路工程为例，简要介绍盾构

穿越铁路施工控制技术。

1）工程概况

长沙地铁1号线涂家冲站—铁道学院站区间在Y（Z）24+245～Y（Z）24+210下穿京广铁路，区间隧道与京广铁路斜交74°，区间右线为直线，左线为半径600m的平曲线，左右线中心间距22.8m。京广铁路列车正常运行速度为120km/h，穿越段道岔型号为P60-1/12，上下行线间距5m，铁路道床类型为碎石道床，道床厚度约为0.45m。

区间所穿越地层为上层粉质黏土、下层砂卵石的富水软弱地层；勘察时水位埋深7.3m左右，高程约46.6m；在京广铁路两侧是倾角为36°的边坡。

2）施工风险因素分析

长沙地铁1号线涂家冲站—铁道学院站区间盾构下穿京广铁路施工中，需确保铁路的正常运行，但该段地质条件和环境条件复杂，风险源众多，路基沉降控制困难，施工风险极高；风险源主要包括复杂的环境条件和地质条件、盾构掘进参数控制、施工组织与管理等。

（1）环境条件复杂

该段复杂环境条件，对盾构下穿京广铁路产生的不利影响表现在：

①通过的列车多样，有普通客运列车、动车组和重载货物列车；

② 下穿京广线段地质条件复杂且埋深很浅，仅8.7m，盾构掘进与地面列车运行相互影响关系密切且复杂，且在浅覆土条件下盾构施工对地表影响较大；

③ 左右线盾构下穿京广线后将近距离侧穿一桥墩，为减小对该桥墩的影响，对隧道施工引起的地表沉降控制提出了更高的要求。

（2）地质条件复杂

隧道穿越地层为上层粉质黏土、下层砂卵石的富水软弱地层，对盾构下穿京广铁路施工产生的不利影响表现在：

① 由于上下土层差异明显，呈上软下硬的特点，如果盾构参数设置不当，极有可能导致盾构机出现抬头现象；

② 卵石地层的自稳能力差，开挖面容易产生涌水、涌砂，隧道施工对地层的扰动容易发生较大的地面沉降甚至塌陷；

③ 大粒径卵石容易造成超挖，对盾构设备磨损严重，施工风险极高。

（3）掘进参数控制

① 土舱压力

盾构土舱压力是控制开挖面稳定性的关键参数。穿越京广线段地势变化很大，穿越边坡前覆土厚度为15.5m，穿越边坡后覆土厚度瞬间降到最小覆土厚度8.7m。在短距离内对土舱压力进行及时调整较困难，同时盾构下穿砂卵石地层，开挖面稳定性难以控制，易造成较大的地表沉降。

② 掘进速度

掘进速度太慢或盾构机停留时间过长，盾构机自重对隧道下卧层施压引起地层竖向位移，掘进速度应尽量提高，让盾构机快速通过，同时掘进速度要与盾尾同步注浆能力相匹配，在保证盾构稳定掘进和同步注浆能及时跟上的前提下，适当提高掘进速度。此外，保持掘进速度的稳定性也是避免盾构超挖、减小地层损失的重要保证。

③ 同步注浆和二次注浆

同步注浆和二次注浆是弥补盾构施工产生地层损失的重要措施，若注浆不及时或参数控制不当时，会使地表产生较大的沉降或隆起，影响既有铁路行车安全和边坡稳定。

④ 盾构姿态控制

由于左线处于半径 600m 的平曲线上，该曲率半径掘进必然要对姿态进行调整，当盾构姿态控制不好时，可能引起超挖及增加施工扰动次数，且不利于管片受力均匀，甚至局部受拉破损。

3）施工风险控制措施

根据以上的施工风险，需要采取有效的控制措施以规避下穿京广铁路风险。采取的控制措施主要有：①软弱地层旋喷桩加固；②线路架空加固，横抬纵挑，保证铁轨不受施工影响；③盾构掘进参数控制；④其他措施。

（1）软弱地层旋喷桩加固

在京广铁路两侧，排水明渠内各设 3 排旋喷桩（ϕ800mm，间距 500mm，采用三重管），起到加固土体、止水、隔断及控制变形的作用，见图 3-77 和图 3-78。

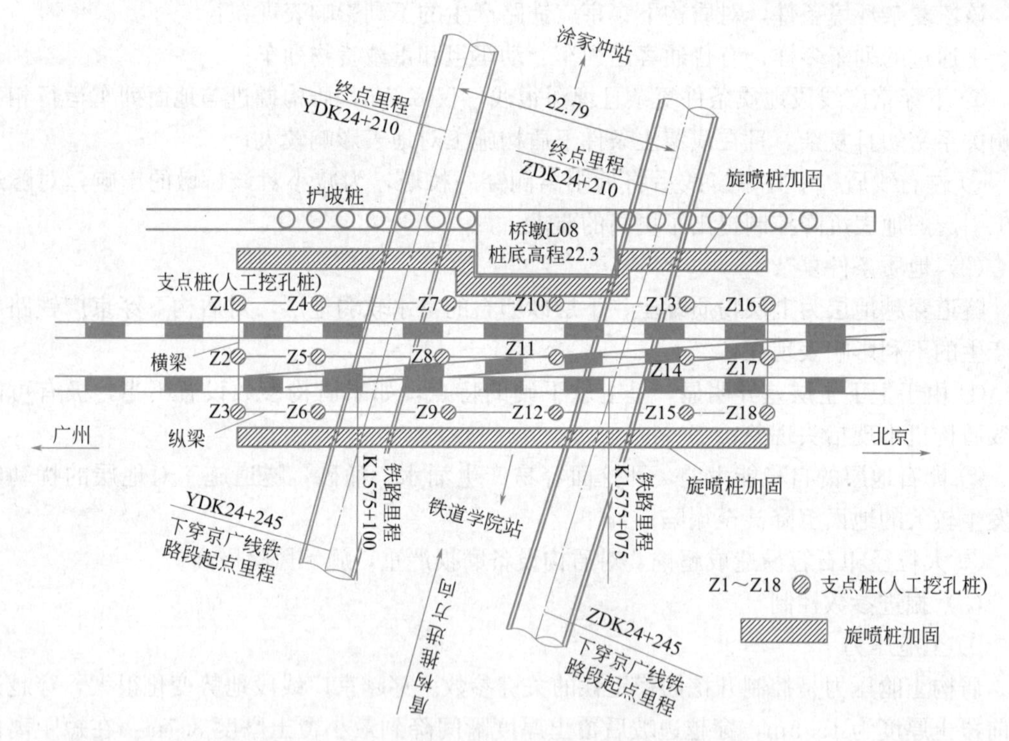

图 3-77　长沙地铁 1 号线下穿京广铁路段加固平面图

（2）线路架空加固——“横抬纵挑”法

采取将线路架空加固，即使路基沉降较大时铁路依然安全运营，线路加固后列车荷载传递路径为：列车荷载→钢轨→横梁→纵梁→人工挖孔桩。施作工艺如下：加固体系横梁（组）采用 I36c 型钢，每 2 根轨枕间穿 1 根工字钢横梁；横梁跨度约为 5.7m 和 5.125m，从钢轨底穿过。加固体系纵梁采用 I63c 型钢梁，3 片一组分别安装在京广铁路上下行线之间和线路外侧路肩位置的人工挖孔桩上，纵梁主跨度最大为 13.5m。在京广铁路上下行线

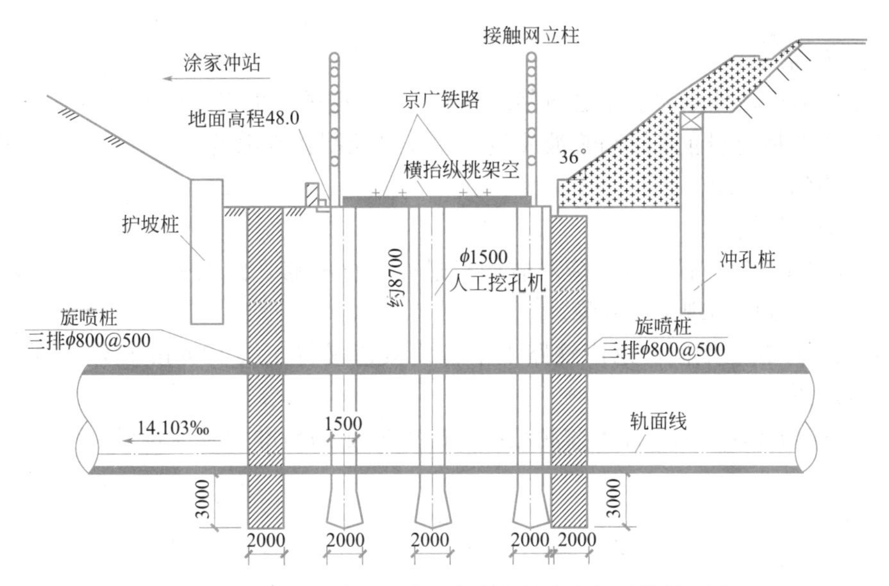

图 3-78　长沙地铁 1 号线下穿京广铁路段加固纵断面图

间、上下行线路肩对应纵梁底设置直径 1.5m，长 8m 和 16.5m，间距 8、10.2 和 13.5m 的 C30 钢筋混凝土扩底人工挖孔桩，作为横纵梁支撑，三维效果图见图 3-79。

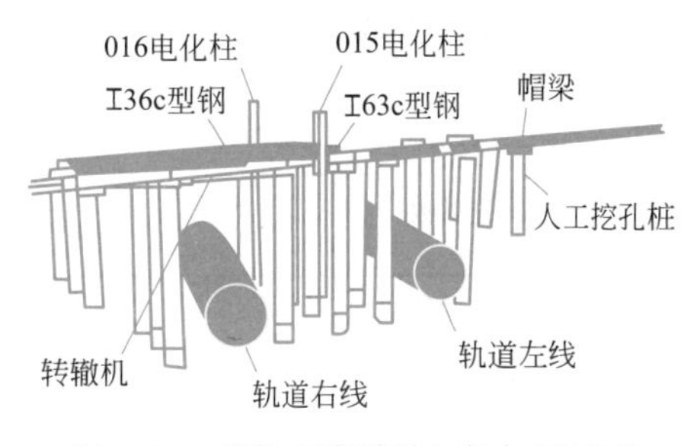

图 3-79　盾构下穿铁路扣轨加固示意

（3）盾构掘进施工控制

针对掘进参数等风险源，提出如下的控制措施。

① 土仓压力控制

因地势起伏较大，两侧土仓压力要求高，中间低，盾构穿越过程中要每环渐变降低土仓压力，掘进模式采用满仓全土压模式，防止开挖面拱顶围岩失稳，对地表沉降控制具有重要影响。

② 渣土改良

盾构下穿掘进过程中开挖面土层性质差异较大对掘进不利，施工中通过向前方加膨润土和泡沫剂来改良土体，增加土体的流塑性，使盾构机前方土压计数值更加准确，保证螺旋机输送出土顺畅，减少盾构对前方土体的挤压，及时填充刀盘旋转之后形成的空隙。

③ 盾构机姿态纠偏

针对左线处于半径 600m 的平曲线上，在盾构机进入京广铁路下穿段影响范围之前，将盾构机调整到良好的姿态，并且保持这种姿态穿越铁路。即使纠偏，也应坚持“多次少量”的原则，一次性盾构姿态变化不可过大、过频，纠偏量每环不大于 5mm，减少对地层扰动的影响。

④ 管片安装

在管片拼装过程中，安排最熟练的拼装工进行拼装，减少拼装时间，缩短盾构停顿时间，拼装结束后，尽快恢复推进，有利于减小盾构机自重对隧道下卧层施压引起地层竖向位移。

⑤ 同步注浆

盾尾通过后管片外围和土体之间存在空隙，施工掘进中采用高倍率同步注浆来填充这部分空隙。要严格控制注浆量和浆液质量，注浆量控制在空隙的 2.5～3.0 倍，同步注浆尽可能保证均匀、连续。

（4）其他控制措施

① 在盾构穿越京广铁路前，应对盾构机进行全面检修，并加强设备保养，最大限度地避免盾构下穿期间出现设备故障。

② 盾构下穿施工期间，京广铁路上下行线减速慢行，从 120km/h 降低到 45km/h，减小动力响应影响。

③ 加强现场沉降监测，加大监测频率，确保监测的精准并及时反馈，为盾构参数调整提供依据。

4）控制效果

（1）掘进参数

通过跟踪盾构下穿过程掘进参数变化及注浆情况，对下穿段关键掘进参数进行均值和标准差的统计，见表 3-9。

左右线掘进参数对比统计　　表 3-9

掘进参数	右线		左线	
	平均值	标准差	平均值	标准差
土压力(MPa)	0.15	0.02	0.13	0.01
总推力(kN)	10633.0	901.8	8066.7	645.7
掘进速度(mm/min)	35.5	3.12	55.2	4.17
出土量(m^3/环)	66.8	28.75	53.5	0.52
刀盘扭矩(N·m)	1420.5	198.82	1345.8	174.85
注浆压力(MPa)	0.24	0.03	0.25	0.03
注浆量(m^3/环)	8.58	1.83	7.39	0.14

注：标准差反映各掘进参数的离散程度，即波动的大小，标准差越小，该参数波动越小，控制越稳定。

（2）路径沉降变形

京广线段下穿过程中，对京广铁路两侧的路基隆沉变形值也进行了全程监测，测量得到产生最大变形值时的北侧路基沉降槽曲线见图 3-80。

监测结果表明，路基隆沉量较小，隆沉量在 6mm 以内。右线通过时各测点的隆起值最大值约 5.9mm，说明掘进参数合理，通过降低土仓压力、提高掘进速度等掘进参数的调整降低了对地层的扰动，路基沉降情况控制良好。基于以上施工控制效果，说明该工程风险控制措施切实可行，效果良好。

3.9.4 盾构穿越地面建（构）筑物施工

地铁规划盾构掘进经常需要穿越城市闹市区和居民住宅区，见图 3-81 和图 3-82。如何保证各类地面建构筑物的安全，是工程施工的重中之重。盾构穿越建筑物时，为了减小

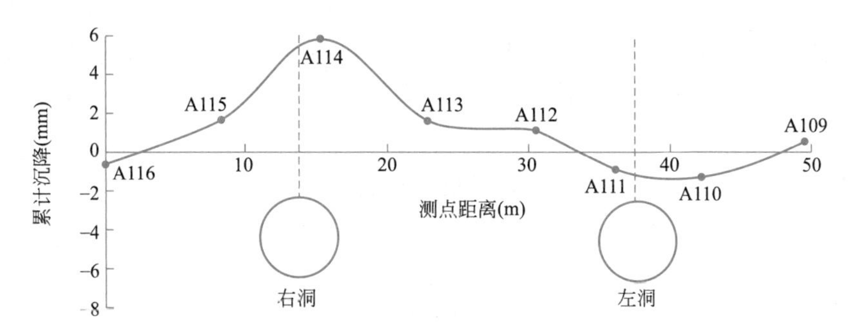

图 3-80　北侧路基沉降槽曲线

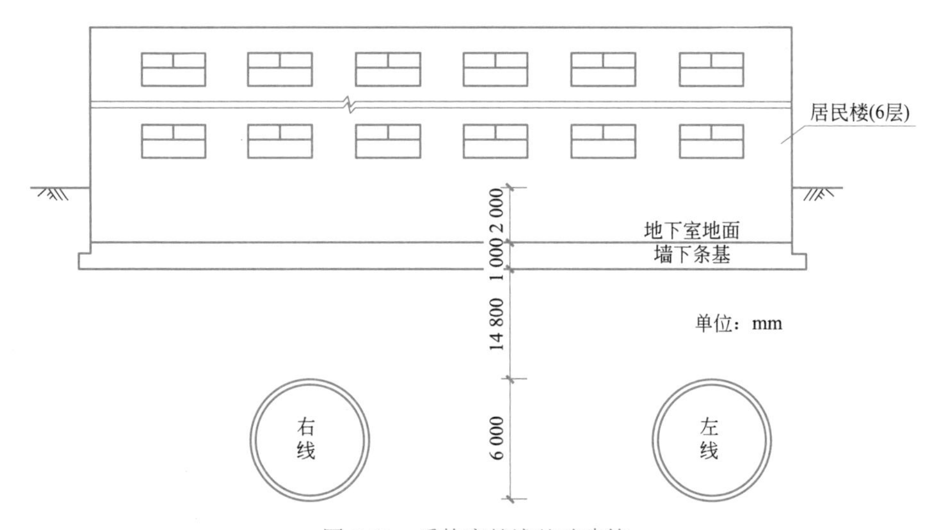

图 3-81　盾构穿越浅基础建筑

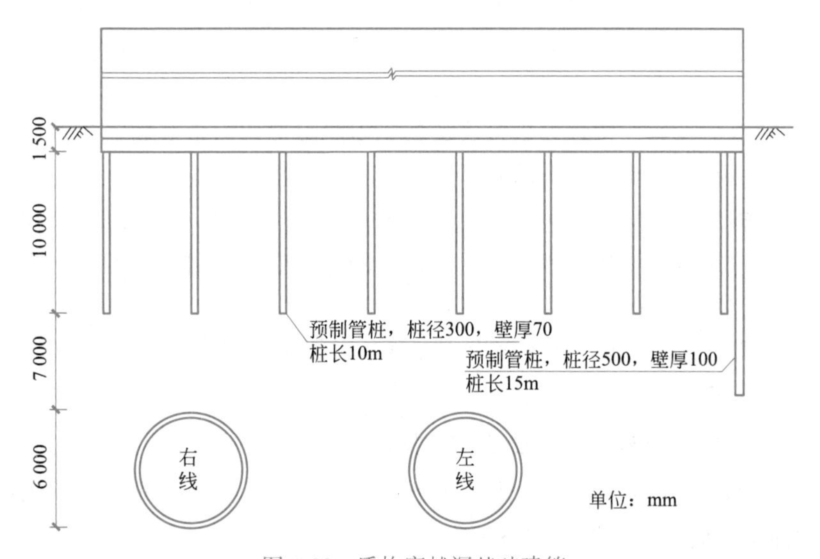

图 3-82　盾构穿越深基础建筑

施工对建筑物的影响，可以对桩基的持力层进行注浆加固来提高地基的刚度，从而减小盾构施工引起的变形沉降。当盾构机通过区域内、有建构筑物桩基侵入隧道断面时，需要采用桩基托换的形式将原荷载引到不侵入隧道断面的两侧新的桩基上，从而保证建筑物和构筑物的安全。

1. 盾构穿越地面建（构）筑物影响风险及机理分析

盾构法施工将引起一定范围内的土体位移和变形。地基土体的卸荷与变形会导致影响范围内的地表建筑物的外力条件和支承状态发生变化，而外力条件的变化又将使已有建筑物发生沉降、倾斜、建筑物变形等现象，见图 3-83。

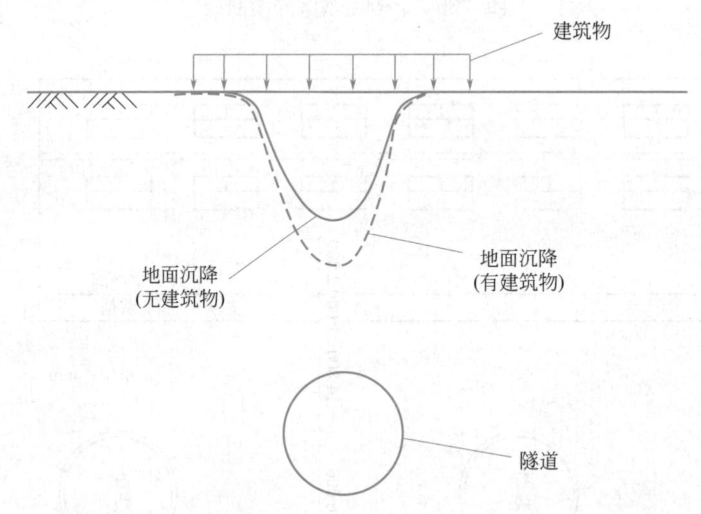

图 3-83　盾构穿越地面建筑物施工引起地面横向沉降图

对于基础埋深较浅的建构筑物，其基础四周地层移动的影响可以忽略，仅考虑基础底部土层变形的影响，可以认为底部变形和地表变形一致。地表沉降会使建筑物整体下沉，若沉降过大，会造成一定损害，尤其对于砌体结构，这种垂直沉降使砌体中存在着垂直方向下沉力，形成水平裂缝。同时不均匀沉降将导致地表倾斜，使建筑物产生结构破坏裂缝。地表倾斜还会使高耸建筑物发生重心偏斜，引起附加应力重分布，使结构内应力发生变化，严重时使建筑物丧失稳定性而破坏。深基础的建筑物不仅受到基础底部土层变形的影响，还受到基础四周地层变形的影响。由于桩基础埋深较深，当沉降过大时，基础刚度发挥作用，使得建筑物破坏相对较小。同时，土的侧向变形易引起桩的侧向变形和内力变化，从而引起上部建筑物的变形和内力变化。

由于开挖卸荷和建筑空隙，使上覆土体在某一时间段上失去支撑，从而产生一定沉降，同时隧道掘进和注浆时的扰动打破土体原来的平衡，受扰动土体再次固结从而产生沉降。

2. 盾构穿越地面建（构）筑物施工技术措施

为了最大程度减少盾构掘进施工对于地面建筑物的影响，应当采取以下施工技术措施。

1）盾构穿越地面建筑物施工准备工作

（1）施工前期详细计算施工影响范围内建筑物及其基础情况，有针对性地采取保护措施。

（2）依据地质勘查资料得到施工参数理论值，再根据试掘进阶段得到的施工经验进行修正，确定合理的施工参数。

（3）进行认真、细致、全面的盾构掘进作业技术交底。

2）采用科学、合理的掘进参数

（1）根据穿越地段的埋深、水文地质情况以及试掘进阶段的施工经验，确定准确的推进参数。

（2）同步注浆及二次注浆：

① 考虑穿越地段的地质、盾构机性能和损耗等原因，提高每环注浆量。

② 根据穿越地段的地质水文。桩基和施工条件，严格按照配比进行施工，考虑施工段地质的特殊性，确定每立方浆液的最少水泥用量。

③ 根据穿越地段的埋深、地质水文情况及施工条件，设定合理的注浆压力。

④ 注浆过程中，应保证注浆管路畅通，同步注浆的管路应均衡连续对称注浆。

⑤ 加强盾尾刷的维修及保养，加大盾尾油脂的注入量，减少盾尾漏浆。

（3）盾构姿态控制：

① 盾构千斤顶的行程差控制在50mm以内，顶力差控制在5MPa以内。

② 根据盾尾空隙及千斤顶的行程，正确选择管片的型号及点位，并进行正确拼装，避免纠偏过大，引起土层的扰动过大。

③ 平面控制在±30mm以内，垂直控制在±50mm以内。这样可以保证盾构机平稳推进，减少纠偏，减少对土体的扰动。

（4）加注泡沫或水、膨润土等润滑剂，减少刀盘扭矩，同时降低推力。

3）加固处理

依据盾构穿越段地质水文、现场建筑物情况，在允许情况下，若有必要，可对穿越段建筑物进行加固，一般的加固手段主要为注浆加固和隔断加固，可分为双液静压注浆加固、袖阀管注浆加固、钢花管注浆加固等。

4）建立严密的监控量测体系

（1）盾构到达建筑物30m前，盾构通过及盾构通过后的两个星期内，对地表沉降及建筑物倾斜、不均匀沉降、裂缝开展情况进行监测。

（2）监测频率为每天监测两次，盾构通过两个星期后，监测数值显示已趋于稳定，可每1～2d监测一次，如监测数值异常应加大监测频率。

（3）地面允许沉降值为－30～＋10mm，房屋不均匀沉降允许值为0.002L（L为框架梁长），房屋倾斜不允许大于0.004。

（4）建筑物的沉降观测、倾斜观测、隆起变形观测等，都要严格按照国家一、二等测量的精度进行。

3. 盾构穿越地面建构筑物施工控制实例

以南昌地铁1号线八一馆站—八一广场站盾构区间穿越博文商厦工程为实例，简要介绍盾构穿越地面建筑物施工控制及效果。

1）工程概况

博文商厦所在楼盘是一幢4层砖砌结构楼房，楼房基础为1.5m的扩大条形基础，基础持力层位于杂填土层，建筑物评定等级属于B类；盾构隧道处于强风化和中风化泥质粉砂岩中，盾构隧道顶部为砾砂和圆砾层，盾构隧道右线处于建筑物基础的正下方12.0~13.0m位置，设计采用静压注浆+预埋袖阀管加固。在盾构穿越过程中对盾构施工参数进行控制，减小地面沉降。

2）盾构施工参数控制

（1）盾构施工参数控制情况

盾构穿越博文商厦区段，盾构环号为660-695，在这区段对施工参数进行控制，并与实际盾构施工参数进行对比，见表3-10。同时将稳定后的盾构隧道沿线地表沉降值进行汇总整理，得到该控制区段的盾构隧道沿线中心位置的地表沉降最大值，并与对施工参数非线性控制中的地表沉降预测值进行了对比，如表3-11及图3-84所示。而建筑物四个边角处实测最大沉降值如表3-12所示。

控制区段施工参数及其与非线性控制值相对误差分析　　表3-10

环号	同步注浆量(m^3)			土仓压力(bar)			总推力(kN)		
	控制值	实际值	相对误差	控制值	实际值	相对误差	控制值	实际值	相对误差
660	6.01	4.5	33.56%	1.26	1.1	14.55%	21566.4	20000	7.83%
665	6.21	6	3.50%	1.12	1.1	1.82%	22566.3	22000	2.57%
670	6.13	6	2.17%	1.07	1	7.00%	23484.0	25000	−6.06%
675	6.38	6	6.33%	1.11	1.2	−7.50%	25612.5	21500	19.13%
680	6.35	6	5.83%	1.16	1	16.00%	23778.4	22000	8.08%
685	6.27	6	4.50%	1.18	1.2	−1.67%	23898.3	23000	3.91%
690	6.32	6	5.33%	1.18	1	18.00%	21795.4	20400	6.84%
695	6.48	7	−7.43%	1.06	1	6.00%	20289.6	18000	12.72%

环号	刀盘扭矩(kN·m)			出渣量(m^3)		
	控制值	实际值	相对误差	控制值	实际值	相对误差
660	2511.45	2300	9.19%	53.08	51.96	2.16%
665	2534.54	2900	−12.60%	53.26	52.26	1.91%
670	2673.84	2500	6.95%	54.37	53.60	1.44%
675	2676.47	2000	33.82%	53.55	53.91	−0.67%
680	2568.78	2500	2.75%	53.78	53.45	0.63%
685	2684.83	2800	−4.11%	54.92	53.51	2.64%
690	2589.88	2000	29.49%	53.26	52.13	2.17%
695	2664.24	2500	6.57%	54.22	54.27	−0.09%

控制区段盾构沿线最大沉降　　表3-11

环号	预测最大沉降值(mm)	实测最大沉降值(mm)
660	−1.84	−1.9
665	−2.06	−0.8
670	−2.42	0.7

续表

环号	预测最大沉降值(mm)	实测最大沉降值(mm)
675	-1.82	-0.4
680	-2.95	-3.3
685	-2.98	-2.3
690	-2.34	-2.0
695	-2.02	-2.1

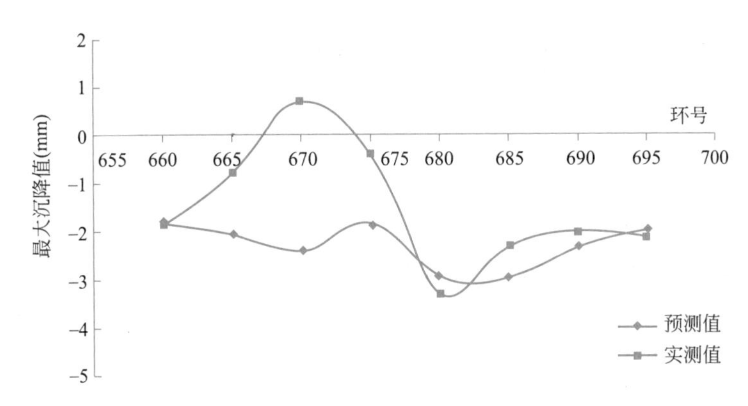

图 3-84 控制区段地表沉降对比图

博文商厦四个边角最大沉降 表 3-12

环号	实测最大沉降值(mm)
JZ10-03	-0.7
JZ10-04	-2.5
JZ10-05	-0.7
JZ10-08	-1.0

(2) 盾构参数控制效果评价

① 最终盾构顺利穿越博文商厦控制区段，将盾构所采用施工参数与非线性控制所提出的施工参数进行对比后，相对误差较小，说明经验选取及非线性控制的施工参数控制方法取得了良好的效果，施工参数控制效果比较理想。

② 如表 3-11 及图 3-84 所示，盾构隧道沿线最大地表沉降实测值均小于 5mm，可见盾构穿越博文商厦控制区段的地表沉降得到了有效控制，同时实测地表沉降最大值与非线性控制中的预测值相差不大，说明施工参数控制及土体加固在盾构穿越博文商厦的地表沉降控制区段取得了较好的效果。

③结合建筑物四个边角的沉降监测值，最大沉降为-2.5mm，在控制范围之内，同时建筑物沿盾构沿线垂直方向的最大不均匀沉降为 3.2mm，差异沉降与两基础之间距离之比约为 0.00017，小于《建筑地基基础设计规范》GB 50007—2011 规定的砌体结构允许限值 0.00071，说明建筑物处于安全的状态。这综合体现了施工参数、土体加固及建筑物自身结构加固三者结合的控制效果。

任务实施

3-34【知识巩固】

3-35【能力训练】

3-36【考证演练】

任务 3.10　管片制作

任务描述

学习“知识链接”相关内容，重点完成以下工作任务：一是回答与管片制作相关的问题；二是根据给定的工程案例，分析管片发生渗漏水的常见原因；三是完成与本任务相关的建造师职业资格证书考试考题；具体参见“任务实施”模块。

知识链接

3.10.1　前期筹备

管片制作的前期准备工作包括技术准备、厂房建设、各种机械设备的采购安装以及管片试生产等各项工作。

场地布置

场地布置主要包括养护池、生产车间、钢筋车间、搅拌站、管片存放场的设计与规划。图 3-85 为城陵矶长江穿越隧道（管片内径为 244.0mm，外径为 2940mm）的管片厂场地规划图，供参考。

1）养护池

养护池（见图 3-86）面积应能储存 7d 所生产的管片，并有一定富余量。管片在水中养护时（见图 3-87），养护间距一般为纵向 0.35m，横向 0.4m。在计算养护池的面积时，应充分考虑管片的养护间距。

2）车间

管片生产车间（见图 3-88）主要应考虑模具占地、车间内的通道和管片在车间的临时存放所需要的面积。模具间距一般应大于 1.2m，车间内通道主要应包括混凝土运输道路、管片运输道路和钢筋笼运输道路所需面积。临时存放场主要是考虑管片脱模后需要在车间进行管片编号、修补的需要。采用简易车间时，主要使用门吊为起重设备，生产车间的面积应考虑到门吊轨线距厂房基础约 2m 的安全距离。钢筋车间（见图 3-89）占地面积根据钢筋用量按需要考虑。

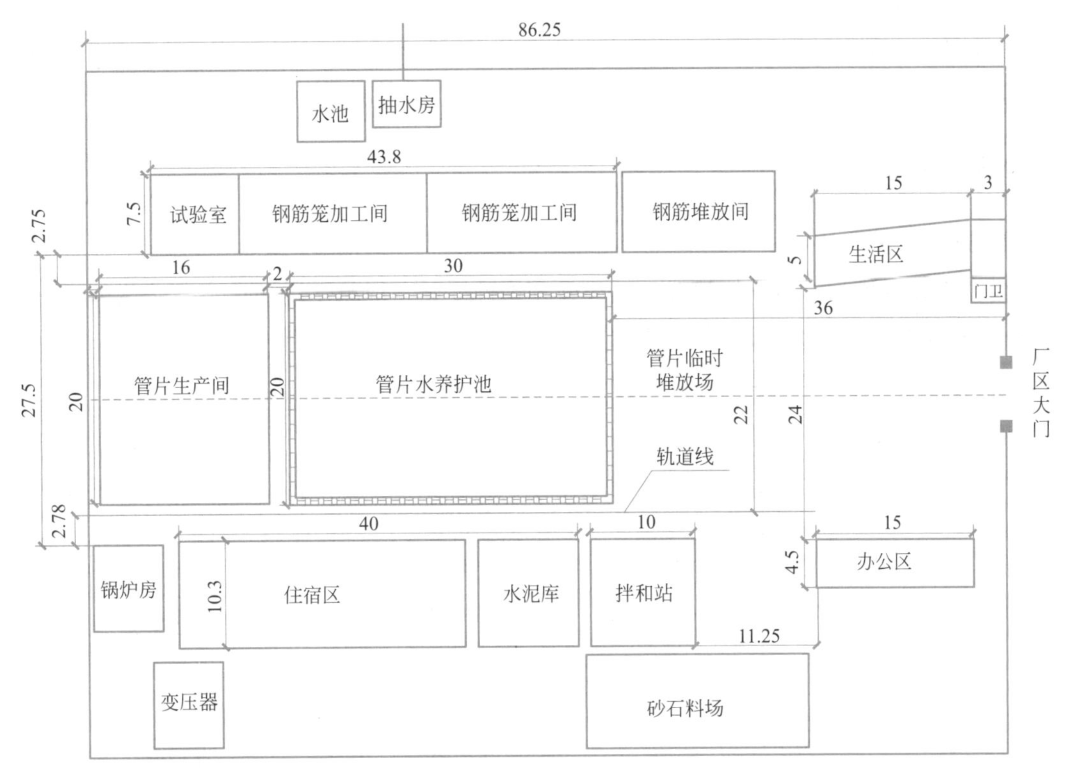

图 3-85　管片厂场地规划实例（尺寸单位：m）

图 3-86　管片养护池全景

图 3-87　管片水中养护

图 3-88　管片生产简易车间

图 3-89　管片存放场

3）管片存放场

管片存放场地的面积按储存管片数量所需要的面积考虑，并需考虑场内运输道路和管片装运方面的必要面积。

3.10.2　管片生产

1. 施工工艺

模具组装→模具调校→钢筋骨架入模及预埋件安装→混凝土浇筑成型→蒸汽养护→脱模→成品检验、修补及标志→运至水池养护。管片制作工艺流程图见图 3-90。

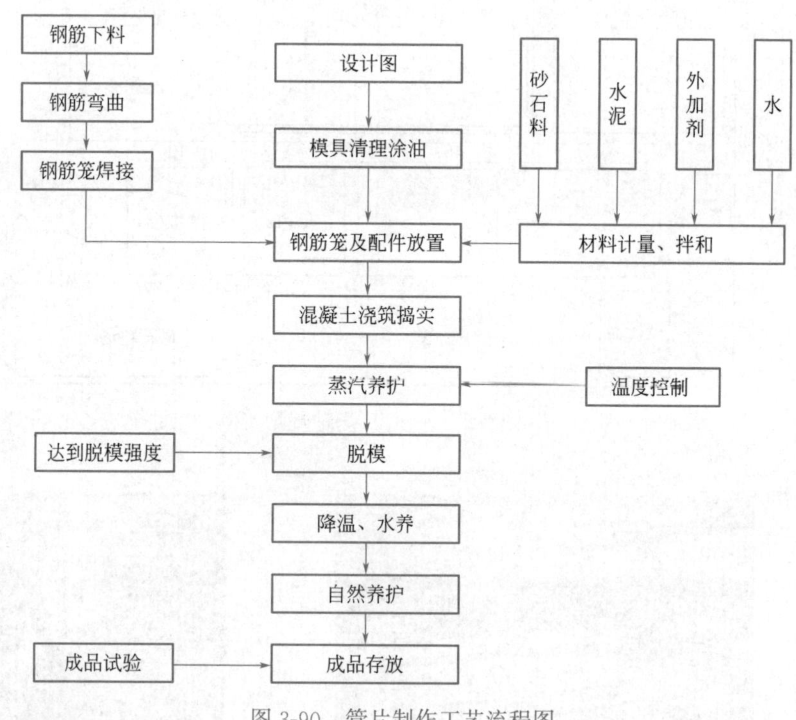

3-37 工厂标准化管片预制

图 3-90　管片制作工艺流程图

2. 钢筋笼制作

1）工艺流程

钢筋原材料检验→调直→断料→弯弧、弯曲→部件检查→部件焊接→钢筋骨架成型焊接→钢筋笼检验。

2）工序控制

（1）材料进场检验

钢筋进场时应有出厂质量证明书（试验报告单），进场后按炉罐（批）号及直径分批堆放，分批查对标牌。

每盘盘条必须由一整根盘成。盘条表面不得有裂缝、折叠、结疤、耳子、分层及夹杂。允许有压痕及局部的凸块、凹坑、划痕、麻面，但其深度和高度不得大于 0.2mm。

月牙肋钢筋表面不得有肉眼可见的裂缝、结疤和折叠。钢筋表面允许有凸块，但不得超过横肋的高度。钢筋表面不得沾有油污及其他杂物。

钢筋的大量除锈，通过钢筋冷拉或钢筋调直机调直过程完成，少量的钢筋除锈可采用电动除锈机或喷砂方法完成，钢筋局部除锈可采取人工用钢丝刷或砂轮完成。

(2) 调直及断料

利用钢筋调直切断机对盘条进行调直，对月牙肋钢筋的局部曲折、弯曲可采用弯曲机，平直锤或人工锤击矫直。断料前应由 2 人以上配合，轻吊轻放，将钢筋原材料放置在承料架上，承载量不得大于 3t。下料根据配料表及生产任务单进行切断。每次断料前必须对机器刀片及刀口位置进行检查，每种型号、规格的钢筋经过检测无误后进行批量下料。切断后的材料必须按规格整齐堆放在指定位置（见图 3-91），并由运输小车送到下一道工序。每日班后必须对调直机、切断机进行清洁、保养。

图 3-91　钢筋按规格堆放

(3) 弯弧、弯曲

根据弯弧、弯曲钢筋的规格调整从动轮的位置及芯轴的直径。根据配料表对钢筋进行试弯，并与标准样校核合格后，再进行弯弧、弯曲操作。弯弧前必须检查设备完好状况，发现异常及时修理。弯弧操作进料时必须轻送，出料口操作者用双手往靠身处压送。弯曲前操作者须检查芯轴挡块、转盘有无损坏及裂纹，将防护罩紧固可靠经运转确认正常后，方可作业。弯曲操作时严禁超过本机规定的钢筋直径、根数及额定转速工作，弯曲后钢筋先放在运料小车上，送到半成品堆放区指定位置。操作完毕后切断电源，进行机器清洁，保养工作，严格执行弯弧机、弯曲机的操作规程。加工钢筋允许误差见表 3-13。

加工钢筋的允许误差　　表 3-13

项目	允许误差(mm)
受力钢筋长度	±10
弯起钢筋的弯折位置	±20
箍筋部位长度	5

(4) 部件焊接

根据钢筋配料表对横向矩形箍筋进行焊接，焊接在成型架上进行，焊机电流不得超过额定电流，以免出现烧伤现象。按照图纸规定的焊点焊接。焊接时必须将部件放平、焊牢，严禁出现扭曲现象。

（5）钢筋骨架成型焊接

钢筋骨架成型在符合设计要求的钢筋笼成型胎模（见图 3-92、图 3-93）或焊台（见图 3-94、图 3-95）上进行制作。一般中大型管片采用胎模，小型管片采用焊台，焊接前必须对部件检查，合格后摆放到胎模上的指定位置。各部件安放后，经测量调整和检验各项尺寸均符合要求，才可进行焊接工作。焊接时焊点的位置要准确，不得漏焊，焊口要牢固，焊缝表面不允许有气孔及夹渣。

图 3-92　钢筋笼成型胎模

图 3-93　钢筋骨架吊至水平地面上

图 3-94　钢筋笼成型焊台

图 3-95　在焊台上制作的钢筋骨架

焊接顺序：先焊牢端部有定位挡板一端的上下主筋，再摆正另一端焊牢连接点位。主筋与箍筋应从中间位置依次分别向两端进行焊接。端部构造附筋按图纸等间距点焊。

焊接以牢固而不伤主筋为标准，凡焊接烧伤主筋 1mm 以上均为不合格。焊接时，采用 CO_2 气体保护焊机根据操作规程进行施焊。焊后氧化皮及焊渣必须及时清除干净，保证焊接质量。焊接成型后的钢筋骨架吊离胎模，放在水平地面上。由专职检测人员测量其弧长、拱高、扭曲度、主副筋间距等项目尺寸均合格后，挂上绿色标识牌，填写记录，例如：“A1R 焊工李某，质检王某，日期”。以便于发生不合格时，追溯焊接者退回返修，直至合格为止。再用四点吊钩将钢筋骨架吊至指定区域堆放整齐。钢筋骨架制作允许误差值见表 3-14。

钢筋骨架制作允许误差值　　表 3-14

项目	允许误差(mm)	项目	允许误差(mm)
主筋间距	±10	分布筋间距	±5
箍筋间距	±10	骨架长、宽、高	−10～+5

3. 管片制作

1）工艺流程

模具组装→模具调校→钢筋骨架入模及预埋件安装→混凝土浇筑成型→蒸汽养护→脱模→成品检验、修补及标识→运至水池养护。

2）工序质量控制

(1) 模具组装

严格按照先内后外、先中间后四周的顺序，用干净的抹布彻底清理模具内表面附着的混凝土残留物及其他杂物。吊装孔座、手孔座等关键部位必须采用专用工具清除孔内积垢。最后利用压缩空气吹净模具内外表面的残渣。

由专人负责涂抹脱模剂，涂抹前先检查模具内表面是否清理干净，不合格立即返工清理。涂抹时使用干净抹布均匀涂抹，不得出现流淌现象。如出现则采用棉纱清理干净。将端模板向内轻轻推进就位，用手旋紧定位螺栓，使用端模推上螺栓将端模推至吻合标志，把端模板与侧模板联结螺栓装上，用手初步拧紧后用专用工具均衡用力拧至牢固，特别注意应严格使吻合标志完全对正位，并拧紧螺栓，不得用力过猛。把侧模板与底模板的固定螺栓装上，用手拧紧后再用专用工具从中间位置向两端顺序拧紧，严禁反序操作，以免导致模具变形。

(2) 模具调校

组装好模具后，由专职模具检测人员对其宽度、弧长、手孔位进行测量，不合格进行及时调校，必须达到模具限定公差范围，以保证成品精度。检测方法为：利用 0～1800mm 量程的内径千分尺检测钢模的宽度，误差为−0.4mm～+0.2mm。利用 0～5m 量程的钢卷尺检测钢模底板的弧长，误差为±1mm。

必须注意，检测宽度时，内径千分尺的测头必须在指定检测点方能进行，检测弧长时，钢卷尺必须紧密贴附在钢模底板上，且对准钢模的边线。在模具投入生产后，每天必须对产品进行宽度、对角线的测量。如发现尺寸有超差，马上对钢模进行检测。钢模橡胶止水条属易损件，应每天检查并有足够的备用件，检查方法是：每个工作日由组模人员目视检查，如有破损现象，立即调换新的止水条，避免因止水条破损面引起漏浆。

(3) 钢筋骨架入模及预埋件安装

由专人按模具的型号规格将钢筋骨架、预埋件、螺旋构造钢筋，弯曲螺栓分别摆放在模具指定位置。检查钢筋骨架是否具备绿色标识牌，然后安装上保护层垫块。垫块根据不同部位分别选用齿轮形和支架形。支架形用于底部，按设计要求进行设置，无特别要求时，一般每块管片对称设垫 6 只（封顶块对称设垫 4 只）；齿轮形用于侧面，按设计要求进行设置，无特别要求时，一般每块管片西侧面设垫 6 只（封顶块设垫 4 只），端面每块两侧设垫均为 4 只。

用四点吊钩将合格的钢筋骨架按模具规格对号入模。起吊过程必须平稳，不得使钢筋骨架与模具发生碰撞。

安放预埋管时，先将管套上螺旋钢筋，将螺杆插入模具后进入预埋管管内，对准手孔座孔位处事先安放的垫圈，固定螺杆。

螺杆头部必须全部插入手孔座的模孔内，防止连接不紧出现缝隙造成漏浆现象。

由专人检查各附件是否按要求安放齐全、牢固，不符合要求必须进行修正。

检查钢筋骨架保护层垫块是否安放正确，保证主筋保护层为 50mm，侧面箍筋保护层为 25mm。

对手孔垫圈锚固脚与钢筋骨架进行焊接，焊口要牢固。如附件、附筋与骨架碰不上，可加焊短钢筋连接，焊接时要用特殊纸皮承接掉落的焊渣，以免烫伤模具内表面，降低光洁度。

(4) 混凝土浇筑、振捣

定期检验混凝土搅拌站上料系统和搅拌系统电子计量系统，保证机器运行精度。由试验工程师负责检查混凝土的搅拌质量，坍落度一般控制在 70～90mm 为宜。

管片模具为附着式振动方式，为确保振捣质量，采取边浇筑边振捣的施工方法。

混凝土浇筑采用分三层下料方式可减少表面气泡。第一次浇入模具端部凹凸槽位置，约厚度 2/5 处，打开中间振动器振动 1min 左右；第二次浇入模具端部止水带位置，约厚度 4/5 处，打开所有振动器振动 1min 左右；再将混凝土全部浇入振动 3～4min，关掉所有振动开关。实际操作时，振动时间根据混凝土的流动性掌握，目视混凝土不再下沉或出现气泡冒出为止。

振捣过程中须观察模具各紧固螺栓、螺杆以及其他预埋件的情况，发生变形或移位，立即停止浇筑、振捣，尽快在已浇筑混凝土凝结前修整好。

(5) 混凝土抹面

打开顶板的时间一般在混凝土浇筑后 45min 左右，具体时间随气温及混凝土凝结情况而定。打开顶板时注意插牢顶板插销，以防顶板落下伤人。

粗抹面：使用铝合金压尺，刮平去掉多余混凝土（或填补凹陷处），使混凝土表面平顺。

中抹面：待混凝土表面收水后使用灰匙进行光面，使管片表面平整光滑。

精抹面：以手指轻按混凝土有微平凹痕时，用长匙精工抹平，力求表面光亮无灰匙印。

(6) 蒸汽养护

蒸汽养护能提高混凝土脱模强度、缩短养护时间，加快模具周转。养护分两班进行，每班 12h，设专人负责。混凝土初凝后合上顶板（不用拧紧螺栓），在模具外围罩上一个紧密不透气的帆布罩，进行蒸汽养护。顶板作为支架支承帆布罩，顶板不能与混凝土表面接触，应有 10～15cm 的距离，让蒸汽在此空间流动，帆布罩应紧贴地面，压上重物，以免蒸汽逸出。

混凝土浇筑完成后静置约 2h，加盖养护罩，引入饱和蒸汽进行养护。升温时间控制在 2～3h，为防止温度升高过快造成混凝土膨胀损害内部结构，在自然温度下，每小时升温 10～15℃，不得超过 20℃。恒温阶段一般在 1.5h 左右。蒸汽养护温度为 50～60℃，最高不超过 60℃，降温时间必须控制在 1.5h 以上，到达规定的蒸养时间后关上供汽阀，部分掀开帆布罩（见图 3-96），让模具和混凝土自然冷却 1h 后，再全部揭开帆布罩，半小时后开始脱模。

图 3-96 进行蒸汽养护的帆布罩

蒸汽养护参数见表 3-15，曲线如图 3-97 所示管片出模后要加强养护，以提高混凝土后期强度。

管片蒸汽养护参数表 表 3-15

项目	参数	项目	参数
管片静停时间	2h	恒温时间	1.5h(根据季节温度调定）
升温梯度	10～15℃/h	降温梯度	≤10℃/h
蒸汽养护最高温度	≤60℃	脱模时与外界的温差	≤20℃

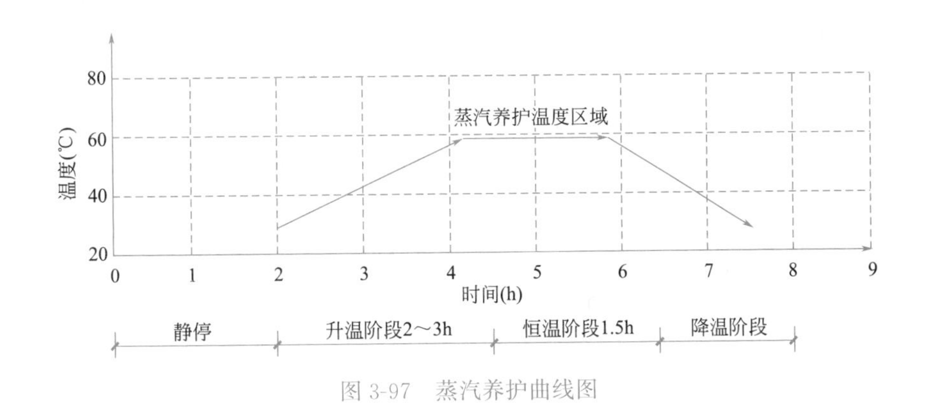

图 3-97 蒸汽养护曲线图

（7）脱模

混凝土降温后将混凝土试块送试验室进行试压。强度达到 15MPa 以上时，接试验室通知后开始脱模。

脱模顺序：松开灌浆孔固定螺杆→打开模具侧模板→打开模具端板→用吊具连接管片

→振动脱模。脱模必须使用专用吊具，将吊具吸盘固定在管片的指定位置，由专人向门吊司机发出起吊信号，1人稍微开启中间振动阀，使管片与模具脱离。将管片吊至翻片机上进行90°翻转，再用专用吊具将侧立的管片吊至平板车上。脱模过程中严禁锤打、敲击。

（8）成品检验及修补、标识

a. 成品尺寸检验

用大于管片宽度量程的游标卡尺测量管片的宽度，用大于管片厚度量程的游标卡尺测量管片的厚度。用5m规格的钢卷尺测量管片弧长。用直径为1mm，长度为7m的尼龙线对扭曲变形情况进行检验。成品质量检验标准见表3-16。

管片成品质量标准

表3-16

序号	内容		检测要求	允许误差(mm)
1	外形尺寸	宽度	测三点	±1
		弦长、弧长	测三点	±1
		厚度	测三点	−1～+3
2	混凝土强度			≥设计强度等级
3	混凝土抗渗			≥设计强度等级

每块管片都进行外观质量检验，管片表面应光洁平整，无蜂窝、露筋，无裂纹、缺角。轻微缺陷进行修饰，止水带附近不允许有缺陷，灌浆孔应完整，无水泥浆等杂物。

b. 产品修补

深度大于2mm，直径大于3mm的气泡、水泡孔和宽度不大于0.2mm的表面干缩裂缝用胶黏液与水按1∶1～1∶4的比例稀释，再掺进适量的水泥和细砂填补，研磨表面，达到光洁平整。

破损深度不大于20mm，宽度不大于10mm，用环氧树脂砂浆修补，再用强力胶水泥砂浆表面填补研磨处理。

c. 合格管片标识

标识内容：分别为产品的型号、产品型号的生产累计数、产品的生产日期。

标识位置：内弧面右上角；正对内弧面的右上侧端面，见图3-98；标识符号见表3-17。

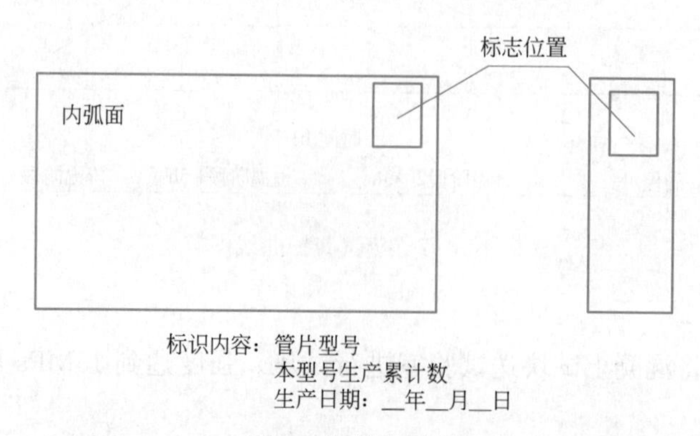

图3-98 管片标识

管片型号标志符号　　表 3-17

型号	标志	封顶块标志	邻接块	标准块标志
标准环	T	KT	BT　CT	A1T　A2T　A3T　A4T　A5T…
左转弯环	L	KL	B1L　B2L	A1L　A2L　A3L　A4L　A5L…
右转弯环	R	KR	B1R　B2R	A1R　A2R　A3R　A4R　A5R…

管片最终检验由安质部质量监督员负责，车间质检员发现产品质量问题向安质部报告。不合格的产品及时标识和隔离。所有产品检验数据应填表记录。

管片出厂前应对如下项目按如下频率抽检：

a. 管片单体弯曲试验：每 1500 块一次，使用标准片。

b. 管片接合破坏试验：每 500 环一次，使用标准片或邻接片接合。

c. 管片单体推力试验：每 500 环一次，使用封顶片。

以上各项若每季生产量不足 500 环时，每季试验一次。“a”项管片试验不合格时，可再取两片重新试验，如再不合格则此批管片应不予使用。

螺栓、螺帽等组件，每 500 个或一批货抽样取两个做外观、形状、尺寸及螺栓精度检查，如不合格则此批螺栓、螺帽应不予使用。每 5000 个或一批货抽样取两个做机械及物理性能试验，试验不合格时，可再取两个重新试验，如再不合格则此批螺栓、螺帽应不予使用。

管片生产正常后应对每日生产的不同类型的管片分别抽检两块检漏，检漏标准为：按设计抗渗压力恒压 2h，渗流线不得超过管片厚度的 1/3，管片水平拼装检验应符合下列规定：由三环管片进行水平组合拼装，并经检验合格方可投入正式生产。

管片投入正式生产后，对每套钢模生产的管片按如下规定作水平拼装检验：管片开始生产 50 环后进行水平拼装一次；开始生产 100 环后，再经一次水平拼装检验合格后可定为每生产 100 环作一次水平拼装检验。水平拼装的检验标准应符合表 3-18 的要求。

管片水平拼装检验允许误差表　　表 3-18

项目	检测要求	检测方法	允许误差(mm)
环向缝间隙	每环测 3 点	插片	≤2
纵向缝间隙	每条缝测 3 点	插片	≤2
成环后内径	测 4 条(不放衬垫)	用钢卷尺	±2
成环后外径	测 4 条(不放衬垫)	用钢卷尺	−2～+6

4. 管片养护与储运

1）工艺流程

水池养护→储存→美容→出厂。

2）工艺质量控制

(1) 管片检测合格打上标识，待管片温度与室外温度相差 10℃以下时，由平板车运至养护池，由门式吊车吊入养护池进行水养。管片移入养护池前，应确定其管片混凝土表面温度和水温之差不大于 20℃，避免因温差过大致使管片表面产生收缩裂纹。

（2）管片进入养护池按生产日期及型号侧立排放整齐，并做好记录。养护池底部应铺设枕木，避免管片吊入养护池时因碰撞而受损，见图 3-99。

（3）水池养护须记录水温、管片下水前温度及水养护时间。管片在养护池中一般养护 7d 后，起吊由翻身架翻转 90°后，用叉车运至储存场。

（4）管片移入储存场依生产日期分批放置储存，储存场地面应坚实平整。

（5）存放时管片应内弧面向上平稳地堆放整齐，管片下及管片之间应垫有柔性材料，垫条应对称放置，使管片间无碰撞。

（6）管片放置干冷的储存场进行强度养护，混凝土强度达到设计强度的 100%后管片方可出厂。

（7）管片出厂前须盖合格印。

（8）运输管片用叉车装车，管片内弧面向上平稳地置放于运输车辆上，管片底及管片之间垫有柔性木垫（方木），只可堆放 3 层高，防止运输过程中碰撞。

（9）管片用平板汽车运到施工现场，门品从车主品下，施工现场管片存储场地应用混凝土硬化，地面坚实平整，存放时管片堆放高度一般不得超过 4 层，见图 3-100。

图 3-99　管片进入养护池养护

图 3-100　管片存放

任务实施

3-38【知识巩固】

3-39【能力训练】

3-40【考证演练】

第二篇

地铁车站施工技术

项目4　地铁车站认知
项目5　明挖法施工
项目6　盖挖法施工
项目7　暗挖法施工

项目 4 地铁车站认知

项目导读

地铁车站的类型较多，可根据施工方法、埋深、运营性质、站台形式等不同进行分类。此外，地铁车站的结构形式也与一般建筑物有所差异。深入了解地铁车站类型及车站结构是从事地铁车站建设的基础，本项目共安排了 2 个学习任务，帮助读者清晰认知地铁车站类型及车站结构，为后续学习地下车站施工方法奠定基础。

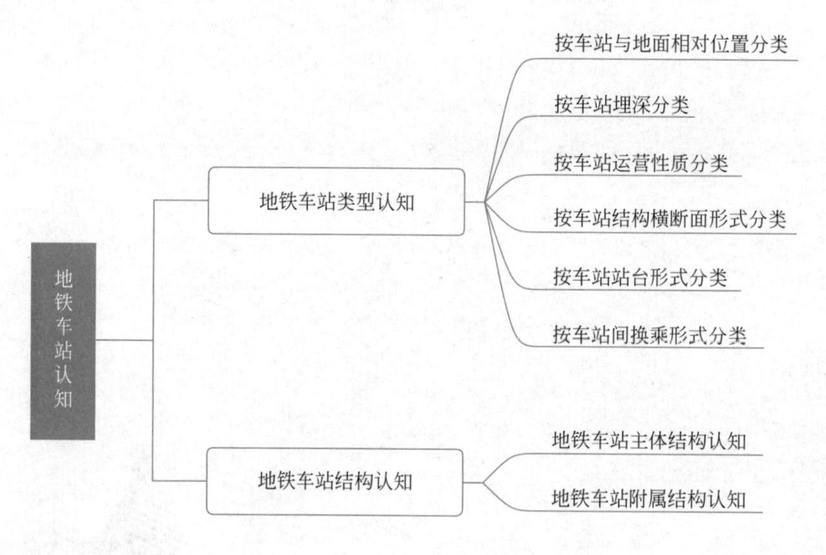

学习目标

◆ 知识目标

（1）掌握地铁车站的各种分类方法；

（2）掌握地铁车站的主体结构组成；

（3）了解不同类型地铁车站的优缺点。

◆ 能力目标

（1）能够对地铁车站进行分类；

（2）能够根据车站横断面图判断车站对应的施工方法；

（3）能够识别施工图纸中常见车站类型及车站的各类构件。

◆ 素质目标

（1）通过不同地铁车站类型和车站结构构件的学习，帮助学生正确处理整体与局部之间的关系，同时帮助学生树立整体观和全局观。

（2）通过“世界地铁车站个性化设计案例简介”课程思政案例学习，培养学生海纳百川、开放包容的胸襟。

任务 4.1　地铁车站类型认知

任务描述

学习“知识链接”相关内容，重点完成以下工作任务：一是回答与地铁车站分类相关的问题；二是识读地铁车站横剖面图，并回答相关问题；三是完成与本任务相关的建造师职业资格证书考试考题；具体参见“任务实施”模块。

知识链接

按照施工方式划分，地铁车站可分为明挖法施工的车站、盖挖法施工的车站、暗挖法施工的车站，其中前二者的结构横断面以矩形断面为主，暗挖法施工的车站结构横断面以拱形断面为主。此外，地铁车站还可根据所处位置、埋深、运营性质、结构横断面形式、站台形式、换乘方式的不同分别进行分类。

4-1 探究地铁车站

4.1.1　按车站与地面相对位置分类

按照车站与地面相对位置不同可以分为三类，见表 4-1。

地铁车站按与地面相对位置分类　　表 4-1

序号	名称	图示	特征
1	地下车站	地面	车站结构位于地面以下
2	地面车站	地面 ……	车站位于地面
3	高架车站	地面	车站位于地面高架桥上

4.1.2　按车站埋深分类

按照埋置深度不同可以分为：

（1）浅埋车站：车站结构顶板位于地面以下的深度较浅。

（2）深埋车站：车站结构顶板位于地面以下的深度较深。深埋车站一般设在地面以下稳定地层或坚固地层内。

所谓深埋或浅埋，并非单纯指洞顶地层厚度，还应结合上覆地层的工程地质条件及水文地质条件综合判定，包括围岩结构构造特征，风化、破碎、断层等影响的程度，结构强度，松散状况及地下水等因素。城市地铁结构断面变化较大，一般通过覆跨比确定深埋、浅埋。覆跨比 H/D，即拱顶覆土厚度（H）与隧道跨度（D）之比，当 $0.4<H/D<1$ 时，为浅埋。

4.1.3 按车站运营性质分类

按照车站运营性质不同，可分为六种（表 4-2）。

按车站运营性质分类 表 4-2

序号	名称	图示	特征
1	中间站	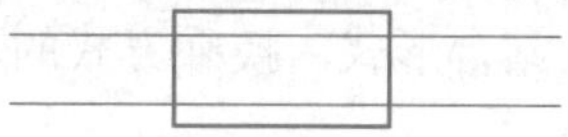	仅供乘客上、下车之用。功能单一，是地铁最常用的车站
2	区域站（即折返站）	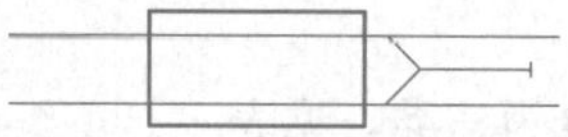	设在两种不同行车密度交界处的车站；站内设有折返线和设备，可根据客流量大小，合理组织列车运行，在两个区域站之间的区段上增加或减少行车密度。区域站兼有中间站的功能
3	换乘站	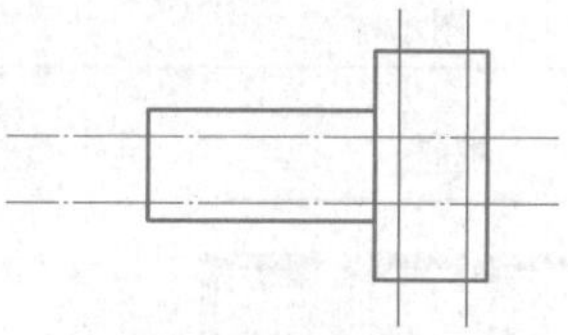	是位于两条及两条以上线路交叉点上的车站。它除具有中间站的功能外，更主要的是客流还可以从一条线路上通过换乘设施转换到另一条线路上
4	枢纽站	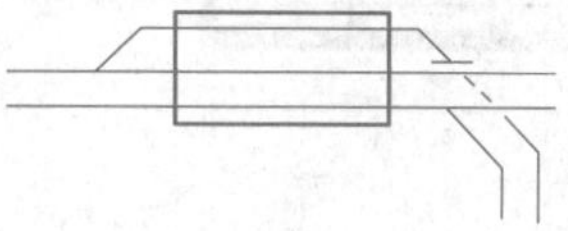	是由此站分出另一条线路的车站。该站可接、送两条线路以上客流
5	联运站	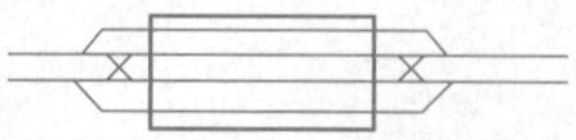	是指车站内设有两种不同性质的列车线路进行联运及客流换乘。联运站具有中间站及换乘站的双重功能
6	终点站	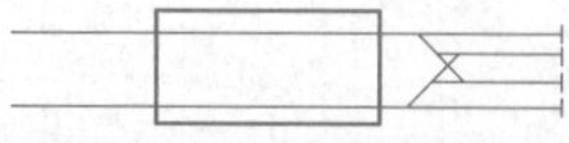	是设在线路两端的车站。就列车上、下行而言，终点站也是起点站（或称始发站），终点站设有可供列车全部折返的折返线和设备，也可供列车临时停留检修。如线路远期延长后，则此终点站即变为中间站

4.1.4 按车站结构横断面形式分类

车站结构横断面形式主要根据车站埋深、工程地质与水文地质条件、施工方法、建筑艺术效果等因素确定。在选定结构横断面形式时，应考虑到结构的合理性、经济性、施工技术和设备条件。

车站结构横断面形式主要有四种，见表 4-3。

按车站结构横断面分类　　表 4-3

序号	名称		图示	特征
1	矩形断面	双跨框架侧式	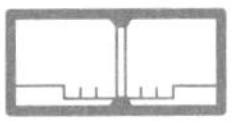	车站中常选用的形式，一般用于浅埋车站。车站可设计成单层、双层或多层；跨度可选用单跨、双跨、三跨或多跨的形式
		三跨框架岛式		
		五跨框架一岛一侧式		
		双层单跨框架重叠侧式	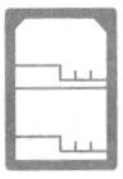	
		双层双跨框架相错侧式	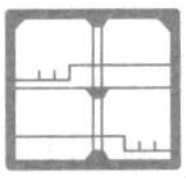	
		双层三跨框架重叠岛式	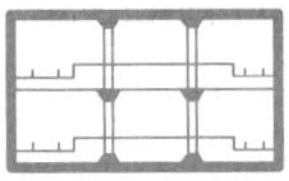	
2	拱形断面	单拱一岛二侧式	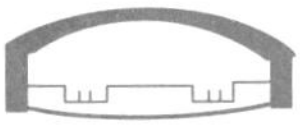	多用于深埋车站，有单拱和多跨连拱等形式。单拱断面由于中部起拱，高度较高，两侧拱脚处相对较低，中间无柱，因此建筑空间显得高大宽阔，如建筑处理得当，常会得到理想的建筑艺术效果
		双拱双岛式	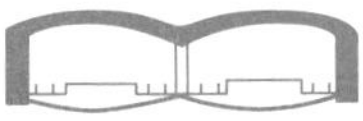	
3	圆形断面	三拱立柱岛式	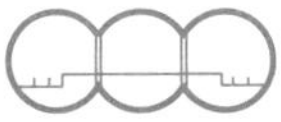	主要用于深埋或盾构法施工的车站
		三拱塔柱岛式	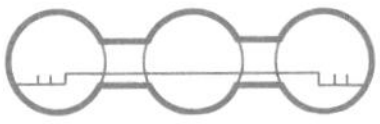	
		单圆侧式		
4	其他类型断面	椭圆岛式	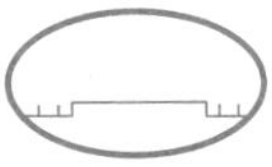	主要有马蹄形、椭圆形等
		钟形式		
		马蹄形式		

4.1.5 按车站站台形式分类

车站站台形式，主要有以下三类：

(1) 岛式站台：站台位于上、下行行车线路之间，这种站台布置形式称为岛式站台。具有岛式站台的车站称为岛式站台车站（以下简称岛式车站）。岛式车站是常用的一种车站形式。

有喇叭口（常用作车站设备用房）的岛式车站在改建扩建时，延长车站是很困难的。

(2) 侧式站台：站台位于上、下行行车线路的两侧，这种站台布置形式称为侧式站台。具有侧式站台的车站称为侧式站台车站（简称侧式车站，下同）。侧式车站也是常用的一种车站形式。

侧式站台根据环境条件可以布置成平行相对式，平行错开式、上下重叠式及上下错开式等形式。

侧式车站站台面积利用率、调剂客流、站台之间联系等方面不及岛式车站，因此，侧式车站多用于客流量不大的车站及高架车站。

当车站和区间都采用明挖法施工时，车站与区间的线间距相同，故无需喇叭口，可减少土方工程量。改建扩建时，延长车站比较容易。

(3) 岛、侧混合式站台：岛、侧混合式站台是将岛式站台及侧式站台同设在一个车站内，具有这种站台形式的车站称为岛、侧混合式站台车站（简称岛、侧混合式车站，下同）。

岛、侧混合式站台，可同时在两侧的站台上、下车，也可适应列车中途折返的要求。

岛、侧混合式站台，可布置成一岛一侧式或一岛两侧式，西班牙马德里地铁车站中多采用岛、侧混合式车站。以上三种车站类型对比见表 4-4。

三种车站类型对比表　　　　表 4-4

<table>
<tr><th>序号</th><th colspan="2">名称</th><th>图示</th><th>特征</th></tr>
<tr><td>1</td><td colspan="2">岛式站台</td><td></td><td>岛式车站具有站台面积利用率高、能灵活调剂客流、乘客使用方便等优点。因此，一般常用于客流量较大的车站</td></tr>
<tr><td rowspan="4">2</td><td rowspan="4">侧式站台</td><td>平行相对式侧式站台</td><td></td><td rowspan="4">侧式车站站台面积利用率、调剂客流、站台之间联系等方面不及岛式车站。因此，侧式车站多用于客流量不大的车站及高架车站。当车站和区间都采用明挖法施工时，车站与区间的线间距相同，故无需喇叭口，可减少土方工程量，改建扩建时，延长车站比较容易</td></tr>
<tr><td>平行错开式侧式站台</td><td></td></tr>
<tr><td>上下重叠式侧式站台</td><td></td></tr>
<tr><td>上下错开式侧式站台</td><td></td></tr>
</table>

4-2 地铁车站的站台类型

续表

序号	名称	图示	特征
3	岛、侧混合式站台		岛、侧混合式站台可同时在两侧的站台上、下车，也可适应列车中途折返的要求；岛、侧混合式站台可布置成一岛一侧式或一岛两侧式

4.1.6 按车站间换乘形式分类

车站间换乘可按换乘方式及换乘形式进行分类。不论采用何种分类，均应符合下列换乘的基本要求：

（1）尽量缩短换乘距离，做到线路明确简捷、方便乘客。

（2）尽量减少换乘高差，避免高度损失。

（3）换乘客流宜与进、出站客流分开，避免相互交叉干扰。

（4）换乘设施的设置，应满足换乘客流量的需要，宜留有扩、改建余地。

（5）换乘规划时，应周密考虑选择换乘方式及换乘形式，合理确定换乘通道及预留口位置。

（6）换乘通道长度不宜超过 100m；超过 100m 的换乘通道宜设置自动步道。

（7）节约投资。

车站间换乘分为以下两类：

（1）按乘客换乘方式分类

① 站台直接换乘：站台直接换乘有两种方式，一种是指两条不同线路分别设在一个站台的两侧，甲线的乘客可直接在同一站台的另一侧换乘乙线，如香港地铁的太子、旺角站；另一种方式是指乘客由一个车站通过楼梯或自动扶梯直接换乘到另一个车站的站台的换乘方式，这种换乘方式多用于两个车站相交或上下重叠式的车站。当两个车站位于同一个水平面时，可通过天桥或地道进行换乘。

站台直接换乘的换乘线路最短，换乘高度最小，没有高度损失，因此对乘客来说比较方便，并节省了换乘时间。换乘设施工程量少，比较经济。

换乘楼梯和自动扶梯的总宽度应根据换乘客流量的大小通过计算确定。其宽度过小，则会造成换乘楼梯口部人流集聚，容易发生安全事故，宜留有余地。

② 站厅换乘：站厅换乘是指乘客由某层车站站台经楼梯、自动扶梯到达另一个车站站厅的付费区内，再经楼梯、自动扶梯到达另一线车站站台的换乘方式。这种换乘方式大多用于相交的两个车站。站厅换乘的换乘路线较长，提升高度较大，有高度损失，需设自动扶梯。

③ 通道换乘：两个车站不直接相交时，相互之间可采用单独设置的换乘通道进行换乘，这种换乘方式称为通道换乘。

通道换乘的换乘线路长，换乘的时间也较长，特别对老弱妇幼使用不便。由于增加通道，造价较高。

换乘通道的位置尽量设在车站中部，可远离站厅出入口，避免与出入站人流交叉干扰，换乘客流不必出站即可直接进入另一车站。

（2）按车站换乘形式分类

按两个车站平面组合的形式分为五类，见表 4-5。

按两个车站平面组合的形式分类　　表 4-5

序号	名称	图示	特征
1	一字形换乘	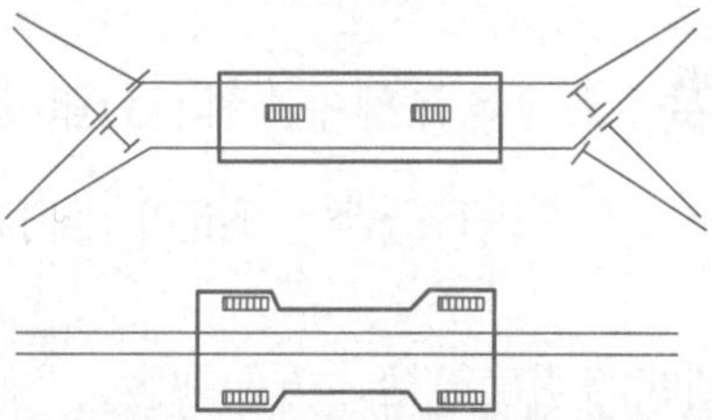	两个车站上下重叠设置则构成一字形组合；站台上下对应，双层设置，便于布置楼梯、自动扶梯，换乘方便
2	L形换乘	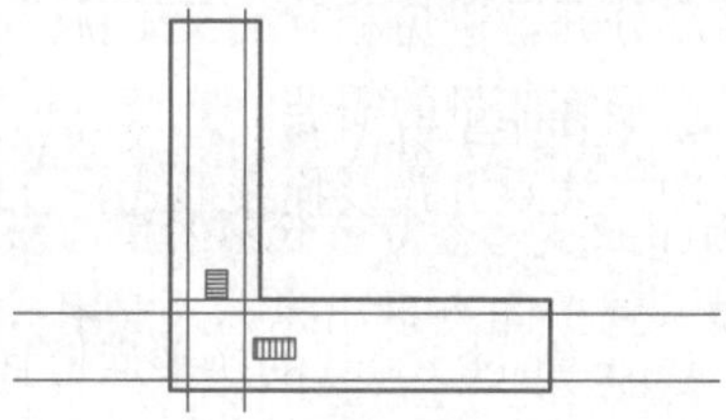	两个车站上下立交，车站端部相互连接，在平面上构成L形组合。相交的角度不限；在车站端部连接处一般设站厅或换乘厅；有时也可将两个车站相互拉开一段距离，使其在区间立交，这样可减少两站间的高差，减少下层车站的埋深
3	T形换乘	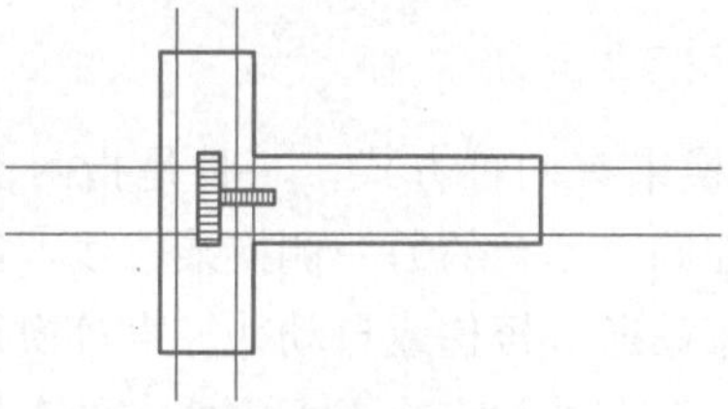	两个车站上下立交，其中一个车站的端部与另一个车站的中部相连接，在平面上构成T形组合。相交的角度不限；可采用站厅换乘或站台换乘；两个车站也可相互拉开一段距离，以减少下层车站的埋深
4	十字形换乘	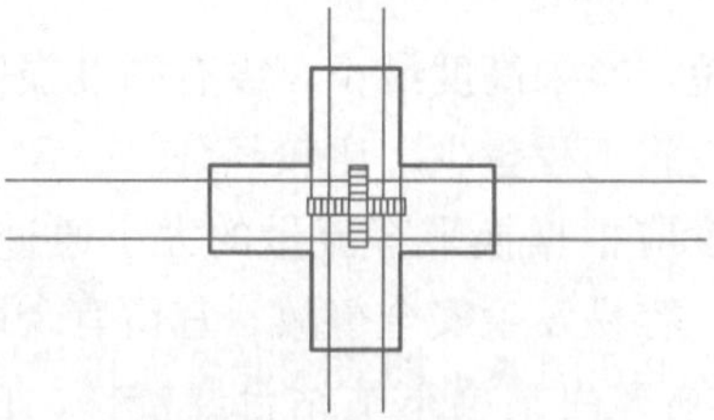	两个车站中部相立交，在平面上构成十字形组合；相交的角度不限；十字形换乘车站采用站台直接换乘的方式
5	工字形换乘	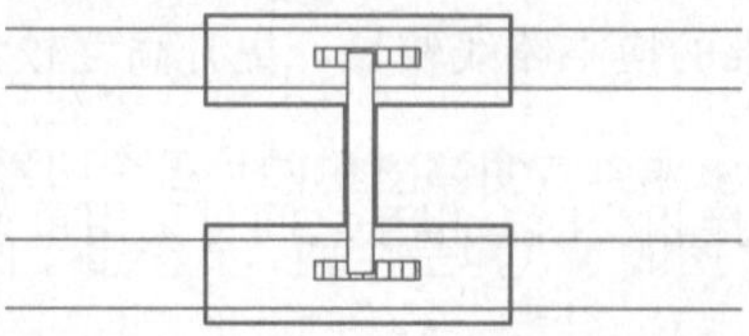	两个车站在同一水平面平行设置时，通过天桥或地道换乘，在平面上构成工字形组合；工字形换乘车站采用站台直接换乘的方式

任务实施

4-3【知识巩固】

4-4【能力训练】

4-5【考证演练】

任务 4.2　地铁车站结构认知

任务描述

学习“知识链接”相关内容，结合《地下工程施工技术》配套图纸，重点完成以下工作任务：一是回答与地铁车站结构组成相关的问题；二是识读地铁车站结构图，进一步了解车站横剖面图与平面图之间的关系、各车站构件位置及尺寸；三是完成与本任务相关的建造师职业资格证书考试考题；具体参见“任务实施”模块。

知识链接

4.2.1　地铁车站主体结构认知

地铁车站主要靠主体结构承受荷载、传递荷载（见图 4-1），主体结构构件主要包括梁、板、中柱、墙，以及抗拔桩，压顶梁等抗浮构件。构件尺寸的拟定是在满足建筑限界和建筑设计的基础上，根据工程地质和水文地质资料、车站埋深、结构类型、施工方法等条件经过计算确定的。

1. 梁

车站主体结构的梁有主梁和次梁，位于车站顶板、中板、地板处，为水平受力结构构件，一般沿车站纵向的为主梁，垂直于主梁的梁为次梁。其中顶板的主梁一般叫顶纵梁（TZL），一般标准车站尺寸为 1200×1800（mm），可分为上翻梁和下翻梁，一般为下翻梁，如与设备专业冲突时，进行上翻，上翻时应注意与市政管线是否冲突；顶板的次梁叫顶次梁（TCL）；中板的主梁一般叫中纵梁（MZL），一般标准车站尺寸为 800×1000（mm），为下翻梁，中板的次梁叫中次梁（MCL）；底板的主梁一般叫底纵梁（DZL），一般标准车站尺寸为 1200×2100（mm），可分为上翻梁和下翻梁，一般为上翻梁，如与其他专业冲突时，进行下翻，下翻时应注意地底板处防水加强；次梁叫底次梁（DCL）。

2. 板

车站主体结构的板有顶板、中板、底板，水平受力结构构件，分别对应于顶纵梁、中

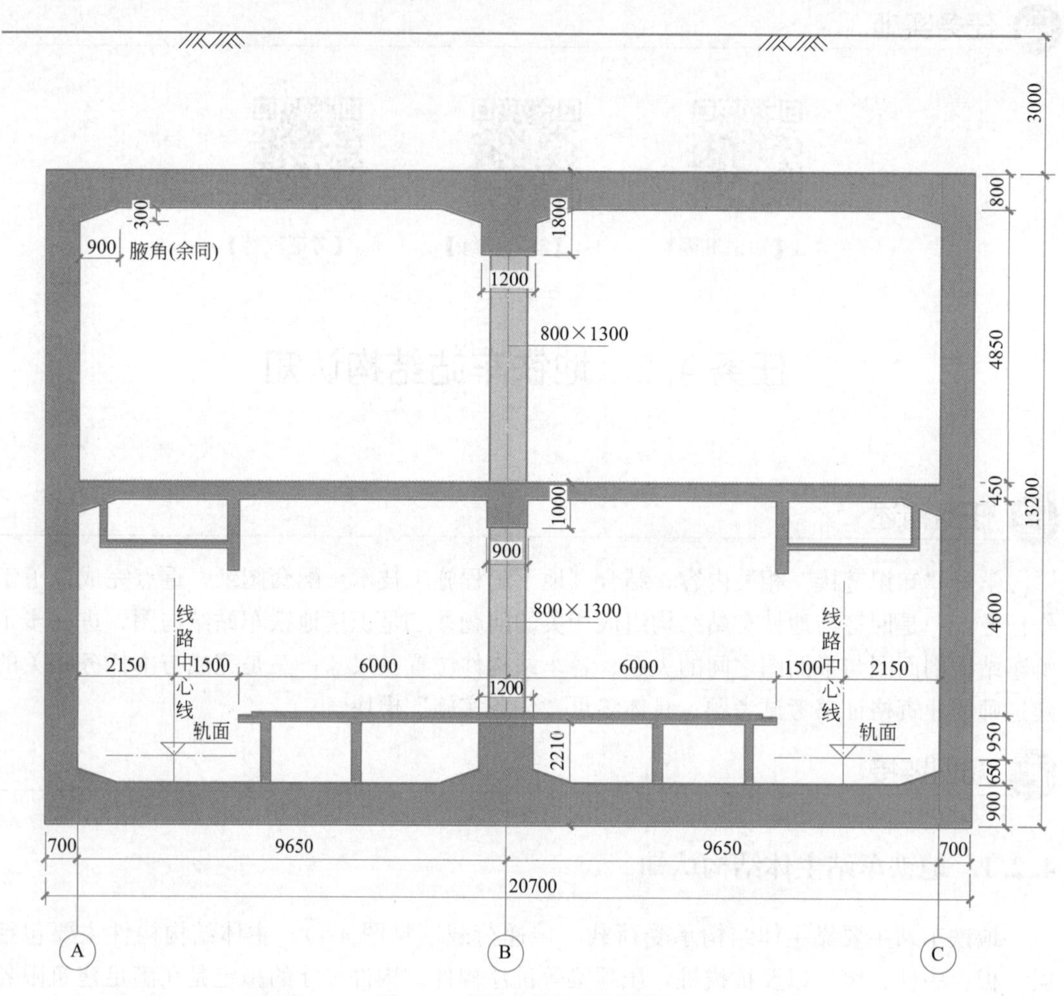

图 4-1　车站主体结构剖面图

纵梁、底纵梁处。一般标准车站顶板厚 800mm，中板厚 400mm，底板厚 900mm。

3. 柱

车站中柱为垂直受力结构构件，从上到下依次连接顶纵梁、中纵梁、底纵梁，将顶板、中板、底板传递到顶纵梁、中纵梁、底纵梁上的荷载通过中柱向下传递至地基。一般标准车站中柱尺寸为 700×1200（mm）。

4. 侧墙及端墙

侧墙及端墙为垂直受力结构构件，从上到下依次与顶板、中板、底板相连，将顶板、中板、底板荷载通过侧墙及端墙向下传递至地基。一般标准车站标准段侧墙尺寸为 800mm，扩大段侧墙及端墙尺寸为 900mm。

5. 抗拔桩

抗拔桩为车站主体结构不满足抗浮要求时，采用的截面为圆形的抗浮结构构件，设置于车站底板处，主要依靠桩周与岩土体之间的侧向摩擦力提供抗拔力，与车站底板的连接形式一般为与下翻梁连接、上翻梁连接、侧墙连接、底板连接。一般有 ϕ400mm 微型抗拔桩和 ϕ1500mm 大直径抗拔桩之分，抗拔桩桩长，根数及布置形式由抗浮计算确定。

6. 压顶梁

压顶梁为车站主体结构抗浮的另外一种形式，将压顶梁设置于冠梁与车站顶板之间，同时增大冠梁截面水平向尺寸与压顶梁截面水平向尺寸一致，依靠围护结构与岩土体之间的侧向摩擦力提供抗拔力，此时围护结构应按照永久结构设计，非临时结构。

4.2.2 地铁车站附属结构认知

1. 出入口

出入口（见图 4-2）一般采用单层矩形现浇钢筋混凝土框架结构，出地面段采用 U 形槽结构，为连接地下车站与地上道路的车站附属结构。出入口结构构件一般由顶板、底板、侧墙组成。其中顶板尺寸一般为 600mm，底板尺寸一般为 600mm，侧墙尺寸一般为 600mm。

图 4-2 出入口

2. 风亭

风亭（见图 4-3）为地铁车站的通风设施，起到换气作用，更换车站内的气体。风亭

图 4-3 风亭

按使用功能的不同分为：新风亭、排风亭和活塞风亭，通常进行合建。风亭结构构件一般由顶板、底板、侧墙组成。其中顶板尺寸一般为 600mm，底板尺寸一般为 600mm，侧墙尺寸一般为 600mm。

任务实施

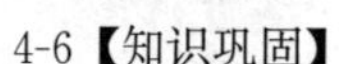

4-6【知识巩固】

4-7【能力训练】

4-8【考证演练】

项目 5　明挖法施工

项目导读

明挖法是修建地铁车站最常见的施工方法，熟悉明挖法施工的全过程、掌握明挖法施工的关键技术，是从事地铁车站建设的基础。明挖法施工主要包括管线迁改与场地平整、围护结构施工、基坑开挖与支护、地下水控制、主体结构施工、防水施工、基坑监测等方面的内容。本项目共安排了 8 个学习任务，帮助读者清晰认知地铁车站明挖法施工全过程，为今后从事城市地下工程施工工作奠定基础。

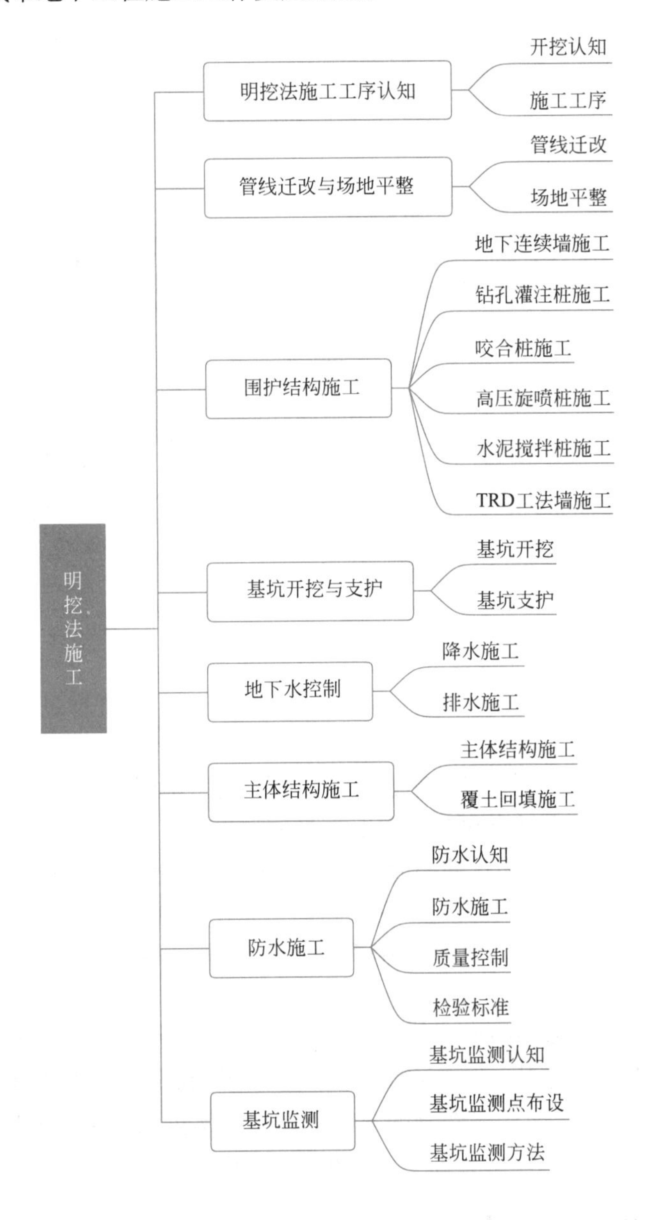

学习目标

◆ 知识目标

（1）掌握围护结构施工、基坑开挖与支护、主体结构施工等方面的关键技术；

（2）熟悉防水施工、地下水控制等方面的关键技术；

（3）了解管线迁改与场地平整、基坑监测等方面的关键技术。

◆ 能力目标

（1）能够识读地铁车站施工图与绘制关键部位结构施工图；

（2）能对明挖法车站施工方案进行拟订；

（3）能够独立完成地铁车站主要施工工序技术交底书的编写。

◆ 素质目标

（1）通过施工图纸识读，培养学生按图施工、安全施工、文明施工的职业意识；

（2）通过“超大规模明挖地铁车站基坑——遥墙机场地铁车站基坑工程”课程思政案例学习，增强学生的民族自豪感，强化学生的交通强国发展理念，培养学生的历史责任感与使命感。

任务 5.1　明挖法施工工序认知

任务描述

学习“知识链接”相关内容，结合《地下工程施工技术》配套图纸，重点完成以下工作任务：一是回答与明挖法相关的问题；二是完成明挖法施工步序图的识读任务；三是完成与本任务相关的建造师职业资格证书考试考题；具体参见“任务实施”模块。

知识链接

5.1.1　开挖认知

地铁车站的基坑开挖分为放坡开挖及垂直开挖两大类（见图 5-1、图 5-2）。

放坡开挖的基坑根据地质详勘报告确定合理的边坡放坡率，一般还需要对边坡采取如钢筋网、杆（管）、喷射混凝土、加劲肋等加固措施来保证基坑的安全、稳定。该法施工简单，造价低。在施工场地较宽阔、周边建筑物对施工限制少的条件下，适于采用基坑放坡开挖。放坡开挖的基坑采用在端头设运输坡道，视基坑尺寸和边坡支护情况分层、分段、分块开挖和支护，施工简单，在此不作赘述。

垂直开挖是地铁车站基坑开挖常见的方式。先在基坑周边设置竖向的围护结构，在围护结构的作用下进行基坑开挖，开挖时，视基坑深度一般需要设置数道内支撑（锚索/锚杆），以达到控制基坑沉降和变形的目的。一般根据地质情况，围护结构通常采用钻孔灌注桩、咬合桩、地下连续墙、钢管桩等。城市施工场地狭小，周边建筑物对施工限制大，则通常要采用设置围护结构后进行基坑开挖。

土方开挖及内支撑设置是基坑的主要施工工序，对工程工期、质量、安全具有重大影响。

土方开挖根据工程结构基坑规模、几何尺寸、围护，内支撑体系的布置，地基加固和施工条件等要求，严格按照“时空效应”规律，采用分段、分层、分块、对称、平衡、限时支撑的原则进行施工，并确定各工序的时限，保证基坑和周边建筑物安全。

基坑的分段、分层开挖一般要求如下：对于地铁车站基坑，每一开挖小段的分段长度大约为 6.0m；土方开挖分层厚度与内支撑竖向间距一致。

此外，基坑开挖应遵循对称、平衡、限时的原则，具体是：基坑土方每小段开挖由中心向两侧对称开挖，两侧的开挖高度一致，起到两侧基坑开挖平衡，保证围护结构均匀受力和方便及时架设支撑。基坑每开挖层段开挖时间一般不超过 10h，随即在 6h 以内安装支撑（斜撑段总时间控制在 20h 内），并及时施加支撑预应力。

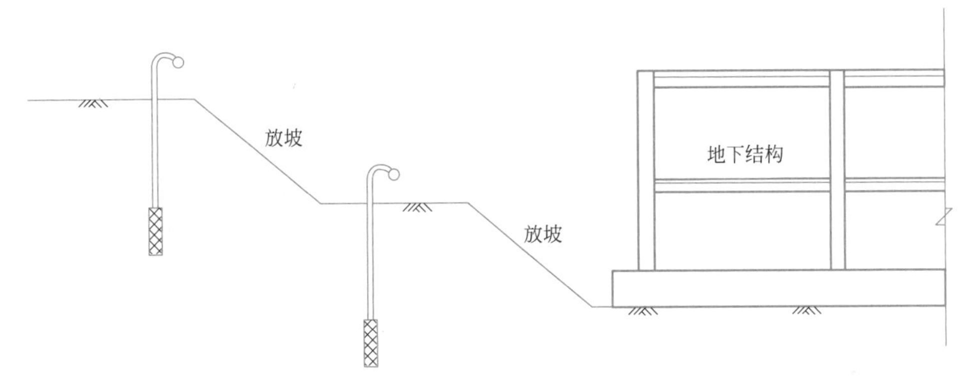

图 5-1　放坡开挖示意图

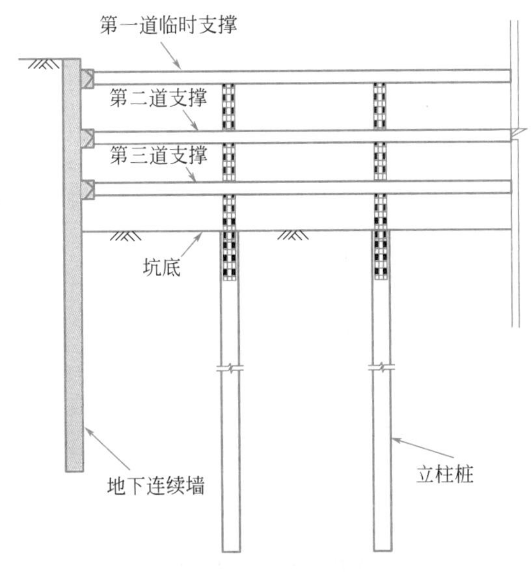

图 5-2　垂直开挖示意图

5.1.2 施工工序

1. 明挖法纵向施工工序

纵向开挖顺序与基坑完成时间要求、基坑开挖现场条件有关，一般分为：从两端向中间两个工作面对向开挖，或从中间向两端两个工作面反向开挖，或从一端向另一端一个工作面独头开挖。

2. 明挖法竖向施工工序

在进行车站明挖法施工时，其明挖法竖向施工工序为：绿化迁移、管线改移→场地平

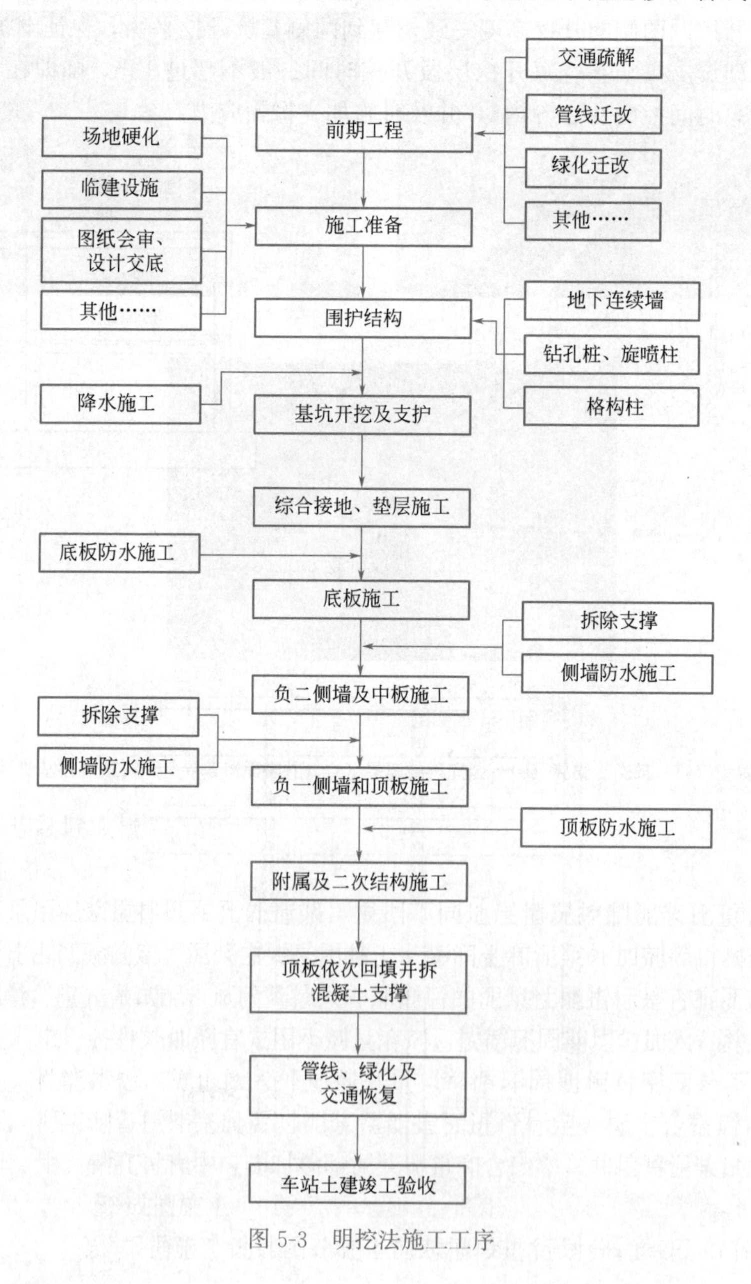

图 5-3 明挖法施工工序

整、交通疏解、施工准备→基坑围护结构施工→格构柱施工，基坑内施工降水井并在开挖土方前20d降水（有些还需进行基底加固）→第一层土方开挖（覆盖层）→施工冠梁，第一道钢筋混凝土支撑→第N层土方开挖（至下一层支撑下0.5m）逐层设置N层支撑→最底层开挖→综合接地施工→C20混凝土垫层施工（一般为150mm厚）→防水层施工→C20细粒石混凝土保护层施工（一般为50mm厚）→底板混凝土施工→最下层支撑拆除→按照纵向施工缝的划分逐层施工车站结构→自下向上逐次拆除支撑→顶板钢筋混凝土浇筑→防水层施工→C20细粒石混凝土保护层施工（一般为80mm厚）→黏土回填（一般为50cm厚）→一般土回填至设计高程（按设计要求进行夯实），恢复路面→车站附属结构施工。

明挖法的关键工序是：降低地下水位、围护结构施工、土方开挖、结构施工及防水工程等。其中围护结构施工是确保安全施工的关键技术，其施工工序见图5-3，施工步序图（以地下明挖两层车站为例）见表5-1。

明挖法施工步序图　　表5-1

序号	施工说明	施工步序图
1	管线迁改，施工围挡及交通疏解；场地平整，施作降水井	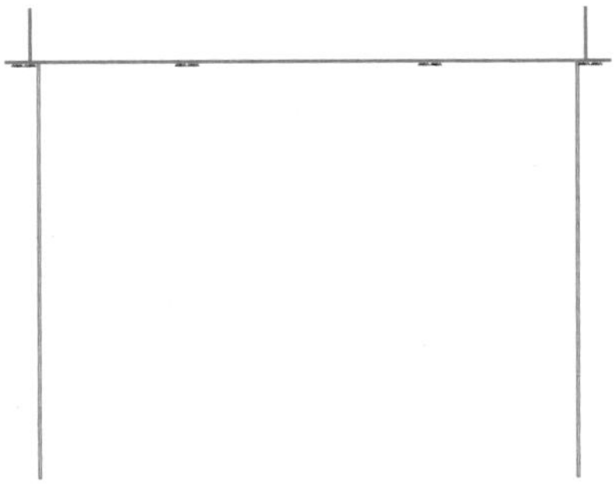
2	1. 施作围护桩； 2. 施作冠梁、挡土墙及排水沟； 3. 开挖至第一道钢支撑下500mm，架设第一道钢支撑	
3	1. 基坑降水； 2. 开挖至第二道钢支撑下500mm，架设第二道钢支撑	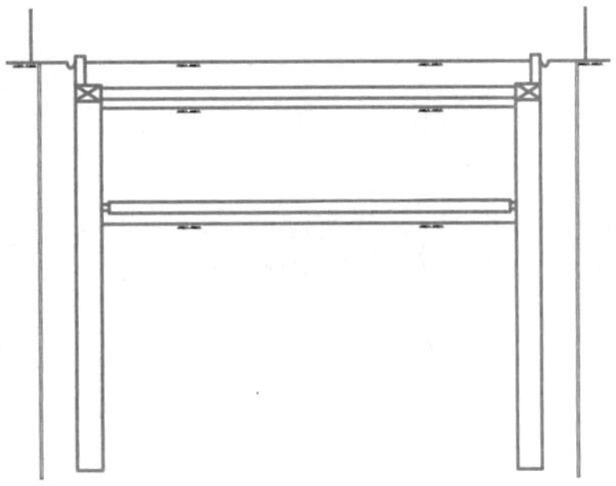

续表

序号	施工说明	施工步序图
4	1. 开挖至第三道钢支撑下 500mm，架设第三道钢支撑； 2. 开挖至基坑底	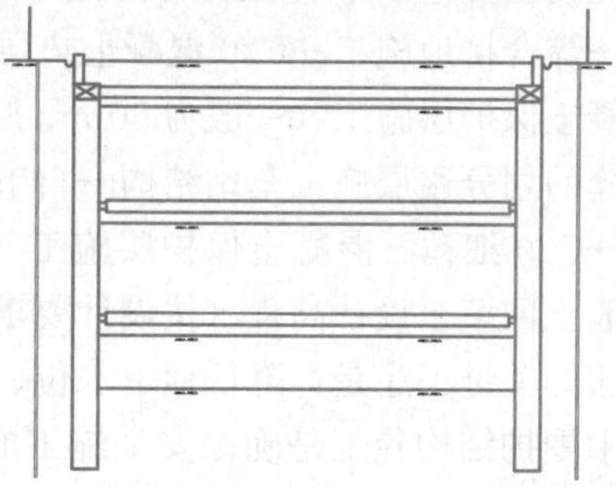
5	1. 施作车站综合接地及基底垫层等； 2. 施作车站底板、侧墙防水层，浇筑车站底板及侧墙混凝土	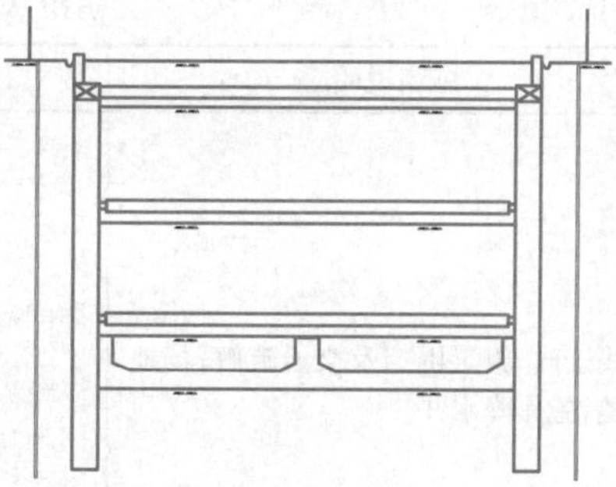
6	1. 待混凝土强度达到要求时，拆除第三道钢支撑； 2. 施作车站侧墙防水层，浇筑车站侧墙、地下二层柱及中板	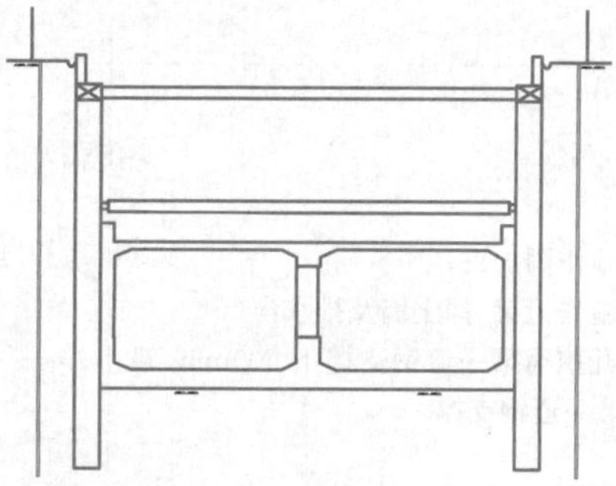
7	1. 待混凝土达到强度要求时，拆除第二道钢支撑； 2. 施作侧墙防水层，浇筑侧墙、地下一层柱及顶板，施作顶板防水层	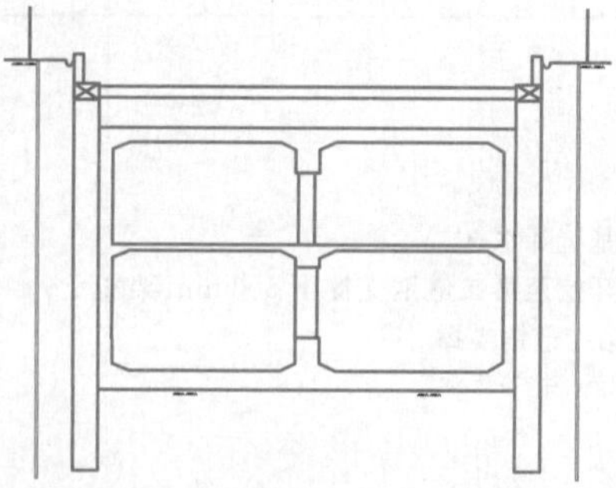

续表

序号	施工说明	施工步序图
8	1. 待混凝土达到设计强度后，拆除第一道钢支撑； 2. 覆土回填、恢复相关管线、拆除围挡及恢复路面	

5-1 地铁车站明挖法施工认知 a

5-2 地铁车站明挖法施工认知 b

任务实施

5-3【知识巩固】

5-4【能力训练】

5-5【考证演练】

任务 5.2　管线迁改与场地平整

任务描述

学习“知识链接”相关内容，重点完成以下工作任务：一是回答与管线迁改、场地平整相关的问题；二是根据给定的工程案例，编制雨水、污水管线迁改施工方案；三是完成与本任务相关的建造师职业资格证书考试考题；具体参见“任务实施”模块。

知识链接

5.2.1　管线迁改

1. 迁改目的

为保证安全、优质、有序、按期地完成地铁车站的所有施工任务及站址范围内管线正常使用，地铁车站围护结构施工前必须完成基坑范围内的所有管线改迁。而地下管线与城市居民生活的各个方面息息相关，如水、电、气、供暖、通信等。管线改迁必然会对居民生活、城市交通造成很大的影响。如何做到合理、安全、有序，最大限度地减少对城市居民生活和人员车辆通行的影响是地铁施工前必须考虑和谋划的。管线迁改时各管线相互之间要留有空间、合理布置。改迁的管线要与地铁车站施工时的一些设施保留一定的安全距离和空间。

管线迁改一般采用临时迁改、永久迁改、悬吊保护三种方法，管线迁改图由专门设计院完成。

2. 迁改原则

（1）申报管线产权单位，取得产权单位的同意、支持、配合。

（2）申报城管及道桥管理部门，办理好道路开挖手续。

（3）新旧管道接驳点要设置在地铁车站施工区外。

（4）在地铁车站施工前，完成对车站工程施工有影响的现状管线的迁改，新迁管线施工规范化，达到行业合格标准，达到市级文明现场标准。

（5）对所有的有压管道、电缆、电线等避开地铁车站基坑，绕到基坑外围；对无压管道尽可能采取绕开地铁车站基坑，移至基坑外围，对无法改移的管线，采取悬吊保护，对无法改移的污水、雨水管道，变刚性材料为柔性材料，再采取悬吊保护。

3. 未探明管线防护措施

在地铁车站范围内，除了将已探明管线迁改至车站基坑外。针对施工过程中可能存在的未探明管线，施工中必须执行以下几项：

1）探沟开挖

（1）确定管线位置的方法一般是开挖探沟，同时也可进行无线探测来确定地下管线的位置。确定管线位置前施工区域内不得堆放各种物资、设备，各种车辆机械不得驶入本区域。探沟开挖必须使用人工。

（2）采用开挖探沟的方式，首先沿施工现场周边（距边线 1～2m）开挖四条探沟，再根据业主提供的地下管线方位及周边开挖的探沟所露管线，垂直其管线每隔 10m 挖一条长度 2m 左右探沟。

开挖时重点放在电缆井、过路保护管、过路盖板、用电设施、监控设施附近。在整个施工区内及施工区外施工排水沟开挖范围内呈“之”字形进行，探沟范围应超出施工边界外 1m。

（3）在开挖过程中，发现地下管线要及时报告现场工程师（必要时报业主及监理），在现场工程师的监督下轻轻扩宽范围，探明管线的种类、规格、根数、走向和深度并作记录。同时要采取清理周边大块石渣土块，用细土拖住管线底部（不得使其悬空），上用木板封盖，插上彩旗作标记，专人负责监护等重点防护措施。

将路面路肩及排水沟范围内所发现的地下管线全部清理暴露出地面，不留死角，探明管线路径、埋深。现场施工人员须认真检查，不能漏挖、错挖。在挖出的电缆旁立警示牌，并用砖、砂等暂时覆盖保护并及时上报相关部门进行确认，确定保护方案进行保护或迁移。

作业班组实行交接班制度，班长负责记录当班的工作部位、工作内容、电缆状况，下班对上班的电缆情况进行检查确认。施工段与施工操作人员相统一，以便一旦造成电缆损坏等事故追究当事人的责任。

夜间开挖时要有足够的照明，无电缆及管线地段，探沟开挖后就地掩埋回填，并夯实，防止扬尘。

（4）探沟开挖完毕后将所挖出的管线的种类、规格、走向及深度等绘出管线埋设分布图，上报业主和监理，并及时请相关部门进行确认验收，按使用单位要求进行迁移保护。

2）管线开挖

（1）管线开挖必须采用人工开挖，作业前进行技术交底，避免野蛮施工。

（2）改迁的管线视情况全部或部分挖出。

（3）沟槽宽度及深度要满足线缆保护的需要。

（4）挖出暴露的线缆不得悬空，沟槽内清洁，无杂物、块石等。

（5）要做好沟槽排水措施，可挖设临时排水沟、集水坑等，降雨后立即组织排水。

（6）加强现场值班管理力度，做到防偷盗、防破坏。

3）管线保护

应根据实际情况对施工场地范围内的地下管线采取改迁或悬吊保护的处理方式。

（1）对供水管、雨、污水管等硬质管线的改迁。要区分其性质，向管线单位确认允许沉降值，对临时管沟进行加固处理。管线新旧接头处采取可靠对接措施，保证其密封性。

（2）对光缆电缆等通信电缆的改迁，全部采用暗埋措施，无架空。

（3）对重大管线改迁的保护：高、中、低压燃气管，属于易燃易爆的管线，应高度重视。

（4）对于重要性质的管线，如军用、保密、卫星等不宜公开或管线图上未注明的，且现场调查难以确认的管线，视现场具体情况确定。

5.2.2 场地平整

土方工程开工前通常需要确定场地设计平面，并进行场地平整。场地平整就是将自然地面改造成人们所要求的平面。

1. 场地平整土方量计算

1）场地设计标高的确定

按挖填平衡原则确定设计标高。适用于拟建场地的高差起伏不大，对场地设计标高无特殊要求的小型场地平整情况。

挖填平衡确定场地设计标高可按如下步骤进行：①划分场地方格网；②计算或实测各角点的原地形标高；③计算场地设计标高；④泄水坡度调整。

首先将场地划分成边长为 a 的若干方格，并将方格网角点的原地形标高标在图上（见图 5-4）。原地形标高可利用等高线用插入法求得或在实地测量。按照挖填方量相等的原则，场地设计标高可按下式计算：

$$\mathrm{N}a^2 \mathrm{Z}_0 = \sum_{i=1}^{n}\left(a^2 \frac{Z_{i1}+Z_{i2}+Z_{i3}+Z_{i4}}{4}\right) \tag{5-1}$$

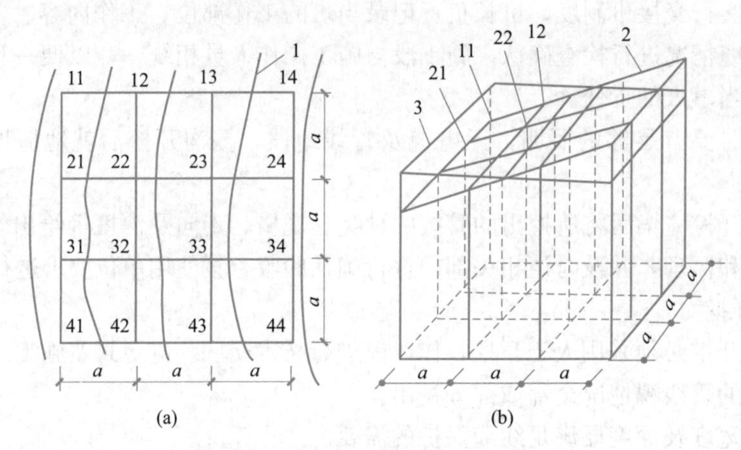

图 5-4　场地设计标高计算示意图

（a）地形图方格网；（b）设计标高示意图

1—等高线；2—自然地面；3—设计平面

即

$$Z_0=\frac{1}{4N}\sum_{i=1}^{n}(Z_{i1}+Z_{i2}+Z_{i3}+Z_{i4}) \tag{5-2}$$

式中：Z_0——所计算场地的设计标高（m）；

N——方格数；

Z_{i1}、Z_{i2}、Z_{i3}、Z_{i4}——第 i 个方格四个角点的原地形标高（m）。也可简化为

$$Z_0=\frac{1}{4N}(\sum Z_1+2\sum Z_2+3\sum Z_3+4\sum Z_4) \tag{5-3}$$

式中：Z_n——$n=1$、2、3、4 个方格所共有的角点标高。

按式（5-3）得到的设计平面为一水平的挖填方相等的场地，实际场地均应有一定的泄水坡度。因此，应根据泄水要求（单向泄水或双向泄水）计算出实际施工时所采用的设计标高。

当场地为单向泄水时如图 5-5 所示，将已调整的设计标高 Z_0 作为场地中心线的标高，场地内任意点的设计标高为：

$$Z'_i=Z_0\pm Li \tag{5-4}$$

式中：Z'_i——场地内任意角点的设计标高；

L——该点至场地中心线 Z_0 的距离；

i——场地泄水坡度。

当场地为双向泄水坡度时，同理如图 5-6 所示，场地内任一点的设计标高为

$$Z'_i=Z_0\pm L_x i_x\pm L_y i_y \tag{5-5}$$

式中：L_x、L_y——该点沿 x-x、y-y 向距场地中心线的距离；

i_x、i_y——该点沿 x-x、y-y 方向的泄水坡度。

求得 Z'_i 后，即可按下式计算各角点的施工高度 H_i：

$$H_i=Z'_i-Z_i \tag{5-6}$$

式中：Z_i——i 角点的原地形标高。

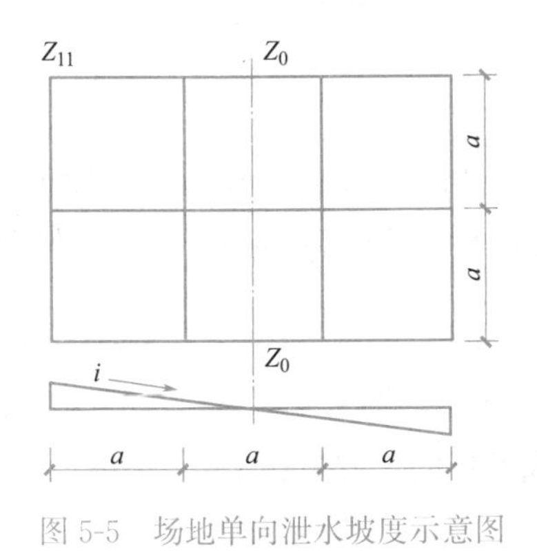

图 5-5　场地单向泄水坡度示意图

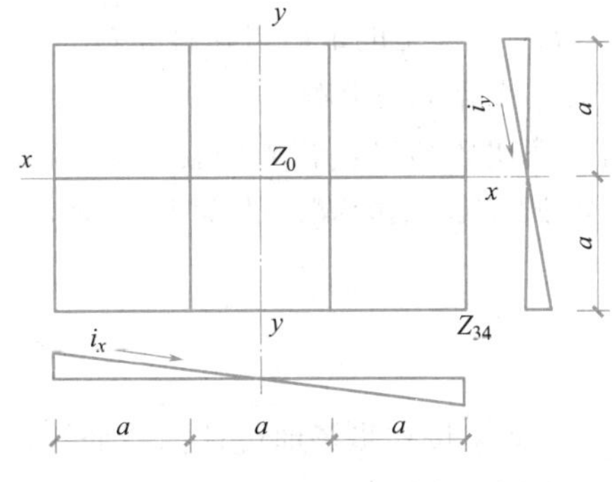

图 5-6　场地双向泄水坡度示意图

若 H 为正值，则该点为填方，H 为负值则为挖方。

2）设计标高的调整

实际工程中，对计算所得的设计标高，还应考虑下述因素进行调整，此项工作在完成土方量计算后进行。

（1）土的可松性影响。

由于土的可松性，会造成填土的多余，需相应地提高设计标高。如图 5-7 所示，设 Δh 为土的可松性引起设计标高的增加值，则设计标高调整后的总挖方体积

$$V'_W = V_W - F_W \cdot \Delta h \tag{5-7}$$

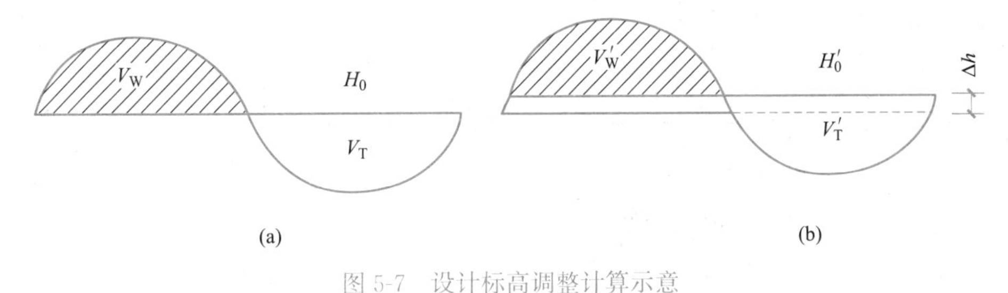

图 5-7　设计标高调整计算示意

（a）理论设计标高；（b）调整设计标高

总填方体积为

$$V'_T = V'_W K'_s = (V_W - F_W \Delta h) K'_s \tag{5-8}$$

此时，填方区的标高也应与挖方区一样，提高 Δh，即

$$\Delta h = \frac{V'_T - V_T}{F_T} = \frac{(V_W - F_W \Delta h) K'_s - V_T}{F_T} \tag{5-9}$$

经移项整理简化得（当 $V_T = V_W$）

$$\Delta h = \frac{V_W (K'_s - 1)}{F_T + F_W K'_s} \tag{5-10}$$

故考虑土的可松性后，场地设计标高应调整为

$$Z'_0 = Z_0 + \Delta h \tag{5-11}$$

式中：V_W、V_T——按初定场地设计标高计算得出的总挖方、总填方体积；

F_W、F_T——按初定场地设计标高计算得出的挖方区、填方区总面积；

K'_s——土的最后可松性系数。

（2）借土或弃土的影响。

根据经济比较结果，若采用就近场外取土或弃土的施工方案，则会引起挖填土方量的变化，需调整设计标高。为简化计算，场地设计标高的调整可按下列近似公式确定，即

$$Z''_0 = Z'_0 \pm \frac{Q}{na^2} \tag{5-12}$$

式中：Q——假定按初步场地设计标高平整后多余或不足的土方量；

n——场地方格数；

a——方格边长。

3）场地平整土方量计算

在场地设计标高确定后，即可求得需平整的场地各角点的施工高度，然后按每个方格角点的施工高度算出填、挖土方量，并计算场地边坡的土方量，这样即可得到整个场地的填、挖土方总量。

（1）确定“零线”的位置零线即挖方区与填方区的交线，在该线上，施工高度为 0。它有助于了解整个场地的挖、填区域分布状态。零线的确定方法是：在相邻角点施工高度为一挖一填的方格边线上，用插入法求出零点的位置，如图 5-8 所示，将各相邻的零点连接起来即为零线。

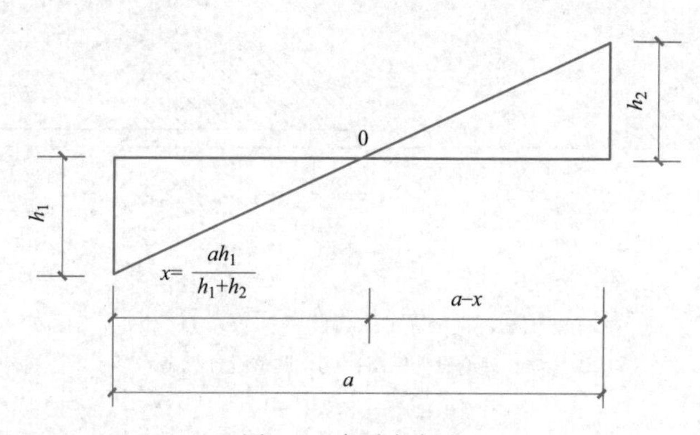

图 5-8　求零点方法

（2）计算方格中的土方量

① 方格四个角点全部为填或全部为挖时，如图 5-9（a）所示。

$$V = \frac{a^2}{4}(h_1 + h_2 + h_3 + h_4) \tag{5-13}$$

式中：　　　V——挖方或填方体积；

h_1、h_2、h_3、h_4——方格四个角点的填挖高度，均取绝对值。

② 方格四个角点，两个是挖方，两个是填方，如图 5-9（b）所示。

挖方部分土方量为　　$$V_{1-2} = \frac{a^2}{4}\left(\frac{h_1^2}{h_1 + h_4} + \frac{h_2^2}{h_2 + h_3}\right) \tag{5-14}$$

填方部分土方量为 $$V_{3-4}=\frac{a^2}{4}\left(\frac{h_3^2}{h_2+h_3}+\frac{h_4^2}{h_1+h_4}\right) \tag{5-15}$$

③ 方格的三个角点为挖方，另一角点为填方时，如图 5-9（c）所示。

填方部分土方量为 $$V_4=\frac{a^2}{6}\left(\frac{h_4^3}{(h_1+h_4)(h_3+h_4)}\right) \tag{5-16}$$

挖方部分土方量为 $$V_{123}=\frac{a^2}{6}(2h_1+h_2+2h_3-h_4)+V_4 \tag{5-17}$$

反过来，方格的三个角点为填方，另一角为挖方时，其挖方部分土方量按式（5-16）计算，填方部分土方量按式（5-17）计算。

④ 方格的一个角点为挖方，一个角点为填方，另两个角点为零点时（零线为方格的对角线）如图 5-9（d）所示，其挖、填土方量为

$$V=\frac{a^2}{6}\cdot h \tag{5-18}$$

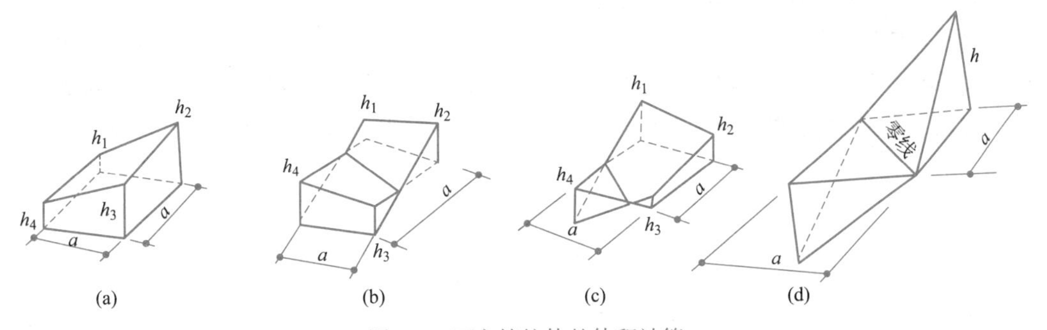

图 5-9　四方棱柱体的体积计算

（a）角点全填或全挖；（b）角点二填二挖；（c）角点一填；（d）角点一挖一填

2. 土方调配

土方调配即对挖土的利用、堆弃和填土三者之间的关系进行综合协调处理，是大型土方施工设计的一个重要内容。土方调配应力求做到挖填平衡，运距最短或费用最低；考虑土方的利用，减少土方的重复挖、填和运输；便于机具调配和机械施工；分区调配与全场调配相协调。具体步骤如下：

1）划分调配区

调配区的划分应注意下列几点：

（1）调配区的划分应与建筑物和构筑物的平面位置相协调，满足工程施工顺序和分期施工的要求，使近期施工和后期利用相结合。

（2）调配区的大小应满足土方施工主导机械（铲运机、挖土机等）的技术要求，例如调配区的范围应该大于或等于机械的铲土长度。调配区的面积最好和施工段的大小相适应。

（3）调配区的范围应该和土方工程量计算用的方格网协调，通常可由若干个方格组成一个调配区。

（4）当土方运距较大或场区范围内土方不平衡时，可根据附近地形，考虑就近取土或就近弃土，这时一个取土区或一个弃土区都可作为一个独立的调配区。

2）求出平均运距及土方施工单价

调配区的大小和位置确定之后，便可计算各填、挖方调配区之间的平均运距。当用铲运机或推土机平土时，挖方调配区和填方调配区土方重心之间的距离，通常就是该填、挖方调配区之间的平均运距。

如采用汽车或其他专用运土工具运土，调配区之间的运土单价，可根据预算定额单价确定。

当采用多种机械配套施工时，应综合考虑挖、运、填配套机械的施工单价，确定其综合单价。

3）确定最优调配方案

最优调配方案的确定，是以线性规划为理论基础，用表上作业法来求解。

3. 施工机械

1）推土机施工

推土机是土方工程施工的主要机械之一，多用于平整场地，移挖、回填土方，推筑堤坝以及配合挖土机集中土方、修路开道等。推土机操纵灵活，运转方便，所需工作面较小、行驶速度快、易于转移，能爬30°左右的缓坡，应用范围较广。推土机经济运距在100m以内，效率最高的运距为40～60m。图5-10所示为T-180型推土机外形图。

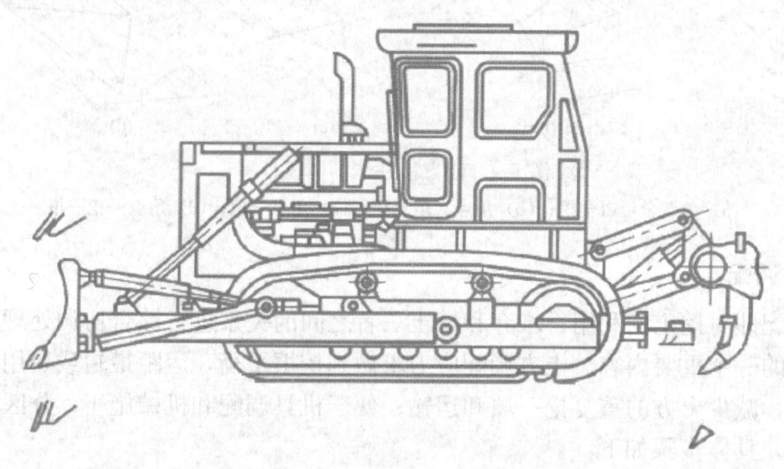

图5-10　T-180型推土机外形图

施工中可采用下述方法来提高推土机的生产率。

(1) 槽形推土。推土机多次在一条作业线上工作，使地面形成一条浅槽，减少土从铲刀两侧散漏。可增加推土量10%～30%。

(2) 并列推土。在大面积场地平整时，可采用多台推土机并列作业。通常两机并列可增大推土量15%～30%；三机并列推土可增加30%～40%。并列推土送土运距宜为20～60m。

(3) 下坡推土。在斜坡上方顺下坡方向工作。坡度15°以内时一般可提高生产率30%～40%。

(4) 分批集中，一次推送。在硬土中开挖时，切土深度不大，可采用多次铲土、分批集中、一次推送的方法，有效利用推土机的功率，缩短运土时间。

2）铲运机施工

铲运机是一种能综合完成全部土方施工工序（挖土、装土、运土、卸土和平土）的机械。按行走方式分为自行式铲运机（见图 5-11）和拖式铲运机两种。常用的铲运斗容量为 $2m^3$、$5m^3$、$6m^3$、$7m^3$ 等，按铲运斗的操纵系统又可分为机械操纵和液压操纵两种。铲运机操纵简单，不受地形限制，能独立工作，行驶速度快，生产效率高。

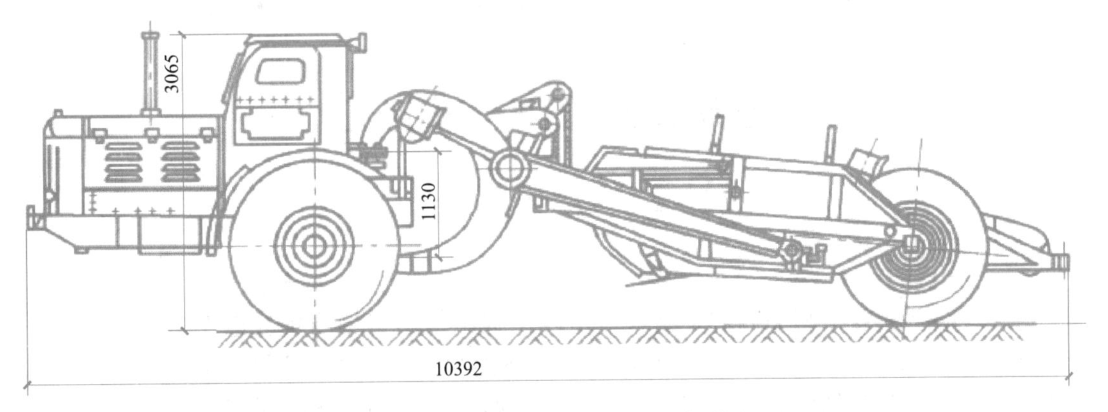

图 5-11 C3-6 型自行式铲运机外形图

铲运机适于开挖一至三类土，常用于坡度 20°以内的大面积土方挖、填、平整土方，大型基坑开挖和堤坝填筑等。

铲运机运行路线和施工方法视工程大小，运距长短，土的性质和地形条件等而定。其运行路线可采用环形路线或“8”字形路线（见图 5-12）。适用运距为 60～1500m，当运距为 200～350m 时效率最高。作业方法可用下坡铲土、跨铲法、推土机助铲法等，以充分发挥其效率。

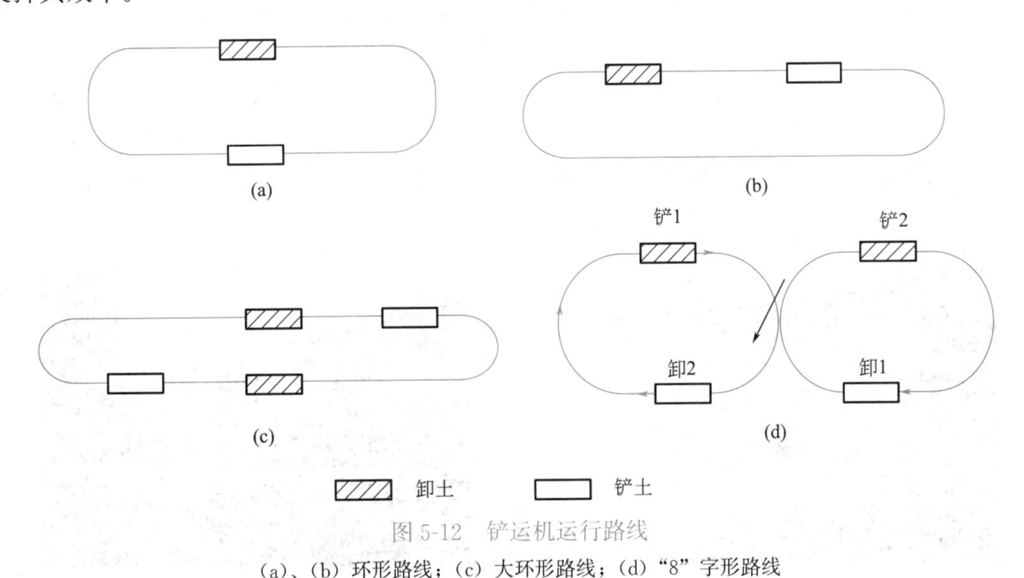

图 5-12 铲运机运行路线

（a）、（b）环形路线；（c）大环形路线；（d）“8”字形路线

任务实施

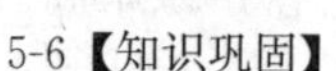

5-6【知识巩固】　5-7【能力训练】　5-8【考证演练】

任务 5.3　围护结构施工

任务描述

学习“知识链接”相关内容，结合《市政工程施工图案例图集（地铁车站、隧道分册）》，重点完成以下工作任务：一是回答与地下连续墙、钻孔灌注桩、咬合桩等围护结构相关的问题；二是根据给定的工程案例，编制地铁车站围护结构的施工方案；三是完成与本任务相关的建造师职业资格证书考试考题；具体参见“任务实施”模块。

知识链接

5.3.1　地下连续墙施工

1. 地下连续墙认知

地下连续墙是地铁车站基坑的一种围护结构。该工艺是在地面上采用挖槽机械，沿着围护结构轴线，在泥浆护壁条件下，开挖出一条狭长的深槽，清槽后，在槽内吊放钢筋笼，然后用导管法灌筑水下混凝土筑成一个单元槽段，如此跳仓逐段进行，在地下筑成一道连续的钢筋混凝土墙壁，作为截水、防渗、承重、围护结构，见图 5-13、图 5-14。地下连续墙具有施工振动小，墙体刚度大，整体性好，施工速度快，适用于各种地质条件等优势。

图 5-13　地下连续墙与钢支撑围护体系

图 5-14　地下连续墙与混凝土支撑围护体系

2. 施工工艺流程

地下连续墙施工工艺流程见图 5-15。

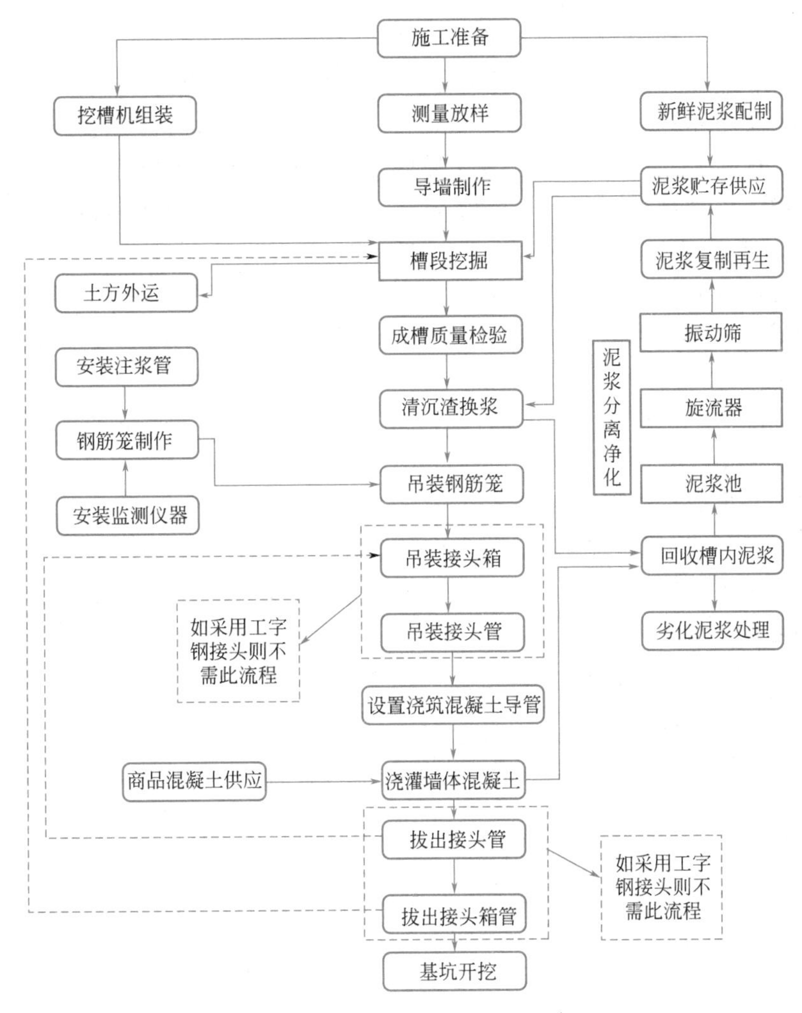

图 5-15　地下连续墙施工工艺流程

（1）技术准备

① 施工前编制地下连续墙施工方案，并完成方案审批。

② 对施工作业人员进行地下连续墙施工技术交底和安全技术交底。

③ 复核设计单位交付的导线点、三角网点、水准基点及有关测量资料。如有标志不清晰、点位不稳定或被损毁及精度不符合施工要求，应及时进行加固和恢复，待点位稳定后，重新进行测量，测量结果报审通过后，方可用于施工。

（2）现场准备

① 完成交通疏解、征地拆迁、夜间施工许可等外部协调工作。

② 完成施工现场围蔽及连续墙施工范围内的地下管线改迁、地下障碍物的清除工作。

③ 完成办公、生活临建设施及生产场地的布置和建设。

④ 完成临时用电、用水设施的布置和建设。

（3）资源准备

① 材料进场及验收

a. 钢筋：钢筋进场时，应按国家相关标准的规定抽取试件作屈服强度、抗拉强度、伸长率、弯曲性能和重量偏差检验，检验结果应符合相应标准的规定。

b. 钢筋机械连接套筒：连接套筒应有出厂合格证，一般为低合金钢或优质碳素结构钢，其抗拉承载力标准值应大于、等于被连接钢筋的受拉承载力标准值的 1.20 倍，套筒长为钢筋直径的二倍，套筒应有保护盖，保护盖上应注明套筒的规格。

c. 电焊条：按设计要求选用，其质量应符合《非合金钢及细晶粒钢焊条》GB/T 5117—2012、《热强钢焊条》GB/T 5118—2012 的规定。

d. 泥浆拌制材料：宜优先选用膨润土，如采用黏土，应进行物理、化学分析和矿物鉴定，其黏粒含量应大于 50%，塑性指数应大于 20，含砂量应小于 5%，二氧化硅与氧化铝比值宜为 3～4。

e. 商品混凝土：混凝土应采用掺外加剂的防水混凝土，配合比经试验确定。坍落度应采用 180～220mm。

② 机械设备进场及报验

所有机械设备进场后需按要求完成报审和备案工作，方可投入使用；仪器需进行校验和标定后方可使用。

③ 劳动力资源准备

每班地下连续墙施工劳动力配置见表 5-2：

劳动力配备计划表　　表 5-2

类别	岗位	人数	备注
导墙施工	班组长	1	
	导槽开挖，换填班	2	
	钢筋工班	4	
	木工班	4	
	混凝土工班	4	
渣土废浆运输	负责人	1	
	渣土转运	4	
	场内渣土外运	4	
	废浆外运	4	
地连墙施工	班组长	1	
	成槽班	4	
	泥浆班	4	
	钢筋下料班	6	
	钢筋笼制作班	6	
	起重班	4	
	混凝土灌注班	6	
	接头处理班	4	

（4）导墙施工

① 测量放样

采用全站仪实地放出导墙轴线坐标，按导墙平面尺寸确定开挖线。导墙净距应大于地下连续墙设计尺寸 40～60mm，顶部高出地面不应小于 100mm。

5-9 地下连续墙导墙测量放样

② 导墙基槽开挖

导墙基槽应采用先人工挖探沟对管线进一步确认，之后采用挖掘机开挖，人工配合清底、夯填、整平。有塌方或开挖过宽的地方用砖墙砌筑。基坑挖完后应进行验槽，做好记录，如发现地基土质与地质勘探报告、设计要求不符时，应与有关人员研究及时处理。

5-10 地下连续墙导墙施工

③ 钢筋绑扎

导墙钢筋采取绑扎连接方式。先固定竖向钢筋，再绑扎水平钢筋，安装水平拉筋，最后安装拉钩和垫块。拉钩采用梅花形布置。钢筋的接头宜设置在受力较小处，同一纵向受力钢筋不宜设置两个或两个以上接头。在任一接头中心至长度为钢筋直径 d 的 35 倍且不小于 500mm 的区段内，有接头的受力筋截面积占受力筋总截面面积的百分率不超过 50%。相邻两段导墙应按相关规范预留绑扎钢筋。

④ 模板安装

施工现场备好隔离剂、木方、护身栏杆及操作平台、护栏板等。在模板就位前认真涂刷隔离剂。在首次涂刷隔离剂时，必须对模板进行全面清理，清除模板板面的污垢和锈蚀，然后才能涂刷隔离剂，隔离剂要薄而均匀，不得漏刷。要注意涂刷隔离剂后的模板，不得长时间放置，以防雨淋或落上灰尘，影响拆模。为防止模板下口跑浆，安装模板前，应清扫、水冲或用鼓风机清理墙内杂物，抹好砂浆找平层。由结构引起的地面高差，可用木方承垫在模板的底部；对于底部悬空的模板，要设置模板承垫条或带，并校正其平直。模板应采用钢管支撑加固，确保模板垂直度。

⑤ 导墙混凝土浇筑

混凝土浇筑前，对模板及混凝土接槎处进行浇水湿润，但模板内不得有积水。混凝土浇筑可采用溜槽进行浇筑，两边对称交替进行，并用振捣棒及时进行振捣密实。振捣时，做到快插慢拔，且振捣棒不得直接接触模板，以防模板移位、变形。混凝土需分层浇筑，在振捣上层混凝土时，混凝土振捣棒要插入下层混凝土 50mm，以保证混凝土结合严密。混凝土浇筑完成以后，施工人员按照设计标高点对混凝土面进行找平，铲除高的混凝土，将低处混凝土补足高度。

⑥ 导墙对撑

为防止导墙向内挤压变形，导墙内侧模板拆除后根据工程导墙高度设置上下支撑体系。

⑦ 墙体外侧回填土

墙体模板拆除并加设对撑后，方可进行墙体背侧回填土施工，应采用优质黏土对称、分层进行回填，现场无优质黏土时，可在开挖出的土中掺加 7%的水泥，在较佳含水率的条件下，拌制均匀后进行回填。见图 5-16。

图 5-16　导墙施工

（a）导墙基槽开挖；（b）导墙钢筋绑扎；（c）导墙模板安装；（d）混凝土浇筑；（e）设置横撑

（5）地下连续墙成槽

① 泥浆制备

泥浆制备采用泥浆搅拌机在孔外造浆，根据不同地层情况控制泥浆比重、黏度制备泥浆，泥浆配合比由试验确定。泥浆主要采用黏土、膨润土和泥浆外加剂等材料进行配置。各种外加剂掺入量，应先做试配，试验其掺入外加剂后的泥浆性能指标是否有所改善并符合要求。各种外加剂宜先用小剂量溶剂，按循环周期均匀加入，并及时测定泥浆性能指标，防止掺入外加剂过量。每循环周期相对密度差不宜超过 0.01。泥浆制备搅拌完成后对泥浆性能指标进行标定，标定合格后需溶胀 24h 备用。钻孔过程中应随时检验泥浆比重和含砂率，并填写泥浆试验记录表。

5-11 地下连续墙成槽施工

② 成槽施工

a. 根据施工设计图，施工前对槽段进行划分，每段 6m；液压抓斗成槽机成槽时，采用“跳槽法”施工，先施工两侧的连续墙，后再施工之前未施工的中间槽段。跳槽法施工示意如图 5-17 所示。

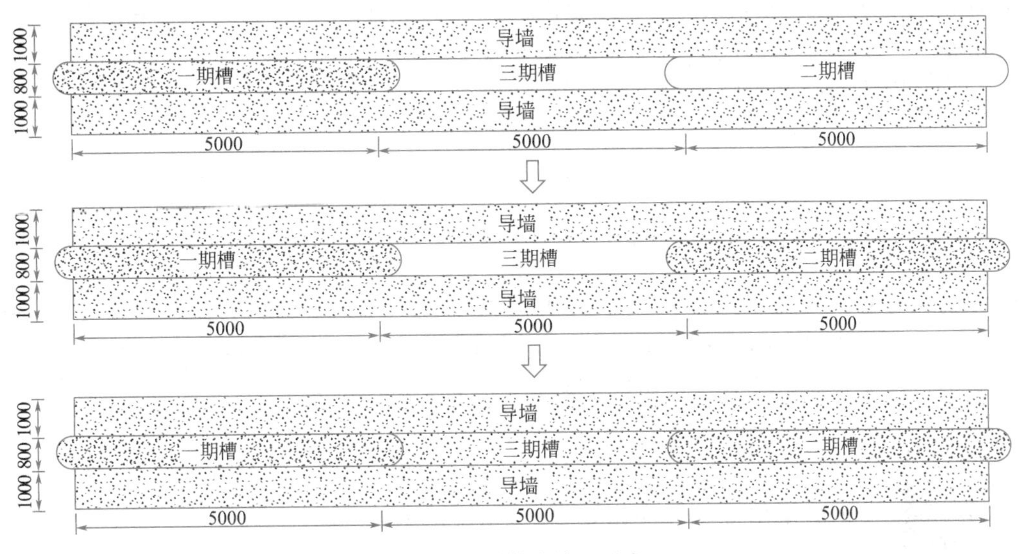

图 5-17　跳槽法施工示意

b. 成槽机开挖前，根据工程地质情况，宜先进行幅间钻（冲）导向孔，再进行抓槽机的作业。抓槽机作业时控制抓斗上下运行速度，如发现较严重坍塌时，及时将机械设备提出，分析原因，妥善处理。

c. 抓槽深度至岩层时，利用冲击钻进入冲击和修槽完成，冲击时按主、副孔跳打成槽，冲孔完成后进行空位修正。挖槽时根据成槽机仪表及实测的垂直度及时纠偏，随时用测绳测量槽深，并用超声波侧壁仪扫描槽壁壁面以检测槽段壁面垂直度（见图 5-18）。

图 5-18　挖槽机成槽

d. 用特制刷壁方锤冲打修边和冲刷槽间钢接头，直到刷壁机上没有附着物。

e. 清底换浆时，要保持槽内始终充满泥浆，以维持槽壁稳定，避免坍孔，槽底清理或置换泥浆结束1h后，槽底500mm高度以内的泥浆比重不大于1.15，墙底沉渣不得大于100mm。

f. 成槽完自检合格报验监理工程师对其槽深、沉渣厚度等指标均采用测绳探孔进行验收。

(6) 钢筋笼制作与吊装

① 钢筋笼制作

a. 钢筋备料

钢筋的材质、规格必须满足设计图纸和验收标准要求，且通过项目自检及监理工程师验收合格后方能使用。钢筋表面应洁净，使用前应将表面油渍、漆皮、鳞锈等清除干净，钢筋应平直，无局部弯折。分批分型号堆放、设立标识。

5-12 地下连续墙钢筋笼制作

b. 加工场地检查

钢筋笼制作场地应进行硬化，钢筋笼加工及堆放场地应设置防雨棚。钢筋笼在胎架上加工成型，应采用工字钢搭设。

c. 钢筋笼制作

钢筋笼的分幅长度应满足设计要求。钢筋笼的加强箍筋及桁架连接筋设置应符合设计要求，如果不能满足吊装要求进行增加。钢筋笼的主筋应采用机械连接接头，质量必须符合《钢筋机械连接技术规程》JGJ 107—2016。焊接桁架过程中按要求预留灌注孔位置，灌注孔上下贯通。钢筋笼底端应在0.5m范围内的厚度方向上做收口处理。预埋件应与主筋连接牢固，外露面包扎严密。分节制作钢筋笼应试拼装，其主筋接头搭接应符合设计要求。

d. 测斜管与保护层垫块安装

测斜管牢固绑扎在钢筋笼迎土面一侧，在测斜管的顶端套一定长度的钢管，保护测斜管在剔除桩头时不被破坏。为保证钢筋保护层厚度的准确性，应采用不同规格的垫块，并将垫块与钢筋绑扎或焊接牢固，垫块应交错布置，深度方向间距为3～5m，每层设2～3块。

e. 存放

加工后的钢筋笼存放时，每隔2m设置衬垫，使钢筋笼高于地面5cm，钢筋笼应加盖防雨布。见图5-19。

f. 钢筋笼验收

钢筋笼制作后对钢筋笼的钢筋尺寸、直径、配筋间距、焊接质量、预埋件、预埋筋、监测管等进行严格检查，验收合格后方可出场。

5-13 地下连续墙钢筋笼吊装

② 钢筋笼吊装

a. 起吊准备

钢筋笼可采用双机抬吊、整幅成型起吊入槽的吊装方法。应根据钢筋笼幅宽、形状设置钢筋笼内的桁架以确保起吊时的刚度和强度。对于连续墙钢筋笼，宜采用主吊和副吊同时就位调试并对吊装所用钢丝绳等进行安全性能检查。

(a)　　(b)

图 5-19　钢筋加工

(a) 钢筋笼加工；(b) 保护层垫块安装

b. 吊装加固

钢筋笼采用整幅起吊入槽，考虑到钢筋笼起吊时的刚度，在钢筋笼内剪刀筋拐角内侧设置加强箍筋，钢筋吊点处用圆钢加固，转角槽段增加支撑，每 2m 一根。钢筋笼四周及吊点位置上下 1m 范围内面筋必须 100%的点焊，其余位置可采用 50%的点焊。见图 5-20。

(a)　　(b)

图 5-20　钢筋笼起吊

(a) 钢筋笼起吊；(b) 钢筋笼吊装加固

③ 吊装入孔

钢筋笼吊放前要再次复核导墙上支点的标高，精确计算吊筋长度，确保误差在允许范围内。吊装时应采取措施保证钢筋笼不发生变形。钢筋笼吊装前应将钢筋笼上粘附的泥土和油渍清除干净。吊点中心必须与槽段中心对准，然后慢慢下降，不得强行入槽。钢筋笼分段沉放入槽时，下节钢筋笼平面位置应正确并临时固定于导墙上，上下节主筋对正连接牢固，经检查后方可继续下沉。安放好的钢筋笼要保持竖直，平面位于槽段中心。吊装完成后采取固定措施，防止混凝土浇筑过程中钢筋骨架上浮或下沉。

当采用分节吊装时，应按下述两个步骤完成。

a. 把整幅钢筋笼与下段主筋，副筋连接的套筒丝口，向上段钢筋笼丝口上旋，每个接头上旋完成后，检查主筋、副筋是否全部分开，检查验收完毕后，方可进行起吊钢筋笼。

b. 下段先吊装入槽，入槽后用钢管或型钢承托，然后松开钢丝绳，再吊装上段钢筋笼，上段钢筋笼吊装入槽时对准下段钢筋笼上端四角点主筋进行套筒下旋牢固对接，然后逐一每根钢筋笼用同样方法下旋对接牢固后，方可整幅钢筋笼起吊入槽缓慢往下，直至笼标高。见图 5-21。

图 5-21　钢筋笼吊装入槽

（7）水下混凝土施工

① 槽底沉渣和泥浆指标检测

浇筑水下混凝土时，应对槽内泥浆指标进行复测，排出或抽出的泥浆手摸无 2～3mm 颗粒，含砂率不大于 2%，泥浆比重不大于 1.15，黏度 17～20s，槽底沉渣厚不大于 100mm。

5-14 地下连续墙导管安装

② 导管安装

根据施工槽段宽度，使用两根钢制导管，对称进行混凝土浇灌。在“—”形和“┐”形槽段设置 2 套导管，在“Z”形和大于 6m 长的槽段设置 3 套导管，两套导管间距不宜大于 3m，导管距槽端头不宜大于 1.5m，导管提离槽底大约 30～40cm 之间。导管在钢筋笼内要上下活动顺畅，灌注前利用导管进行泵吸反循环二次清底换浆，并在槽口上设置挡板，以免混凝土落入槽内而污染泥浆。

导管管端用粗丝扣螺栓连接并以环状橡胶圈或垫密封，管接头外部要光滑。使用前，根据槽段深度，编排管节，在地面按编排的管节长度组装完成后进行水压气压试验，导管用吊车吊入槽中连接。

③ 首盘混凝土

混凝土的初存量应满足首批混凝土入孔后，导管埋入混凝土中的深度不小于 500mm 和填充导管的需要。首批混凝土浇筑时应在孔周预先设置挡水坎，适当扩挖泥浆引流沟槽，预先开启抽水设备，避免泥浆四溢。

④ 浇筑

5-15 地下连续墙混凝土浇筑

钢筋笼沉放就位后及时灌注混凝土，并不应超过 4h，混凝土应连续浇筑，中途不得停顿，因故中断灌注时间不得超过 30min；混凝土供应必须满足混凝土连续浇筑的要求。混凝土浇筑过程中应经常探测孔内混凝土面高程及时调整导管埋深，导管提升时其埋入混凝土深度应为 1.5～3m，相邻两导管内混凝土高差不应大于 0.5m；灌注速度不应低于 2m/h；浇筑过程中，导管应缓慢提升或下降，避免在已浇筑混凝土中形成空洞或将顶层浮渣卷入，混凝土不得溢出导管落入槽内。

⑤ 末批混凝土

末批混凝土浇筑过程中导管埋深宜控制在 3～5m，最小埋深任何时候不得小于 1.5m。当出现混凝土浇筑困难时，可采用孔内加水稀释泥浆，并掏出部分浮渣或提升浇筑料斗增加压力差等措施进行处理。混凝土灌注宜高出设计高程 300～500mm。

3. 质量控制

（1）导墙施工控制要点

① 导墙的位置应满足允许偏差。为避免围护结构侵限，导墙应根据实际情况考虑外放 60～100mm。

② 开挖前做好坑探工作。导墙内侧土胎膜应人工挖土修边。

③ 模板及其支架的强度、刚度、稳定性要好，垂直度应满足要求。

④ 导墙的施工缝应与地下连续墙接头错开。

⑤ 混凝土浇筑时两侧对称浇筑。

（2）泥浆制备控制要点

① 严格按照操作规程和配合比要求进行泥浆制作和搅拌。

② 泥浆使用一个循环之后，对泥浆进行分离净化并补充新制泥浆。

③ 泥浆的比重、黏度、含砂率、pH 值均应符合要求。随时对泥浆进行测试，对不符合要求的泥浆进行处理。

④ 泥浆拌制后应充分水化后方可使用。

⑤ 保持泥浆稳定性、泥皮形成性能、泥浆流动性等。

（3）成槽控制要点

① 合理安排槽段开挖顺序。

② 根据不同底层调整泥浆性能，确保沟槽稳定。

③ 根据设计要求核实终槽条件。

④ 按照设计要求控制槽深及槽壁垂直度。

⑤ 控制槽段刷壁质量。

（4）钢筋笼制作控制要点

① 钢筋笼制作前应核对单元槽段实际宽度与成型钢筋尺寸，成槽后根据槽段深度调整钢筋笼长度。

② 钢筋的间距、预埋件的位置需符合设计要求。

③ 严控机械连接与焊接质量。

④ 根据专家论证后的方案合理布置吊点的位置。

⑤ 注意钢筋笼基坑面与迎土面，严禁放反。

（5）钢筋笼吊装控制要点

① 钢筋笼吊装方案需经过专家论证并审批交底后实施。

② 吊装机械、吊具、锁具、滑轮、卸扣、钢丝绳质量满足使用要求。

③ 严格检查吊点位置和焊接质量。吊装前必须进行试吊，对周围环境进行检查。

④ 钢筋笼吊放入槽时，严禁强行冲击入槽。

（6）混凝土浇筑控制要点

① 灌注混凝土前需进行二次清孔，复核槽底泥浆性能与沉渣厚度。

② 导管必须进行试拼装，进行严密性和压力试验。

③ 导管插入混凝土的深度，拔管速度与时机符合设计及相关规范要求。

④ 进场混凝土应进行配合比核实及性能检测，满足设计要求。

4. 检验标准

（1）导墙质量检验标准

导墙质量检验标准见表 5-3：

导墙质量检验标准表　　表 5-3

施工项目	误差标准
轴线误差	±10mm
内墙面垂直度	5‰
内墙面平整度	3mm
顶面平整度	5mm

（2）钢筋笼质量检验标准

钢筋笼制作质量检验标准见表 5-4：

钢筋笼制作质量检验标准表　　表 5-4

项目	偏差	检查方法
钢筋笼长度	±50mm	钢尺量，每片钢筋网检查上、中、下三处
钢筋笼宽度	±20mm	
钢筋笼厚度	0mm，−10mm	
主筋间距	±10mm	任取一断面，连续量取间距，取平均值作为一点，每片钢筋网上测 4 点
分布筋间距	±20mm	
预埋件中心位置	±10mm	抽查

（3）泥浆主要性能指标

在成槽过程中，泥浆具有护壁、携渣、冷却机具和润滑等作用，泥浆的使用是保证成槽质量的关键措施，泥浆配制、管理性能指标见表 5-5：

泥浆配制、管理性能指标　　表 5-5

泥浆性能	新配置		循环泥浆		废弃泥浆		检验方法
	黏性土	砂性土	黏性土	砂性土	黏性土	砂性土	
比重（g/m^3）	1.04～1.05	1.06～1.08	<1.10	<1.15	>1.25	>1.35	比重计
黏度（s）	20～24	25～30	<25	<35	>50	>60	漏斗计
含砂率（%）	<3	<4	<4	<7	>8	>11	洗砂瓶
pH 值	8～9	8～9	>8	>8	>14	>14	试纸

（4）成槽质量标准

槽段挖至设计高程后，应及时检查槽位、槽深、槽宽和垂直度，并做好记录，合格后方可进行清底，成槽质量标准见表 5-6：

成槽质量标准表　　表 5-6

序号	项目	允许偏差	检验方法
1	槽段长度(沿轴线方向)(mm)	±50	将测量锤沉入槽底。拉紧测量绳，读尺
2	槽段厚度(mm)	±10	用钢尺量
3	相邻槽段中心线偏差(mm)	≤20	全站仪测量
4	槽底上 200mm 处泥浆密度	≤1.2	密度计
5	沉渣厚度(mm)	≤200	测量锤

（5）地下连续墙质量检验标准

基坑开挖后应进行地下连续墙验收，地下连续墙质量检验标准如表 5-7 所示：

地下连续墙质量检验标准　　表 5-7

项目类别	序号	检查项目		允许偏差或允许值(mm)	检验方法
主控项目	1	墙体强度		设计要求	查试块记录或取芯试压
	2	垂直度	永久结构	$H/300$	测声波测槽仪或成槽机上的监测系统测定
			临时结构	$H/150$	
一般项目	1	导墙尺寸	宽度	$W+40$	钢尺量，W 为地下墙设计厚度
			墙面平整度	<5	钢尺量检查
			导墙平面位置	10	钢尺量检查
	2	沉渣厚度	永久结构	≤100	重锤测或沉积物测定仪测
			临时结构	≤200	
	3	槽深		100	重锤测
	4	混凝土坍落度		≤100	用坍落度测定器检查
	5	钢筋笼尺寸	主筋间距	10	钢尺量检查
			长度	100	钢尺量检查
			箍筋间距	20	钢尺量检查
			直径	10	钢尺量检查
	6	地下连续墙表面平整度	永久结构	10	对于均匀黏土层，松散及易坍土层由设计决定
			临时结构	15	
			插入式结构	20	
	7	永久结构时预埋件位置	水平方向	≤10	钢尺量检查
			垂直方向	≤20	用水准仪检查

5.3.2 钻孔灌注桩施工

1. 钻孔灌注桩认知

钻孔灌注桩是指通过机械钻孔在地基土中形成桩孔，并在其内放置钢筋笼，灌注混凝土后而形成的桩（见图 5-22、图 5-23）。其具有承载力大、稳定性好、沉降量小、受施工水位或地下水位高低的影响较小等优点，适用于一般地质条件下的土质地层中。

图 5-22 完成施工的钻孔灌注桩

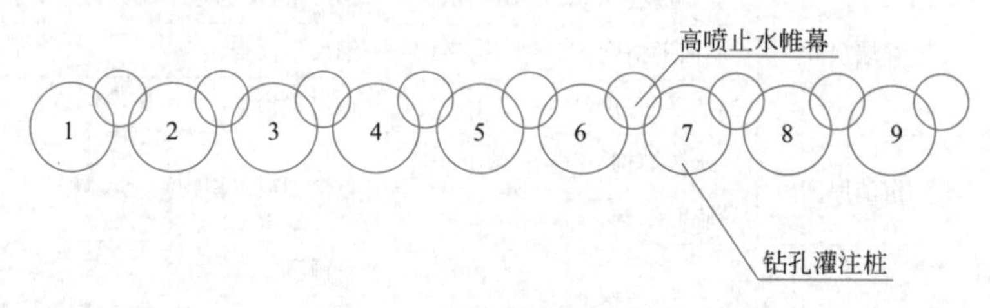

图 5-23 钻孔灌注桩平面图

在钻孔灌注桩施工中，常用的成孔机械有旋挖钻和冲击钻。在黏土、黏质粉土、淤泥质土层、粉砂层的施工中，一般采用旋挖钻机钻进，其具有施工效率高，成孔质量好，低噪声、低振动、移动方便等优点，而在卵砾石、漂石、块石、基岩等复杂地层及旧基处理方面施工，冲击钻施工效率则优于旋挖钻，因此根据不同的地层采用合适的成孔机械可加快施工周期，提高钻进效益，确保工程质量。

2. 施工工艺流程

钻孔灌注桩在平面上一般采用跳桩作业（见图 5-24），跳打距离不少于 4 倍桩径（或最少间隔不少于 36h），施工顺序为 1→4→7、2→5→8、3→6→9 跳桩施工，钻孔桩施工前，必须试成孔。数量不得少于两个。以便核对地质资料，检验所选的设备，施工工艺及技术措施是否适宜。钻孔灌注桩施工工艺流程见图 5-25。

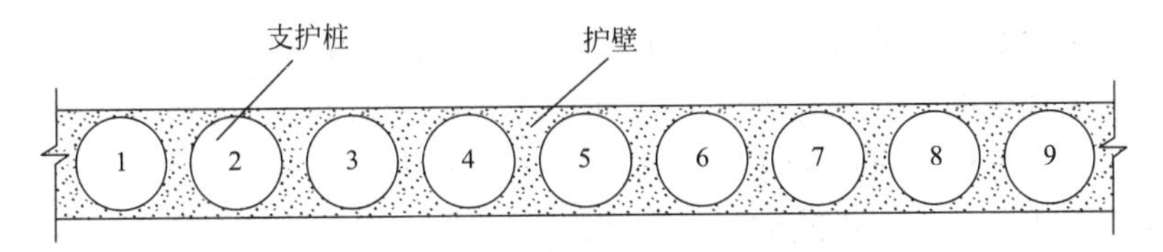

图 5-24　跳仓法施工示意

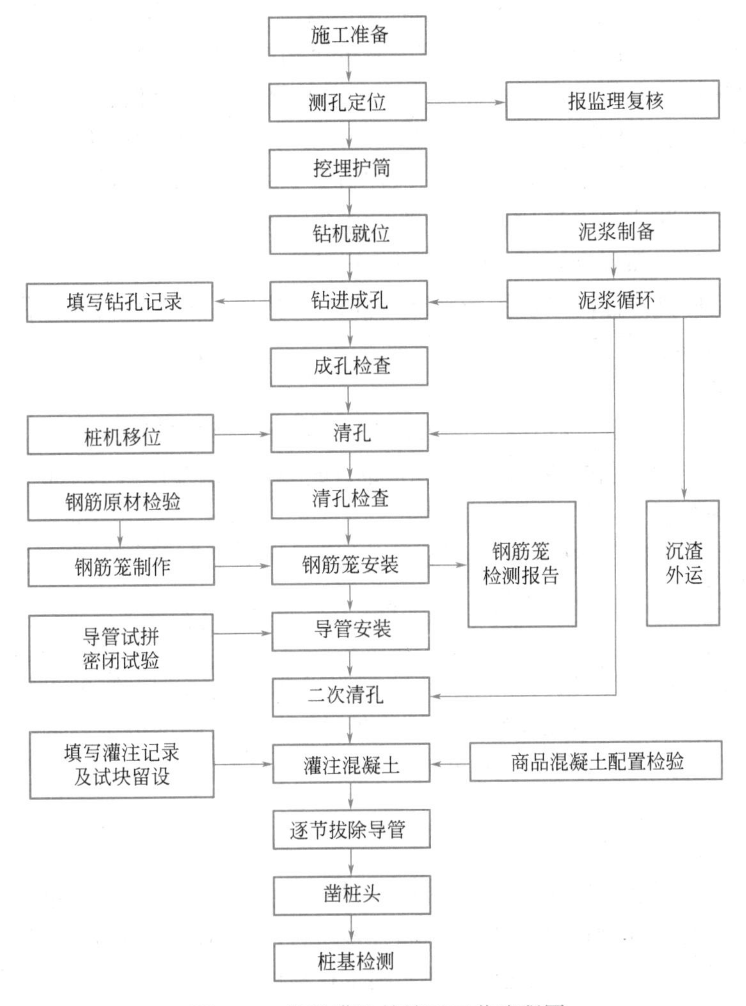

图 5-25　钻孔灌注桩施工工艺流程图

(1) 技术准备

① 施工前编制钻孔灌注桩施工方案，并完成方案审批。

② 对施工作业人员进行围护桩施工技术交底和安全技术交底。

③ 复核设计单位交付的导线点、三角网点、水准基点及有关测量资料。如有标志不清晰、点位不稳定或被损毁及精度不符合施工要求，应及时进行加固和恢复，待点位稳定后，重新进行测量，测量结果报审通过后，方可用于施工。

（2）现场准备

① 完成交通疏解、征地拆迁、夜间施工许可等外部协调工作。

② 完成施工现场围蔽及钻孔桩施工范围内的地下管线改迁、地下障碍物的清除工作。

③ 完成办公、生活临建设施及生产场地的布置和建设。

④ 完成临时用电、用水设施的布置和建设。

（3）资源准备

① 材料准备

a. 钢筋：钢筋进场时，应按国家相关标准的规定抽取试件作屈服强度、抗拉强度、伸长率、弯曲性能和重量偏差检验，检验结果应符合相应标准的规定。

b. 钢筋机械连接套筒：连接套筒应有出厂合格证，一般为低合金钢或优质碳素结构钢，其抗拉承载力标准值应大于、等于被连接钢筋的受拉承载力标准值的 1.20 倍，套筒长为钢筋直径的 2 倍，套筒应有保护盖，保护盖上应注明套筒的规格。

c. 电焊条：按设计要求选用，其质量应符合国家标准《非合金钢及细晶粒钢焊条》GB/T 5117—2012、《热强钢焊条》GB/T 5118—2012 的规定。

d. 泥浆拌制材料：宜优先选用膨润土，如采用黏土，应进行物理、化学分析和矿物鉴定，其黏粒含量应大于 50%，塑性指数应大于 20，含砂量应小于 5%，二氧化硅与氧化铝比值宜为 3～4。

e. 商品混凝土：混凝土必须具有良好的和易性，配合比应经试验确定。细骨料宜采用中、粗砂，粗骨料宜采用粒径不大于 40mm 卵石或碎石，坍落度宜为 160～210mm。

② 机械设备准备

所有机械设备进场后须按要求完成报审和备案工作，方可投入使用；仪器需进行校验和标定后方可使用。

（4）探槽开挖

为进一步确认地下管线情况，防止其他未明管线影响施工，需在钻孔施工前开挖探槽，探槽深度应大于 2.5m，硬化路面可用机械破除，硬化路面以下须人工探挖，开挖时注意未知管线，如遇管线需先处理方可施工，探挖完后需回填至地面以下 0.5m，探槽在混凝土灌注施工时可用于泥浆的排流。

（5）测量放样

围护结构平面定位应以各控制点的坐标、线路中心线、设计轴线为准。竖向定位以有效站台中心线处的轨面标高、基坑底面标高、各层板的结构面标高为准，按与线路同坡进行推算。平面定位应考虑实际的地质条件、施工机械的性能、施工误差、测量误差、基坑开挖变形、防水层厚度等因素的影响外放 6～10cm，以保证内衬墙的厚度及建筑限界。用全站仪在桩位中心测放出定位桩，然后据此引出相对垂直的十字控制桩，控制桩可用 $\phi 8$ 钢筋制作，打入土中至少 30cm。

（6）埋设护筒

钻孔前应设置坚固、不漏水的钢护筒，钢护筒内径应大于钻头直径，使用冲击钻机钻孔时应比钻头大 40cm。护筒顶面应高出施工地面 0.5m，还应满足孔内泥浆面的高度要求。护筒四周回填黏土并分层夯实，可用锤击、加压、振动等方法下沉护筒，见图 5-26。

图 5-26　定位及埋设护筒示意

（7）泥浆制备

泥浆制备采用泥浆搅拌机在孔外造浆，根据不同地层情况控制泥浆比重、黏度制备泥浆，泥浆配合比由试验确定。泥浆主要采用黏土、膨润土和泥浆外加剂等材料进行配置。各种外加剂掺入量，应先做试配，试验其掺入外加剂后的泥浆性能指标是否有所改善并符合要求。各种外加剂宜先用小剂量溶剂，按循环周期均匀加入，并及时测定泥浆性能指标，防止掺入外加剂过量。每循环周期相对密度差不宜超过 0.01。泥浆制备搅拌完成后对泥浆性能指标进行标定，标定合格后需溶胀 24h 备用。钻孔过程中应随时检验泥浆比重和含砂率，并填写泥浆试验记录表。

（8）成孔

① 旋挖钻成孔

5-16 钻孔灌注桩施工

a. 旋挖钻成孔见图 5-27。旋挖钻机就位后应对钻机进行调平对正，施工中应随时通过平衡仪检查钻机水平；开孔时对深度仪进行归零，并应在施工中随时校核深度。根据地质条件选择相应的钻斗。

b. 成孔前必须检查钻头保径装置、钻头直径、钻头磨损情况，施工过程对钻头磨损超标的部件及时更换。

c. 钻头下孔前必须检查滚刀或牙轮使之转动灵活，检查钻头各焊接部位有无裂纹。如发现滚刀或牙轮轴承损坏应及时更换；刀座及钻头筒有磨损应及时补焊，防止发生孔下事故。

d. 泥浆初次注入时，应垂直向桩孔中间进行注浆；孔口采用护筒时，液面不宜低于孔口 1.0m，并且高于地下水位 1.5m 以上，液面应保持稳定。

e. 旋挖钻机成孔应采用跳挖方式，钻斗倒出的渣土距桩孔口的距离应大于 6m，并应及时清除外运。

f. 旋挖钻机配备电子控制系统显示并调整钻进时的垂直度，通过电子控制和人工观测两个方面来保证钻杆的垂直度。

② 冲击钻成孔

a. 冲击钻成孔见图 5-28。冲击钻机施工时，开钻采用小冲程，慢速冲进，当钻锥超过护筒底口 50cm 后，可适当加大冲程到正常速度钻进。正常钻进过程中，冲程控制在

图 5-27　旋挖钻成孔

2～6m。在进入岩层时，如岩层为斜坡状，应先投片石，将表面垫平后，再用钻锥进行冲击钻进；在砂及卵石夹土等松散层开孔或钻进时，可按 1∶1 投入黏土和小片石（粒径不大于 15cm），用冲锥以小冲程反复冲击，使泥膏、片石挤入孔壁。必要时须重复回填反复冲击 2～3 次。

图 5-28　冲击钻成孔

b. 冲击钻施工的桩，冲程大小和泥浆稠度应按通过的土层情况适时控制。当通过砂、砂砾石或含砂量较大的卵石层时，宜采用 1～2m 的中小冲程，并加大泥浆浓度，反复冲击使孔壁坚实，防止坍孔。当通过含砂低液限黏土的黏质土层时，因土层本身可造浆，应降低输入的泥浆稠度，并采用 1～1.5m 的小冲程，防止卡钻、埋钻。当通过基岩之类土层时，可采用 4～5m 的大冲程，使基岩破碎。在任何情况下，最大冲程不宜超过 6m，防止卡钻、冲坏孔壁或使孔壁不圆。为正确提升钻锥的冲程，宜在钢丝绳上油漆长度标志。在掏渣后或因其他原因停钻后再次开钻时，应由低冲程逐渐加大到正常冲程以免卡钻。

c. 观察到孔内水位迅速下降、井口钢丝绳异常松动时，结合地勘报告，判断是否遇到空洞。认真学习地勘报告，在可能（肯定）要出现空洞的位置，在钻孔时要有充分的准备，在快到空洞处要加大泥浆质量和密度；若空洞内无填充物或填充物不满且空洞较小、封闭，采用填充 1：1 黄泥夹石片，用小冲程不断冲砸，进尺速度可控制在 0.1～0.2m/h，30min 循环一次，如此反复直到孔内水位平衡；空洞为填充空洞，洞内填物成松软状态时，直接注浆将其固结，必要时灌注水下混凝土，如果洞内填充物成固结态的，则直接硬冲，同时加强泥浆护壁。

d. 泥浆补充：开始前应调制足够数量的泥浆，钻进过程中，如泥浆有损耗、漏失，应予补充。并及时检测泥浆指标，遇土层变化应增加检测次数，并适当调整泥浆指标。见图 5-28。

（9）清孔

经对孔径、孔深、孔位、竖直度进行检查确认钻孔合格后，即可进行第一次清孔。清孔主要目的是抽、换原钻孔内泥浆，降低泥浆的相对密度、黏度、含砂率等指标，清除沉渣，减少孔底沉淀厚度，防止桩底存留沉淀土过厚而降低桩的承载力；清孔时应将附着于护筒壁的泥浆清洗干净，并将孔底沉渣及泥砂等沉淀物清除。清孔可采用正循环排渣。

清孔过程中应注意：清孔排渣时，注意保持孔内水头，孔内水位应保持在地下水位以上 1.5～2.0m，防止坍孔。清孔过程中的泥浆、渣土经过处理后均需运至指定的地点，尽量减少对周围环境的影响。禁用超深成孔的方法代替清孔。在下吊钢筋笼后如产生新的沉渣，可利用导管进行第二次清孔。浇筑混凝土前，孔底 500mm 以内的泥浆比重应小于 1.25；含砂率不大于 8%；黏度不大于 28s。

（10）钢筋笼制作与吊装

① 钢筋笼制作

a. 钢筋备料

钢筋的材质、规格必须满足设计图纸和验收标准要求，且通过项目自检及监理工程师验收合格后方能使用。钢筋表面应洁净，使用前应将表面油渍、漆皮、鳞锈等清除干净，钢筋应平直，无局部弯折。分批分型号堆放、设立标识。

b. 加工场地检查

钢筋笼制作场地应进行硬化，钢筋笼加工及堆放场地应设置防雨棚。钢筋笼在长线胎架上加工成型，应采用工字钢搭设。

c. 钢筋笼制作

钢筋笼的分幅长度应满足设计要求。

钢筋笼的加强箍筋及桁架连接筋设置应符合设计要求，如果不能满足吊装要求需进行增加。

钢筋笼的主筋应采用机械连接接头，质量必须符合《钢筋机械连接技术规程》JGJ 107—2016。

焊接桁架过程中按要求预留灌注孔位置，灌注孔上下贯通。

钢筋笼底端应在 0.5～0.8m 范围内的厚度方向上做收口处理。

预埋件应与主筋连接牢固，外露面包扎严密。

分节制作钢筋笼应试拼装，其主筋接头搭接长度应符合设计要求。

d. 钢筋应力计、测斜管及保护层定位钢筋环安装

需要安装钢筋应力计和测斜管的桩体钢筋笼吊装前，先把钢筋应力计和测斜管牢固绑扎在钢筋笼迎土面一侧，在测斜管的顶端套一根105cm长的钢管，保护测斜管在剔除桩头时不被破坏。要确保钢筋笼主筋净保护层厚度，施工时设置定位钢筋环，以确保钢筋的保护层厚度，钢筋环的间距在竖向不应大于2m，在横向圆周不应少于4处。

e. 存放

钢筋笼加工制作完成后，存放在平整、干燥的场地上，每隔2m设置衬垫，使钢筋笼高于地面5cm，按照在胎架上制作的顺序进行编号存放，钢筋笼应加盖防雨布。见图5-29。

(a) (b) (c) (d)

图5-29 钢筋笼加工

(a) 钢筋加工场；(b) 钢筋笼加工；(c) 测斜管安装；(d) 钢筋笼直螺纹连接

f. 钢筋笼出场验收

在钢筋笼出场之前，对钢筋笼的钢筋尺寸、直径、配筋间距、焊接质量、预埋件、预埋筋、监测管等进行严格检查，验收合格后方可出场。

g. 钢筋笼运输

钢筋笼运输采用平板车转运至安装位置，转运过程对钢筋笼做好保护，严防钢筋笼变形。

② 钢筋笼吊装

a. 先采用探笼试孔后方可进行钢筋笼的吊装（见图5-30），探笼长为4～6倍桩径、直

径等同于钻头直径。钢筋笼安装，必须使钢筋笼的中心与桩中心相吻合。

图 5-30　钢筋笼吊装入孔及分节安装

（a）钢筋笼起吊；（b）吊装入口；（c）分节吊装

b. 钢筋笼吊装时根据钢筋笼的长度确定 3 个吊点。起吊时采用 3 点起吊，主杆用滑轮带两个吊点，副杆吊点在主杆的两个吊点之间，3 个吊点沿钢筋笼长度均匀分布。吊点部位要加强焊接，确保吊装稳固。吊放时，先吊直、扶稳，保证不弯曲、扭转。对准孔位后，缓慢下沉，避免碰撞孔壁。

c. 根据测定的孔口标高计算出定位筋的长度，核对无误后进行焊接，完成对钢筋笼最上端的定位。然后在定位钢筋骨架顶端的顶吊圈下面插入两根平行的工字钢，将整个定位骨架支托于护筒旁边设置的型钢支撑顶端。两工字钢的净距大于导管外径 30cm。其后撤下吊绳，用短钢筋将工字钢及定位筋的顶吊圈焊于护筒上。既可以防止因导管或其他机具碰撞而使整个钢筋笼变位或落入孔中，又可防止钢筋笼上浮。

d. 吊装时，若空孔低于地面以下应在钢筋笼顶部焊接吊筋，采用吊筋将钢筋笼下放至设计桩顶标高。钢筋笼的吊环强度必须能够承受全部钢筋笼的重量。

e. 分节吊装时，在同一截面内钢筋接头需错开，接头面积不能大于总截面50%，错开长度不小于35d，并不小于50cm。连接时，上下两节的钢筋笼主筋轴心必须对齐。连接完成后，按要求补焊箍筋使其形成整体。上下节对接完成后，拔掉承托用的钢管或型钢，继续沉放钢筋笼，为避免钢筋笼碰撞孔壁，要缓慢沉放，并将吊索置于钢筋笼轴线上，不使其摇晃。

（11）灌注水下混凝土

钢筋笼下放好后，即下放灌注混凝土的导管至孔底，导管每节拧紧，确保封水性能。导管不得漏水，导管下放之前要先进行试拼、试压，试压的压力为孔底静水压力的1.5倍。导管轴线偏差不宜超过孔深的0.5%且不宜大于10cm，导管内壁应光滑圆顺，直径宜为25～35cm，标准节长宜为2m、3m及4m。

灌注前在现场复测混凝土坍落度、扩散度，保证混凝土坍落度、流动性等符合相关规范和设计要求。不合格混凝土严禁灌入孔内。混凝土要求其坍落度控制在160～210mm，粗骨料粒径不大于40mm，具有良好的和易性。浇混凝土导管的安拆，由汽车式起重机配合进行。施工中应注意以下要点：

a. 用吊车将导管吊入孔内，位置应保持居中，导管吊放时不得碰撞钢筋笼。开灌前必须有足以将导管底端一次性埋入水下混凝土中0.8m以上深度的混凝土方量。

b. 要求水下混凝土浇灌过程必须连续快捷，尽可能缩短拆管时间，保证混凝土上升速度大于2m/h。当管内混凝土不满时，应徐徐灌注，防止导管内形成高压空气囊。

c. 在灌注过程中，随着混凝土的上升，要适时提升和拆卸导管，应经常探测井孔内混凝土面位置及时调整导管埋深，导管埋深一般不宜小于2m或大于6m，严禁将导管底端拔离混凝土面。

d. 灌注的桩顶标高应高出设计标高0.5m，以保证桩顶混凝土强度不低于设计强度。

e. 浇筑时，应有专人测量导管埋深，填写好水下混凝土灌筑记录，混凝土试件制作：同一配合比每班不得少于一组，每一组不得少于5根。见图5-31。

（12）桩头破除

待桩身达到一定的混凝土强度后，测量放样每根桩桩头标高并用红线标记，采用切割机在设计桩顶标高处割缝，将灌注多余的钻孔灌注桩桩头混凝土凿除。桩头凿除时，应从水平方向往桩芯凿，避免从桩头向下凿，以免桩头成为锥形，同时避免随意将桩内的钢筋左右前后搬动。桩头凿到冠梁底标高以上5cm后，将松动的混凝土块清除掉，用气泵把开凿面吹喷干净。处理桩头钢筋时应保证桩顶伸入构件的长度。

（13）桩基检测

钻孔桩采用低应变动测法进行检测，检测数量应符合设计要求，当用低应变法检测判定桩身完整性为Ⅲ类时，应采用钻芯法进行验证，并应扩大低应变动测法检测数量。见图5-32。

(a) (b) (c) (d)

图 5-31 灌注水下混凝土

（a）导管水密性试验；（b）导管气密性试验；（c）导管安装；（d）灌注水下混凝土

(a) (b)

图 5-32 桩头破除及桩基检测

（a）桩头破除；（b）桩基检测

3. 质量控制

（1）泥浆制备控制要点

① 严格按照操作规程和配合比要求进行泥浆制作和搅拌。

② 泥浆使用一个循环之后，对泥浆进行分离净化并补充新制泥浆。

③ 泥浆的比重、黏度、含砂率、pH 值均应符合要求。随时对泥浆进行测试，对不符合要求的泥浆进行处理。

④ 泥浆拌制后应充分水化后方可使用。

⑤ 保持泥浆稳定性、泥皮形成性能、泥浆流动性等。

（2）灌注桩成孔控制要点

① 成孔前必须检查钻头保径装置、钻头直径、钻头磨损情况，施工过程对钻头磨损超标的部件及时更换。

② 围护桩应根据实际情况考虑外放 60～100mm。

③ 保证钻杆的垂直度，控制成孔垂直度。

④ 根据地层情况控制泥浆质量符合设计及相关规范要求。

⑤ 旋挖钻机钻孔过程中根据地质情况控制进尺速度：由硬地层钻到软地层时，可适当加快钻进速度；当软地层变为硬地层时要减速慢进；在易缩径的地层中，应适当增加扫孔次数，防止缩径；对硬塑层采用快转速钻进，以提高钻进效率；砂层则采用慢转速慢钻进，并适当增加泥浆比重和黏度。

⑥ 钻进过程中，应随时清理孔口积土，遇到地下水、塌孔、缩孔等异常情况时，应及时处理。

⑦ 钻孔作业应分班连续作业，如因故停机时间较长时，应将钻头提出孔外，并对孔口加盖防护。

⑧ 泥浆液面控制和清孔、清渣。

⑨ 按试桩施工所确定的参数进行施工，设专职记录员记录成孔过程的各项参数，如钻进深度、地质特征、机械设备损坏、障碍物等情况，记录必须认真、及时、准确、清晰。

（3）钢筋笼制作与吊装控制要点

① 钢筋笼原材符合设计及相关规范要求。

② 主筋间距必须准确，主筋接头应互相错开。

③ 安放钢筋时，避免碰撞护壁，采用慢起、慢落、逐步下放的方法，不得强行下插。

④ 钢筋笼安装后经测量复核确保其平面位置，标高均符合设计及相关规范要求。

（4）混凝土灌注控制要点

① 灌注混凝土前需进行二次清孔，复核孔底泥浆性能与沉渣厚度。

② 导管必须进行试拼装，进行严密性和压力试验。

③ 导管插入混凝土的深度，拔管速度与时机符合设计及相关规范要求。

④ 进场混凝土应进行配合比核实及性能检测，满足设计要求。

此外，值得说明的是，在地铁车站明挖法施工中，之所以优先使用钻孔灌注桩，而非人工挖孔桩，是由于桩径较大（1.0～1.5m），人工挖孔成桩过程中存在安全隐患，在一些城市和地区已经禁止使用。

4. 检验标准

（1）钢筋笼质量检验标准

钢筋笼制作允许偏差见表 5-8：

钢筋笼制作允许偏差表　　表 5-8

项目	偏差(mm)
钢筋笼长度	±50
钢筋笼直径	±10
主筋间距	±10
箍筋间距	±20

（2）泥浆性能指标

泥浆性能指标见表 5-9：

泥浆性能指标　　表 5-9

钻孔方式	土层情况	泥浆性能指标				
		泥浆比重	黏度(Pa·s)	含砂率(%)	胶体率(%)	酸碱度(pH)
正循环	一般地层	1.05～1.20	16～22	8～4	≥96	8～10
	易坍地层	1.20～1.45	19～28	8～4	≥96	8～10
反循环	一般地层	1.02～1.06	16～20	≤4	≥95	8～10
	易坍地层	1.06～1.10	18～28	≤4	≥95	8～10
	卵石层	1.10～1.15	20～35	≤4	≥95	8～10
旋挖	一般地层	1.02～1.10	18～22	≤4	≥95	8～11
冲击	易坍地层	1.20～1.40	22～30	≤4	≥95	8～11

（3）钻孔灌注桩成孔质量标准

钻孔灌注桩成孔质量标准见表 5-10：

钻孔灌注桩成孔质量标准　　表 5-10

序号	项目	允许偏差
1	桩位偏差	≤50
2	孔深允许	+300
3	垂直度	≤0.5%
4	沉渣厚度	100mm
5	孔径	不小于设计桩径

5.3.3 咬合桩施工

1. 咬合桩认知

咬合桩（见图 5-33）是指利用机械成孔，第二序次施工的桩在已有的第一序次施工的两桩间进行切割，使先后施工的桩与桩之间相互咬合，利用混凝土超缓（超过 60h）技术，使得先后成桩的混凝土凝结形成一个整体，形成能够共同受力、致密的排桩墙体结构，因此咬合桩也称为连续桩墙。

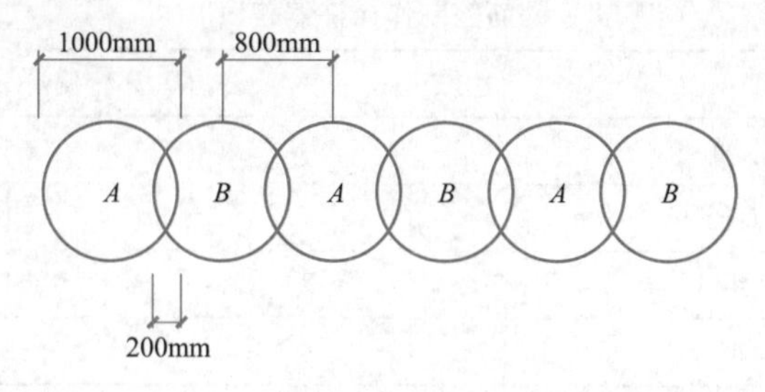

图 5-33　咬合桩布置示意图

为便于桩间的咬合施工，咬合桩一般设计为素混凝土桩与钢筋混凝土桩间隔布置，素混凝土桩一般不设置钢筋笼，个别的素混凝土桩采用方形钢筋笼。施工时先施工两侧的素混凝土桩，然后施工钢筋混凝土桩。钢筋混凝土桩在素混凝土桩的超缓混凝土初凝前完成施工，实现桩与桩之间的咬合。

咬合桩采用全套管钻机施工，利用全套管钻机摇动装置的摇动，使钢质套管与土层间的摩阻力大大减少，边摇动边将套管压入，同时利用落锤式冲抓斗在钢套管中挖掘取土或砂石，直至钢套管下沉至设计深度，成孔后灌注混凝土，同时逐步将钢套管拔出，以便重复使用。全套管钻孔法施工机械化程度高，成孔速度快；无噪声、无振动，对地层及周边环境影响小；钻孔过程中不使用泥浆护壁，施工现场洁净；成桩垂直度容易控制，可以控制到 3‰的垂直度；钻孔采用全套管跟进，能适应复杂多变的各类地层，能有效地防止流砂、坍孔、缩径、扩径、露筋、断桩等事故，成桩质量高；桩与桩之间咬合效果好，防水效果好。

咬合桩适用于软弱地层、含水砂层的地下工程深基坑围护结构，尤其是饱和富水软土地层深基坑围护结构。

2. 施工工艺流程

咬合桩施工、单桩施工工艺流程图如图 5-34、图 5-35 所示。

咬合桩施工原则是先施工被切割的素混凝土桩，即先施工素混凝土桩 A 桩，然后紧跟施工钢筋混凝土桩 B 桩，其施工流程为 A1→A2→B1→A3→B2……，如图 5-36 所示。

为了处理好施工段的接头，在各施工段的端头设置一根砂桩，成孔后用砂灌满，后施工段施工时挖出砂灌注混凝土即可，保证各施工段相互咬合。

1）施工准备

（1）场地平整。

施工前应对施工场地进行平整，在填平的原地面上碾压夯实，遇有软弱地面进行换填处理。清除施工范围内地下障碍物，同时探明是否有地下管线。做好排水系统，防止积水。

（2）混凝土的配比试验。

为了使钢筋混凝土桩的成孔顺利完成，素桩混凝土要加入高效缓凝型减水剂，控制第一序桩混凝土在浇筑后 60h 才初凝，在素桩混凝土处于初凝前施工钢筋混凝土桩并浇筑混凝土，消除对素桩混凝土的损害。根据咬合桩施工顺序的安排，素桩混凝土的配合比设计按 60h 初凝时间控制。

图 5-34　咬合桩施工工艺流程图

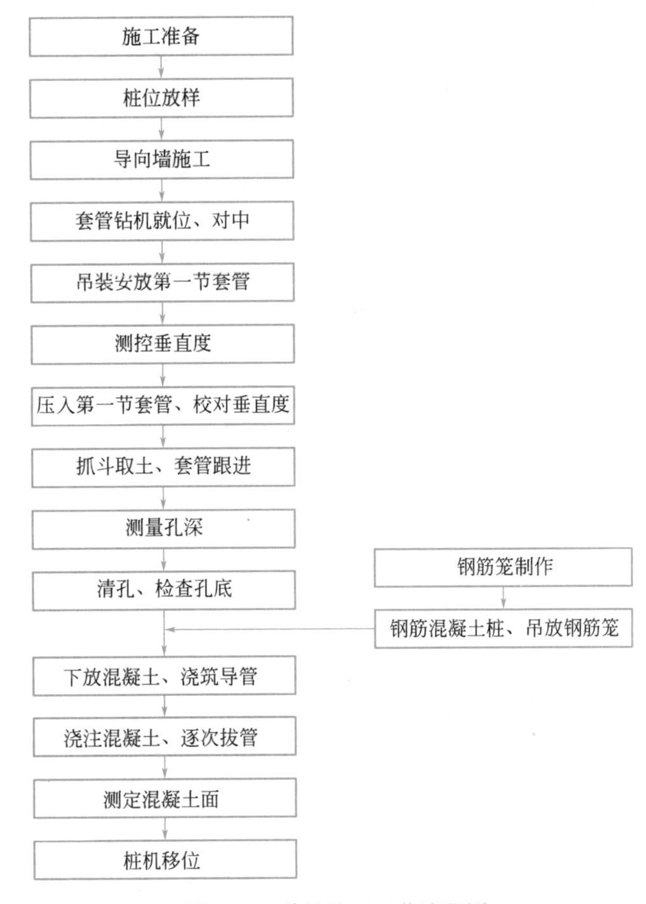

图 5-35　单桩施工工艺流程图

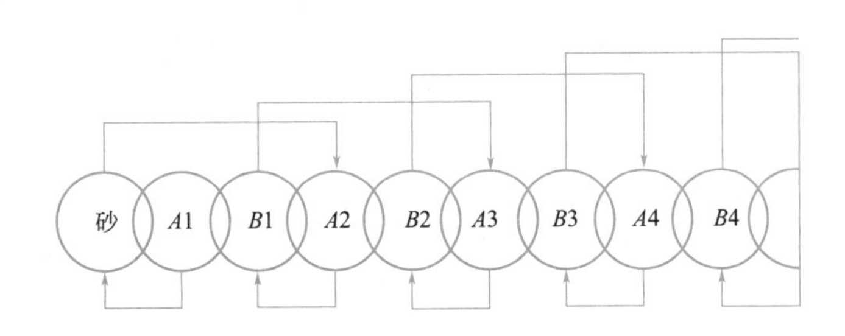

图 5-36　排桩施工顺序图

A—素混凝土桩；B—钢筋混凝土桩

2）施工测量

根据设计图纸提供的坐标外放 10cm（避免咬合桩在基坑开挖时在外侧土压力作用下向内位移和变形而造成基坑结构净空尺寸不符合设计要求）计算咬合桩中心线坐标，采用全站仪根据地面控制点进行实地放样并做好护桩，作为导向墙施工的控制中线。

3）导向墙施工

为保证咬合桩桩孔定位精度，并满足套管钻机基座地面承载力要求，需在地面桩顶上部施作钢筋混凝土导向墙。导向墙顶面应平整，以确保套管钻机基座水平，从而确保套管、成孔的垂直度。导向预留定位孔，定位孔直径比套管直径扩大 2～3cm。为满足施工需要，导向墙宽度应大于套管钻机作业宽度，厚度不小于 40cm。待导向墙有足够强度后拆除模板，重新定位放样咬合桩中位位置，将点位测设到导向墙顶面上，作为套管钻机定位控制点，见图 5-37。

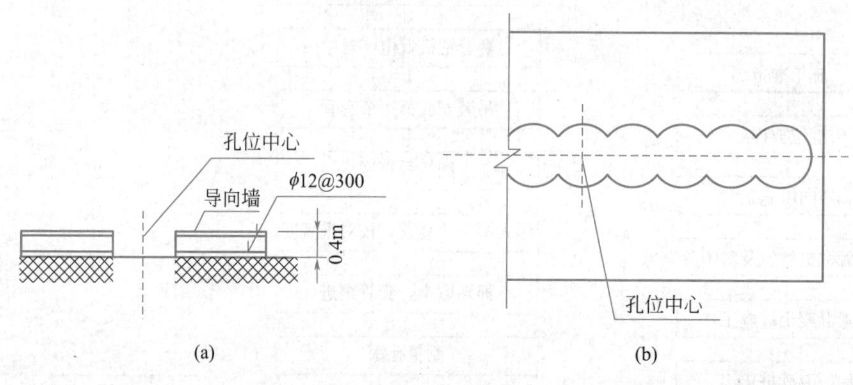

图 5-37　导向墙示意图

(a) 正面图；(b) 平面图

4）钻机就位

待导向墙达到设计强度后，移动套管钻机，使套管钻机抱管器中心对应定位在导向墙孔位中心，精确度应控制在 5mm 以内。通过调整基脚同时观测机身自带水平仪，以达到机身水平，确保套管能垂直下压。

5）取土成孔

在套管钻机就位后，吊装第一节套管，校正套管垂直度后，将第一节套管压入土中，然后用抓斗在套管内取土。一边抓土、一边继续压入套管。第一节套管全部压入土中后（地面以上保留 1.2～1.5m 便于接管），检测套管垂直度，然后连接第二节套管继续下压抓斗取土，随着套管的下压不断连接套管，直至钻到设计孔底标高。

抓斗取土时应根据不同土层采用不同的挖掘方式。

（1）软土地层作业（标贯值小于 5）。

对于软弱土层（标贯值小于 5），应使套管超前下沉，可超出孔内开挖面 1.0～1.5m，使落锤抓斗仅在套管内挖掘取土，这样可以很好地控制孔壁质量及开挖方向。如图 5-38 所示。

（2）一般土层作业（标贯值 6～12）。

对于一般土层，开挖时应使套管超前下沉 0.3m 左右，这是全套管钻机最标准的开挖的方法。如图 5-39 所示。

（3）坚实砂地层作业。

对于坚实砂地层，由于在这种地层中套管的下沉是非常困难的，应使用落锤抓斗超前下挖 0.2～0.3m，尤其是对于地下水位以下的坚实砂层。如图 5-40 所示。

（4）碎石地层作业。

对于碎石地层，由于地层中存在碎石，应使用落锤抓斗超前下挖 0.3～0.5m，否则套管下压过程中可能出现套管倾斜，不易控制套管的垂直度。如图 5-40 所示。

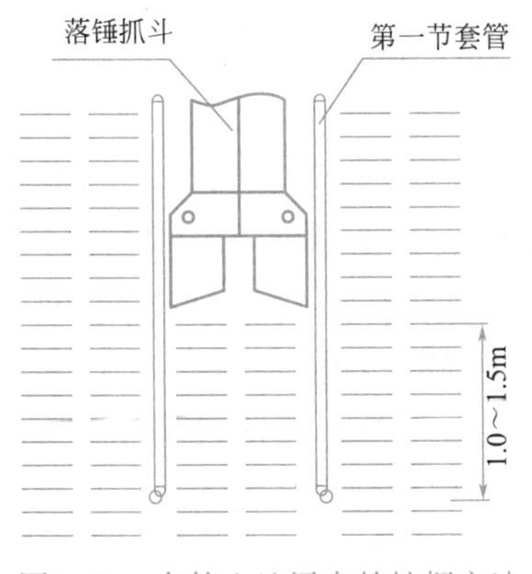

图 5-38　在软土地层中的挖掘方法

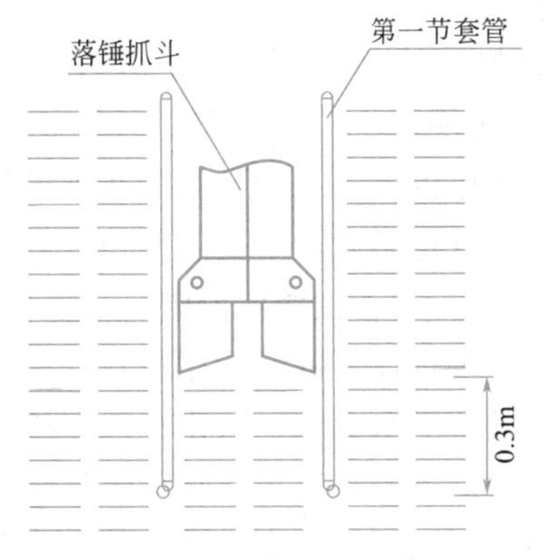

图 5-39　在一般土地层中的挖掘方法

（5）坚硬土层作业。

对于坚硬土层，应先利用十字冲击锤将硬土层击碎，再利用落锤抓斗将土块抓出。此时也采用落锤抓斗超前下挖的方法，而且超挖深度相对较大，但不宜超过十字锤本身的高度，否则会影响孔壁质量。如图 5-41 所示。

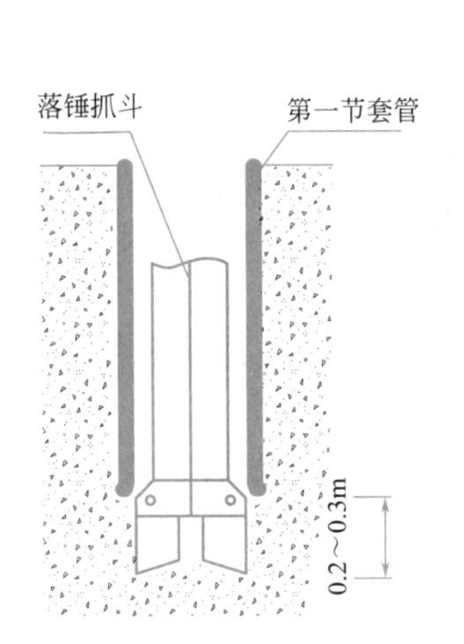

图 5-40　在硬砂层及碎石层中的挖掘方法

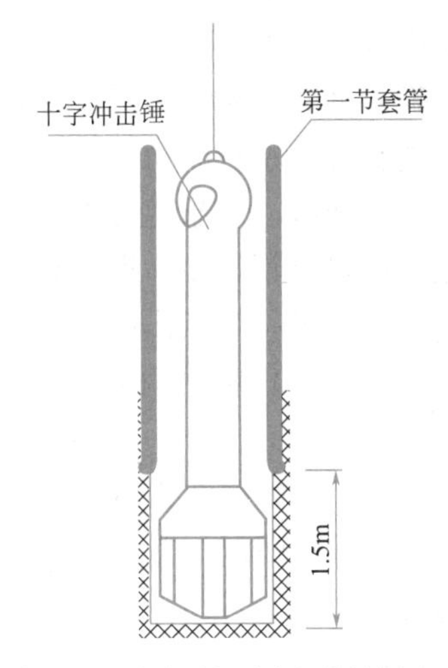

图 5-41　在坚硬土层中的挖掘方法

（6）钻孔开挖中的操作注意事项。

a. 一般情况下，开挖过程中途不允许间断，必须连续开挖。如果由于某一不可避免的原因必须中断开挖时，应继续摇动套管，防止套管外侧土壤因重塑固结而将套管夹紧，给后续施工带来困难。

b. 如地下水位以下有超厚的细砂层，特别是层厚超过 5m 时，应慎重考虑能否采用全套管钻机施工。

c. 如地下有承压水存在时，在承压水段开挖时不能超挖，特别是在承压水又处于砂层中更应特别注意，否则可能出现孔底涌砂现象。

d. 用锤式抓斗挖掘套管内土层时，必须在套管上加上喇叭口，以保护套管接头的完好，防止撞坏。

e. 套管起吊时，应使用专用工具吊装，避免损坏套管螺纹。

6）混凝土灌注

钻孔咬合桩混凝土采用导管法水下灌注施工。

钻孔至设计标高后，清孔后经检查合格下放浇筑混凝土导管（钢筋混凝土桩吊装钢筋笼后下浇筑导管），首次灌注的混凝土要保证埋管深度大于1.0m，数量根据桩径、导管直径进行计算，根据计算数量选用料斗，料斗中储备的混凝土数量不得小于计算数量。

导管中设置隔水滑阀，防止孔内泥渣进入桩身混凝土中，影响桩基混凝土质量。当料斗内的混凝土储量满足首批混凝土数量时，可剪栓进行混凝土灌注。灌注过程中，设有专人测量孔内混凝土面的高度，严格控制导管和套管的埋深在2～4m范围内，随着混凝土灌注数量的增加，慢慢同步提拔套管和导管，每次提拔套管和导管的高度不宜过大，约50cm即可。当套管和导管被提拔到一定高度后（约7.5m），可拆除导管和套管，加快拆管速度，减少拆管时间。继续灌注混凝土，重复以上步骤，直到灌注高度达到设计要求，并认真记录灌注原始资料。准确计量超灌高度，桩顶大约超灌60～80cm即可。灌注完成后，钻机撤离桩位，清洗保养，继续就位开钻下一孔。

混凝土灌注过程应注意以下事项：

（1）采用双钩起重机进行拆除套管和导管的作业，用大钩吊住套管，小钩吊住导管，上拔套管，确认钢筋笼未上拱后，拆除一节套管。

（2）上拔套管需左右摇动，以便混凝土流入套管所占空间。

（3）套管分开后，下节套管头用卡环保险以防套管下滑。根据测量混凝土面高度决定拆除导管长度。拆完导管后吊机一并将套管、导管移开，继续灌注混凝土，进行下一个工作循环。

5-17 咬合桩施工

（4）灌注钢筋桩时防止钢筋笼上浮，导管提升要平稳，避免钩挂钢筋笼。

（5）灌注素桩混凝土时，每车混凝土均取一组试件，监测其缓凝时间及坍落度情况，直到该素桩两侧钢筋桩施工完成。

3. 质量控制

1）桩位控制

（1）施工导向墙时，用全站仪精确测设排桩中心线，作为导向墙施工控制中线；导向墙完成后，重新定位排桩位置，将点位测设在导向墙顶面上，作为套管钻机定位控制点。钻机就位后使套管钻机抱管器中心对应定位在导向墙孔位中心。

（2）严格控制孔口定位误差，保证咬合桩底部有足够的厚度的咬合量。

2）单桩垂直度控制

（1）套管的顺直度检查和校正。

钻孔咬合桩施工前，在平整地面上进行套管顺直度的检查和校正。首先检查和校正单节套管的顺直度，然后将按照桩长配置的套管全部连接起来，套管顺直度偏差控制在1‰～2‰。检测方法为：在地面上测放出两条相互平行的直线，将套管置于两条直线之间，然后用线锤和直尺进行检测。

（2）成孔过程中桩的垂直度监测和检查。

地面监测：在地面选择两个相互垂直的方向，采用经纬仪全过程监测地面以上部分套管的垂直度，发现偏差随时纠正。这项检测在每根桩的成孔过程中应自始至终进行，不能中断。孔内检查：每节套管压完后，安装下一节套管之前，都要停下来用“测环”或“线锥”进行孔内垂直度检查。不合格时应进行纠偏，直至合格才能进行下一节套管施工。

（3）纠偏。

成孔过程中如发现垂直度偏差过大，必须及时进行纠偏调整，纠偏的常用方法有以下 3 种：

a. 利用钻机油缸进行纠偏。

如果偏差不大或套管入土不深（5m 以下），可直接利用钻机的两个顶升油缸和两个推拉油缸调节套管的垂直度，即可达到纠偏的目的。

b. 素混凝土桩纠偏。

如果素桩在入土 5m 以下发生较大偏移，可先利用钻机油缸直接纠偏。如达不到要求，可向套管内填砂或黏土，一边填土一边拔起套管，直至将套管提升到上一次检查合格的地方，然后调直套管，检查其垂直度，合格后再重新下压。

c. 钢筋混凝土桩纠偏

钢筋桩的纠偏方法与素桩基本相同，其不同之处是不能向套管内填土，而应填入与素桩相同的混凝土，否则有可能在桩间留下土夹层，影响排桩的防水效果。

3）超缓混凝土缓凝时间控制

素桩混凝土缓凝时间是影响钢筋桩咬合的关键，应根据单桩成桩时间来确定。单桩成桩时间与施工现场地质条件、桩长、桩径和钻机能力等因素相关。正式施工前应至少做 1 组试桩（2 根素桩、1 根钢筋桩）来测定单桩施工时间 t。素桩混凝土缓凝时间可以根据以下方法确定。根据咬合桩施工工艺，素桩初凝时间为：

$$T=3t+k$$

式中：T——素桩混凝土的缓凝时间；

t——单桩成桩时间；

k——预留时间，一般取 24h。

超缓凝混凝土缓凝时间根据上式计算，但不得小于 60h。

4）浮笼控制

由于套管内壁与钢筋笼外缘之间的空隙较小，在混凝土灌注过程中上拔套管时，钢筋笼有可能被套管带着一起上浮。预防措施主要有：

（1）适当调整桩基钢筋笼的主筋净保护层，一般不小于 8cm，保证套管内壁与钢筋笼外表之间的距离不小于混凝土中粗骨料最大料径的两倍。

（2）仔细检查制成的钢筋笼尺寸，钢筋笼搭接时不应有弯曲的现象。

（3）钢筋笼制成后，在其底部焊上十字形钢筋，将预制的混凝土板放置于交叉的底部上，由管灌注的混凝土积压在预制板上作为坠重压载。

（4）随时检查套管尺寸，灌注混凝土后，用水彻底清洗套管内部。

（5）重复地夹持和松开套管夹紧装置，使套管摇晃并使其向同一方向转动 1～2 次，以消除摩擦阻力。灌注混凝土前，使套管来回摆动并上下移动，以检查钢筋笼是否与套管卡在一起。

(6) 混凝土灌注必须按操作规程进行，混凝土坍落度、和易性必须达到设计及相关规范要求。

5) 节段连接技术

在施工中，往往一台钻机施工是无法满足工程进度及施工分段要求的，需要多台钻机或分段进行施工，这就存在首尾段之间的节段接头问题。节段连接一般采用砂桩（见图 5-42）过渡的方法，在先施工段的端头设置一根砂桩（成孔后用砂灌满），用以在相邻的素桩预留出咬合企口，待后施工段施工到此接头位置时在砂桩桩位处重新成孔挖出砂并灌注混凝土即可。

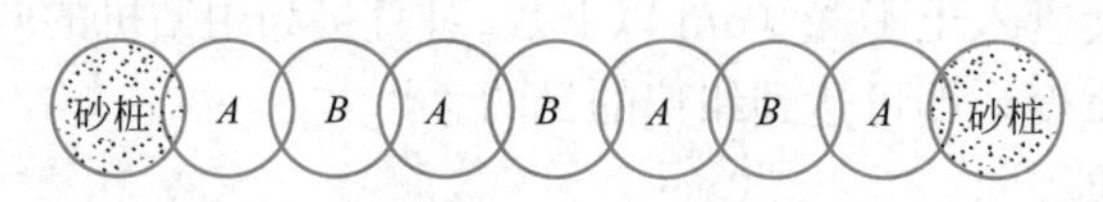

图 5-42　分段施工接头砂桩示意图

A—素混凝土桩；*B*—钢筋混凝土桩

6) 事故桩处理措施

在钻孔咬合桩施工过程中，因素桩超缓凝混凝土的质量不稳定出现早凝现象或机械设备故障等原因，造成钻孔咬合桩的施工未能按正常要求进行而形成事故桩，处理办法有以下几种：

(1) 平移桩位单侧咬合。

B 桩成孔施工时，其一侧 *A*1 桩的混凝土已经凝固，使套管钻机不能按正常要求切割咬合 *A*1、*A*2 桩。处理方法是向 *A*2 桩方向平移 *B* 桩位，使套管钻机单侧切割 *A*2 桩施工 *B* 桩，并在 *A*1 桩和 *B* 桩外侧另增加一根旋喷桩作为防水处理，如图 5-43 所示。

(2) 背桩补强。

*B*1 桩成孔施工时，其两侧 *A*1、*A*2 混凝土均已凝固。处理方法是放弃 *B* 桩的施工，调整桩序继续后面咬合桩的施工，以后在 *B*1 桩外侧增加 3 根咬合桩及两根旋喷桩作为补强防水处理，并在基坑开挖过程中将 *A*1 和 *A*2 桩之间的夹土清除，喷上混凝土即可，如图 5-44 所示。

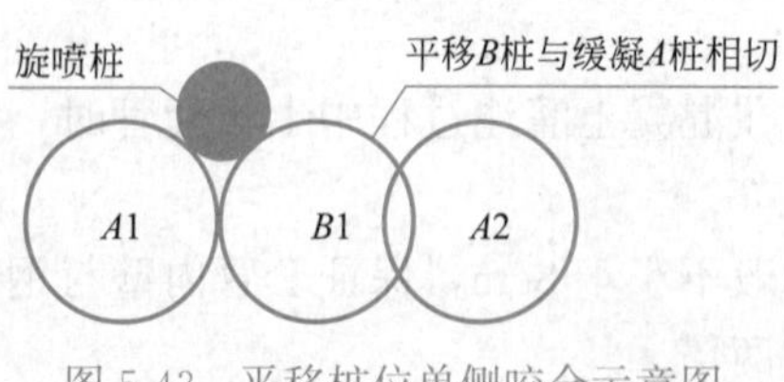

图 5-43　平移桩位单侧咬合示意图

A—素混凝土桩；*B*—钢筋混凝土桩

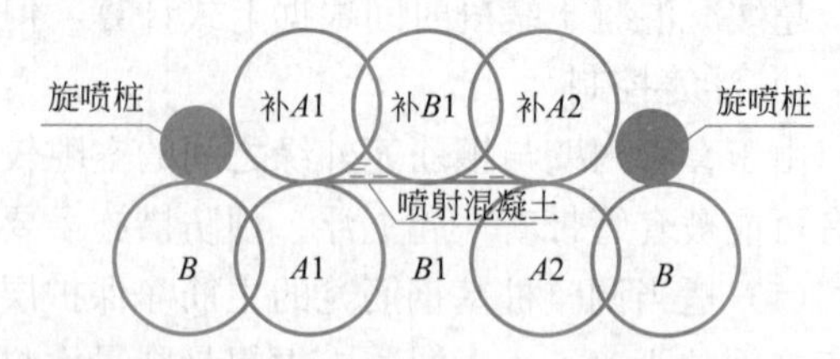

图 5-44　咬合桩背桩补强示意图

A—素混凝土桩；*B*—钢筋混凝土桩

(3) 预留咬合企口。

在 *B*1 桩成孔施工中发现 *A*1 桩混凝土已有早凝倾向但还未完全凝固时，此时为避免继续按正常顺序施工造成事故桩，可及时在 *A*1 桩右侧施工砂桩以预留出咬合企口，待调整完成后再继续后面桩的施工，如图 5-45 所示。

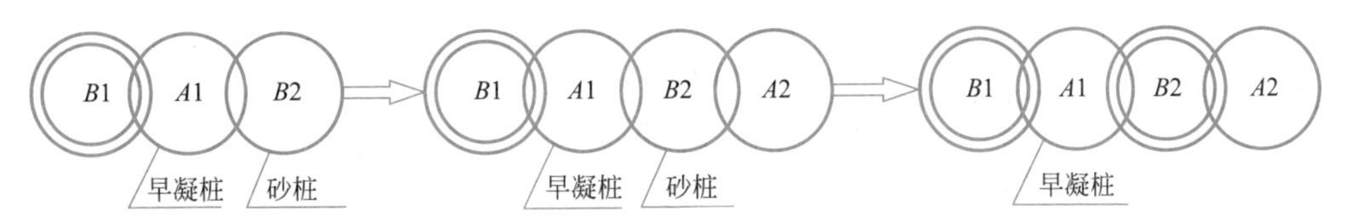

图 5-45 预留咬合企口示意图

A—素混凝土桩；*B*—钢筋混凝土桩

（4）采用后压浆技术、旋喷补强技术处理事故桩造成的缺陷。

4. 检验标准

1）导墙质量检验标准见表 5-11：

导墙质量验收标准 **表 5-11**

项目	序号	检查项目	允许偏差或允许值	检查方法
主控项目	1	模板隔离剂	涂刷模板隔离剂时不得沾污钢筋和混凝土接槎处	观察
	2	轴线位置	5mm	用钢尺量
	3	截面内部尺寸	±10mm	用钢尺量
	4	钢筋材质检验	符合设计要求	抽样送检
	5	钢筋连接方式	符合设计要求	观察
	6	钢筋接头试件	符合设计要求	抽样送检
	7	混凝土强度	符合设计要求	试块强度报告
一般项目	1	模板安装	①模板的接缝不应漏浆，木模板应浇水湿润，但模板内不应有积水； ②模板与混凝土的接触面应清理干净并涂刷隔离剂； ③模板内的杂物应清理干净	观察
	2	相邻两板高低差	2mm	用钢尺量
	3	模板拆除	模板拆除时混凝土强度能保证其表面及棱角不受损伤	观察

2）根据《地下铁道工程施工质量验收标准》GB/T 50299—2018 要求，桩身垂直度偏差不大于 3‰。

咬合桩垂直度及施工过程质量检验标准见表 5-12：

咬合桩检验标准 **表 5-12**

项目	序号	检查项目		允许偏差或允许值		检查方法
				单位	数值	
主控项目	1	桩位	顺纵轴方向	mm	±10	全站仪
			垂直纵轴方向	mm	±10	
	2	孔深		mm	+300	用测绳测量
	3	桩体质量检验		按桩基检测技术规范		按基桩检测技术规范
	4	混凝土强度		设计要求		试件报告或钻芯取样送检
	5	垂直度		3%		经纬仪、线锤

续表

项目	序号	检查项目	允许偏差或允许值		检查方法
			单位	数值	
一般项目	1	桩径	mm	−10	—
	2	钢筋笼安装深度	mm	±100	井径仪或超声波检测，用钢尺量
	3	混凝土充盈系数	>1	检查每根桩的实际灌注量	用钢尺量
	4	桩顶标高	mm	+30，−50	水准仪测

3）孔口定位误差允许值见表5-13：

孔口定位误差允许值　　表5-13

咬合厚度	桩长<10m	桩长10～15m	桩长15～20m	桩长20～30m
150mm	±15	±10	±10	—
200mm	±20	±15	±10	±5
300mm	±20	±15	±10	±8

4）导墙咬合桩钢筋笼的质量控制见表5-14：

钢筋笼质量控制表　　表5-14

项目	序号	检查项目	允许偏差或允许值	检查方法
主控项目	1	主筋间距	±10	用钢尺量
	2	长度	±100	用钢尺量
	3	钢筋连接方式	符合设计要求	观察
一般项目	1	钢筋材质检验	符合设计要求	抽样送检
	2	钢筋连接检验	符合设计要求	抽样送检
	3	箍筋间距	±20	用钢尺量
	4	直径	±10	用钢尺量
	5	保护层厚度80mm	0，−10	用钢尺量

5）咬合桩混凝土浇筑的质量检验标准见表5-15：

咬合桩混凝土浇筑质量检验标准表　　表5-15

项目	序号	检查项目	允许偏差或允许值	检查方法
主控项目	1	*B*柱混凝土强度	符合设计要求	试块强度报告
	2	*A*柱超缓凝混凝土	3d强度≤3MPa	试块强度报告
	3		28d强度符合设计要求	试块强度报告
一般项目	1	混凝土坍落度140～180mm	±20mm	坍落度筒
	2	B形桩完成好性	符合设计要求	超声波

5.3.4 高压旋喷桩施工

1. 高压旋喷桩认知

高压旋喷桩是以高压旋转的喷嘴将水泥浆喷入土层与土体混合，形成连续搭接的水泥加固体。具有施工占地少、振动小、噪声低等优点。

高压旋喷桩多用于地下连续墙异形槽拐角，钻孔灌注桩桩间作为止水帷幕，盾构始发、到达井端头加固以及对既有建筑物的保护或加固等。

高压旋喷桩受土层、土的粒度、密度等影响小，可广泛应用于淤泥、淤泥质土、黏性土、粉质黏土、粉土、黄土及人工填土、碎石土等多种土层。但对粒径过大、含量过多的砾卵石、坚硬黏性土地层，其加固效果相对较差，须通过现场试验后再确定施工方法。对于地下水流速过大或已有大量涌水，浆液无法在注浆管周围凝固的工程要慎用。

根据喷射方法的不同，喷射注浆可分为单管法、双管法和三管法。见图 5-46～图 5-48。

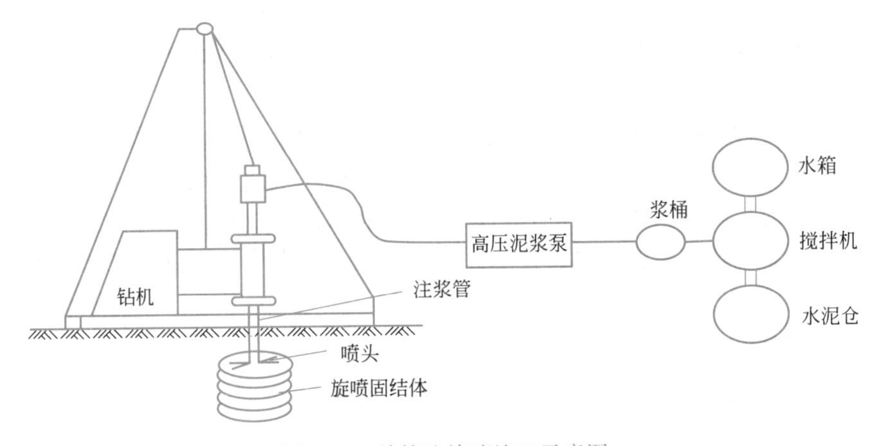

图 5-46　单管法旋喷施工示意图

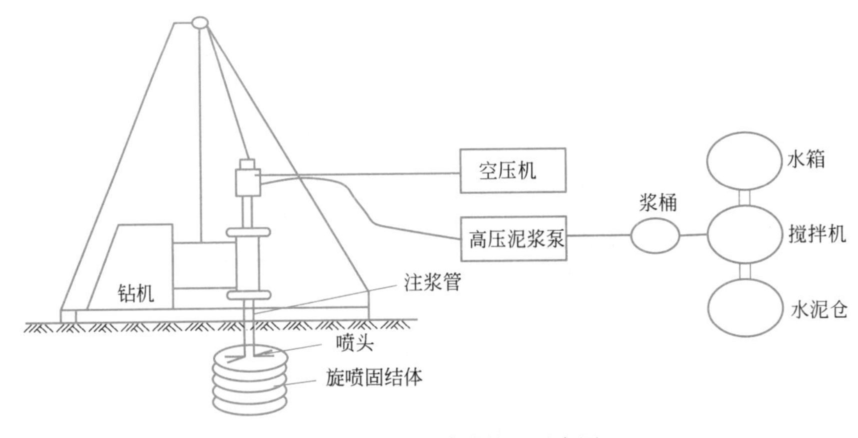

图 5-47　双管法旋喷施工示意图

单管法：单层喷射管，仅喷射水泥浆。

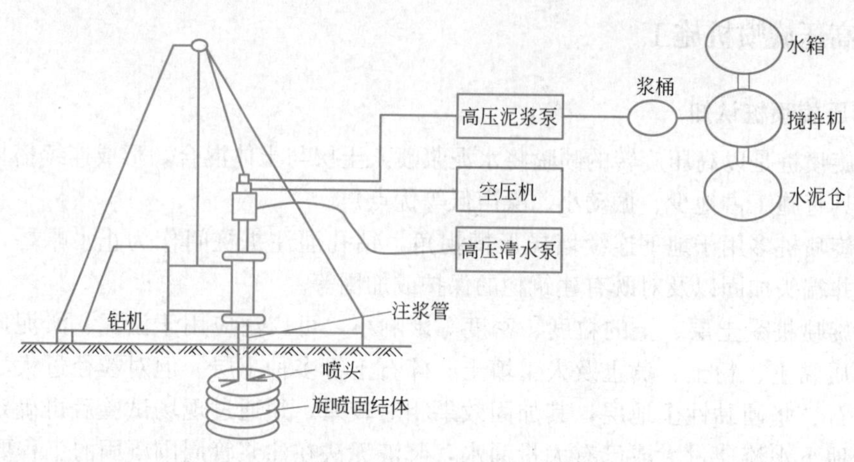

图 5-48　三管法旋喷施工示意图

双管法：又称浆液气体喷射法，是用二重注浆管同时将高压水泥浆和空气两种介质横向喷射出，冲击破坏土体。在高压浆液和它外圈环绕气流的共同作用下，可在土中形成较大的加固体。

三管法：是一种浆液、水、气喷射法，采用分别输送水、气、浆液 3 种介质的三重注浆管，在高压泵装置产生高压水流的周围环绕一股圆筒状气流，进行高压水喷射流和气流同轴喷射冲切土体，形成较大的空隙，再由泥浆泵将水泥浆以较低压力注入被切割、破碎的地层中，喷嘴做旋转和提升运动，使水泥浆与土混合，形成较大的固结体，其加固体直径可达 2m。

2. 施工工艺流程

三种方法的具体施工工艺流程如图 5-49～图 5-51 所示。

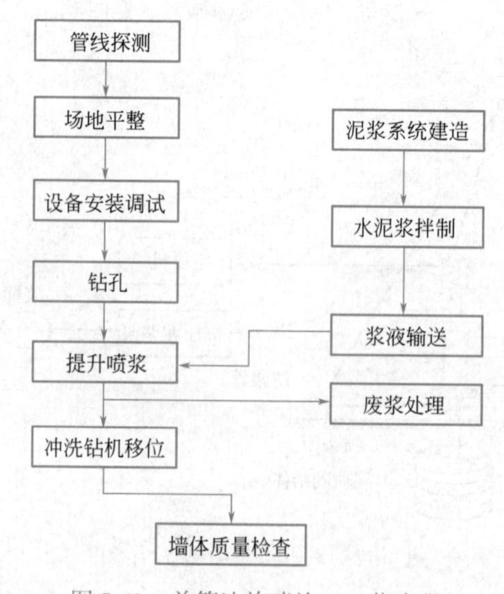

图 5-49　单管法旋喷施工工艺流程

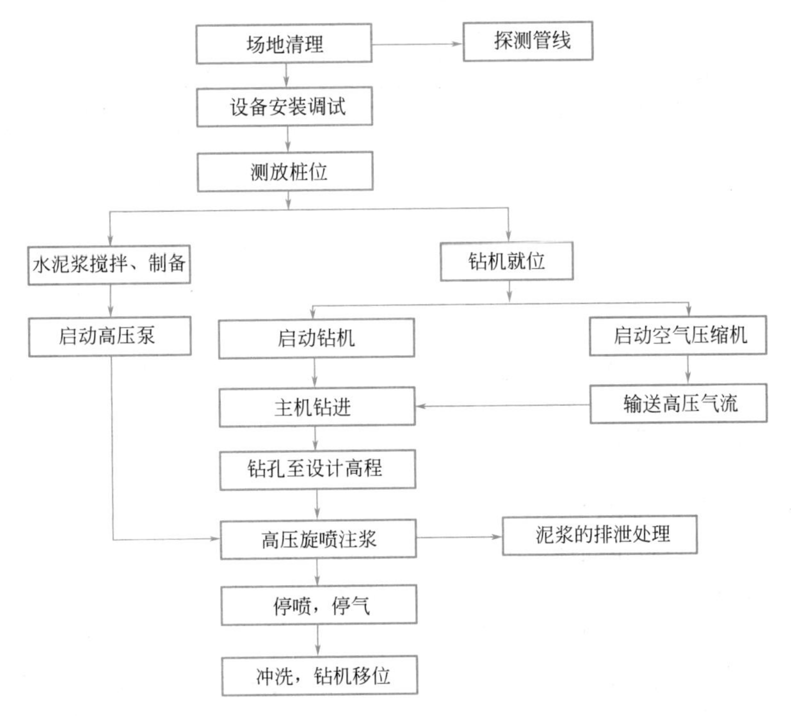

图 5-50　双管法旋喷施工工艺流程

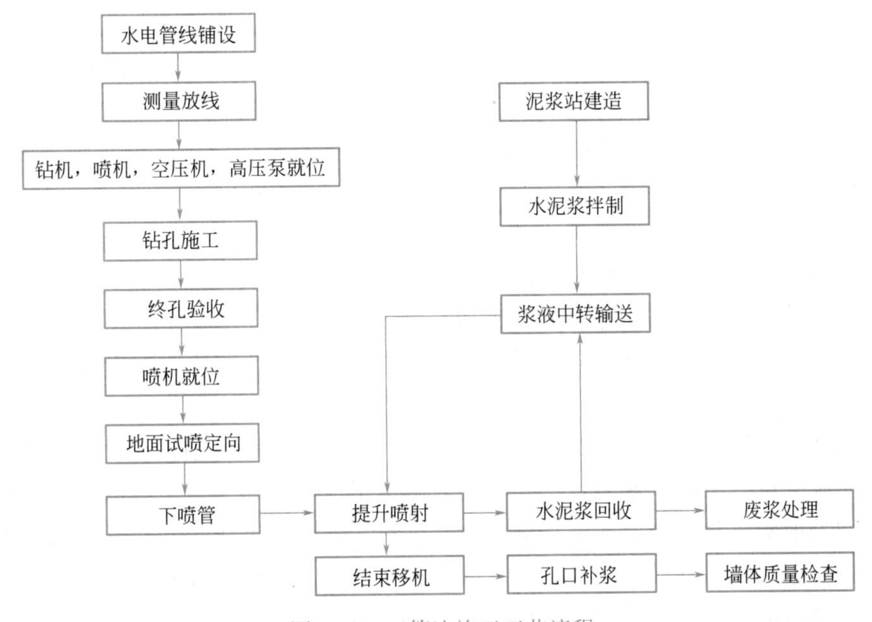

图 5-51　三管法施工工艺流程

高压旋喷桩其布置形式及采用直径可参考表 5-16。

旋喷桩直径（m）参考值 表 5-16

土的类别		单管法	双管法	三管法
黏性土	$0<N<5$	1.2±0.2	1.6±0.3	2.6±0.3
	$10<N<20$	0.8±0.2	1.2±0.3	1.8±0.3
	$20<N<30$	0.6±0.2	0.8±0.3	1.2±0.3
砂土	$0<N<10$	1.0±0.2	1.4±0.3	2.0±0.3
	$10<N<20$	0.8±0.2	1.2±0.3	1.5±0.3
	$20<N<30$	0.6±0.2	1.0±0.3	1.2±0.3
砂砾	$20<N<30$	0.6±0.2	1.0±0.3	1.2±0.3

注：表中 N 为标准贯入实测锤击数。

（1）桩位测放及钻机定位

按桩位排列图进行桩位放样。用全站仪测放纵横向控制线及各主要控制点位的桩点，带线控制纵、横向，尽量确定其他各桩位。全站仪测放的控制桩位点需打木桩钉标记。为防止钻孔后控制点失效，必须将控制点向不受施工影响的地方外引。经复测验线合格后，用钢尺和测线实地布设桩位，并用竹签钉紧，一桩一签，保证桩孔中心移位偏差小于 20mm。移动旋喷桩机到指定桩位，将钻头对准孔位中心，同时置平钻机，保持平稳、水平，钻杆的垂直度偏差不大于 1%～1.5%。就位后，进行低压（0.5MPa）射水试验，用以检查喷嘴是否畅通，压力是否正常。

桩机移位时，即开始按设计确定的配合比拌制水泥浆。首先将水加入桶中，再将水泥和外掺剂倒入，开动搅拌机搅拌 10～20min，而后拧开搅桶底部阀门，放入第一道筛网（孔径为 0.8mm），过滤后流入浆液池，然后通过泥浆泵抽进第二道过滤网（孔径为 0.8mm），第二次过滤后流入浆液桶中，待压浆时备用。

（2）钻孔

钻孔的目的是将注浆管顺利置入预定位置，一般将注浆管兼做钻杆进行钻孔。在下管过程中，若碰到孤石、杂填土硬物等某种障碍物导致钻孔机具无法开孔，则应采用高硬度合金钻头先引孔。钻进时需防止管外泥砂堵塞喷嘴。为确保下管顺利，下管过程中同时输送压缩气流，直至注浆喷头下到预定位置（设计桩底）。钻孔的位置与设计位置的偏差不得大于 50mm。

当采用地质钻机钻孔时，钻头在预定桩位钻孔至设计高程（预钻孔孔径为 15cm）。当采用旋喷注浆管进行钻孔作业时，钻孔和插管两道工序可合而为一。当第一阶段贯入土中时，可借助喷射管本身的喷射或振动贯入。其过程为：启动钻机，同时开启高压泥浆泵低压输送水泥浆液，使钻杆沿导向架振动、射流成孔下沉，直到桩底设计高程，观察工作电流不应大于额定值。采用三管法钻机钻孔后，拔出钻杆，再插入旋喷管。在插管过程中，为防止泥砂堵塞喷嘴，可用较小压力（0.5～10MPa）边下管边射水。

（3）试管

当注浆管置入土层预定深度后，应用清水试压。若注浆设备和高压管路安全正常，则可搅拌制作水泥浆开始高压注浆作业。

（4）喷射注浆

喷浆管下沉到达设计深度后，停止钻进，旋转不停，高压泥浆泵压力增到施工设计值（20～40MPa），坐底喷浆 30s 后，边喷浆，边旋转，同时严格按照设计和试确定的提升速度提升钻杆。若采用双管法或三管法施工，在达到设计深度后，接通高压水管和空气压缩管，开动高压清水泵、泥浆泵、空压机和钻机进行旋转，并用仪表控制压力、流量和风量，分别达到预定数值时开始提升，继续旋喷和提升，直至达到预期的加固高度后停止。

当旋喷管提升至接近桩顶时，应从桩顶以下 1.0m 开始慢速提升旋喷，旋喷数秒再向上慢速提升 0.5m，直至桩顶停浆面。喷浆应比设计桩顶高约 0.5m，底位置应比设计低约 0.5m。

（5）冲洗及钻机移位

喷射施工完毕后，应把注浆管等机具冲洗干净，管内、机内不得残存水泥浆。通常把浆液换成水，在地面上喷射，以便把泥浆泵、注浆管和软管内的浆液全部排除。将钻机等机具设备移到新孔位上。

（6）补浆

喷射注浆作业完成后，由于浆液的析水作用，一般均有不同程度的收缩，使固结体顶部出现凹穴，此时应及时用水灰比为 1：1 的水泥浆补灌。

5-18 高压旋喷桩施工

3. 质量控制

（1）桩径控制：施工过程中要按技术交底参数操作，对桩的个别部位可进行复喷，以满足桩径要求。

（2）桩长控制：当钻至底深度以下 0.2m 时将喷管插到底层位。插管过程中，为了防止泥砂堵塞喷嘴，可边喷水边插管。

（3）喷浆控制：要严格按照配合比控制浆液并严格控制空压机、高压水泵、送浆泵的压力及钻杆提升速度，保证喷浆量，随时观察返浆情况。

4. 检验标准

（1）检测方法和内容

针对高压旋喷桩的检验，可根据工程要求和施工经验，采用开挖检查、取芯及无侧限抗压强度检查、标准贯入试验、载荷试验或围井注水试验等方法进行检测。应在高压喷射注浆结束后 28d 进行，检查内容主要为桩体强度、平均直径、桩身中心位置、桩体均匀性等。

（2）检测数量及部位

检测点数量根据设计要求确定，一般要求为施工孔数的 2%，并应不少于 5 点。检测点布置在：有代表性的桩位，施工中出现异常情况的部位，地基情况复杂、可能对高压喷射注浆质量产生影响的部位。

（3）检验标准

高压旋喷桩允许偏差和检验方法应符合表 5-17 的规定。

高压旋喷桩允许偏差和检验方法 表 5-17

检查项目	允许偏差		检验方法
	单位	数值	
钻孔位置	mm	≤50	钢尺量测
钻孔垂直度	%	≤1.5	经纬仪测钻杆或实测
孔深	mm	±20	检验钻杆标记
注浆压力	按设计文件要求		检查注浆压力记录表
桩体搭接	mm	>200	钢尺量测
桩体直径	mm	≤50	开挖后钢尺量测
桩中心允许偏差	mm	≤0.2D	开挖后桩顶下 500mm 处钢尺量测，D 为直径

5.3.5 水泥搅拌桩施工

1. 水泥搅拌桩认知

水泥搅拌桩是一种利用水泥、石灰等材料作为固化剂，通过深层搅拌机械，将软土和固化剂强制搅拌，利用固化剂和软土之间所产生的一系列物理、化学反应，使软土硬结成具有整体性、水稳定性和一定强度的桩体。

水泥搅拌桩最适宜于饱和软黏土，包括淤泥、淤泥质土、黏土和粉质黏土等。加固深度从数米至 50～60m，国内最大深度可达 15～20m。一般认为对含有高岭石、多水高岭石与蒙脱石等黏土矿物的软土加固效果较好：对含有伊利石、氯化物等黏性土以及有机质含量高、酸碱度较低的黏性土的加固效果较差。

水泥搅拌桩围护结构具有不透水、不需设支撑的特点，能在敞开的条件下开挖基坑，使用的材料仅为水泥，具有较好的经济效益，深受欢迎。水泥搅拌桩的主要缺点是其抗拉强度低，因而常排列成格栅形式，成为重力坝式挡墙，或在其中插入型钢加以改良。

为了提升水泥搅拌桩抵抗侧向土压力的能力，可在水泥土搅拌桩中插入型钢形成劲性水泥土连续搅拌桩支护结构，称为 SMW 工法桩，见图 5-52，该工法桩同时具有承载力与防渗两种功能的围护形式。

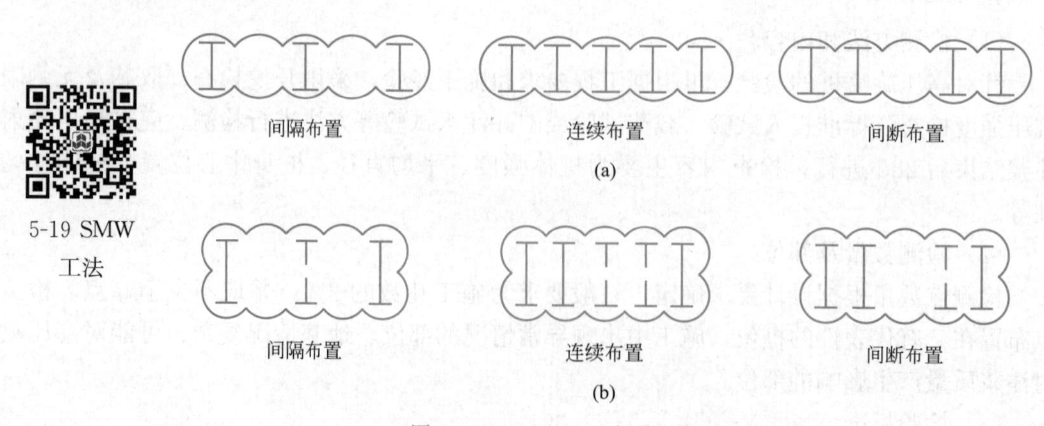

图 5-52 SMW 工法桩内型钢布置方式
(a) 单排 SMW 工法搅拌桩；(b) 双排 SMW 工法搅拌桩

2. 施工工艺流程

水泥搅拌桩施工工艺流程如图 5-53 所示。

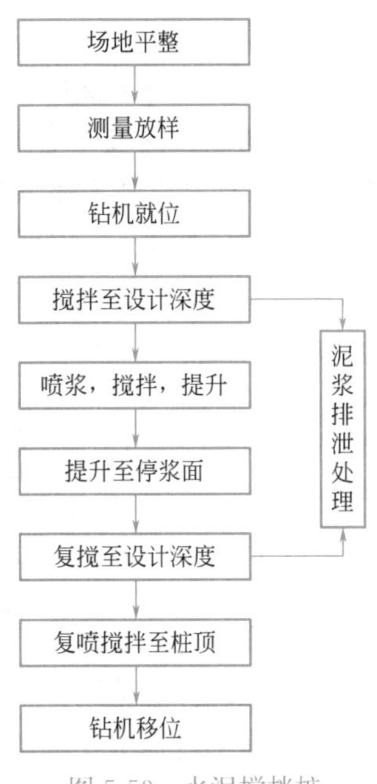

图 5-53　水泥搅拌桩施工工艺流程

（1）场地平整

水泥搅拌桩施工现场应在机械设备进场前予以平整。当场地表层较硬需用注水预搅施工时，应在四周开挖排水沟，并设集水井，其位置以不影响搅拌机施工为原则；排水沟和集水井应经常清除沉淀物，保持水流通畅。当场地过软不利于搅拌桩行走或移动时，应铺设粗砂或细石垫层，不得用粗粒碎石铺填。

灰浆置备作业应有足够的面积，其位置宜使灰浆的水平泵输送距离控制在 50m 以内，防止管道堵塞。

（2）测量放样

根据坐标基准点，按设计图放出桩位，并设临时控制桩。

（3）钻机就位

钻机定位前，先开挖导沟及放置定位型钢。采用挖机开挖沟槽，并人工清理沟槽内土体。为确保桩位并提供导向装置，在沟槽帮边沿纵向打入 5m 长 10 号槽钢（间距 3m）作为固定支点。在垂直于沟槽方向放置两根 200mm×200mm 工字钢并与支点焊接，在平行于槽方向放置两根 300mm×300mm 工字钢并与下面的工字钢焊接。

根据定位型钢上的桩位标志进行桩机定位，定位后桩机应平稳、平正并用经纬仪检查其垂直度。在钻机机身上悬挂几个垂球，对应于地面插上标志，随时检查其垂直度变化情况并进行调整。

（4）搅拌及注浆

搅拌机在提升过程中注入水泥浆液，根据试桩制定的注浆参数，严格控制下沉和提升速度，在桩底部分重复搅拌注浆，并作好原始记录。

施工中可在水泥浆液中适当增加高效减水剂的掺量，以减少水泥浆液在注浆过程中的堵塞现象。还可掺入一定量的膨润土（1%～3%），利用其保水性提高水泥的变形能力，不致引起加固体开裂，对提升加固体的抗渗性能很有效果。施工方法如图 5-54 所示。

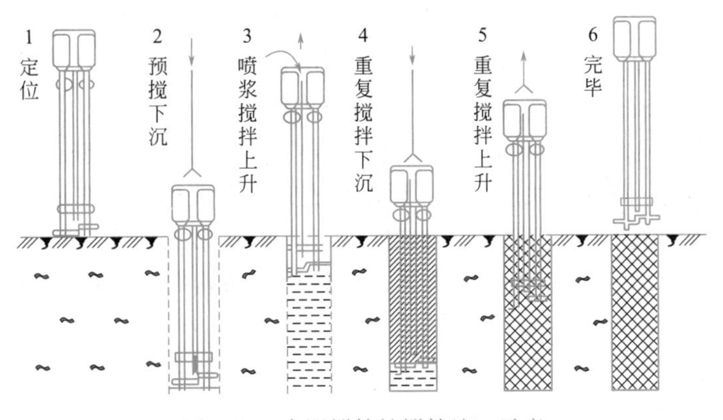

图 5-54　水泥搅拌桩搅拌施工示意

（5）施工顺序

成桩采用跳桩方法施工，其施工步骤为：先施作跳桩孔，然后进行夹桩的施工。夹桩的施作时间应在两边桩施作完12h内进行，以保证咬合部分的浆体易于切削。水泥掺入量和水灰比是搅拌桩施工确保工程质量和顺利施工的重要指标，一般采用水灰比为1.5：1.6。桩体施工顺序如图5-55所示。

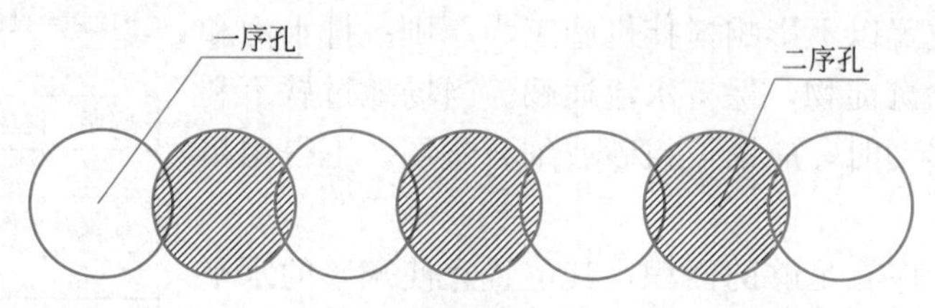

图5-55 跳孔成桩施工示意

（6）成桩

待水泥搅拌桩达到一定硬化时间后，将吊筋以及沟槽定位卡撤除。为确保桩身强度和均匀性，施工过程中要求做到：

① 严格按设计要求配制浆液。

② 土体应充分搅拌，并严格控制下沉速度，使原状土充分破碎，以利于与水泥浆均匀拌合。

③ 为防止浆液发生离析，注浆前必须先搅拌30s后再倒入存浆桶。

④ 压浆阶段不允许发生断浆现象，全桩须注浆均匀，不得产生夹心层。

⑤ 如发生管道堵塞，应立即停泵处理，并将钻具上提或下沉10m，重新喷浆10～20s后继续正常施工。

3. 质量控制

（1）水泥土搅拌桩采用四搅两喷方法施工。施工中应正确使用搅拌机械，确保桩机对中及机架的垂直度，保持灰浆泵与灰浆管路畅通以及灰浆泵的正常工作压力。

（2）搅拌机冷却水循环正常后，启动搅拌机电机，放松起重机钢丝绳使搅拌桩机沿导向架切土搅拌下沉。如地层较硬，下沉速度太慢，可用输浆系统补给清水以利钻进。

（3）搅拌机钻杆的钻进提升速度应保持为0.65～1.0m/min，转速为6r/min。搅拌机下沉到设计深度后，开启灰浆泵，其出口压力保持在1.5～2.5MPa，使水泥自动连续喷入地基。搅拌机边喷浆边旋转边严格按已确定的速度提升，直到设计要求的桩顶高程。

（4）施工中应严格控制浆液水灰比，一般为1.3～1.5。

（5）施工中出现意外停喷或提升速度过快时应立即暂停施工重新下钻至停浆面或少浆桩段以下1m的位置，重新喷浆10～20s后恢复提升，保证桩身完整，防止断桩。

（6）桩的搭接间隔不应大于24h。如超过24h，则在第二根施工时增加浆量20%同时减小提升速度；如因相隔时间过长致使第二根桩无法搭接时，则应采取局部补桩或注浆措施。

4. 检验标准

水泥土桩墙允许偏差和检验方法应符合表5-18的规定。

水泥土桩墙允许偏差和检验方法　　表 5-18

检查项目	允许偏差		检验方法
	单位	数值	
桩位偏差	mm	≤50	测量检查
桩墙厚度	大于设计文件规定的厚度		钢尺量测
孔深	mm	±20	用测绳量测
垂直度	%	≤1	经纬仪测钻杆或开挖后实测

5.3.6　TRD 工法墙施工

1. TRD 工法认知

TRD 工法（Trench cutting Re-mixing Deep wall method）即等厚度水泥土地下连续墙工法，是一种由主机带动可插入地基内的切割装置沿成墙方向水平移动，切割刀具在成墙深度方向回转切割，并注入固化液与原位土体混合搅拌，形成等厚水泥土地下连续墙的工艺（见图 5-56）。TRD 工法具有以下特征：

图 5-56　TRD 工法

（1）稳定性高。与传统工法比较，机械的高度和施工深度没有关联（约为 10m），稳定性高、通过性好。施工过程中切割箱一直插在地下，一般不会发生倾倒。

（2）成墙质量好。与传统工法比较，搅拌更均匀，连续性施工，不存在咬合不良，确保墙体高连续性和高止水性。成墙连续、等厚度，是真正意义上的“墙”而绝不是“篱笆”。可在任意间隔插入 H 形钢等芯材，可节省施工材料，提高施工效率。

（3）成墙品质均一。连续性刀锯向垂直方向一次性的挖掘，混合搅拌及横向推进，在复杂地层也可以保证均一质量的地下连续墙（见图 5-57）。

图 5-57　TRD 工法成墙效果

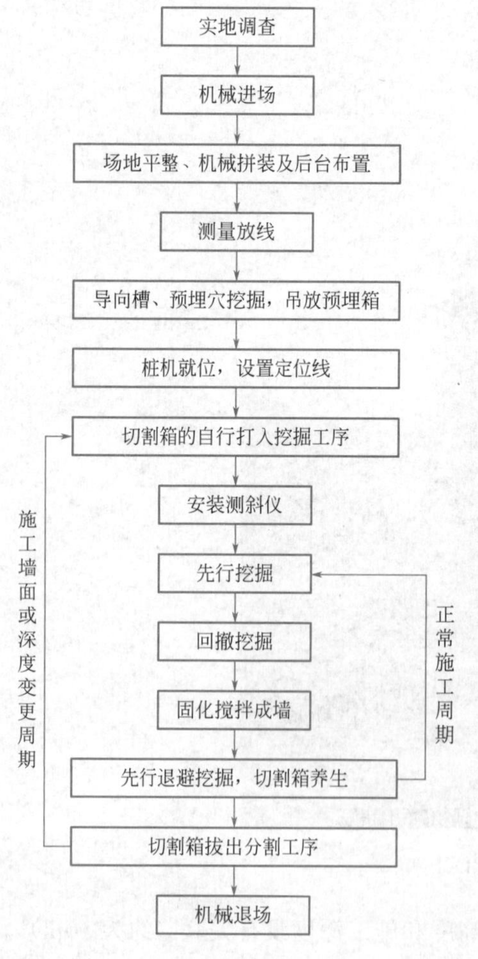

图 5-58　TRD 工法施工工艺流程

（4）适应性强。与传统工法比较，适应地层范围更广。适用于杂填土、黏性土、淤泥和淤泥质土、粉土、砂土、碎石土和软岩等各种地层。

（5）施工精度高。与传统工法比较，施工精度不受深度影响。通过施工管理系统，实时监测切削箱体各深度 X、Y 方向数据，实时操纵调节，确保成墙精度。

2. 施工工艺流程

TRD 工法工艺流程包括：切割箱自行打入挖掘工序、水泥土搅拌墙建造工序、切割箱拔出分解工序。TRD 工法水泥土搅拌墙建造工序一般采用 3 阶段循环搅拌成墙方法，即先行挖掘、回撤挖掘、成墙搅拌。在前期准备条件完成后，由主动力装置驱动锯链式切割箱，分段连接钻至预定设计深度，并通过横向气缸驱动横向挖掘推进，同时在切割箱底部注入挖掘液（水泥砂浆），使其与原位土强制搅拌混合，把不同粒度构成的地质土进行混合搅拌，在深度方向上形成强度均匀的水泥土搅拌墙体，在每段墙体间通过切割箱持续横向搅拌实现无缝连接。具体施工工艺流程如图 5-58 所示。

TRD工法施工的核心工序包括切割箱自行打入挖掘、水泥土搅拌墙建造、切割箱拔出分解3个工序。具体如下：

（1）切割箱自行打入挖掘工序（见图5-59）

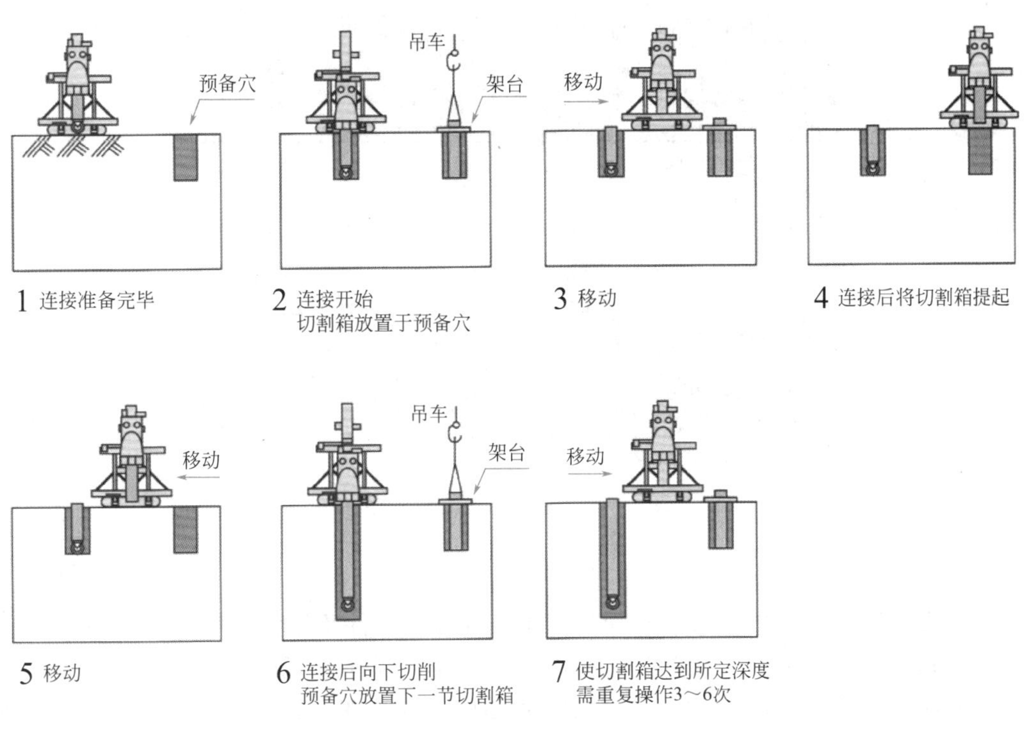

图5-59　切割箱挖掘工序

（2）水泥土搅拌墙建造工序（3循环）（见图5-60）

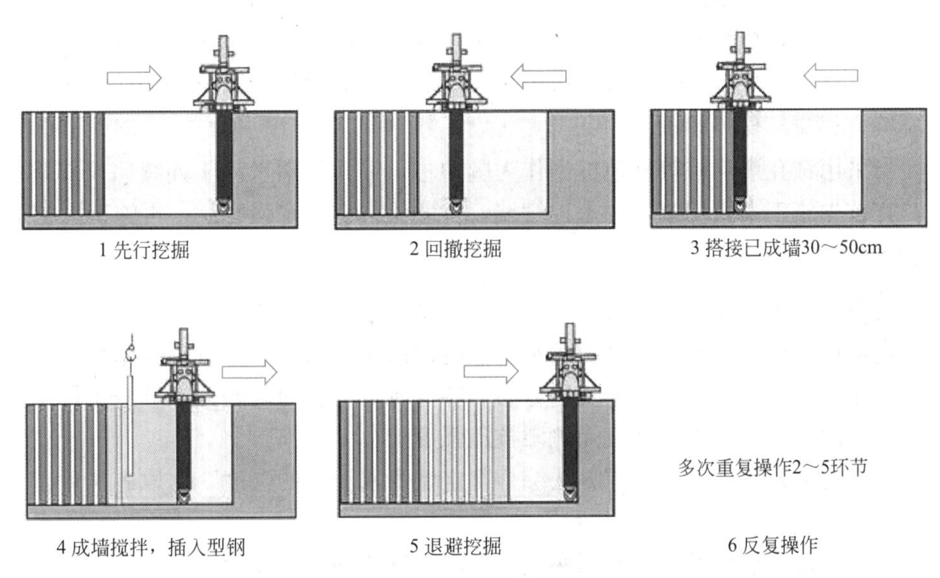

图5-60　水泥土搅拌墙施工步序

（3）切割箱拔出分解工序（见图 5-61）

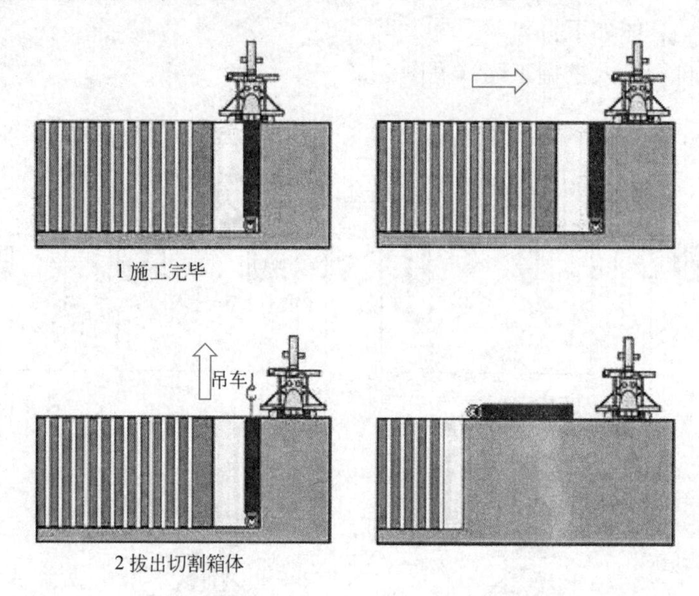

图 5-61　切割箱拔出分解工序

3. 质量控制

（1）渠式切割水泥土连续墙施工前应掌握场地地质条件及环境资料，查明不良地质条件及地下障碍物的详细情况，编制施工组织设计方案，制定应急预案。

（2）应根据编制的施工组织设计方案，评估成墙施工的环境影响，采取针对性的环境保护技术措施。

（3）当施工点位周围有需保护的对象时，应掌握被保护对象的保护要求，严格控制开放长度，并结合监测结果通过试成墙确定施工参数。

（4）邻近保护对象时，应控制渠式切割机的推进速度，减小成墙过程对环境的影响。

（5）施工过程产生的水泥土浆，应收集在导向沟内或现场临时设置的沟槽内，水泥土浆处置应符合相应环保等要求。

（6）当采用钻孔灌注桩等其他桩型作为围护桩，渠式切割水泥土连续墙仅作防渗截水帷幕时，宜首先施工渠式切割水泥土连续墙，待墙体具有一定强度后，再施工围护桩。

4. 检验标准

（1）墙身水泥土强度应采用试块试验确定。试验数量及方法：按一个独立延米墙身长度取样，用刚切割搅拌完成尚未凝固的水泥土制作试块。每台班抽查 1 延米墙身，每延米墙身制作水泥土试块 3 组，可根据土层分布和墙体所在位置的重要性在墙身不同深度处的三点取样，采用水下养护测定 28d 无侧限抗压强度。

（2）需要时可采用钻孔取芯等方法综合判定墙身水泥土的强度。钻取芯样后留下的空隙应注浆填充。

（3）墙体渗透性能应通过浆液试块或现场取芯试块的渗透试验判定。

（4）渠式切割水泥土连续墙成墙质量检验标准应符合表 5-19 的规定。

渠式切割水泥土连续墙成墙质量标准　　表 5-19

序号	检查项目	允许偏差或允许值	检查数量	检查方法
1	墙底标高	+30mm	每切割幅	切割链长度
2	墙中心线位置	±25mm	每切割幅	用钢尺量
3	墙厚	±30mm	每切割幅	用钢尺量
4	墙垂直度	1/250	每切割幅	多段式倾斜仪测量

5-20 TRD 工法

5-21 TRD 工法工程应用

任务实施

5-22【知识巩固】

5-23【能力训练】

5-24【考证演练】

任务 5.4　基坑开挖与支护

任务描述

学习“知识链接”相关内容，结合《地下工程施工技术》配套图纸，重点完成以下工作任务：一是回答与基坑开挖、支护相关的问题；二是根据给定的工程案例，完成相关工作任务；三是完成与本任务相关的建造师职业资格证书考试考题；具体参见“任务实施”模块。

知识链接

5.4.1　基坑开挖

1. 基坑开挖的基本原则

1）遵循“开槽支撑、先撑后挖、分层开挖、严禁超挖”的基坑开挖原则。

2）根据现场地理位置、土质条件、基坑开挖深度和周围环境的特点，结合设计工况，采用“分区、分层、分段、对称、平衡”的开挖方法；按照“时空效应”施工方法实施，尽量减少基坑暴露时间；以机械施工为主，人力施工为辅的开挖方式，合理选择施工机械及施工现场布置。

3）施工前应充分研究地质勘察报告，对各段地质情况认真分析，以便施工中能够根据不同地质条件及时调整施工工艺和工序，对地质情况不明的地段要进行补勘。在施工过程中应根据现场施工实际情况与地质勘察资料进行核对，若有变化应立即通知监理、设计单位现场调整处理，以满足设计要求。

4）基坑开挖过程中严禁大锅底开挖，其纵横向边坡放坡应据地质、环境条件取用开挖时的安全坡度，满足设计要求的安全坡度。

5）根据基坑所处水文地质条件及设计要求，采取合理可行的基坑降排水方案，确保降排水效果，确保基坑稳定与安全。

6）根据支护结构类型和地下水控制方法，选择基坑监测项目，并应根据支护结构构件、基坑周边环境的重要性及地质条件的复杂性确定监测点部位及数量。选用的监测项目及其监测部位应能够反映支护结构的安全状态和基坑周边环境受影响的程度。

2. 基坑土方开挖方法

以明挖法施工的车站基坑为例，基坑土方开挖以规格 0.8～1.0m 和 0.4～0.6m 挖掘机为主，分台阶逐层向上翻挖，盾构井、工作面合拢段垂直取土时采用规格 0.5m 的长臂挖掘机或规格 $1.0m^3$ 的液压抓斗配合。

基坑土方开挖分段、分层、分单元、限时实施，基坑分段按照主体结构施工节段划分及设计相关要求为准。竖向按支撑设置位置分层，每层土方宜采取先挖中间、再挖两侧土体，预留护壁土的方式，逐层接力向上翻挖。水平分段与竖向分层形成多个梯形单元，每一单元宜在 16h 内完成开挖，此后 8h 内完成钢支撑安装并施加预应力，尽量减少基坑无支护暴露时间。

基坑开挖时，要求施工纵向放坡坡比及平台的综合放坡坡比应根据土质情况进行安全验算，同时应满足设计相关要求。

1）第一层土体开挖

土方开挖在围护桩或地连墙、旋喷桩止水帷幕及冠梁、周边挡墙施工完毕且达到设计强度后进行，采用 0.8～1.0m 反铲挖机，直接分段开挖至第一道支撑底（采用混凝土撑时，标高控制在混凝土支撑垫层底；采用钢支撑时，标高宜控制在支撑梁底以下 50cm，方便支撑架设）。

2）第二层土体开挖

（1）第一道支撑为钢支撑时，第二层土方开挖紧随第一层土体开挖形成流水作业，采用 0.8～1.0m 挖掘机逐层接力向上翻挖至基坑顶装车外运。小段开挖长度宜控制在 6m 左右。开挖时先挖中间土体，两侧预留护壁土，而后施作第一道钢支撑并施加预应力，再挖除两侧护壁土，要求每小段开挖控制在 16h 内，8h 内完成支撑安装并施加预应力，尽量减少基坑无支撑暴露时间。

（2）第一道支撑为混凝土支撑时，第一层土方开挖完成进行混凝土支撑施工，待混凝土支撑强度达到设计要求时，方可进行第二层土方开挖，采用 0.8～1.0m 挖掘机逐层接力向上翻挖至基坑顶装车外运。小段开挖长度宜控制在 6m 左右。分段开挖至下层钢支撑以下 50cm。

3）第三层土体开挖

紧随第二层土体开挖形成流水作业，采用 0.8～1.0m 和 0.4～0.6m 挖掘机联合作业，逐层接力向上翻挖至基坑顶装车外运。小段开挖长度控制在 6m 左右。开挖时先挖中间土体，两侧预留护壁土，而后施作第二道钢支撑并施加预应力，再挖除两侧护壁土，要求每小段开挖控制在 16h 内，8h 内完成支撑安装并施加预应力，尽量减少基坑无支撑暴露时间。

4）按照上述方法开挖至最后一道支撑底部以下 0.5m，安装最后一道支撑并施加预应力。

5）最后一层土体开挖

最后一层土方采用 0.8～1.0m 和 0.4～0.6m 挖掘机联合作业，挖至离设计坑底标高 20～30cm 处时，进行基坑验槽。最后采用人工进行清底至地铁车站底板垫层底标高，基坑底标高经测量符合设计要求后及时浇筑素混凝土垫层封闭基底。基坑内遇到中风化、微风化岩层时，常规反铲挖掘机不能开挖的采用配置液压破碎锤（俗称“啄木鸟”）的挖掘机破碎，破碎后采用挖机进行转运；破碎锤破除困难时采用爆破方式进行破除。

6）基坑端头井合拢处的土方开挖采取“分层开挖、先撑后挖、盆式开挖”的方式，即土方分层开挖至每道支撑下约 50cm，施作端头井斜撑并施加预应力，而后按先挖中间、后挖周边，预留护壁土的方式进行下一层土方的开挖。垂直取土时采用规格 0.5m 的长臂挖掘机或规格 1.0m 的液压抓斗配合。土方开挖与支撑安装的完成时间严格按设计要求控制。见图 5-62。

3. 安全及质量控制

1）基坑开挖专项方案（包括基坑降水、基坑监测）经专家论证并上报审批通过。施工严格按照审批通过的方案执行。方案中应明确以下内容：

（1）方案需说明基坑所处地质及水文条件，并根据水文地质条件确定基坑降水设计及施工方案。

（2）对基坑周边环境及地下管线进行详细概述，明确开挖过程中可能受影响的建构筑物、管线，制定相应的加固与保护措施，开挖过程中进行监测。

（3）根据现场地理位置、土质条件、基坑开挖深度、周围环境及工期节点目标等特点，选择合适的施工机械设备，明确分区情况、分段长度及开挖先后顺序；结合设计工况及相关要求，明确基坑开挖过程中分段长度、每层厚度、每小段宽度、每小段开挖支撑架设时限。

（4）方案中明确开挖过程中纵横向边坡放坡安全坡度。根据设计要求及地质条件、基坑挖深经稳定性分析确定，必要时采取的防护及加固措施。

（5）方案中有合理可行的应急救援预案与安全文明施工保证措施。

2）基坑开挖前准备工作：

（1）制定控制地层变形和基坑支护结构支撑的施工顺序及管理指标。

（2）划分分层及分步开挖的流水段，拟定土方调配计划。

（3）落实弃、存土场地并勘察好运输路线。

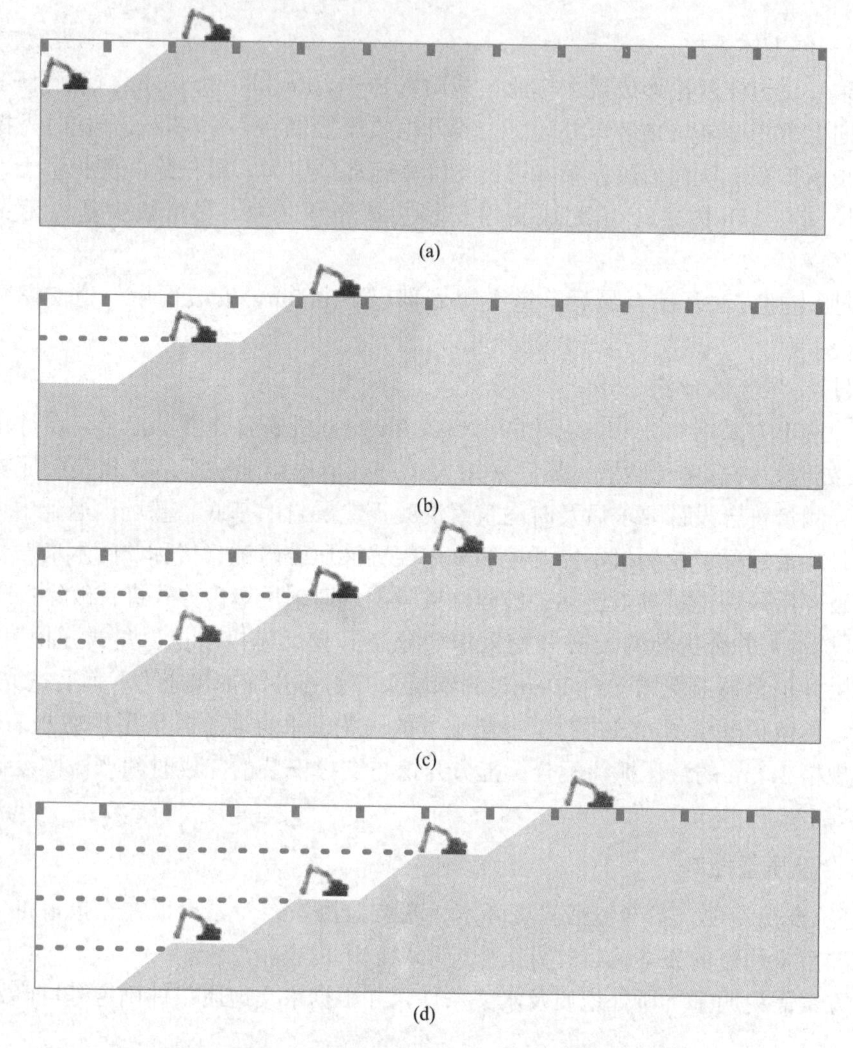

图 5-62　基坑开挖示意图（四道支撑）

(a) 第一层土方开挖示意图；(b) 第二层土方开挖示意图；
(c) 第三层土方开挖示意图；(d) 底层土方开挖示意图

(4) 根据现场条件，合理进行场地布置，规划好基坑内外的排水，防止基坑土体浸泡，保证正常施工作业面。

(5) 按监测方案对周围环境及基坑布置监测控制点，且测取初始值；基坑土方开挖过程中，加强施工监控量测，随时掌握土体压力、支撑结构受力及地下水位变化等情况，做到信息化指导施工。

(6) 按照设计要求提前降水，水位控制在开挖面以下不小于 0.5m。

3) 基坑必须自上而下分层、分段依次开挖，严禁掏底施工。放坡开挖基坑应随基坑开挖及时刷坡，边坡应平顺符合设计规定；支护桩支护的基坑，应随基坑开挖及时护壁；地下连续墙或混凝土灌注桩支护的基坑，应在混凝土达到设计强度后方可开挖。

4) 机械挖土时，坑底以上 200～300mm 范围内的土方应采用人工修底方式挖除，不得超挖或扰动基底土。

5）基坑开挖的分层厚度宜控制在3m以内，并应配合支护结构的设置和施工的要求，临近基坑边的局部深坑宜在大面积垫层完成后开挖。

6）基底应平整压实，其允许偏差为：高程+10/−20mm；平整度20mm，并在1m范围内不得多于1处。基底经检查、基底验槽合格后，应及时施工混凝土垫层，进行结构施工。

7）基底超挖、扰动、受冻、水浸或发现异物、杂上、淤泥、土质松软及软硬不均等现象时，应做好记录，并会同有关单位研究处理。

8）开挖过程中应及时封堵或疏导墙体上的渗漏点，且应经常检查钢支撑及支护结构的稳定性，若发现松动及轴力损失及时补充，防止松动脱落。

5.4.2 基坑支护

1. 钢筋混凝土支撑

1）钢筋混凝土支撑认知

钢筋混凝土支撑（见图5-63）体系包括冠梁和钢筋混凝土支撑，一般与钻孔灌注桩组成桩-撑体系，常见于土质地层中。

图5-63 钢筋混凝土支撑

冠梁是设置在地铁车站基坑周边围护结构顶部的钢筋混凝土连续梁，其作用一是将所有的桩基连成整体，并防止基坑顶部边缘产生坍塌，其二是承受钢筋混凝土支撑的水平挤靠力和竖向剪力。

钢筋混凝土支撑一般与冠梁同时施工浇筑，横向或斜向连接基坑两侧冠梁形成支撑体系，具有刚度大、变形小，可靠性大，施工方便等特点。

2）施工工艺流程

钢筋混凝土支撑体系施工流程见图5-64：

(1) 技术准备

a. 施工前编制钢筋混凝土支撑施工方案，并完成方案审批。

b. 对施工作业人员进行地下连续墙施工技术交底和安全技术交底。

c. 测量工程师在施工前进行控制点的布设，完成施工定位放线及复核。

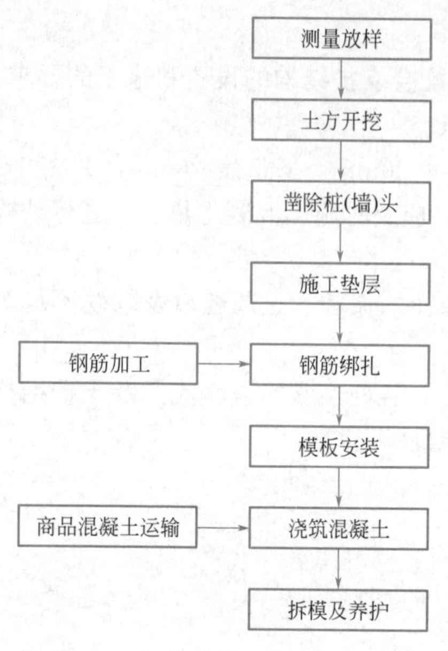

图 5-64　钢筋混凝土支撑施工流程

(2) 现场准备

a. 冠梁开挖前查明周边地下管线和地下构筑物的情况，予以迁改或加固，并采取可行的措施进行严密检测，确保施工期间地下管线和地下构筑物安全正常使用。

b. 冠梁开挖前准备一定数量的应急材料，做好冠梁基坑抢险加固准备工作。冠梁基坑施工前，在冠梁基坑四周布设排水沟，并把排水沟引到已经设计好的集水坑内，采用抽水泵抽排。并在施工边界设置临时防护。

(3) 资源准备

a. 材料进场及验收

钢筋：钢筋进场时，应按国家相关标准的规定抽取试件作屈服强度、抗拉强度、伸长率、弯曲性能和重量偏差检验，检验结果应符合相应标准的规定。

钢筋机械连接套筒：连接套筒应有出厂合格证，一般为低合金钢或优质碳素结构钢，其抗拉承载力标准值应大于、等于被连接钢筋的受拉承载力标准值的 1.20 倍，套筒长为钢筋直径的二倍，套筒应有保护盖，保护盖上应注明套筒的规格。

电焊条：按设计要求选用，其质量应符合国家标准《非合金钢及细晶粒钢焊条》GB/T 5117—2012、《热强钢焊条》GB/T 5118—2012 的规定。

模板及支架材料的技术指标应符合国家有关标准的规定，应采用轻质、高强、耐用的材料，连接件宜选用标准定型产品。

半成品堆放：将加工成型的钢筋分部、分层、分段和构件名称按号码顺序堆放，同一部位钢筋或构件堆放在一起，保证施工方便。

商品混凝土：选择具有相应资质等级商品混凝土供应单位，确定台班供应量、供应路线、应急保证措施等，配合比应经试验确定，并应符合《混凝土质量控制标准》GB 50164—2011。见图 5-65。

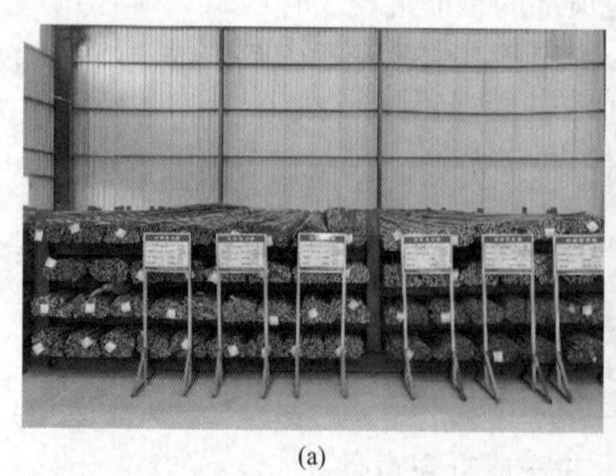

(a)

(b)

图 5-65　钢筋材料堆放

(a) 钢筋原材料堆放；(b) 钢筋半成品堆放

b. 机械设备进场及报验

所有机械设备进场后须按要求完成报审和备案工作，方可投入使用；仪器需进行校验和标定后方可使用。

c. 劳动力资源准备

施工人员配置应满足现场施工要求。

（4）测量放样

a. 根据设计图纸提供的坐标计算出每道钢筋混凝土支撑中线与冠梁交点处坐标，计算成果经技术负责人复核无误后进行测放，并报监理进行复核。

b. 待基坑内土体开挖至混凝土支撑底部后，立即将中心线引入坑内，以控制底模及模板施工，确保钢筋混凝土支撑中心线的正确无误。

c. 在钢筋混凝土支撑混凝土浇筑前，将其顶面标高放样于模板面上，以控制钢筋混凝土支撑顶面标高。

d. 待钢筋混凝土支撑模板拆除后，检查钢筋混凝土支撑的中心线和平整度、垂直度是否符合设计及相关规范要求。

（5）基坑开挖

a. 开挖基坑内土方至钢筋混凝土支撑底标高处以满足施工空间，测量放样每根桩桩头标高并用红线标记，将灌注多余的钻孔灌注桩（地下连续墙）桩头混凝土凿除。桩头凿除时，应从水平方向往桩芯凿，避免从桩头向下凿，以免桩头成为锥形，同时避免随意将桩内的钢筋左右前后搬动。桩头凿到冠梁底标高以上 5cm 后，将松动的混凝土块清除掉，用气泵把开凿面吹喷干净。

b. 冠梁外侧根据现场地质情况，可采用 1∶1 放坡（有足够空间）、木模板、素喷混凝土及设置钢板桩等方法进行临时挡土。

c. 浮浆凿除前在迎土层导墙上标注出预埋测斜管和超声波检测管位置，凿除时注意保护预埋测斜管及超声波检测管，不要将其碰断。如测斜管或超声波检测管发生断裂，应及时用布或编织袋将其封堵、覆盖，严禁让泥土落入管中。

d. 基坑开挖至混凝土支撑、腰梁以下 10cm，进行垫层混凝土浇筑，浇筑宽度超出支撑 10cm，垫层一般采用 C20 素混凝土。

（6）钢筋绑扎

a. 钢筋绑扎前应清点数量、类型、型号、直径，并对其位置进行测放后方可进行绑扎。

b. 钢筋绑扎须严格按照设计文件和施工图进行，横向支撑 1/3 跨位置严禁出现钢筋接头。

c. 钢筋绑扎前，应清理干净冠梁空间的杂物，若在施工缝处施工，还应将接缝处钢筋调直。

d. 桩（墙）预留钢筋在冠梁、支撑钢筋绑扎前，应调直，才能进入下道工序，不得使用氧气乙炔破坏钢筋。

e. 钢筋的交叉点必须绑扎牢固，不得出现变形和松脱现象。

f. 钢筋接头主筋应采用机械连接，箍筋采用绑扎方式，机械连接接头搭接面积百分率不得超过 50%，相邻两个绑扎接头错开不少于 $35d$，钢筋车丝端不得使用切断机切断，应采用切割机切割并打磨平整，安装机械连接接头时可用管钳扳手拧紧，应使钢筋丝头在套筒中央位置相互顶紧，标准型接头安装后的外露螺纹不宜超过 $2p$（p 为螺距），接头试件的钢筋母材应进行抗拉强度试验：三根接头试件的抗拉强度均不小于该级别钢筋抗拉强度的标准值，同时还应不小于 0.9 倍钢筋母材的实际抗拉强度。

g. 在绑扎钢筋接头时，应将接头先行绑好，然后再与其他钢筋绑扎。

h. 箍筋应与受力钢筋垂直设置，箍筋弯钩叠合处，应沿受力钢筋方向错开设置。

i. 钢筋绑扎必须牢固稳定，不得变形松脱。

j. 钢筋绑扎完成后先由项目部质检人员进行自检，在自检合格后报监理单位验收，经验收合格后方可进行下道工序施工。

k. 冠梁兼作压顶梁时，需在冠梁内预埋导管以方便后期在冠梁和主体结构顶板间浇筑混凝土。预埋件埋设严格按照图纸进行。

l. 钢筋混凝土支撑在与格构柱搭接施工时下层主筋尽量自格构柱空隙处穿过钢格构柱，无法满足要求时可局部割除格构柱角钢，割除面积不大于 50%。

m. 根据监测方案在冠梁、支撑施工时预设安装轴力计。见图 5-66。

(a)

(b)

图 5-66　钢筋绑扎

（a）钢筋绑扎；（b）轴力计安装

（7）模板安装

a. 模板支立前应清理干净并涂刷隔离剂，每次混凝土浇筑之前确保模板清洁光滑。混凝土支撑采用对拉杆形式支护，竖向支护不少于两道。

b. 当混凝土支撑开挖至设计标高后，进行整平、复测标高，保证底模的平整及高程位置。同时对基底进行夯实处理（以防底模板在混凝土浇筑后发生沉降而影响混凝土支撑的质量），然后铺设油毛毡作为混凝土支撑底模。

c. 模板安装必须正确控制轴线位置及截面尺寸。当拼缝≥10mm 的要用老粉批嵌或用白铁皮封钉。模板的起拱应符合国家标准《混凝土结构工程施工规范》GB 50666—2011 的规定，并应符合设计及施工方案的要求。为保证模板接缝宽度符合标准要求，施工中应加强对模板的使用、维修、管理。

d. 模板由侧模、主龙骨、次龙骨、斜撑等组成，斜撑和平撑与主龙骨之间用扣件连接。斜撑和平撑与主龙骨之间用扣件连接，为防止浇筑混凝土时漏浆，在侧模内侧底端应加设海绵条，保证模板可靠的承受支撑结构及施工的各项荷载。

e. 模板支撑安装必须平整、牢固、接缝严密不漏浆，保证混凝土浇筑质量。

f. 模板安装施工结束后报监理验收，经验收合格后方可进行下道工序施工。见图 5-67。

图 5-67 模板安装

（8）混凝土浇筑

a. 明确每次浇捣混凝土的级配、方量，严格把好原材料质量关，水泥、碎石、砂及外掺剂等要达到相关规范规定的标准，及时与混凝土供应单位沟通信息。混凝土搅拌罐车运至现场，泵送入舱。检查坍落度、可泵性是否符合要求，应及时进行调整，必要时作退货处理。

b. 混凝土浇捣前，施工现场应先做好各项准备工作，机械设备、照明设备等应事先检查，保证完好符合要求，模板内的垃圾和杂物要清理干净。

c. 振动器的操作要做到“快插慢拔”，混凝土浇捣应分点振捣，宜先振捣料口处混凝土，形成自然流淌坡度，严格控制振捣时间、移动间距、插入深度，严禁采用振动钢筋、模板方法来振实混凝土。

d. 在混凝土浇筑前清理干净模板内杂物，混凝土振捣采用插入式振捣器，振捣间距约为 50cm，以混凝土表面泛浆，无大量气泡产生为止，严防混凝土振捣不足或在一处过振而发生跑模现象。

e. 混凝土浇筑后，在混凝土初凝前和终凝前，分别对混凝土表面进行抹面处理。

f. 每次浇筑至少留置一组标准混凝土养护试件，同条件试件留置组数根据现场实际需要确定。见图 5-68。

（9）拆模及养护

a. 混凝土达到规定强度时，方可进行模板拆除，拆除模板时，需按程序进行，禁止用大锤敲击，防止混凝土面出现裂纹。

b. 应在浇筑完毕后的 12h 以内对混凝土加以覆盖并保湿养护。

c. 混凝土强度达到 $1.2N/mm^2$ 前，不得在其上踩踏。

d. 拆模完毕后如果冠内侧存在突出物，须及时进行清理找平，混凝土出现缺陷须及时上报，同意后按要求进行处理。

e. 进行拆模时须小心，严禁碰掉冠梁及支撑棱角部，在支撑棱角部位安置槽钢进行

(a)

(b)

图 5-68　混凝土浇筑及抹面
(a) 混凝土浇筑；(b) 混凝土抹面

保护。

f. 模板拆除后与下段相接处及时进行凿毛处理。

g. 模板拆除完毕后应及时进行堆码整齐，模板拆除完毕后应及时进行场地清理。

(10) 施工缝处理

a. 对于采用钢丝网隔离的垂直施工缝，当混凝土达到初凝时，用压力水冲洗，清除浮浆、碎片并使冲洗部位露出骨料，同时将钢丝网片冲洗干净。混凝土终凝后将钢丝网拆除，立即用高压水再次冲洗施工缝表面。对于木模板处的垂直施工缝，尽早拆模用高压水冲毛及人工凿毛，对于已硬化的混凝土表面，要使用凿毛机处理，对较严重的蜂窝或孔洞应进行修补，在浇筑混凝土前用水冲洗干净并充分湿润。

b. 钢筋连接加强质量控制，严格按设计及相关规范要求施工，确保钢筋连接质量。

c. 从施工缝处开始继续浇筑时，要注意避免直接靠近缝边卸料。机械振捣前，宜向施工缝处逐渐推进，并距 80～100cm 处停止振捣。加强对施工缝的捣实工作，使其紧密结合。

3) 安全及质量控制

(1) 钢筋工程

a. 钢筋原材出厂合格证、原材试验报告单及焊接试验报告单等必须符合设计及相关规范要求。

b. 钢筋加工的形状，尺寸符合设计要求；钢筋表面洁净、无损伤、油渍和锈蚀。钢筋级别、钢号和直径符合设计要求，需代换钢筋时，必须要先经设计和监理认可。

c. 钢筋加工过程中，如发现脆断、焊接性能不良或力学性能显著不正常等现象，需根据国家标准对该批钢筋进行化学成分检验或专项检验，如不合格严禁使用。

d. 机械连接接头质量必须符合《钢筋机械连接技术规程》JGJ 107—2016。

(2) 模板工程

a. 模板要具有足够的承载力、刚度和稳定性以及平整度，能可靠地承受新浇筑混凝土的侧压力及施工中产生的荷载。

b. 模板接缝不漏浆，在浇筑混凝土前，模板内的杂物应清理干净，木模板应浇水湿润，模板内不应有积水。

c. 模板与混凝土的接触面应清理干净并涂刷隔离剂。

d. 模板安装时应保证主筋净保护层满足设计要求。

(3) 混凝土工程

a. 下料点间距不超过 1.5m。

b. 每层的浇筑层厚度为 30cm 左右。

c. 振捣时做到快插慢拔，每处振捣时间不少于 30s，且无气泡冒出。

d. 应严格控制混凝土入模温度。

4) 验收标准

(1) 钢筋工程质量检验标准见表 5-20：

钢筋工程质量检测标准表　　表 5-20

序号	项目	允许偏差
1	骨架的高度宽度	±5mm
2	骨架长度	±10mm
3	受力钢筋间距	±10mm
4	受力钢筋排距	±5mm
5	构造钢筋间距	±20mm
6	钢筋弯起点位移	±20mm
7	中心线位移	±5mm
8	受力钢筋保护层	±5mm

(2) 模板工程质量检验标准见表 5-21：

模板工程质量检验标准表　　表 5-21

序号	项目	允许偏差
1	轴线距离	±5mm
2	模板表面平整度	±5mm
3	模板标高	±10mm
4	模板内部尺寸	±10mm
5	邻两板表面高低	±2mm

(3) 混凝土工程质量验收标准

a. 混凝土强度必须符合《混凝土强度检验评定标准》GB/T 50107—2010；

b. 长宽尺寸允许偏差±20mm，顶面高程允许偏差±20mm，轴线偏位允许偏差 15mm。

2. 钢支撑

1) 钢支撑认知

钢支撑（见图 5-69）系统包括钢围檩及钢支撑，当支撑较长时，还包括支撑下的立柱及相应的立柱桩；钢支撑由活络头、钢管撑中间节及固定端组成。

图 5-69　钢支撑

5-25 钢支撑架设施工

钢支撑施工主要包括钢管撑拼装、托架及牛腿安装、钢围檩安装、钢支撑吊装、施加预应力、监测、拆撑等工艺流程。钢支撑施工与拆除顺序，应与设计工况一致，必须遵循先支撑后开挖的原则。

钢支撑安拆施工简便、质量较易控制，一般与钻孔灌注桩组成桩-撑体系，常见于土质地层中。

2）施工工艺流程

钢支撑施工工序流程见图 5-70。

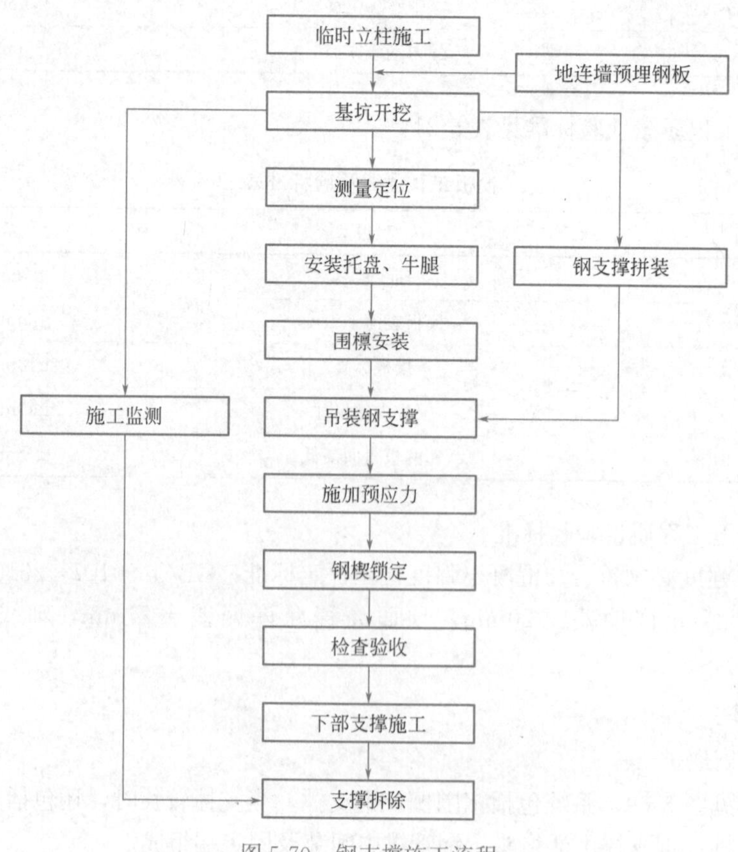

图 5-70　钢支撑施工流程

(1) 技术准备

a. 测量准备

对地铁车站进行联测，加密控制网，保证车站周边控制点不少于3个、水准点不少于3个。

对地铁车站围护结构灌注桩或地连墙内侧边线复测，核对是否倾线，如有倾线，及时进行处理。

对地铁车站土方开挖标高及时复测，防止超挖，开挖至支撑底标高时，及时对支撑进行测量定位，并做好标记。

根据监测方案，对地铁车站周边监测点进行布设，并上报初始值。

b. 试验准备

进场原材料检验。

c. 方案与图纸准备

图纸审核与现场核对：组织技术、测量、商务人员对设计图纸进行审核，查看图纸与现场实际是否相符；工程量是否准确；图纸标注尺寸是否清楚；前后是否相符以及有无缺漏等。

施工方案编制：土方开挖支护专项施工方案，按程序组织专家论证及报批手续。施工方案需明确材料规格及相关的技术措施，确定土方开挖的形式和要求，确定钢支撑架设顺序、吊装机械选型、支撑预应力分级施加方法及数值；场地布置方案（包含支撑堆放场地、拼装场地等）；进行安全技术交底。

(2) 资源准备

a. 材料准备

型钢：工字钢、槽钢等，按设计要求选用，其质量应符合相应的产品标准。

钢管：按设计要求选用，其质量应符合相应产品标准。

电焊条：按设计要求选用，其质量应符合国家标准《非合金钢及细晶粒钢焊条》GB/T 5117—2012、《热强钢焊条》GB/T 5118—2012的规定。

钢支撑工程所采用的钢管、型钢、电焊条、引弧板等材料应有产品合格证书和性能检验报告。

b. 机械设备准备

钢支撑安装主要机械设备包括：龙门吊、汽车式起重机、电焊机、液压千斤顶、液压油泵、支撑轴力计、全站仪、水准仪、发电机（备用）等。

所有机械设备进场后需按要求完成报审和备案工作，方可投入使用；部分仪器、仪表等需进行校验和标定后方可使用。

c. 人员准备

施工人员数量应满足现场要求。

(3) 现场准备

a. 钢支撑进场前，根据地铁车站周边环境及场地内布置，规划材料进场运输线路，确定支撑堆放场地和支撑拼装场地，支撑堆放场地应与基坑保持一定安全距离。

b. 吊装机械通道、作业场地加固均达到施工要求。

c. 钢支撑一般采取龙门吊吊装，施工前龙门吊轨道梁施工完成且达到规定强度，龙门吊安装完成并办理相关备案手续；采用吊车吊装钢支撑时，进场吊车需提前进行报验，审核通过后方可进行吊装。见图 5-71。

图 5-71　钢支撑堆放

（4）钢支撑制作与拼装

a. 钢支撑制作

地铁车站基坑支护钢支撑一般采用钢管水平对撑或斜撑，钢管支撑由活动、固定端头和中间节组成，各节间采用螺栓连接。钢管支撑事先在加工厂内分节制作，每节标准长度为 3m、6m，同时设一定数量活动段。

钢管材质符合设计要求，钢支撑连接必须满足等强度连接要求，应有节点构造图，焊接工艺和焊缝质量应符合相关规范的要求。管节间采用法兰盘螺栓连接，焊接管端头与法兰盘焊接处，法兰端面与轴线垂直偏差控制在 1.5mm 以内，法兰盘加工必须符合相关规范要求。

钢支撑构件加工完毕后，先除锈后涂两道红丹，一道面漆。

b. 钢支撑进场

钢支撑进场时项目上安排专人负责检查和验收，对检验合格的材料设备应编号登记，杜绝不合格材料设备在工程中使用，以确保钢管支撑材料的质量。钢支撑材料断面、壁厚尺寸符合设计要求，管段外观表面平直、无严重锈蚀、扭曲变形现象，法兰平整、垂直，管壁拼缝焊缝饱满、完整。

c. 钢支撑拼装

支撑安装前根据地铁车站设计跨度计算每根支撑长度，将标准管节先在地面进行预拼接并检查支撑的平整度，其两端中心连线的偏差度控制在 20mm 以内，经检查合格的支撑按部位进行编号以免错用。

每根钢支撑的配置按总长度的不同，配用一端为固定端一端为活动端，中间段采用标准管节进行配置。按照地铁车站跨度和吊装设备确定分段长度，一般标准地铁车站跨度 20m 左右，中间不设立柱桩时，拼装成一段整体吊装；跨度超过 20m 且中间设置临时立柱时，支撑宜根据地铁车站跨度拼装分两段或多段进行吊装，吊装至基坑内采用法兰螺栓连接。

钢支撑在基坑附近提前拼装，当开挖到相应钢支撑设计中心标高以下 500mm 处时，及时安设钢围檩与钢支撑。

（5）测量定位

根据已计算出需安装的每根支撑中心标高及按围檩顶面标高换算的垂深，采用全站仪，沿墙面量测出支撑安装中心轴线及标高，并标记出钢支撑位置。以便混凝土凿除、膨胀螺栓预埋钢板以及钢牛腿安装和后续的支撑安装，安装后要做到支撑与侧墙垂直。

（6）安装托盘、牛腿

围檩和支撑通过拖盘或者牛腿固定于围护结构上，牛腿与围护结构通过高强度膨胀螺栓或预埋钢件焊接连接与钢围檩焊为一体。

a. 当支护结构为地连墙，钢支撑直接支撑在连续墙预埋钢板上，横向钢支撑架设前先在预埋钢板上焊接托盘，以利于钢支撑的安全架设，焊接时注意焊接牢固、焊缝均匀。托盘宜采用矩形钢板，两侧保护板为三角形钢板。

b. 当支护结构上设置钢围檩，钢支撑支撑在钢围檩上，需采用三脚架固定钢围檩，三脚架（即牛腿）采用膨胀螺栓或与支护结构预埋钢板焊接固定于支护结构上。

（7）围檩安装

当挖土挖到支撑设计标高后，钢支撑位置挖至支撑底以下 500mm 左右（挖出牛腿安装工作面）应停止向下开挖工作，进行围檩（见图 5-72）的安装。

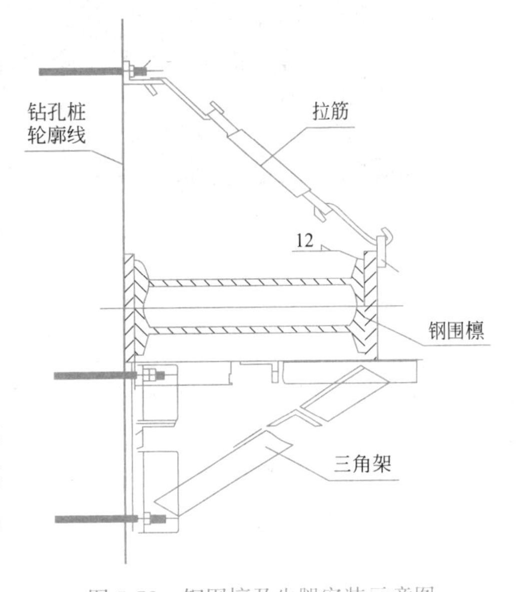

图 5-72　钢围檩及牛腿安装示意图

a. 应准确测放出围檩安装的位置后，人工修凿围护桩表面的泥皮后，先安装三脚架、斜拉筋上部固定角钢，以膨胀螺栓紧固；当支护结构采用地连墙，地连墙中预埋钢板时，对应地凿出钢板预埋件，焊接三脚架。

b. 吊装钢围檩，紧靠桩身平面，再安装斜拉筋并拉紧；钢围檩与围护桩之间以及桩间凹槽需使用强度等级不低于 C30 的细石混凝土填充密实。

c. 相邻节段的围檩设有连接板进行连接，在单节围檩安装固定完毕后，再将相邻节段间的连接板连接好，确保围檩形成一整体，保证相邻墙体整体受力。

（8）吊装钢支撑

钢支撑在基坑附近提前拼装，当开挖到相应钢支撑设计中心标高以下 500mm 处时，及时安设钢围檩与钢支撑。支撑安装前根据有关计算，将标准管节先在地面进行预拼接并检查支撑的平整度，其两端中心连线的偏差度控制在 20mm 以内，经检查合格的支撑按部位进行编号以免错用，支撑采用龙门吊整体一次性吊装到位，人工配合安装。

a. 安装时必须保证钢围檩、固定和活动端头、千斤顶各轴线在同一平面上，横向法兰螺栓采用对角和等分顺序扳紧，保证其他垂直吊装不准冲击钢支撑。

b. 由于支撑较长，起吊时采用二点起吊，吊点一般在离端部 0.2L 左右为宜，并系上防晃绳，做到安全、平稳、精确吊装。见图 5-73。

图 5-73　钢支撑安装及防坠措施

（a）钢支撑现场吊装（一）；（b）钢支撑现场吊装（二）；
（c）钢支撑安装整体效果图；（d）钢支撑端部防坠钢丝绳

c. 钢支撑吊装到位，不要松开吊钩，将两端活络头子拉出放在牛腿或钢围檩上，再将2台液压千斤顶放入活络头子顶压位置，同步施加预应力，达到设计应力值后，塞紧钢楔块，取下千斤顶，保证钢管支撑两端与围护结构接触处密切结合，最后解开起吊钢丝绳，完成支撑的安装。

（9）施加预应力

a. 施加预应力应根据设计轴力选用液压油泵和千斤顶，油泵与千斤顶需经标定。

b. 支撑安装完毕后应及时检查各节点的连接状况，经确认符合要求后方可施加预应力。千斤顶压力的合力点应与支撑轴线重合，2台千斤顶应在支撑轴线两侧对称、等距放置，且应同步施加压力。

c. 钢支撑施加预应力时应在支撑两侧同步对称分级施加，每级为设计值10%，施加每级压力后应保持压力稳定10min后方可施加下一级压力；预应力加至设计规定值后，应在压力稳定10min后，方可按设计预压力值进行锁定。

d. 支撑施加压力过程中，当出现焊点开裂、局部压曲等异常情况时应卸除压力，在对支撑的薄弱处进行加固后，方可继续施加压力；如发现实际变形值超过设计变形值时，应立即停止加荷，与设计单位研究处理。

e. 钢支撑预应力达到设计值后，采用特制定型钢楔锁定钢支撑活动端，支撑端头与钢围檩或预埋钢板应焊接固定，或采用设置防坠钢丝绳等固定措施。

f. 为确保钢支撑整体稳定性，各支撑之间通常采用连接杆件联系，系杆可用小断面工字钢或槽钢组合而成，通过钢箍与支撑连接固定。

g. 当监测的支撑压力出现损失时，应再次施加预压力。见图 5-74。

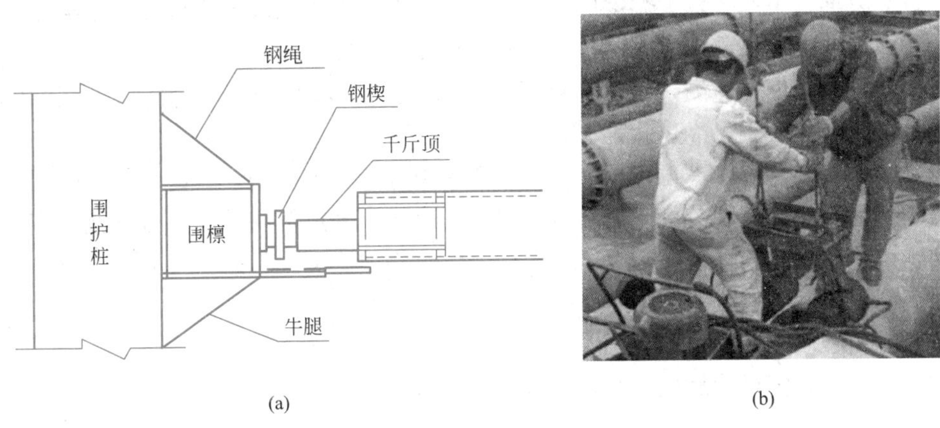

图 5-74 钢支撑预应力施加

（a）钢支撑预应力施加示意图；（b）钢支撑预应力施加

（10）支撑拆除

5-26 钢支撑拆除施工

钢支撑的拆除流程为：吊车就位、钢丝绳扣扎支撑→活动节内安放千斤顶施加顶力→撤除钢楔→分级解除顶力，同时卸下千斤顶→支撑杆体下放（拆除高强连接螺栓）→钢支撑分节吊出→钢围檩分段吊出。

a. 支撑拆除应在替换支撑的结构构件达到换撑要求的承载力后进行，否则应进行替代支承结构的强度及稳定安全核算后确定。

b. 钢支撑拆除前，先对上一层钢支撑进行一次预加轴力，达到设计要求以保证基坑安全。

c. 逐级释放需拆除的钢管支撑轴力。拆除时应避免瞬间预加应力释放过大而导致结构局部变形、开裂。及时对墙顶位移和地表沉降进行监测，每天两次。如出现异常情况加大监测频率，查找原因立即进行防护措施，确保基坑处于稳定、安全可控的状态。

d. 轴力释放完后，取出所有楔块，采用吊机双吊点提升一定高度后，再拆除下方支架和托板，再将钢管支撑轻放至结构板上。

e. 钢管支撑在结构板上分节拆除后，再垂直提升到地面，及时运到堆放场进行修整。凡构件变形超过规定要求或局部残缺的需进行校正修补。

3）安全及质量控制

（1）施工前应熟悉支撑系统的图纸及各种计算工况，掌握开挖及支撑设置的方式、预应力及周围环境保护的要求。

（2）施工过程中应严格控制开挖和支撑的程序和时间，对支撑的位置（包括立柱及立柱桩的位置）、每层开挖深度、预加顶力（如需要时）、钢围檩与支护体或支撑与围檩的密贴度应做周密检查。

（3）型钢支撑安装时必须严格控制平面位置和高程，以确保支撑系统安装符合设计要求。

(4) 应严格控制支撑系统的焊接质量，确保杆件连接强度符合设计要求。

(5) 支护结构出现渗水、流砂或开挖面以下冒水，应及时采取止水堵漏措施，土方开挖应均衡进行，以确保支撑系统稳定。

(6) 当夏期施工产生较大温度应力时，应及时对支撑采取降温措施。当冬期施工降温产生的收缩使支撑端头出现空隙时，应及时用铁楔将空隙楔紧。

(7) 施工中应加强监测，做好信息反馈，出现问题及时处理。全部支撑安装结束后，需维持整个系统的安全可靠，直至支撑全部拆除。

(8) 密切关注支撑的受力情况，并由监测小组进行轴力监测，若超出设计值时，立即停止施工并通知设计及相关部门对异常情况进行分析，制定解决方案，待方案确定后及时组织实施，确保基坑安全。

4) 验收标准

(1) 材料检验

支撑系统所用钢材的材质、节点焊接质量应符合国家相关规范的要求。

(2) 实测项目

钢支撑系统工程质量检验标准应符合表 5-22 的规定：

钢支撑系统工程质量检验标准　　表 5-22

项目	检查项目	允许偏差或允许值(mm)	检查方法
主控项目	支撑标高位置(mm)	30	水准仪用钢尺量
	支撑平面位置(mm)	30	全站仪
	预加顶力(kN)	±50	油泵读数或传感器
一般项目	围檩标高(mm)	30	水准仪
	临时立柱平面位置(mm)	50	全站仪
	临时立柱垂直度(mm)	1/150	全站仪

任务实施

5-27【知识巩固】

5-28【能力训练】

5-29【考证演练】

任务 5.5　地下水控制

任务描述

学习“知识链接”相关内容，结合《地下工程施工技术》配套图纸，重点完成以下工作任务：一是回答与基坑降水、排水相关的问题；二是根据给定的工程案例，完成相关工作任务；三是完成与本任务相关的建造师职业资格证书考试考题；具体参见“任务实施”模块。

知识链接

5.5.1 降水施工

1. 降水原理

降水一般采用井点降水的方法。井点降水法主要包括轻型井点降水和深井降水等。

(1) 轻型井点降水原理

轻型井点降水是利用真空原理，使土中的水分和空气受真空吸力作用而产生水汽混合液，经管路系统向上被吸入到水汽分离器中，由于空气比水轻，经分离器上部由真空泵排出。在降水深度范围内，土体的重度由原来的浮重状态逐步改变为饱和重度，土体内部应力改变，增加了垂直附加土压力，土层在增加的自重应力作用下逐渐固结，增大土体抗剪强度，提高地层的稳定性。由于抽水作用，所引起的地表沉降有 3 种方式：一是瞬间浅层沉降，一般发生在地表以下 6～8m 以内；二是地表排水引起的固结沉降，降水使土层中的孔隙水排出，使土颗粒承受的有效应力增大，地基土将产生固结，从而引起附加沉降；三是抽水带走地层细颗粒物质后，地层引起的压缩沉降。

轻型井点降水是一种真空降水，一般分为水平轻型井点降水和垂直轻型井点降水。

轻型井点降水适用于繁华地区或地面施工降水不便的地方，降排水施工受地面场地的制约。只能在坑道内降水，渗透系数小于 100m/d 以下的土层、细砂层、砂黏土和粉砂层。该法降水能够降低潜水或承压水水位，特别是在降水深度小于 6.5m 的细颗粒含水地层中使用时效果好。

(2) 深井降水原理

深井降水的工作原理是利用深井进行重力集水，在井内用长轴深井或用潜水泵进行排水，以达到降水或降低承压水压力的目的。对于渗透系数较大、涌水量大、降水较深的砂土及砂质粉土，以及用其他井点降水不易解决的深层降水，可采用深井井点系统。深井降水深度不受吸程限制，由水系扬程决定，在要求水位降低 15m 以上，或要求降低承压水压力时，效果较好。井距大，对施工干扰小。

深井降水是在结构周围布设超过基底以下一定深度的井点，通过井管内的潜水泵将地下水抽出，排放到地面排水系统，使地下水位低于基底或开挖面。深井降水适用于潜水或承压水厚度均较大，降水深度在 15～50m 范围，渗透系数在 100～250m/d 的粉土、砂土、砾石等地层。

2. 施工流程要点

(1) 轻型井点降水

轻型井点降水施工工艺流程如图 5-75 所示。

① 井点布置

井点布置应根据坑道平面形状和大小、地质和水文条件、降水深度等确定。当坑道宽

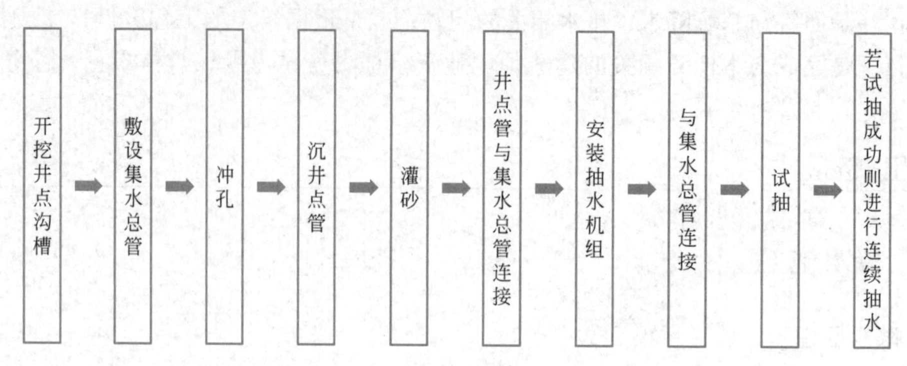

图 5-75 轻型井点降水施工工艺流程

度小于 6m，且降水深度不大于 6m 时，可采用单排井点，布置在地下水上游一侧；当坑道宽度大于 6m，或土质成层复杂，渗透系数较大时，可在坑道两侧各布置一排井点；特殊情况可采用二级井点降水。井点间距一般为 1.5～2.0m。轻型井点降水如图 5-76 所示。

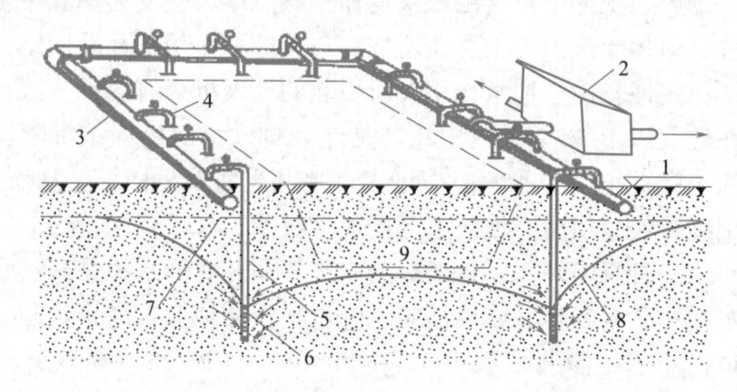

图 5-76 轻型井点降低地下水位全貌图

1—地面；2—水泵房；3—总管；4—弯联管；5—井点管；6—滤管；7—初始地下水位；8—水位降落曲线；9—基坑

② 井点管的布设

a. 井点管的入土深度应根据降水深度、含水层位置决定，但必须将滤水管埋入含水层内并且比基底深 1.0～2.0m。井点管露出高度一般为 0.2～0.3m。

b. 埋设井点管的程序：先排放总管，再埋设井点管，用弯联管将井点管与总管连通，然后装抽水设备。

井点管的埋设一般采用水冲法埋设，冲管采用无缝钢管，直径为 50～70mm，比井点管长 1.5m，端部装有圆锥形冲嘴，锥面上有喷水小孔，另一端用胶皮管与水泵连接。冲孔时，用起重机吊钩悬吊冲管在井点的坑位上，开动高压水泵松动土层，边冲边沉。冲孔的水压因土质而异，一般为 0.4～0.8MPa，冲孔要保持垂直，直径为 300mm，以保证管壁有一定的砂滤层。冲孔的深度宜比滤水管底部深 0.5m 左右。

井孔冲好后，立即拔出冲管，插入井点管，填灌砂滤层。砂滤层宜用粗砂，以免堵塞滤管网眼。井点管要位于冲孔中央，四周密实填砂，砂滤层厚为 60～100mm，充填高度至少超过滤管顶 1.0～1.5m。井点填砂后，用黏土封口捣密实，深度至少为 1～2m，以防漏气。

c. 抽水设备的总管长度一般不大于 120m。如总管过长，可采用多套抽水设备，分段实施，但分段要设阀门，以免管内水流紊乱，影响降水效果。

③ 井点管的使用

a. 井点系统全部安装完毕后，需要进行试抽，以检查有无漏气现象。

b. 使用井点时应连续抽水，不宜时抽时停，以防滤管堵塞及地下水回升，引起边坡塌方和附近构筑物的沉降开裂。

井点的正常出水规律是先大后小、先浑后清，如果发现异常，要及时检修。真空度是判断井点使用效果的尺度，试运行后的真空度一般不应低于 400～500mm 水银柱高，作业中要经常观测，适时调整调节阀。如发现真空度不足，要立即检查井点系统有无漏气，并采取相应的技术措施。

c. 经常检查井点管是否堵塞，可通过手扶管壁感觉是否震动来判断，发现堵塞时，要及时用高压水冲洗或重新布设。

d. 待地下构筑物施工完成后，方可拆除井点系统。井点管拔出后，所留的孔洞用黏土或黏土球填塞，对地基有防渗要求的，地面以下 2m 应用黏土填实。

（2）深井降水

深井降水施工工艺流程如图 5-77 所示。

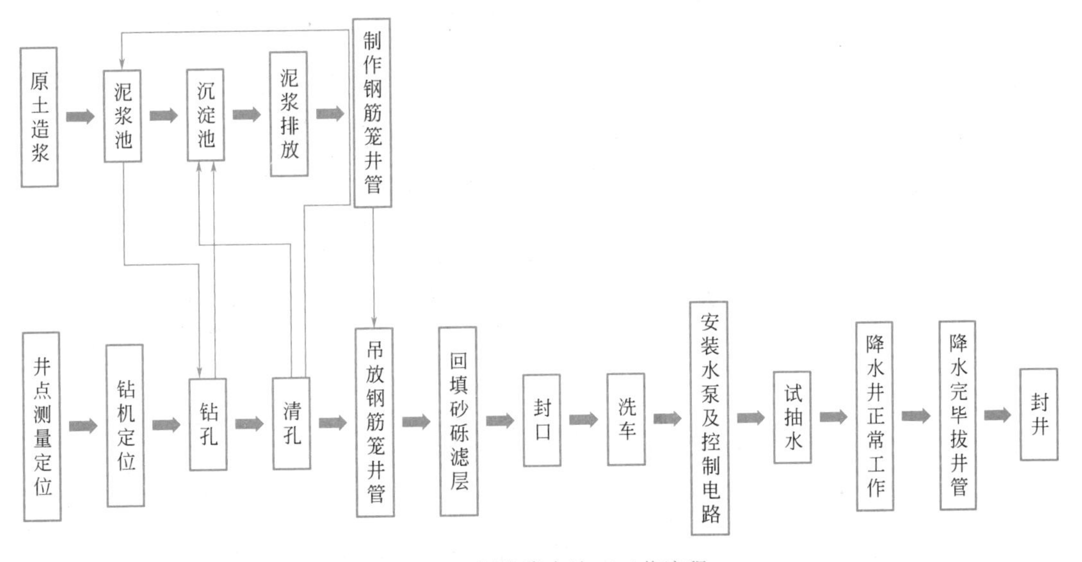

图 5-77　深井降水施工工艺流程

① 坑内总抽水量计算

$$Q=V(0.05-0.1)W$$

式中：Q——基坑内总抽水量（m^3）；

V——基坑内总挖方量（m^3）；

W——地基土天然含水量（%）。

$$V=FS$$

式中：F——基坑面积（m^2）；

s——基坑降水深度（m）。

② 井点布置

深井降水点可布设于基坑之外或基坑之内，布设在基坑之外时，一般沿基坑四周呈环形布设，或沿基坑或沟槽两侧呈直线型布设，距离边坡 1～2m，井距 10～20m；布设于基坑之内时，一般呈梅花状布设，间距 15～20m，平均 180～220m^2 布置一口井。

③ 井位放样及钻孔

井位放样定位，施作井口，安放护筒。深井的成孔方法可采用冲击钻、回转钻、潜水钻等，用泥浆护壁或清水护壁成孔。安放护筒以防孔口塌方，并为钻孔导向。清孔后回填井底砂垫层。井管直径为 300～600mm，且应大于深井泵最大外径 50mm 以上。钻孔孔径应大于井管直径 300mm 以上，井深应达开挖面下 0.5～2.0m。

④ 下管与填滤料

井管下放前应清孔，一般用压缩空气洗井，或用吊桶反复上下取出泥渣洗井，或用压缩空气（压强为 0.8MPa、排气量为 12m^3/min）与潜水泵联合洗井，然后将预先制作好的井管用吊车或卷扬机分段下设，直至下到井底。井点安放应力求垂直位于井孔中间，过滤部分应放在含水层范围内，井管与孔壁间填充粒径大于滤网孔径的砂滤料。填料要一次连续完成，从井底填至井口下 1m 左右，上部采用黏土封口。井管顶部比自然地面高出 500mm 左右。当采用无砂混凝土管时，外壁绑长竹片用以导向，使接头对正。井管构造如图 5-78 所示。

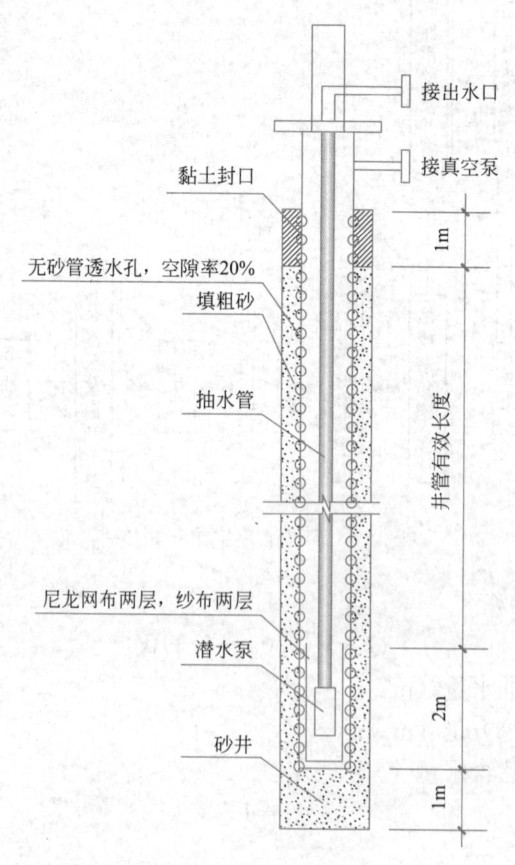

图 5-78　井管构造图

⑤ 洗井

a. 洗井应在下完井管，填好滤料，封口后 8h 内进行，以免时间过长导致护壁泥皮老化，影响渗水效果。

b. 安设水泵前应按照规定，先清洗滤井，冲出沉渣。一般采用压缩空气洗井，直至清洗干净。如果水较浑浊，含有泥沙、杂物，会增加泵的磨损，减少泵的使用寿命或使泵堵塞，可用空压机或旧的深井泵来洗井，使抽出的井水清洁后，再安装新泵。

c. 当井管内泥沙过多时，可采用“憋气沸腾”法洗井。在洗井开始 30min 左右及以后每 60min，关闭一次管上的阀门，憋气 2～3min，使井中水沸腾来破坏泥皮、泥沙与滤管的黏结力，直至井管排出的水变清，达到正常出水量为止。

⑥ 安装抽水设备及控制电路

安装前，应检查井管内径、垂直度是否符合要求。安放深井泵时用麻绳吊入滤水层部位，并安放平稳，接电机电缆及控制电路。

⑦ 试抽水

深井泵在运转前，应用清水预润（清水通入泵座润滑水孔，以保证轴与轴承的预润）。检查电气装置及各种机械装置，测量深井的静、动水位。达到要求后，即可试抽，满足要求后，再转入正常抽水。施工中要严密观测水位在降水水位趋于稳定，已经达到设计降水水位和工程施工的要求后，要停抽，否则会出现超降水现象，导致周围建筑物发生不均匀沉降。

⑧ 降水完毕

降水完毕，即可拆除水泵，用起重设备拔除井管，并用砂砾填实井管孔洞。

⑨ 其他要点

5-30 基坑降水

靠近建筑物的深井，应加强地面水位观测，使建筑物的水位与附近水位之差不大于 1m，以免造成建筑物不均匀沉降而出现裂缝。当水位差过大时，应及时采用回灌等技术措施加以控制。当基底附近有不透水层时，为排除上层地下水，亦可采用砂井配合深井降水。砂井间距 2m 左右，深度至不透水层以下 1～2m。

5.5.2 排水施工

根据工程地质、水文地质数据及附近类似工程经验，为最大限度地减少对周边建筑物受到的影响，地下车站基坑一般采用明沟集排水。为此，可在基坑内设置排水沟，排水沟每隔 20～30m 设置一个 ϕ800mm 的集水井，集水井底低于水沟底 0.8m，集水井内的水应随集随排。排水沟和集水井结构如图 5-79 所示。基坑周边设截水沟与集水井，防止地表水流入基坑，基坑外刷坡并用混凝土护面，每隔 25m 左右设一集水井，使基坑内渗水与施工废水汇入其中，再用水泵抽入地表沉淀池，经沉淀后排入市政排水系统。边挖边加深截水沟和集水井，保持沟底低于基坑底不少于 0.5m，集水井底低于沟底不少于 0.5m，如图 5-80 所示。

每个集水井配备 1 台水泵，保证做到随集随排，严禁排出的水回流入基坑，备用水泵不少于 2 个，另外在雨期施工时配备足够的排水设施，以备发生突发事件时使用。

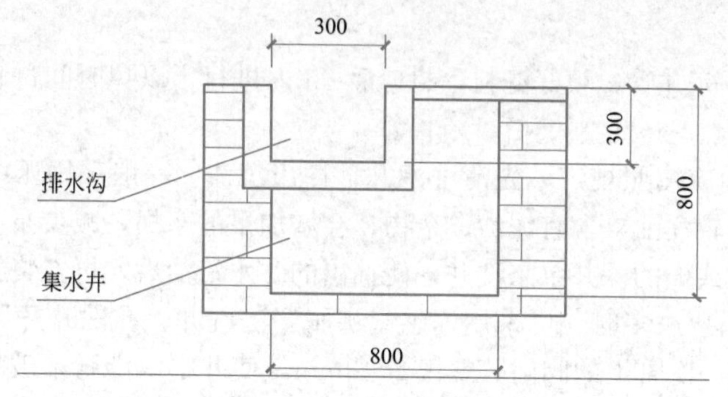

图 5-79 排水沟、集水井示意（单位：mm）

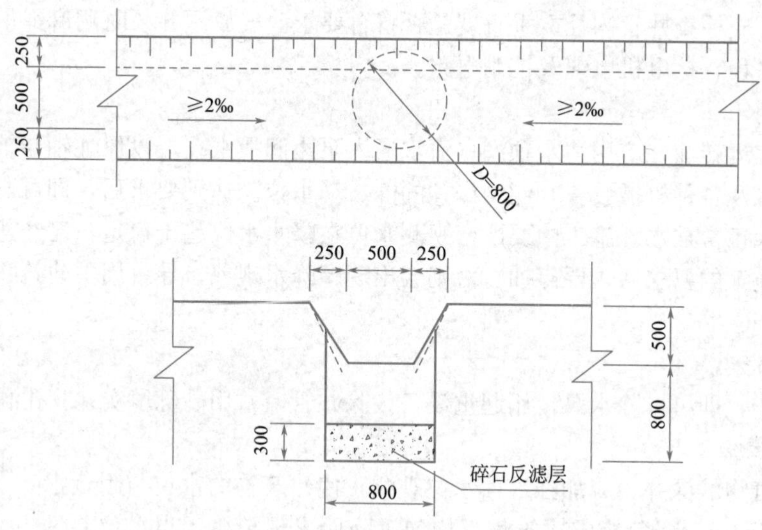

图 5-80 地面截水沟、集水井大样（单位：mm）

任务实施

5-31【知识巩固】

5-32【能力训练】

5-33【考证演练】

任务 5.6 主体结构施工

任务描述

学习“知识链接”相关内容，结合《市政工程施工图案例图集（地铁车站、隧道分册）》，重点完成以下工作任务：一是回答与地铁车站主体结构施工相关的问题；二是根据给定的工程案例，完成相关工作任务；三是完成与本任务相关的建造师职业资格证书考试考题；具体参见“任务实施”模块。

知识链接

5.6.1 主体结构施工

1. 主体结构认知

地铁车站结构主要包括主体结构和附属结构。车站结构形式一般采用整体式钢筋混凝土框架结构，车站主体结构按车站宽度的不同，一般采用双跨或三跨矩形框架结构。以下以主体结构（地下两层标准车站）为例阐述施工工序，附属结构施工具有大体一致性，不再赘述。

2. 施工工艺流程

以明挖法施工的地下两层标准车站为例，车站主体结构施工流程见图 5-81。

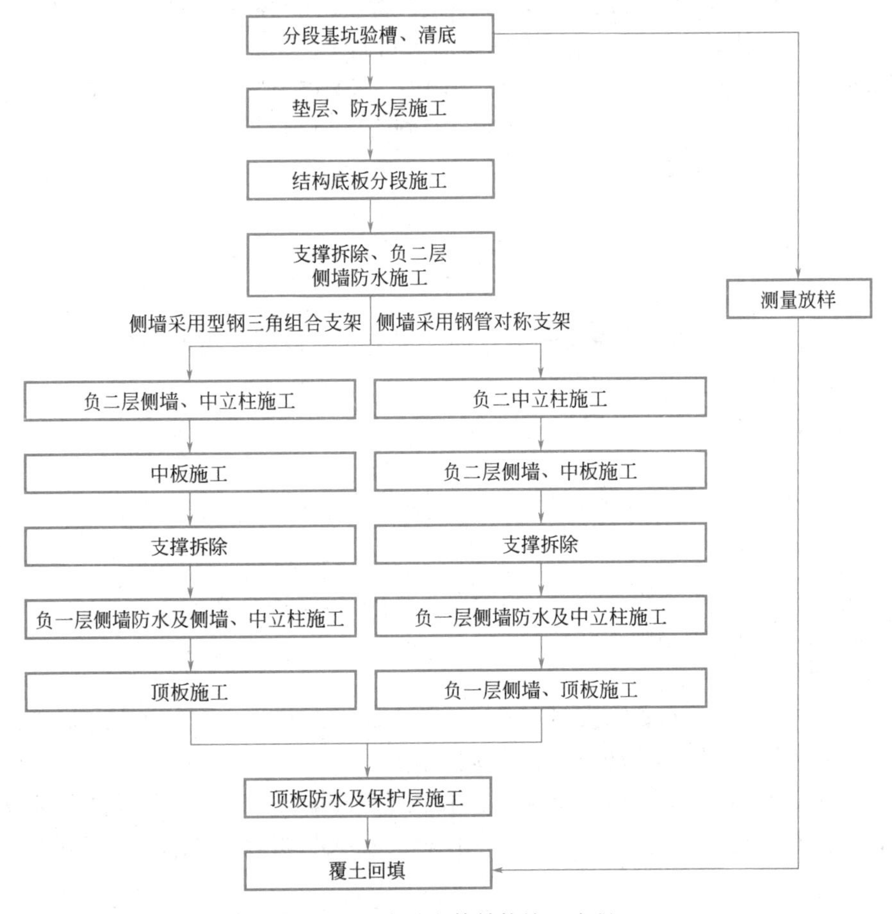

图 5-81　车站主体结构施工流程

1）技术准备

（1）测量准备

① 对地铁车站进行联测，加密控制网，保证车站周边控制满足测量放样要求。

② 地铁车站施工的高程测量控制，利用复核或增设的水准基点，按精密水准测量要求把高程引测到基坑内，并在基坑内设置水准基点，且不能少于两个，通过基坑内和地面上的水准基点对车站施工进行高程测量控制。

（2）试验准备

① 编制见证取样及送检方案。

② 确定各强度等级混凝土配合比、砂浆配合比。

③ 进场原材料检验、钢筋接头送样检验。

（3）方案及图纸准备

① 图纸审核与现场核对

组织工程技术、测量、商务人员对设计图纸进行审核，查看图纸与现场实际是否相符；工程量是否准确；图纸标注尺寸是否清楚；前后是否相符以及有无缺漏等。

② 施工方案与交底

a. 编制车站高大模板专项施工方案，按程序组织专家论证及报批手续。

b. 编制车站主体结构施工方案并经审批后方可施工。

c. 车站施工场地布置方案（包含临水、临电、车辆进出场道路、材料堆场布置等）。

d. 对工程潜在的风险进行辨识和分析，编制有针对性、可操作的应急预案并落实抢险设备、材料、人员、方案。

e. 进行安全技术交底。

2）资源准备

（1）材料准备

① 车站主体结构涉及的主要材料有：商品混凝土、砂浆、钢筋原材、钢筋直螺纹套筒、预埋件等。

② 车站主体涉及的周转材料的主要有：木模板、木枋、钢管、顶托、型钢三角架、钢模板等。

③ 材料进场前严格进行检查验收和取样送检，试验合格经监理工程师认可后方可进料；杜绝不合格材料进入现场。

（2）机械准备及人员准备

机械及人员应满足现场施工要求。

3）现场准备

（1）按车站施工场地布置方案对现场进行施工总平面布置，包含临水、临电、车辆进出场道路、材料堆场布置、冲洗设备、排水措施等。

（2）熟悉设计图纸，对结构施工顺序、施工进度安排、施工方法、标准要求及技术要点向班组及全体管理人员进行认真交底，并对进场人员进行三级安全教育及安全技术交底。

（3）基坑开挖到底以后，应报请监理组织业主、勘察单位、设计单位、施工单位对基坑进行验收，验收内容为基底标高、结构净宽、地质情况、土壤电阻率等是否与设计相符合。经各方验收合格以后方可进行下道工序的施工。

(4) 为保证隐蔽综合接地、防水施工质量，确定具有相关专业资质、业绩良好的分包队伍进行施工，每段施工完经验收合格后方可进行上部结构施工。

(5) 按施工进度计划安排，提前进场所需材料和设备，材料提前进行取样送检，设备提前进行报审等工作。

4) 地铁车站主体结构施工段划分

车站主体结构按照“竖向分层、纵向分段”的方法进行施工。

(1) “竖向分层”即按照车站结构形式、层数、选用材料和支撑体系等，对结构每段依次自下而上（顺作法详见图 5-82）分层施工。

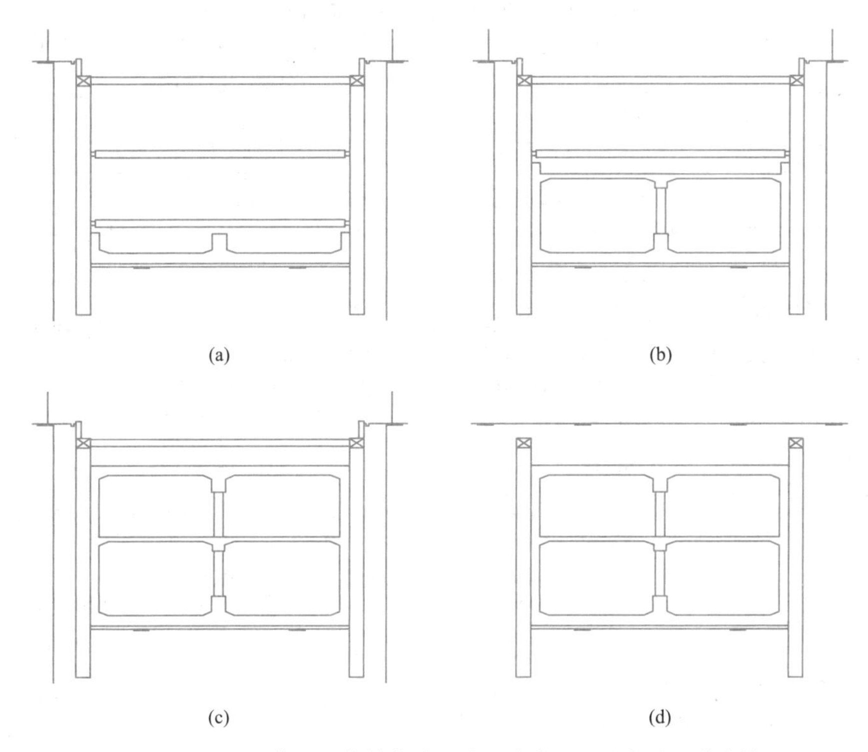

图 5-82　明挖顺作法主体结构分层施工步序（两层车站三道支撑）

(a) 浇筑车站底板及侧墙混凝土；(b) 浇筑车站侧墙、地下二层柱及中板

(c) 浇筑侧墙、地下一层柱及顶板；(d) 覆土回填、恢复相关管线恢复路面

(2) “纵向分段”即沿线路纵向分段施工（见图 5-83），分段长度考虑结构受力、一次混凝土灌注能力、混凝土水化热、结构防水、抗裂、混凝土收缩与徐变等的影响，并结合车站的具体特点及分段基坑开挖综合考虑。施工分段划分的原则如下：

① 施工缝设置于纵梁弯矩、剪力最小的地方，即跨距的 1/4～1/3 位置。

② 分段位置和各层板上楼梯口、电梯井口及侧墙上的通道位置尽量错开。

③ 根据设计与相关规范要求，施工分段长度满足设计相关要求。

3. 安全及质量控制

1) 模板工程施工控制要点

模板及支架应根据工程结构形式、荷载大小等条件进行设计，必须具有足够的强度、

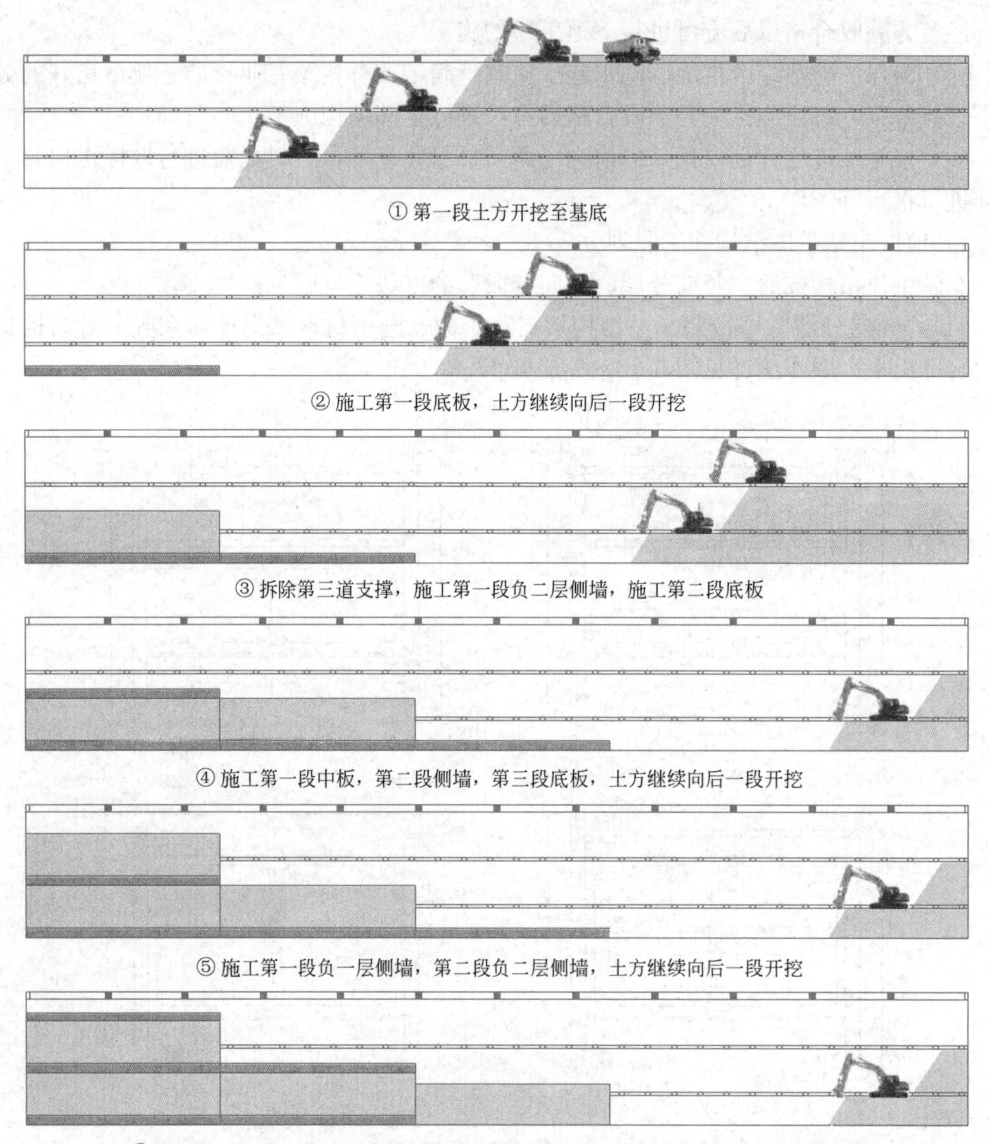

图 5-83　明挖顺作法车站主体分段施工（两层车站）

刚度和稳定性。梁、板一般采用木模板、木枋、双拼钢管和满堂支撑架体系。柱一般采用钢模、木模，异形柱、壁柱一般采用木模。侧墙采用单侧木模或钢模。侧墙单侧模支架分两种形式：一种为钢管对撑；一种为型钢组合三角架支撑。

（1）底板腋角模板安装

车站底板腋角模板安装工艺流程如图 5-84 所示。

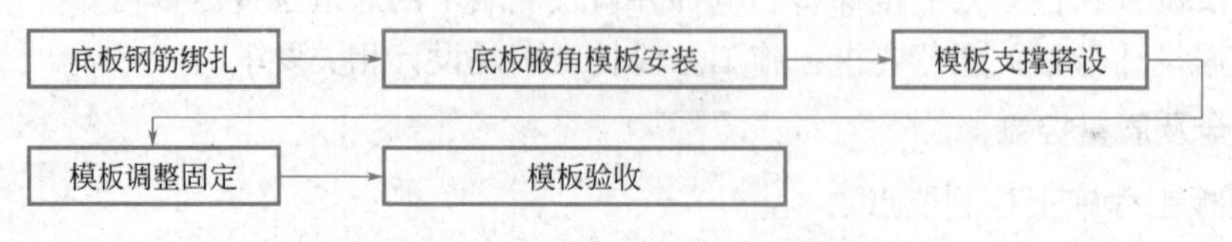

图 5-84　底板腋角模板安装工艺流程

① 车站底板与侧墙一般设置腋角，施工时腋角可采用木模板或钢模板（见图 5-85）。

② 底板钢筋绑扎完毕且验收合格后，按照间距 1m 设置两根 ϕ14 钢筋，顶部附带焊接 M18 对拉螺杆垂直于腋角斜向钢筋并与底板底钢筋焊接。

③ 采用钢模时，在斜向钢筋上设置垫块后安装钢模板，在钢模板斜向侧再设置两道双拼 A48 钢管，使用对拉螺杆拉结扣紧钢模，腋角上部侧墙处预埋与侧墙钢筋焊接钢筋，钢筋弯钩扣住钢模顶。

④ 采用木模时设置垫块后安装木模板，其上安设三道纵向方木背楞，直径 20mm 钢筋做主楞；上反梁腋角以上 100mm 处，梁上 100mm 处分别设置 M18 对拉螺杆以固定梁侧模板主楞，纵向方木背楞，双拼 A48 钢管主楞对拉固定。

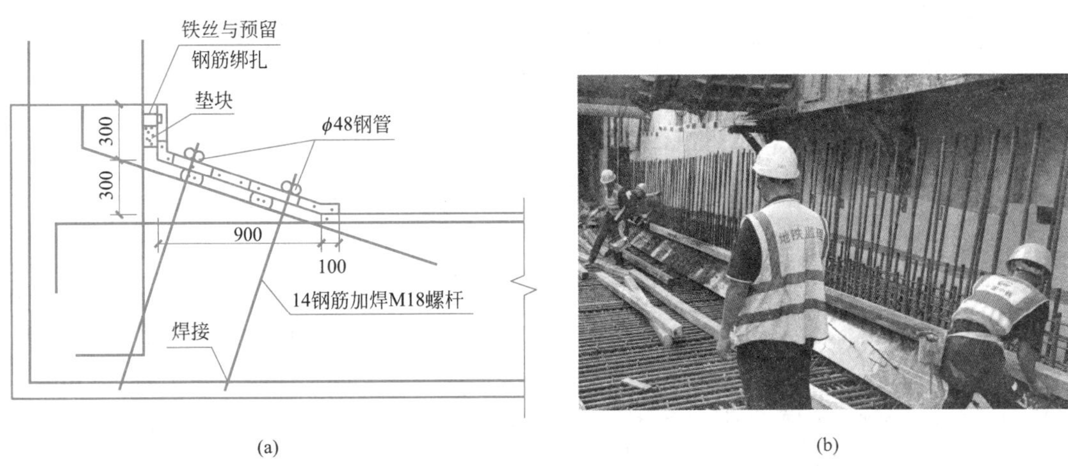

图 5-85　底板腋角模板安装

（a）底板腋角模板安装示意图；（b）底板腋角模板安装

（2）柱模板安装

车站柱模板安装工艺流程如图 5-86 所示。

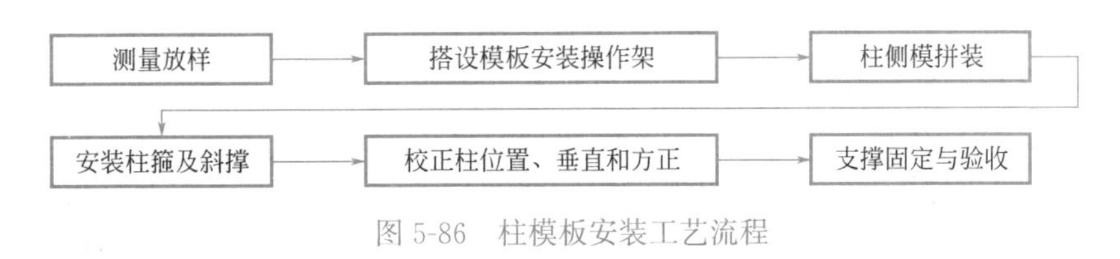

图 5-86　柱模板安装工艺流程

① 柱模板施工前，对柱脚边不平整处，应用人工凿除松动混凝土。测量放样，弹出柱四边边线。

② 柱模板及钢筋安装前需搭设安装操作脚手架，脚手架采用钢管及扣件搭设，应稳定可靠，上部设置防护高度不小于 1.2m。

③ 立柱模板采用覆膜木胶板，四周沿竖向布置方木，先安装柱子相对的两块模板，并作临时固定，再安装另外两块模板。枋木表面必须刨光，板间拼缝表面要求平整，不得翘曲。

④ 合模之后，然后再用双拼钢管或工字钢作柱箍，从下到上安装柱箍，布设穿柱螺栓用扣件对拉锁紧，并在设计位置设置斜撑。

⑤ 安装完毕后确保柱子下脚平整，与模板交接严密，加贴海绵条，以防止跑浆；并检查斜撑是否顶紧，以防止浇筑混凝土时模板发生位移或上浮。

⑥ 柱脚设置一个清扫口，尺寸为100mm×100mm，浇筑混凝土前封堵严密，柱模根部用水泥砂浆堵严，防止跑浆。柱脚贴底板面位置设置钢筋地锚，确保柱子的形状和尺寸。

(3) 满堂架搭设

满堂架搭设工艺流程如图5-87：

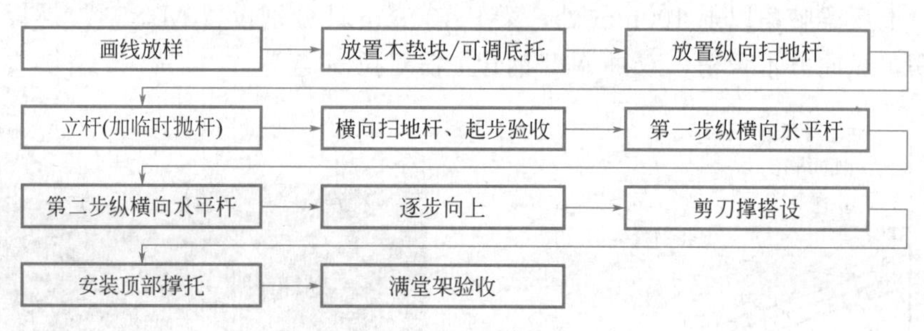

图5-87 满堂架搭设工艺流程

① 采用扣件式钢管作模板支架时，施工控制要点如下：

a. 模板支架搭设所采用的钢管、扣件规格应符合设计要求；立杆纵距、立杆横距、支架步距以及构造要求，应符合专项施工方案的要求；一般中板立杆纵横间距为900mm×900mm，顶板立杆纵横间距为600mm×900mm或600mm×600mm，步距一般为1200mm，梁下沿纵向需进行加密设置。

b. 立杆纵向和横向宜设置扫地杆，纵向扫地杆距立杆底部不宜大于200mm，横向扫地杆宜设置在纵向扫地杆的下方；立杆底部宜设置底座或垫板。

c. 立杆接长除顶层步距可采用搭接外，其余各层步距接头应采用对接扣件连接，两个相邻立杆的接头不应在同一步距内。

d. 立杆步距的上下两端应设置双向水平杆，水平杆与立杆的交错点应采用扣件连接，双向水平杆与立杆的连接扣件之间的间距不应大于150mm。

e. 支架周边应连续设置剪刀撑。支架长度或宽度大于6m时，应设置中部纵向或横向的竖向剪刀撑，剪刀撑的间距和单幅剪刀撑的宽度均不宜大于8m，剪刀撑与水平杆的夹角宜为45°～60°；支架高度大于3倍步距时，支架顶部宜设置一道水平剪刀撑，剪刀撑应延伸至周边。

f. 立杆、水平杆、剪刀撑的搭接长度，不应小于0.8m，且不应少于2个扣件连接，扣件盖板边缘至杆端不应小于100mm。剪刀撑的搭接长度，不应小于1.0m，且不应少于3个扣件连接。

g. 扣件螺栓的拧紧力矩不应小于40N·m，且不应大于65N·m。

h. 支架立杆搭设的垂直偏差不宜大于1/200。

② 采用扣件式钢管作高大模板支架时，施工控制要点如下：

a. 宜在支架立杆顶部插入可调托座，可调托座螺杆外径不应小于36mm，螺杆插入钢管长度不应小于150mm，螺杆伸出钢管的长度不应大于300mm，可调托座伸出顶层水平杆的悬臂长度不应小于 500mm；

b. 立杆的纵距、横距不应大于 1.2m，支架步距不应大于 1.8m；

c. 立杆顶层步距采用搭接时，搭接长度不应小于 1m，且不应少于 3 个扣件连接；

d. 立杆纵向和横向应设置扫地杆，纵向扫地杆距立杆底部不宜大于 200mm；

e. 宜设置中部纵向或横向的竖向剪刀撑，剪刀撑的间距不宜大于 5m，沿支架高度方向搭设的剪刀撑的间距不宜大于 6m；

f. 立杆的搭设垂直偏差不宜大于 1/200，且不宜大于 100mm；

g. 应根据周边结构的情况，采取有效的连接措施加强支架整体稳固性。

③ 采用碗扣式、盘扣式或盘销式钢管架作模板支架时，支架搭设施工控制要点如下：

a. 碗扣架、盘扣架或盘销架的水平杆与立柱的扣接应牢靠，不应滑脱；

b. 立杆上的上、下层水平杆间距不应大于 1.8m；

c. 插入立杆顶端可调托座伸出顶层水平杆的悬臂长度不应超过 650mm，螺杆插入钢管的长度不应小于 150mm，其直径应满足与钢管内径间隙不小于 6mm 的要求。架体最顶层的水平杆步距应比标准步距缩小一个节点间距；

d. 立柱间应设置专用斜杆或扣件钢管斜杆加强模板支架。

④ 支架搭设施工其他注意事项如下：

a. 按施工方案弹线定位，架体立杆间距、横杆步距等都必须符合施工方案要求。放置可调底座后分别按先立杆后横杆再斜杆的搭设顺序逐层进行，每次上升高度不大于 3m。

b. 支架及脚手架内外侧加挑梁时，挑梁范围内只允许承受人行荷载，严禁堆放物料。

c. 支撑架搭设过程中，须由专人全过程监督，保证支撑架定位的正确性及搭设过程中的安全性。支撑架搭设到顶时，应组织技术、安全、施工人员对整个架体结构进行全面的检查和验收，及时解决存在的结构缺陷。

d. 支撑架搭设时，木枋接头都要求在立杆顶托上面，不允许出现悬挑，纵向木枋接头要求在横向分配梁上，不允许出现悬挑，同样木模板底模拼装时也要求在纵向木枋上，不允许悬挑。

e. 浇筑过程中，派人检查支架和支承情况，发现下沉、松动和变形情况及时解决。

f. 遇大面积预留孔洞时需上下通直搭设（否则孔洞处设工字钢过梁）。

（4）侧墙模板安装

① 侧墙采用钢管对撑

车站内衬墙模板采用钢管对撑安装工艺流程如图 5-88：

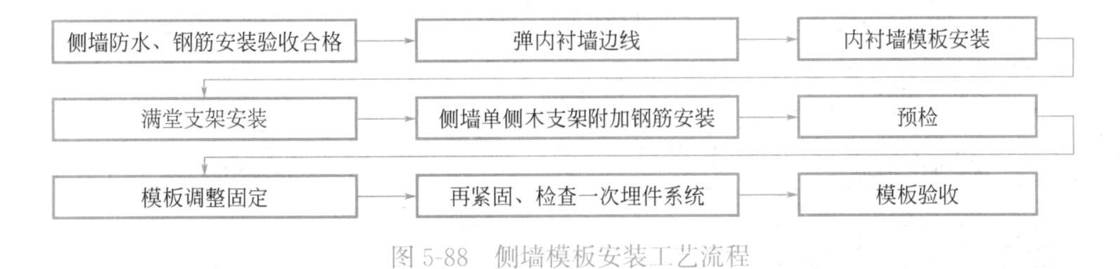

图 5-88 侧墙模板安装工艺流程

a. 墙体模板安装前，由测量员核准标高，测放结构轴线及墙体控制线，做好班前交底。

b. 先安装内衬墙底第一块模板，模板下口与预先弹好的墙边线对齐，然后安装方木背楞，临时用钢管支撑。

c. 按照设计要求间距及步距搭设板支撑满堂架，在搭设满堂支撑架的同时及时安装侧墙模板撑架主楞木方，在横杆端头架设可调托撑快拆头。

d. 由于侧墙混凝土侧压力较大，要求支撑侧墙模板的横杆垂直于侧墙，横杆钢管支撑采用对接扣件连接，垂直度允许偏差在 1/100。

e. 车站横断面总体尺寸变化较大时，搭配使用扣件钢管做对撑时需要提前计算控制长短搭配。

f. 对于大小里程端侧墙模板支撑体系在横断面侧墙支撑架体系基础上再行增加斜撑钢管，斜撑数量需按验算要求进行设置。

g. 预检后再调整加固，将模板偏差控制在规定范围之内，待模板及支架正式验收合格后，进行墙体混凝土浇筑。见图 5-89。

图 5-89　侧墙模板施工

② 侧墙采用型钢组合三脚架支撑体系，车站内衬墙模板采用型钢组合三脚架支撑工艺流程如图 5-90 所示：

图 5-90　侧墙模板安装工艺流程（型钢三角支撑）

a. 底板中板施工时，需在板内预埋地脚螺栓伸出倒角斜面，为固定侧墙型钢三角支架（见图 5-91）。预埋地脚螺栓与倒角斜面交点距侧墙内壁一般为 200mm，地脚螺栓裸露长度为 200mm。预埋平直长度 250mm 与板上层钢筋点焊连接。地脚螺栓裸露端与板水平面成 45°。地脚螺栓现场预埋时拉通线，保证埋件在同一条直线上。地脚螺栓在预埋前对连接螺纹采取保护措施，用塑料布包裹并绑牢，以免施工时混凝土粘附在丝扣上，影响连接螺母。预埋地脚螺栓平面位置与桁架同间距，对应预埋。

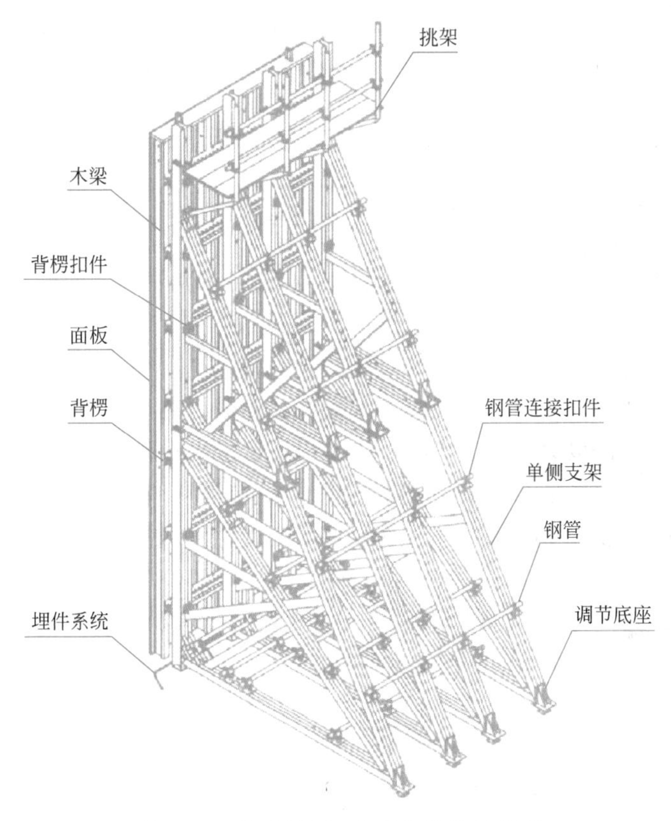

图 5-91 侧墙型钢三角支架组装示意图

b. 侧墙钢筋绑扎完验收合格后，方可进行模板安装。侧墙模板可采用木模，木模可提前按侧墙高度，拼装成 5～6m 宽的大模板，背楞采用 100mm×100mm 木枋和槽钢。

c. 吊装组合大模板，吊装到位后临时固定，固定可采用钢管斜撑；采用钢模时可从下至上进行单块拼装，模板安装后进行单侧支架吊装，单侧支架根据侧墙高度提前拼装好，然后进行单榀吊装。

d. 墙体模板支架每安装 5～6 榀单侧支架后，及时穿插施工埋件系统的压梁槽钢紧固。

e. 支架安装完后，用钩头螺栓将模板背楞与单侧支架部分连成一个整体。

f. 调节单侧支架后支座，直至模板面板上口符合设计要求。将调整好的支架用钢管进行连接加固。最后再紧固并检查一次埋件受力系统，确保混凝土浇筑时，模板下口不会漏浆。

（5）板、梁模板安装

板模板安装工艺流程如图 5-92 所示：

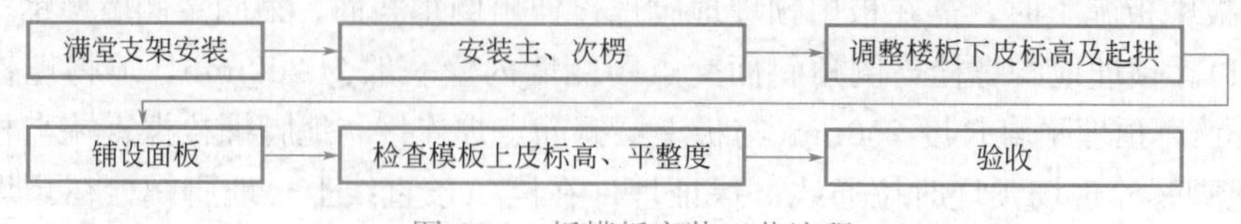

图 5-92　板模板安装工艺流程

梁模板安装工艺流程如图 5-93 所示：

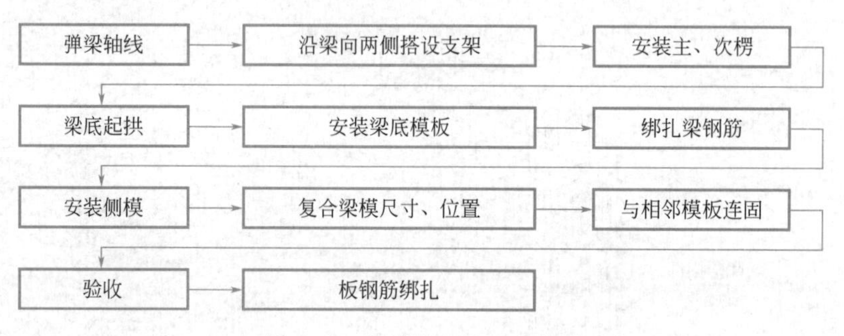

图 5-93　梁模板安装工艺流程

① 在铺设板模板前，先进行模板支撑架验收，验收合格后，方可铺设板及梁模板。

② 模板铺设时先铺设梁底主、次楞，再铺设梁底模板及侧模。

③ 在梁模板安装完毕后再进行板模板铺设，板模板从两侧开始安装，先安装第一排主、次楞，临时固定后再安装第二排主、次楞，依次逐排安装；调节可调螺栓高度，将主、次楞找平。

④ 铺设板时，板与板之间采取硬拼缝，要求拼缝严密，缝隙小于 2mm；板铺完后，用水平仪测量模板标高，进行校正，标高校完后，将模板上面杂物清理干净；并及时进行验收。

⑤ 板铺完后，用水准仪测量、校正模板标高，且满足起拱要求。在梁的一侧板端不封口，留作清扫口，待将模板内杂物清除干净后，再进行封堵。模板涂刷隔离剂时，不得污染梁、板钢筋及混凝土施工缝。

⑥ 墙板相接处，板支模前，在墙体上部弹线，将混凝土浮浆层剔除干净，露出石子。板支模时，根据墙体上水平控制线控制板支模标高。板模板与墙体接触面贴海绵条，木胶板与墙体挤紧，防止接缝不严而漏浆，同时避免海绵条露出模板表面。木模板与木模板间采用硬拼缝，保证拼缝严密，不漏浆，严禁在接缝上贴胶带纸。

⑦ 预留洞口模板采用木枋和模板拼制，为便于脱模，角部用木枋斜撑加固。洞口下侧模板留设排气孔。洞口模板角部加设斜撑。

（6）模板拆除

① 模板拆除顺序

支架的拆除应在统一指挥下，底模及支架拆除时混凝土强度必须达到设计要求，按先支的后拆、后支的先拆、先拆非承重模板、后拆承重模板，并应从上而下进行。

a. 梁板模板拆除顺序按照梁侧模→板底模→梁底模顺序。

b. 柱墙模板拆除按照由上至下顺序拆除，并应分段分片进行。

② 模板拆除控制要点

a. 模板支架拆除采用人工拆除为主，机械辅助运输方式进行模板支架拆除。

b. 模板拆除必须在混凝土结构达到设计强度方可进行。施工过程中加强安全监督和安全防护，确保拆除过程中的安全。

c. 拆除侧模时混凝土强度保证构件不缺棱掉角。

d. 模板拆除时严禁用铁棍或铁锤乱砸，拆除的模板应妥善放置于地面。

e. 墙柱模板拆除完毕后，应对墙柱阳角部位设置护角，防止损害。

f. 模板拆除时应有专人指挥、统一作业，同时应注意临边维护、防止钢管扣件等下落砸伤人员。工人必须具备专业资质，拆除模板支架时工人必须按规定穿戴安全防护装备。

g. 模板拆除后及时对拆除的模板进行清理、修补、保养。

2）钢筋工程施工控制要点

（1）钢筋进场程序

钢筋加工工艺流程如图 5-94 所示。

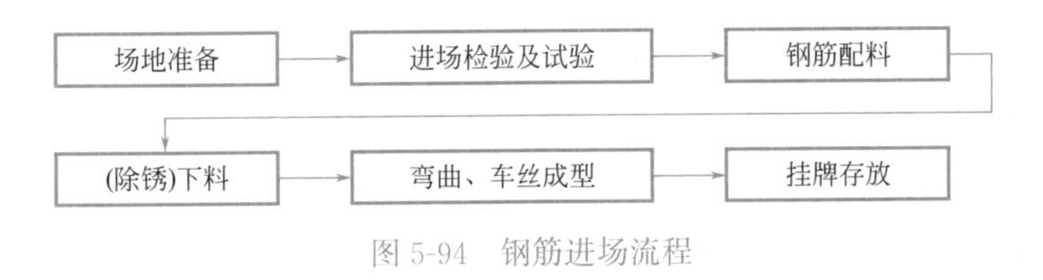

图 5-94　钢筋进场流程

① 场地准备

根据施工平面布置确定钢筋存放及钢筋加工场地，场地能满足施工需求，且方便钢筋原材进场及钢筋半成品的吊装。

② 进场验收标准

钢筋进场时，应检查出厂合格证、检测报告、钢筋标识牌、钢筋外观质量、过磅复核重量。所标注的供应商名称、牌号、炉号（批号）、型号、规格、重量等应保持一致。

③ 原材存放要求

钢筋原材进入现场后，根据现场施工需求分规格、分型号进行堆放。原材与加工成品堆放时，地面要用方木等材料架空、防止泥水污染生锈。旁边竖放材料标示牌，区分好已检和待检材料。

④ 进场检测标准

取样方法：按照同一批量、同一规格、同一炉号、同一出厂日期、同一交货状态的钢筋，每批重量不大于 60t 为一检验批，进行现场见证取样；不足 60t 时也为一个检验批，进行现场见证取样。

（2）钢筋连接加工

① 直螺纹套筒连接加工

钢筋滚压直螺纹连接工艺流程如图 5-95 所示：

a. 切割标准

采用砂轮切割机切割钢筋，钢筋端面与母材轴线方向垂直，不得使用气割和剪断机进行下料切割。

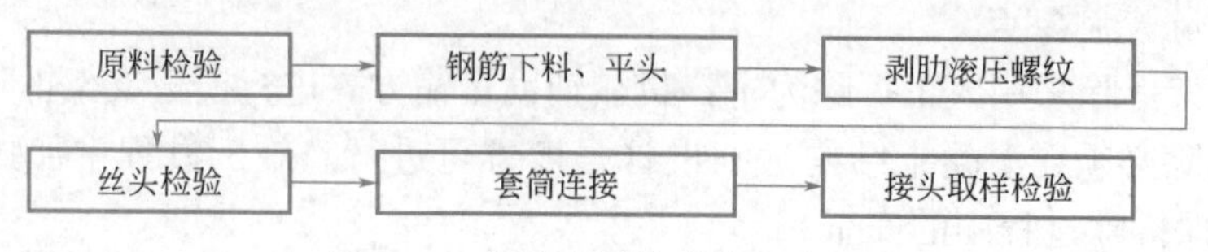

图 5-95 钢筋直螺纹连接工艺流程

b. 车丝标准

加工不同规格的钢筋挡块行程不同，挡块侧面打印所加工的钢筋规格。剥肋滚压完成后，用打磨机磨平端头，检查牙型是否饱满、无断牙、秃牙现象，核实对应型号钢筋的有效螺纹个数，合格的丝头用保护套筒进行保护。见表 5-23。

丝头加工尺寸标准 表 5-23

钢筋直径(mm)	有效螺纹数量(扣)	有效螺纹长度	螺距(mm)
20	10	25	2.5
22	11	30	2.5
25	11	33	3.0
28	11	33	3.0
32	13	39	3.0

c. 连接标准

连接钢筋时，钢筋规格和套筒的规格必须一致，连接钢筋时应对正轴线将钢筋拧入连接套筒，接头连接完成后，应使两个丝头在套筒中央位置互相顶紧，标准型套筒每端外露丝扣长度不应超过 $2P$。以 500 个接头为一个批次（不足 500 个接头时也作为一个验收批）进行抽检，每批抽检 3 个接头。

d. 扭力标准

使用扭力扳手或管钳进行施工，对连接完的接头用扭力扳手校核拧紧扭矩，拧紧扭矩值应符合表 5-24 直螺纹钢筋接头拧紧力矩值，对已拧紧的接头作标记，与未拧紧的接头区分开。

钢筋直螺纹连接拧紧力矩值 表 5-24

钢筋直径(mm)	16～18	20～22	25	28	32	36～40
拧紧力矩(N·m)	100	200	250	280	320	350

e. 预埋设标准

采用预埋接头时，连接套筒的位置、规格和数量应符合设计要求。带连接套筒的钢筋应固定牢靠，连接套筒的外露端应有保护盖，可涂油后塑料包裹防护。

② 钢筋焊接加工

a. 电弧焊焊条标准

电弧焊采用的焊条，其性能符合国家标准规定，其型号应根据设计确定，若设计无规定按表 5-25 执行。

电弧焊焊条标准　表 5-25

钢筋级别	帮条焊、搭接焊	坡口焊	钢筋与钢板搭接焊
HPB235	E4303	E4303	E4303
HRB335	E4303	E5303	E4303
HRB400	E5303	E5303	

b. 电弧焊焊接标准

ⅰ. 焊渣清除后的焊缝表面平整、不得有凹陷和焊瘤，焊接处不得有裂纹。

ⅱ. 检查连接方式、搭接长度、力学性能（300 个抽检一次）是否满足表 5-26 要求。

电弧焊搭接质量标准　表 5-26

钢筋牌号	焊缝形式	帮条长度
HRB400	单面焊	≥8d
	双面焊	≥4d
	单面焊	≥10d
	双面焊	≥5d

(3) 主体结构钢筋安装施工

① 施工工艺流程

a. 柱钢筋安装施工工艺流程如图 5-96：

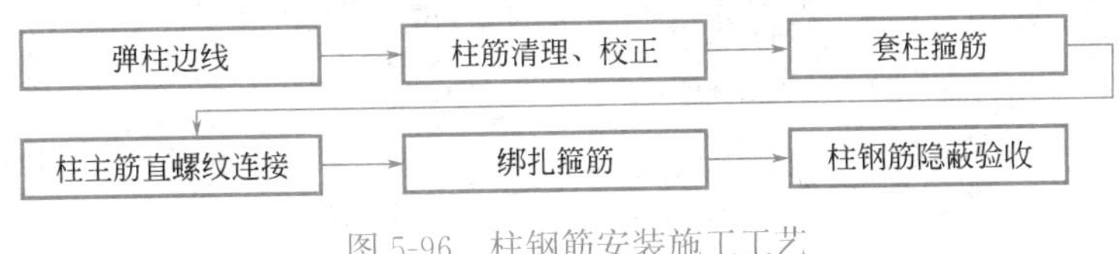

图 5-96　柱钢筋安装施工工艺

b. 墙钢筋安装施工工艺流程如图 5-97 所示：

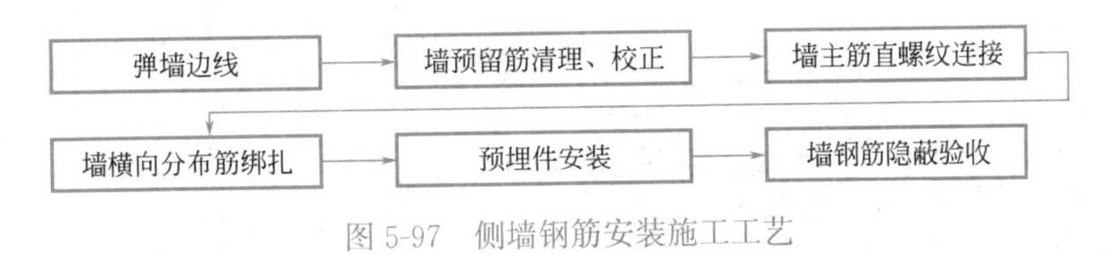

图 5-97　侧墙钢筋安装施工工艺

c. 梁板钢筋安装施工工艺流程如下：

按结构要求分层分单元进行绑扎。对双层钢筋先铺下层钢筋，再铺上层钢筋。铺设梁钢筋时，设钢筋定位架；铺设板钢筋时，设架立钢筋。对多层钢筋，在层间设置足够的支撑筋，保证钢筋骨架的整体刚度及位置准确。对主体先行预埋的机械连接接头用聚苯泡沫保护。顶梁、中梁、底梁与板相交处需加腋处理。绑扎梁、柱节点等复杂的结构部位时，先根据钢筋穿插就位的顺序，并与模板工联系安排好支模和绑扎钢筋的顺序，以减少绑扎困难。

② 施工控制要点

a. 钢筋加工制作前，下料表要由技术员和工长审核，并将钢筋加工下料表与设计图复核，检查下料表是否有错误遗漏，对每种钢筋要按下料表检查是否达到设计和相关规范要求。

b. 钢筋的接头应设置在受力较小处（梁板设置于1/4～1/3跨处），同一纵向受力钢筋不宜设置两个或两个以上接头，接头末端至钢筋弯起点的距离不应小于钢筋直径的10倍。纵向受力钢筋的接头应错开，上下层钢筋接头应错开。

c. 钢筋的锚固及搭接长度，除图中注明以外，按相关规范取值。

d. 钢筋绑扎施工时，对所有的预埋件采取加固措施。确保预埋件的位置准确。

e. 内底板及底板以上1.8m范围内，应按设计图纸中做好车站杂散电流钢筋电气连接相关要求，底板及内衬墙表层所有纵向钢筋均应电气连接，若有搭接，应进行搭接焊。

f. 对有抗震要求的框架和斜撑构件（含梯段）中的纵向受力普通钢筋应采用带“E”的钢筋，其强度和最大力下总伸长率的实测值应符合相关规范要求。

g. 垫块必须使用现场预制水泥砂浆垫块或者厂家生产的专业垫块。为保证钢筋保护层厚度的准确性，应采用不同规格的垫块，并将垫块与钢筋绑扎牢固，垫块应交错布置。见图5-98。

(a) (b) (c) (d)

图5-98 结构钢筋绑扎

（a）结构柱钢筋绑扎；（b）侧墙钢筋绑扎；（c）结构板钢筋绑扎检查；（d）结构梁板钢筋绑扎

（4）化学植筋

化学植筋适用于：后浇混凝土构件钢筋（未预留），需通过化学植筋锚固于现浇钢筋混凝土内；围护桩或地连墙内预埋接驳器位置偏差不能满足施工要求，需进行化学植筋与车站板内钢筋相连。化学植筋满足以下要求：

① 化学植筋锚固性能满足相应的产品标准，应有充分的试验依据和工程经验、并经国家指定的机构技术认证许可；

② 化学植筋应锚固于混凝土基层内，宜深入有钢筋环绕的结构核心区内，不应锚固在混凝土保护层内；钢筋植筋深度一般不小于 $15d$（d 为钢筋直径）；

③ 化学植筋最小锚固长度应根据现场拉拔试验确定，且不应产生混凝土基材破坏或拔出破坏；

④ 化学植筋的锚固安全等级为一级；

⑤ 化学植筋的钢筋间距及其至混凝土构件边距均不小于 $5d$（d 为钢筋直径）；

⑥ 采用植筋锚固时，其锚固部位的原构件混凝土不得有局部缺陷，若有局部缺陷，应先进行补强或加固处理后再植筋；

⑦ 钢筋使用 HRB400 级热轧带肋钢筋，不得使用无出厂合格证，无标志或未进行现场检验的钢筋或再生钢筋；

⑧ 植筋用的胶粘剂必须采用改性环氧类或改性乙烯基酯类（包括改性氨基甲酸酯）的胶粘剂，当植筋钢筋直径大于 22mm 时，宜采用 A 级胶，其安全性指标符合相应标准；

⑨ 植筋时钢筋宜先焊后种植，若有困难必须后焊时，其焊点距基材混凝土表面应大于 $15d$，且应采用冰水浸渍的湿毛巾包裹植筋外露部分的根部。

3）混凝土工程施工控制要点

（1）混凝土施工的一般原则

① 主体结构混凝土施工顺序随同模板施工顺序。

② 采用商品混凝土浇筑，并按相关规范要求进行混凝土坍落度的现场检测、混凝土抗压、抗渗试件的现场取样。

③ 混凝土浇筑前，按相关规范要求对模板、钢筋、预埋件、预留孔洞、防水层、止水带等进行检查修整，特别注意模板，特别是挡头板，不能出现跑模现象。

④ 混凝土的浇筑采用泵送入模。按相关规范要求控制混凝土的自由倾落高度、浇筑层厚度、间歇时间、振捣方式，以确保混凝土质量。

（2）梁、板混凝土浇筑控制要点

① 底板、中板、顶板、梁混凝土浇筑按结构分段分层采用一次浇筑，针对不同工程部位，采用适宜的浇筑顺序：底板、顶板下料由混凝土输送泵完成，水平分台阶、纵向分幅，由边墙分别向中线方向进行浇筑；中板采用纵向分幅，由两侧向中间浇筑。

② 在浇筑混凝土前，对模板内的杂物和钢筋上的油污等清理干净；对模板的缝隙和孔洞应予堵严；检查止水带是否损坏，对损坏处及时修补。

③ 在浇筑过程中，控制混凝土的均匀性和密实性。混凝土拌合物运至浇筑地点后，立即浇筑入模。在浇筑过程中，严格控制坍落度损失，如发现混凝土拌合物的均匀性发生变化，及时处理。

④ 浇筑过程中，注意防止混凝土的分层离析。

⑤ 浇筑混凝土时，安排专人对模板、支架、钢筋、预埋件和预留孔洞进行观察，发现有变形、移位时，及时采取措施进行处理。

⑥ 混凝土浇筑连续进行，如必须间歇时，其间歇时间宜缩短，并在前层混凝土初凝前将次层混凝土浇筑完毕。混凝土运输、浇筑及间歇的允许时间见表 5-27。

混凝土运输、浇筑和间歇的允许时间　　表 5-27

混凝土强度等级	气温	
	≤25℃	>25℃
≤C30	120min	90min
>C30	90min	60min

（3）柱、墙混凝土浇筑控制要点

① 柱、梁、墙浇筑应采用分层浇筑振捣，浇筑前底部应先填 5～10cm 厚与混凝土配合比相同的减石子砂浆。

② 每次浇筑高度不应超过 50cm，混凝土下料点应均匀、分散布置。侧墙模板支撑采用钢管对撑，墙体混凝土浇筑时，要左右对称、分层连续浇筑至顶板交界处，然后浇筑顶板混凝土。

③ 墙体连续浇筑首尾相接间隔时间常温下不应超过 3h。

④ 梁柱节点附近离开柱边≥500mm，且≥1/2 梁高处，沿 45°斜面从梁顶面到梁底面用 5mm 网眼的密目铁丝网分隔（作为高低等级混凝土的分界），先浇高强度等级混凝土后浇低强度等级混凝土，即先浇节点区混凝土后浇节点区以外的梁板混凝土。

⑤ 洞口浇筑时，应使洞口两侧浇筑高度对称均匀，振捣棒距洞边 30cm，并从洞口两侧同时振捣，以防止洞口变形。

⑥ 其他施工要求与底板、中板、顶板、梁浇筑要求一样。

（4）混凝土振捣控制要点

① 振捣施工使用插入式振动器要做到快插慢拔，插点均匀排列，逐点移动，按顺序进行，不得遗漏，做到均匀振实。插入振捣器避免碰撞钢筋，更不得放在钢筋上，在施工缝处应充分振捣，且严禁触碰止水带；振捣机头开始转动以后才能插入混凝土中，振完后，徐徐提出，不能过快或停转后再拔出来，振捣靠近模板时，插入式振捣器机头须与模板保持 5～10cm 距离。

② 振捣时间控制：一般每点振捣时间为 20～30s，使用高频振动器，最短不应少于 10s。肉眼观察，振捣合格应视混凝土表面呈水平不再显著下沉，不再出现气泡，表面泛出灰浆为准。移动间距不大于振动棒作用半径的 1.5 倍（一般为 300～450mm），插点距模板不小于 20cm，振捣上一层时插入下层混凝土面 50mm，以消除两层间的接缝。

③ 根据泵送浇筑时自然形成一个坡度的实际情况，在每道浇筑前后布置三道振动棒，前道振捣棒布置在底排钢筋处和混凝土坡脚处，确保下部混凝土密实，后道振捣棒布置在混凝土卸料点，解决上部混凝土的捣实。

（5）施工缝、变形缝施工控制要点

① 分次浇筑混凝土时，必须在原浇筑的混凝土达到规定的强度要求后，方可再进行混凝土浇筑。

② 在原混凝土表面再次进行混凝土浇筑前，应清除原混凝土表面的浮浆及脆弱表面层，对混凝土表面进行凿毛，露出粗骨料，使其表面呈凹凸不平状。

③ 用高压水冲洗表面，彻底清扫原混凝土表面的泥土，松散骨料及杂物，让混凝土表面充分吸水、润湿。

④ 施工缝、变形缝止水带安装应顺直、密贴，安装位置和方法正确。混凝土浇筑前应对其有无破损、位置是否正确等进行严格检查，在符合要求后方可进行混凝土浇筑。

⑤ 混凝土浇筑时，对接缝处适当地进行重复振捣，使其密贴，同时应采取措施防止止水带的位移和破损。

⑥ 逆作法车站侧墙留设施工缝时，需特别注意预埋注浆管，施工完成后进行注浆处理，减少渗漏风险。

（6）混凝土养护控制要点

① 混凝土养护

侧墙采用喷淋养护，在混凝土侧墙最上端设有一喷淋管，喷淋管上等间距的开设有数个喷淋孔，喷淋孔对准混凝土侧墙，喷淋管的一端采用堵头填堵，另一端外接水源。当打开水源进行喷淋时，水流自上而下覆盖整个混凝土侧墙。

② 结构柱养护

在柱模板拆除后立即采用塑料薄膜进行包裹，并在柱上端设置塑料水箱，固定于柱子上端，在水箱下部开数个小孔，让水慢慢浸入结构柱，达到持续养护的目的。养护时间不得少于 7d。

③ 板养护标准

板浇筑完毕后，采用湿麻袋或土工布覆盖浇水养护（条件允许时采用蓄水养护），应在 12h 以内加以覆盖并浇水养护，保持混凝土表面湿润，尽量减少暴露时间，防止表面水分蒸发。混凝土浇水养护日期，对采用硅酸盐水泥、普通硅酸盐水泥或矿渣硅酸盐水泥拌制的混凝土，不得少于 7d：掺用缓凝型外加剂或有抗渗要求的混凝土不得小于 14d，且需达到混凝土设计强度 75%以上，在混凝土强度达到 1.2MPa 之前，不得在其上踩或施工振动。

（7）混凝土缺陷修补

① 蜂窝麻面处理

先将蜂窝麻面处凿除到密实处，用清水清理干净，再用喷壶向混凝土表面喷水直至吸水饱和，将配置好的水泥干灰均匀涂抹在表面，此过程应反复进行，直至有缺陷的地方全部被水泥灰覆盖。待 24h 凝固后用镘刀将凸出于衬砌面的水泥灰清除，然后按照涂抹水泥灰方法进行细部的修复，保证混凝土表面平顺、密实。

② 露筋处理

一般都是先用锯切槽，划定需要处理的范围，形成整齐而规则的边缘，用冲击工具对处理范围内的疏松混凝土进行清除。露筋较浅时用 1：2 或 1：2.5 水泥砂浆将露筋部位抹压平整；露筋较深时，应将薄弱混凝土和突出的颗粒凿去，洗刷干净后，用比原来高一强度等级的细石混凝土填塞压实，或采用喷射混凝土工艺或压力灌浆技术进行修补。

③ 孔洞处理

a. 先将孔洞凿去松散部分，使其形成规则形状；

b. 用钢丝刷将破损处的尘土、碎屑清除；

c. 用压缩空气吹干净修补面；

d. 用水冲洗修补面，使修补面周边混凝土充分湿润；

e. 填上所选择的修补材料，振捣、压实、抹平（推荐可选择的材料 HGM 高强无收缩灌浆料、HGM100 无收缩环氧灌浆料等），并按所用材料的要求进行养护。

④ 表面裂缝处理

一般表面较小的裂缝，可用水清洗，干燥后用环氧浆液灌缝或表面涂刷封闭；裂缝开张较大时，沿纵裂缝凿凹槽，洗净后用 1∶2 水泥砂浆抹补或干后用环氧胶泥嵌补；因外荷载引起裂缝，钢筋应力较高，影响结构的强度和刚度，应作加固处理，如对板加厚，对梁在梁的一侧或两侧加大截面，作钢筋混凝土围套或以钢板箍住再抹钢丝网水泥砂浆封闭：有整体防水和防锈要求的结构裂缝，应据裂缝宽度采用水泥压力灌浆或化学注浆（环氧浆液、甲凝、丙凝等）方法，进行裂缝修补或表面封闭与注浆同时使用。

⑤ 错台处理

由于模板拼缝错台而导致混凝土表面错台的处理措施：用扁斧将错台部位的混凝土细致砍除，保证处理部位的混凝土表面顺平，表面光滑，处理后的错台高差不能大于 3mm：由于模板加固不牢导致混凝土胀模的处理措施：以标准混凝土表面为准，将胀模部位的混凝土范围做好标记，沿着标记线剔凿多余混凝土，剔凿好的表面为毛面比标准混凝土表面低 7～10mm，喷水湿润后，用与此处混凝土配合比一致的水泥砂浆压实抹平并加以养护。

4. 验收标准

1）模板的安装质量检验标准应符合表 5-28 的规定：

现浇结构模板安装的允许误差及检验方法　　表 5-28

序号	项目		允许偏差(mm)	检验方法
1	轴线位置		5	尺量
2	底模上表面标高		±5	水准仪或拉线、尺量
3	模板内部尺寸	基础	±10	尺量
4		柱、墙、梁	±5	尺量
5		楼梯相邻踏步高差	5	尺量
6	墙、柱垂直度	层高≤6m	8	经纬仪或吊线、尺量
		层高＞6m	10	
7	相邻板面高低差		2	尺量
8	表面平整		5	2m 靠尺和塞尺量测

2）采用扣件式钢管做模板支架式，质量检查应符合下列规定：

(1) 梁下支架立杆间距的偏差不宜大于 50mm，板下支架立杆间距的偏差不宜大于 100mm；水平杆间距的偏差不宜大于 50mm。

(2) 应检查支架顶部承受模板荷载的水平杆与支架立杆连接的扣件数量，采用双扣件构造设置的抗滑移扣件，其上下应顶紧，间隙不应大于 2mm。

(3) 支架顶部承受模板荷载的水平杆与支架立杆连接的扣件拧紧力矩，不应小于 40N·m，且不应大于 65N·m。支架每步双向水平杆应与立杆扣接，不得缺失。

(4) 采用碗扣式、盘扣式或盘销式钢管架作模板支架时，质量检查应符合下列规定：

① 插入立杆顶端可调托座伸出顶层水平杆的悬臂长度，不应超过 650mm；
② 水平杆杆端与立杆连接的碗扣、插接和盘销的连接状况，不应松脱；
③ 按规定设置竖向和水平斜撑。

3）钢筋安装位置偏差见表 5-29。

钢筋安装允许偏差　　表 5-29

项目			允许偏差(mm)	检验方法
绑扎钢筋网	长、宽		±10	钢尺检查
	网眼尺寸		±20	钢尺量连续三档,取最大值
绑扎钢筋骨架	长		±10	钢尺检查
	高、宽		±5	
受力钢筋	间距		±10	钢尺量两端,中间各一点,取最大值
	排距		±5	
	保护层厚度	基础	±10	钢尺检查
		柱、梁	±5	
		板、墙	±3	
绑扎箍筋、横向钢筋间距			±20	钢尺量连续三档,取最大值
钢筋弯起点位置			20	钢尺检查
预埋性	中心线位置		5	钢尺检查
	水平标高		+3.0	钢尺检查和塞尺检查

4）预埋件和预留孔洞允许偏差见表 5-30。

预埋件安装允许偏差　　表 5-30

序号	项目		允许偏差(mm)	检验方法
1	预埋钢板中心线位置		3	钢尺检查
2	预留管、孔中心线位置		3	钢尺检查
3	插筋	中心线位置	5	钢尺检查
4		外露长度	+10.0	钢尺检查
5	预埋螺栓	中心线位置	2	钢尺检查
6		外露长度	+10.0	钢尺检查
7	预留洞	中心线位置	10	钢尺检查
8		尺寸	+10.0	钢尺检查

5）现浇结构位置和尺寸允许偏差及检验方法见表 5-31。

现浇结构位置和尺寸允许偏差及检验方法　　表 5-31

序号	项目		允许偏差(mm)	检验方法
1	轴线位置	整体基础	15	经纬仪及尺量
2		柱、墙、梁	8	经纬仪及尺量

续表

序号	项目		允许偏差(mm)	检验方法
3	垂直度	每层	10	经纬仪或吊线、尺量
4		全高	H/30000+20	经纬仪、尺量
5	标高	层高	±10	水准仪或拉线、尺量
6		全高	±30	水准仪或拉线、尺量
7	截面尺寸	基础	+15,-10	尺量
8		柱、梁、板、墙	+10,-5	尺量
9		楼梯相邻踏步高差	6	尺量
10	电梯井	中心位置	10	尺量
11		长、宽尺寸	+25,0	尺量
12	表面平整度		8	2m靠尺和塞尺量测
13	预埋件中心位置	预埋板	10	尺量
14		预埋螺栓	5	尺量
15		预埋管	5	尺量
16		其他	10	尺量
17	预留洞、孔中心线位置		15	尺量

6）模板拆除

底模及支架应在混凝土强度达到设计要求后再拆除；当设计无具体要求时，同条件养护的混凝土立方体试件抗压强度应符合表5-32的规定。

底模拆除时的混凝土强度要求　　表5-32

构件类型	构件跨度(m)	达到设计混凝土强度等级值的百分率计(%)
板	≤2	≥50
	>2,≤8	≥75
	>8	≥100
梁、拱、壳	≤8	≥75
	>8	≥100
悬臂结构		≥100

5.6.2　覆土回填施工

1. 施工工艺流程

基坑回填施工工艺流程如图5-99所示。

2. 施工控制要点

（1）车站顶板防水验收合格后方可回填，回填前需清除顶板上的积水、杂物，并经隐蔽验收合格后方可回填。

（2）回填土料按选定的土场和土质进行回填，不得擅自改变土场和土质。

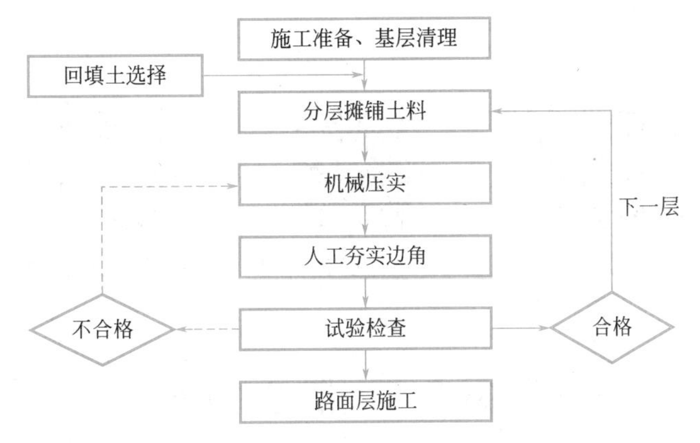

图 5-99　基坑回填施工工艺流程

（3）施工时严格控制土的含水率，使回填时土料的含水率接近回填土最佳含水率。

（4）施工前在基坑的两侧用红油漆标出每层回填的高度线，以便检查和控制回填的厚度。按相关规范要求认真分层检测土压实密实度，每回填完一层必须经过试验查验合格后方可回填上一层土料，回填压实度必须满足设计相关要求。

（5）采用水平分层平铺，分层厚度一般 25～30cm，人工夯实的地方摊铺厚度 20～25cm。在结构两侧和顶部 500mm 范围以内及地下管线周围应采用人工使用小型机具夯填。

（6）机械碾压不了的边角处，人工用小型机械夯实时必须按顺序、按要求夯实，不得有漏夯的地方。

（7）在管沟两侧应水平、对称同时填压；回填高程不一样时，应从低处逐层填压；基坑分段回填接槎处，应挖台阶。

（8）填土按要求分段进行，分段填夯接槎处，土坡需填成阶梯形，梯形的高宽比一般为 1∶2，上下层错缝宽度不小于 1.0m，高度不大于 0.5m，碾压时碾迹应重叠 0.5m。

3. 质量控制要点

（1）回填土使用前应分别取样测定其最大干容重和最佳含水量并做压实试验，确定填料含水量控制范围、虚铺厚度和压实遍数等参数。

（2）回填土为黏性土或砂质土时，应在最佳含水量下填筑，如含水量偏大应翻松晾干或加干土拌匀；如含水量偏低，应洒水湿润，并增加压实遍数或使用重型压实机械碾压。

（3）基坑回填必须在顶板和地下管线结构达到设计强度后进行。

（4）基坑回填土采用机械碾压时，搭接宽度不得小于 200mm。人工夯填时，夯与夯之间重叠不得小于 1/3 夯底宽度。

（5）基坑雨季回填时应集中力量，分段施工，取、运、填、平、压各工序应连续作业。雨前应及时压完已填土层并将表面压平后，做成一定坡势。雨中不得填筑非透水性土质。

（6）基坑不宜在冬季回填。如必须回填，应有可靠的防冻措施。

任务实施

5-34【知识巩固】

5-35【能力训练】

5-36【考证演练】

任务 5.7　防水施工

任务描述

学习“知识链接”相关内容，结合《地下工程施工技术》配套图纸，重点完成以下工作任务：一是回答与地铁车站防水相关的问题；二是识读车站主体结构防水图，完成相关工作任务；三是完成与本任务相关的建造师职业资格证书考试考题；具体参见“任务实施”模块。

知识链接

5.7.1　防水认知

1. 防水标准

地铁车站主体结构、出入口通道、风道、风井防水等级为一级，结构不允许渗水，结构表面无湿渍。

2. 防水体系

地铁车站一般采用全包防水法，防水体系见表 5-33。

明挖结构防水设计体系表　　表 5-33

<table>
<tr><td rowspan="5">防水体系</td><td>防水措施</td><td colspan="2">防水要求</td></tr>
<tr><td rowspan="3">结构自防水</td><td>混凝土抗渗等级</td><td>工程埋深 0～20m 时，抗渗等级为 P8
工程埋深 20～30m 时，抗渗等级为 P10
工程埋深 30～40m 时，抗渗等级为 P12</td></tr>
<tr><td>裂缝控制</td><td>结构的裂缝宽度，迎水面不得大于 0.2mm，背水面不得大于 0.3mm，且不得出现贯通的情况</td></tr>
<tr><td>耐腐蚀要求</td><td>混凝土结构应根据腐蚀介质的性质按国家相关规范进行耐久性设计。必要时须进行专项耐久性设计研究并以研究成果指导设计</td></tr>
<tr><td>接缝防水</td><td colspan="2">施工缝、变形缝、穿墙管、桩头、主体与附属结构接头、车站与区间隧道结构接头等部位需做防水加强处理</td></tr>
</table>

续表

	防水措施	防水要求
防水体系	附加防水层	复合式结构,顶板采用 2.5mm 厚的单组分聚氨酯防水涂料;侧墙与底板采用 1.5mm 厚预铺式高分子自粘胶膜防水卷材。 放坡开挖式结构,顶板与侧墙可采用 2mm 厚喷涂速凝橡胶沥青防水涂料;底板可采用 1.5mm 厚预铺式高分子自粘胶膜防水卷材。 吊脚桩式结构,顶板与上部侧墙可采用 2mm 厚喷涂速凝橡胶沥青防水涂料;底板、下部侧墙防水层及防水加强层可采用 1.5mm 厚预铺式高分子自粘胶膜防水卷材
	辅助排水措施	有排水要求的部位,须接通排水系统,防止积水

5.7.2 防水施工

车站防水施工流程如图 5-100 所示。

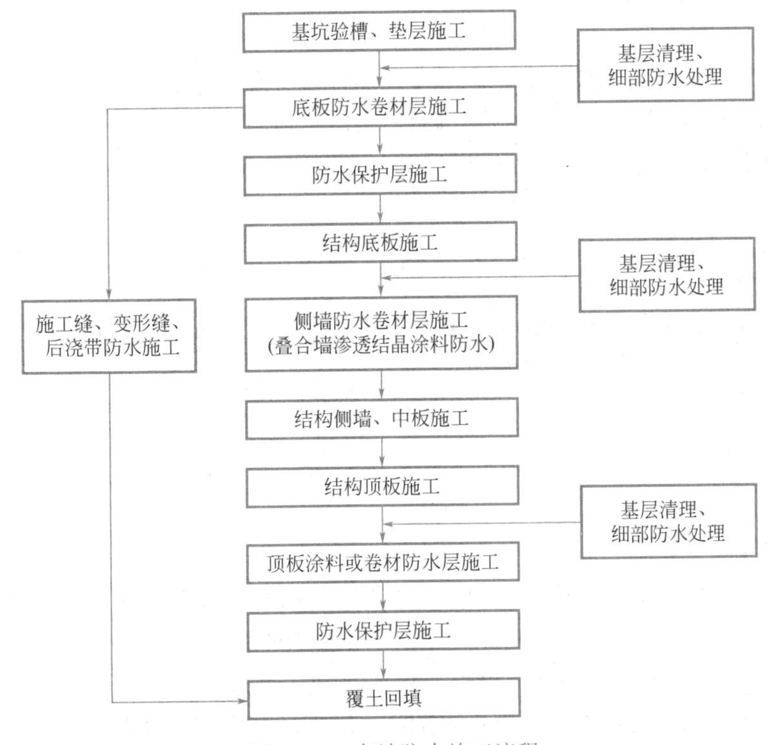

图 5-100 车站防水施工流程

1. 技术准备

1) 防水层施工之前，应组织图纸会审，掌握工程主体及细部构造的防水技术要求，编制防水工程施工方案或作业指导书。

2) 防水层必须由具有相应资质的防水队伍施工，主要施工人员应持有建设行政主管部门或其指定单位颁发的执业资格证书。

3) 对分项作业人员进行技术交底、安全教育。

2. 资源准备

1）材料准备

(1) 防水卷材：主要有高聚物改性沥青类防水卷材和合成高分子防水卷材两类，按设计要求选用相应品种、规格，卷材的外观质量和主要物理性能应符合《地下防水工程质量验收规范》GB 50208—2011 及设计相关要求。

(2) 防水涂料：主要有无机涂料和有机涂料两类，按设计要求选用相应的品种，涂料主要物理性能应符合《地下防水工程质量验收规范》GB 50208—2011 及设计相关要求。

(3) 防水混凝土的原材料，商品混凝土质量及预埋件质量等必须符合设计要求，同时满足《地下防水工程质量验收规范》GB 50208—2011 的规定，并设专人进行检查。

(4) 其他细部构造防水材料：主要有止水带、止水条、填缝材料、防水砂浆等，按设计要求选用，其主要物理性能应符合《地下防水工程质量验收规范》GB 50208—2011 及设计相关要求。

(5) 所有进场防水材料应有产品合格证、产品性能检验报告和材料进场检验报告。

2）施工机具准备

(1) 防水混凝土施工主要机具：翻斗车、运拌车、泵送车、振捣器（平板、高频插入式）、串筒、溜槽、铁锹、灰槽、铁板、磅秤、计量容器等。

(2) 清理基层的主要机具：铁锹、扫帚、墩布、棉丝、吹尘器、手锤、凿子、拖布等。

(3) 防水卷材主要施工机具：剪刀、盒尺、壁纸刀、弹线盒、刮板、压辊、锤子、钳子、射钉枪、刮板、毛刷等。

(4) 防水涂料主要施工机具：电动搅拌器、小平铲、搅拌桶、小铁桶、橡胶或塑料刮板、毛刷、滚动刷、小抹子、弹簧秤等。

(5) 其他机具：电焊机、切割机、计量容器等。

3）人员准备

现场人员需满足施工要求。

3. 现场准备

1）在地下水位较高的情况下，应做好降低地下水位和排水处理，地下水位应降低到防水层底标高 500mm 以下，并保持到整个防水工程施工完成。

2）防水混凝土施工前，钢筋、模板工序已完成，办理隐蔽工程验收、预检手续。检查穿墙杆件是否已做好防水处理，模板内杂物清理干净并提前浇水湿润。

3）卷材、涂料防水层施工前，防水基层表面应平整、光滑，达到设计强度，不得有空鼓、开裂、起砂、脱皮等缺陷，基层表面的尘土、杂物清扫干净，对基层表面留有残留灰浆、硬块以及突出部分进行清理、扫净。基层经验收合格方可进行防水施工。

4）所有防水基层阴阳角均应做成圆弧或倒角，局部孔洞、蜂窝、裂缝应修补严密。

5）整个防水基层应保持干燥，如有渗水部位应进行封堵。

6）进场防水材料分类集中堆放，并采取覆盖措施。

4. 防水混凝土施工

防水混凝土施工工艺流程如图 5-101 所示：

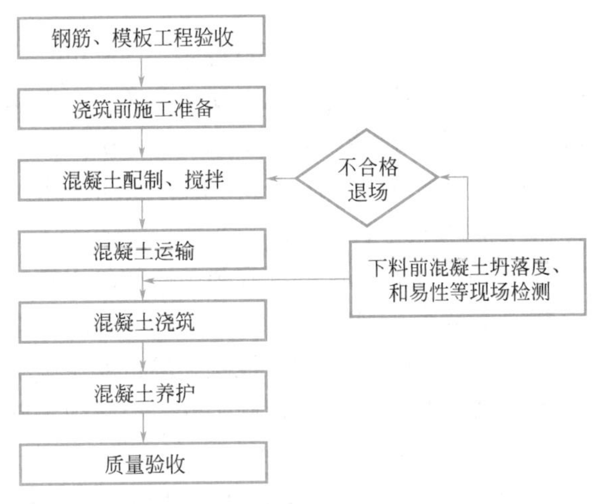

图 5-101　防水混凝土施工工艺流程

1）浇筑前施工准备

（1）防水混凝土施工前应做好降排水工作，不得在有积水的环境中浇筑混凝土。

（2）模板支设要求表面平整，拼缝严密，吸湿性小，支撑牢固，侧墙模板采用对拉螺栓固定时，应在螺栓中间加焊止水片，管道、套管等穿墙时，应加焊止水环，并焊满。模板内杂物清理干净并提前浇水湿润。

（3）检查配筋、钢筋保护层、预埋件、穿墙管等细部构造是否符合设计要求，验收合格后方可浇筑混凝土。

（4）各种钢筋或绑扎铁丝，不得接触模板。

2）混凝土配制与搅拌控制要点

（1）混凝土搅拌时必须严格按试验室配合比通知单的配比准确称量，不得擅自修改。当原材料有变化时，应通过实验室进行试验，对配合比作必要的调整。

（2）混凝土一般采用预拌商品混凝土，混凝土中水泥、粗细骨料、外加剂等满足设计及《地下防水工程质量验收规范》GB 50208—2011 要求。

（3）防水混凝土如泵坍落度宜控制在 120～160mm，坍落度每小时损失值不应大于 20mm，坍落度总损失值不应大于 40mm。

（4）使用减水剂时，减水剂宜配制成一定浓度的溶液。

（5）防水混凝土拌合物应采用机械搅拌，搅拌时间不宜小于 2min。掺外加剂时，搅拌时间应根据外加剂的技术要求确定。

3）混凝土运输

（1）混凝土运送道路必须保持平整、畅通、尽量减少运输的中转环节，以防止混凝土拌合物产生分层、离析及水泥浆流失等现象。

（2）混凝土拌合物运至浇灌地点后，如出现离析，必须进行二次搅拌。当坍落度损失后不能满足施工要求时，应加入原水胶比的水泥浆或掺加同品种的减水剂进行搅拌，严禁直接加水。

4）混凝土浇筑

（1）当混凝土入模自落高度大于 2m 时应采用串筒、溜槽、溜管等工具进行浇灌，以防止混凝土拌合物分层离析。

(2) 防水混凝土应分层连续浇筑，分层厚度不得大于 500mm。

(3) 防水混凝土必须采用机械振捣，以保证混凝土密实，一般墙体、厚板采用插入式和附着式振捣器，薄板采用平板式振捣器。对于掺加气剂、引气型减水剂的防水混凝土应采用高频振捣器（频度在万次/分钟以上）振捣，可以有效地排除大气泡，使小气泡分布更均匀，有利于提高混凝土强度和抗渗性。

(4) 分层浇灌时，第二层混凝土浇灌时间应在第一层初凝以前，将振捣器垂直插入到下层混凝土中≥50mm，插入要迅速，拔出要缓慢，振捣时间以混凝土表面浆出齐，不冒泡、不下沉为宜，严防过振、漏振和欠振而导致混凝土离析或振捣不透。

(5) 防水混凝土应连续浇筑，宜不留或少留施工缝，当必须留施工缝时，应符合下列规定：

① 墙体水平施工缝不应留在剪力最大处或底板与侧墙的交接处，应留在高出底板表面处不小于 300mm 的墙体上。拱（板）墙结合的水平施工缝，宜留在拱（板）墙接缝以下 150～300mm 处。有预留孔洞时，施工缝距孔洞边缘不应小于 300mm。

② 垂直施工缝应避开地下水和裂隙水较多的地段，并宜与变形缝相结合。

(6) 施工缝防水构造形式符合设计要求，施工缝的施工应符合下列规定：

① 水平施工缝浇灌混凝土前，应清除表面浮浆和杂物，然后铺设净浆或涂刷界面处理剂或涂刷水泥基渗透结晶型防水涂料等材料，再铺设 30～50mm 厚的 1：1 水泥砂浆，并及时浇筑混凝土；

② 垂直施工缝浇筑混凝土前，应将其表面清除干净，涂刷混凝土界面处理剂或水泥基渗透结晶型防水涂料，并及时浇灌混凝土；

③ 施工缝采用遇水膨胀止水条时，止水条应牢固地安装在接缝表面或预留槽内，遇水膨胀止水条应具有缓胀性能，7d 的净膨胀率不应大于最终膨胀率的 60%，最终膨胀率宜大于 220%；

④ 采用中埋式止水带或预埋注浆管时，应确保位置准确，固定牢靠。

5）混凝土养护

(1) 防水混凝土终凝后应立即进行养护，养护时间不得少于 14d。

(2) 混凝土初凝后应立即在其表面覆盖草袋、塑料薄膜或涂混凝土养护剂等进行养护，炎热季节或刮风天气应随浇灌随覆盖，但要保护表面不被压坏。浇捣后 4～6h 即浇水或蓄水养护，3d 内每天浇水 4～6 次，3d 后每天浇水 2～3 次；墙体混凝土浇筑达到一定强度后，可采取撬松侧模，在侧模与混凝土表面缝隙中浇水养护的做法保持混凝土表面湿润。

(3) 防水混凝土冬期施工养护应采用综合蓄热法、蓄热法、暖棚法、掺化学外加剂等方法，不得采用电热法或蒸气直接加热法；采取保湿保温措施。

5. 卷材防水层施工

防水卷材施工工艺流程如图 5-102 所示：

1）基层清理

(1) 基层采用混凝土垫层找平后，施工防水卷材前应对作业面进行清理，确保作业面

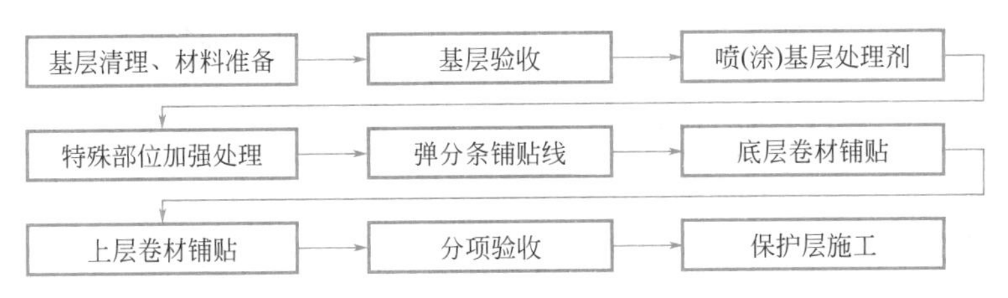

图 5-102　防水卷材施工工艺流程

平整，无灰尘、杂物、无起砂、脱皮现象，应保持表面干燥。

（2）所有防水基层阴阳角均应做成圆弧，铺贴高聚合物改性沥青防水卷材时圆弧半径不应小于 50mm、铺贴合成高分子防水卷材时圆弧半径不应小于 20mm，局部孔洞、蜂窝、裂缝应修补严密。

2）涂刷基层处理剂

（1）目前大部分合成高分子卷材在地下防水工程中是采用冷粘法施工，防水卷材施工前基面应干净、干燥，并应涂刷基层处理剂；当基面潮湿时，应涂刷湿固化型胶粘剂或潮湿界面隔离剂。基层处理剂的配制与施工应符合下列要求：

① 基层处理剂应与卷材及其粘结材料的材性相容；若为双组分时，应按配合比准确计量、搅拌均匀，在规定的可操作时间内涂刷完毕。

② 胶结料涂刷应均匀，不漏涂、不堆积。

③ 根据胶粘剂的性能和施工环境要求，有的可以在涂刷后立即粘贴，有的要待溶剂挥发后粘贴。因此，必须控制好胶粘剂涂刷与卷材铺贴的间隔时间。

（2）高分子自粘胶膜防水卷材宜采用预铺反粘法施工，基层表面无需涂刷处理剂，基层表面应平整坚固、无明显积水。

3）特殊部位加强处理

根据设计图纸要求对在平面与立面的转角处、管根、阴阳角、预埋件等细部构造增贴 1～2 层相同的附加层卷材，以做增强处理。见图 5-103。

(a)

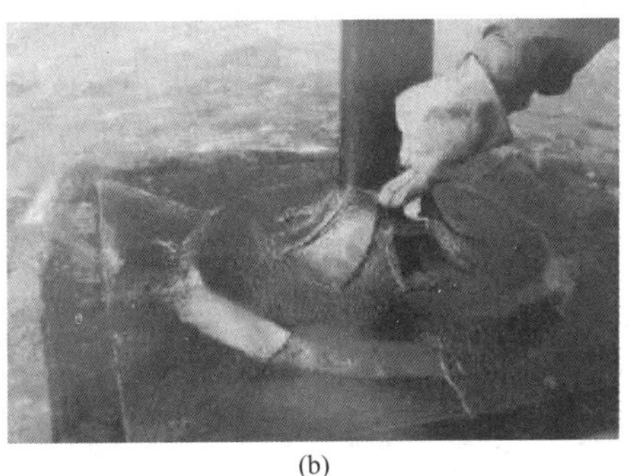
(b)

图 5-103　特殊部位加强层施工

（a）阴阳角附加层施工；（b）底板预埋管道附加层施工

4）卷材大面铺贴

（1）铺贴各类防水卷材应符合下列规定：

① 结构底板垫层混凝土部位的卷材可采用空铺法或点粘法施工，其粘结位置、点粘

面积应按设计要求确定；侧墙采用外防外贴法的卷材及顶板部位的卷材应采用满粘法施工。

② 卷材与基面、卷材与卷材间的粘结应紧密、牢固；铺贴完成的卷材应平整顺直，搭接尺寸应准确，不得产生扭曲和皱折。

③ 卷材搭接处和接头部位应粘贴牢固，接缝口应封严或采用材性相容的密封材料封缝。

④ 铺贴立面卷材防水层时，应采取防止卷材下滑的措施。

⑤ 铺贴双层卷材时，上下两层和相邻两幅卷材的接缝应错开 1/3～1/2 幅宽，且两层卷材不得相互垂直铺贴。

（2）弹性体改性沥青防水卷材和改性沥青聚乙烯胎防水卷材采用热熔法施工应加热均匀，不得加热不足或烧穿卷材，搭接缝部位应溢出热熔的改性沥青。

（3）铺贴自粘聚合物改性沥青防水卷材控制要点：

① 基层表面应平整、干净、干燥、无尖锐突起物或孔隙；

② 排除卷材下面的空气，应辊压粘贴牢固，卷材表面不得有扭曲、皱折和起泡现象；

③ 立面卷材铺贴完成后，应将卷材端头固定或嵌入墙体顶部的凹槽内，并应用密封材料封严；

④ 低温施工时，宜对卷材和基面适当加热，然后铺贴卷材。

（4）铺贴三元乙丙橡胶防水卷材采用冷粘法施工控制要点：

① 基底胶粘剂应涂刷均匀，不应露底、堆积；

② 胶粘剂涂刷与卷材铺贴的间隔时间应根据胶粘剂的性能控制；

③ 铺贴卷材时，应辊压粘贴牢固；

④ 搭接部位的粘合面应清理干净，并应采用接缝专用胶粘剂或胶粘带粘结。

（5）铺贴聚氯乙烯防水卷材，接缝采用焊接法施工控制要点：

① 卷材的搭接缝可采用单焊缝或双焊缝。单焊缝搭接宽度应为 60mm，有效焊接宽度不应小于 30mm；双焊缝搭接宽度应为 80mm，中间应留设 10～20mm 的空腔，有效焊接宽度不宜小于 10mm。

② 焊接缝的结合面应清理干净，焊接应严密。

③ 应先焊长边搭接缝，后焊短边搭接缝。

（6）铺贴聚乙烯丙纶复合防水卷材控制要点：

① 应采用配套的聚合物水泥防水粘结材料；

② 卷材与基层粘贴应采用满粘法，粘结面积不应小于 90%，刮涂粘结料应均匀，不应露底、堆积；

③ 固化后的粘结料厚度不应小于 1.3mm；

④ 施工完的防水层应及时做保护层。

（7）高分子自粘胶膜防水卷材采用预铺反粘法施工控制要点：

① 卷材宜单层铺设；

② 在潮湿基面铺设时，基面应平整坚固、无明显积水；

③ 卷材长边应采用自粘边搭接，短边应采用胶粘带搭接，卷材端部搭接区应相互错开；

④ 立面施工时，在自粘边位置距离卷材边缘 10～20mm 内，应每隔 400～600mm 进

行机械固定，并应保证固定位置被卷材完全覆盖；

⑤ 浇筑结构混凝土时不得损伤防水层。

（8）采用外防外贴法铺贴卷材防水层时施工控制要点：

① 应先铺平面，后铺立面，交接处应交叉搭接。

② 临时性保护墙宜采用石灰砂浆砌筑，内表面宜做找平层。

③ 从底面折向立面的卷材与永久性保护墙的接触部位，应采用空铺法施工；卷材与临时性保护墙或围护结构模板的接触部位，应将卷材临时贴附在该墙上或模板上，并应将顶端临时固定。

④ 当不设保护墙时，从底面折向立面的卷材接槎部位应采取可靠的保护措施。

⑤ 混凝土结构完成，铺贴立面卷材时，应先将接槎部位的各层卷材揭开，并应将其表面清理干净，如卷材有局部损伤，应及时进行修补；卷材接槎的搭接长度，高聚物改性沥青类卷材应为150mm，合成高分子类卷材应为100mm；当使用两层卷材时，卷材应错茬接缝，上层卷材应盖过下层卷材。见图5-104。

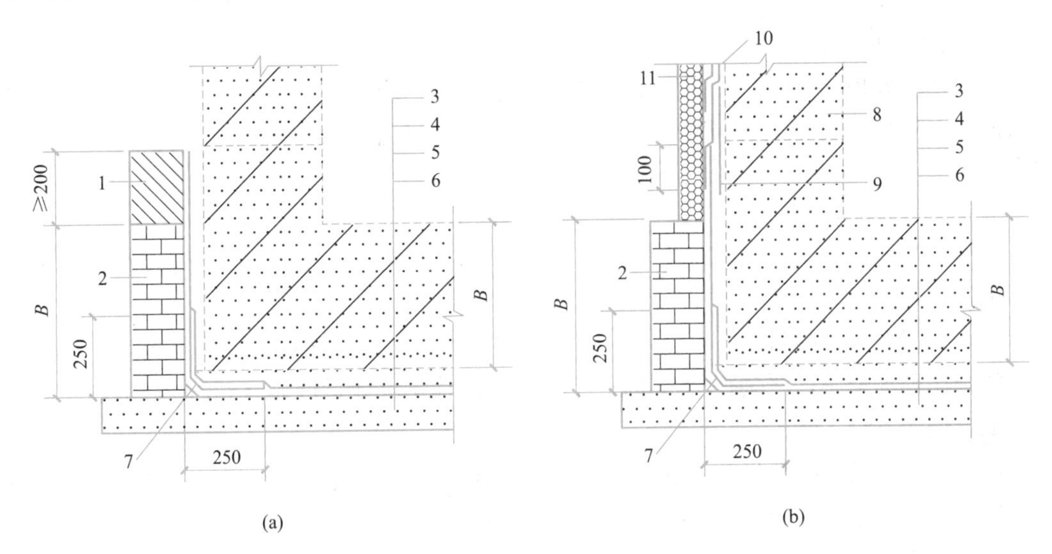

图5-104 卷材防水层甩槎、接槎做法

（a）甩槎；（b）接槎

1—临时保护；2—永久保护墙；3—细石混凝土保护；4—卷材防水层；5—水泥砂浆找平层；6—混凝土垫层；7—卷材加强层；8—结构墙体；9—卷材加强层；10—卷材防水层；11—卷材保护层

6. 涂料防水层施工

涂料防水层包括无机防水涂料和有机防水涂料。无机防水涂料可选用掺外加剂、掺合料的水泥基防水涂料、水泥基渗透结晶型防水涂料。有机防水涂料可选用反应型、水乳型、聚合物水泥等涂料。无机防水涂料宜用于结构主体的背水面，有机防水涂料宜用于地下工程主体结构的迎水面，用于迎水面的有机防水涂料应具有较高的抗渗性，且与基层有较好的粘结性。施工工艺流程如图5-105所示。

1）基层清理

（1）施工前，先以铲刀和扫帚将作业面表面的突起物、砂浆疙瘩等异物铲除，并将尘

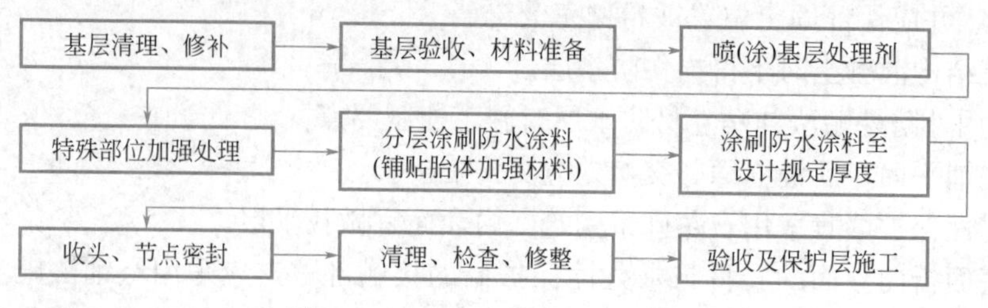

图 5-105　防水涂料施工工艺流程

土杂物彻底清扫干净。

（2）无机防水涂料基层表面应干净、平整、无浮浆和明显积水。

（3）有机防水涂料基层表面应基本干燥，不应有气孔、凹凸不平、蜂窝麻面等缺陷。

（4）涂料施工前，基层阴阳角应做成圆弧形。采用有机防水涂料时，基层阴阳角应做成圆弧形，阴角直径宜大于 50mm，阳角直径宜大于 10mm，在底板转角部位应增加胎体增强材料，并应增涂防水涂料。

2）涂刷基层处理剂

涂刷基层处理剂时，应用刷子用力薄涂，使涂料尽量刷进基层表面毛细孔中，并将基层可能留下的少量灰尘等无机杂质，像填充料一样混入基层处理剂中，使之与基层牢固结合。

3）防水涂料准备及调配

（1）按照设计要求选用防水涂料类型，经送检后各项性能指标符合设计及相关规范要求方可投入使用。

（2）采用双组分涂料时，每份涂料在配料前必须先搅匀。配料应根据材料生产厂家提供的配合比现场配制，严禁任意改变配合比。配料时要求计量准确（过秤），主剂和固化剂的混合偏差不得大于 5%。

（3）涂料的搅拌配料先放入搅拌容器或电动搅拌内，然后放入固化剂，并立即开始搅拌。搅拌筒应选用圆的铁桶，以便搅拌均匀。采用人工搅拌时，要注意将材料上下、前后、左右及各个角落都充分搅匀，搅拌时间一般在 3～5min。掺入固化剂的材料应在规定时间使用完毕。

（4）搅拌的混合料以颜色均匀一致为标准。

4）涂刷防水涂料

（1）涂层厚度控制试验

涂膜防水施工前，必须根据设计要求的涂膜厚度及涂料的含固量确定（计算）每平方米涂料用量及每道涂刷的用量以及需要涂刷的遍数。先涂底层，铺加胎体增强材料，再涂面层，施工时按试验用量，每道涂层分几遍涂刷，而且面层最少应涂刷 2 遍以上。

（2）涂料涂刷可采用棕刷、长柄刷、橡胶刮板、圆滚刷等进行人工涂布，也可采用机械喷涂。涂布立面最好采用蘸涂法，涂刷应均匀一致。涂刷平面部位倒料时要注意控制涂料的均匀倒洒，避免造成涂料难以刷开、厚薄不匀现象。

（3）前一遍涂层干燥后应将涂层上的灰尘、杂质清理干净后再进行后一遍涂层的涂刷。每层涂料涂布应分条进行，分条进行时，每条宽度应与胎体增强材料宽度相一致，每次涂布前，应严格检查前遍涂层的缺陷和问题，并立即进行修补后，方可再涂布后遍涂层。

（4）涂料分层涂刷或喷涂，涂层应均匀，涂刷应待前遍涂层干燥成膜后进行。每遍涂刷时应交替改变涂层的涂刷方向，同层涂膜的先后搭压宽度宜为 30～50mm，涂料防水层的甩茬处接槎宽度不应小于 100mm，接涂前应将其甩槎表面处理干净。

（5）地下工程结构有高低差时，在平面上的涂刷应按“先高后低，先远后近”的原则涂刷。立面则由上而下，先转角及特殊应加强部位，再涂大面。

（6）铺贴胎体增强材料时，应使胎体层充分浸透防水涂料，不得有露茬及皱褶。胎体增强材料的搭接宽度不应小于 100mm。上下两层和相邻两幅胎体的接缝应错开 1/3 幅宽，且上下两层胎体不得相互垂直铺贴。

5）收头、节点处理

为防止收头部位出现翘边现象，所有收头均应密封材料压边，压边宽度不得小于 10mm。收头处的胎体增强材料应裁剪整齐，如有凹槽时应压入凸槽内，不得出现翘边、皱折、露白等现象，否则应先进行处理后再涂封密封材料。

7. 施工缝钢板止水带施工

1）工艺流程

车站结构施工中，施工缝部位一般采用中埋式钢板止水带，施工工艺流程如下：钢板止水带定位→钢板止水带固定→钢板止水带焊接→钢板止水带验收。

2）施工控制要点

（1）钢板止水带定位

① 侧墙施工缝钢板止水带放置在墙厚中间，侧墙混凝土浇筑高度处为钢板止水带中心标高，两端弯折处应朝向迎水面，在钢板止水带上口拉通线，以保持其上口平直；

② 底板、顶板施工缝钢板止水带应放置在板厚中间，两端弯折处应朝上，以便利于混凝土气泡排出。

（2）钢板止水带固定

① 侧墙施工缝止水钢板采用两道钢筋焊接固定钢板，第一道用直径 14 的 HRB400 钢筋在钢板止水带下口焊接短钢筋，以支撑钢板，其长度应以侧墙钢筋骨架厚度为准，不能过长，以防沿短钢筋形成渗水通道。第二道止水钢板定位筋设置沿止水钢板方向，在其两侧用直径 14 的 HRB400 钢筋焊接，一端焊接在止水钢板上，另一端焊接在侧墙的水平、竖向主筋上对其进行定位，定位钢筋的间距为 500mm，两侧对称设置。

② 底板施工缝止水钢板可按侧墙施工缝止水钢板采用钢筋焊接固定，同时在施工缝模板中间用两枋木进行固定。

（3）钢板止水带焊接

① 钢板止水带的接头采用焊接，两块钢板的搭接长度为 50mm，两端均应饱满，焊接高度不低于钢板厚度。

② 焊条应采用 E43 焊条。焊接之前应进行试焊，调试好电流参数，电流过大易烧伤甚至烧穿钢板，电流过小起弧困难，焊接不牢固。

③ 钢板焊接应分两遍成活，接缝处应留 2mm 焊缝，第一遍施焊时，首先在中间、两

端固定焊点，然后从中间向上施焊直到上端，然后再从下端向中间施焊，第一遍完成后立即将药皮用焊锤敲掉，检查有无砂眼、漏焊处，如有应进行补焊。第二遍应从下端开始施焊。

（4）钢板止水带检查验收

① 钢板止水带焊好后，夜间利用电筒光线进行检测，检查有无砂眼、漏焊或焊缝不饱满之处，不符合要求的进行返工处理。

② 定位钢筋是否焊接牢固，附加拉筋是否加设，如若未设置或焊接不牢，对其重新焊接或加设。钢板表面应清洁，无锈蚀、麻点或划痕等缺陷。

③ 焊缝的焊波应均匀，不得有裂缝、夹渣、咬边、烧穿等缺陷。见图 5-106。

图 5-106　施工缝钢板止水带施工

5.7.3　质量控制

1. 防水混凝土施工质量控制

1）所用外加剂应有出厂合格证和使用说明书，现场复验其各项性能指标应合格。

2）检查混凝土拌合物配料的称量是否准确，如拌合用水量、水泥用量、外加剂掺量等。

3）检查混凝土拌合物的坍落度，每工作班至少两次。掺引气剂、外加剂的防水混凝土，还应测定其含气量。

4）检查模板尺寸、坚固性、有无缝隙、杂物，对欠缺处应及时纠正。

5）检查配筋、钢筋保护层、预埋件、穿墙管等细部构造是否符合设计要求，合格后填写隐蔽验收单。

6）检查混凝土拌合物在运输、浇筑过程中有否离析现象，观察浇捣施工质量，发现问题及时纠正。

7）检查混凝土结构的养护情况。

8）墙、柱模板固定应避免采用穿钢丝拉结，固定结构内部设置的紧固钢筋及绑扎钢丝不得接触模板，以免造成渗漏贯穿路线，引起局部渗漏。

9）地下水位较高，应采取措施将地下水位降低至底板以下 0.5m，直至地下结构浇筑完成，回填土完毕，以防止地基浸泡造成不均匀下沉，引起结构裂缝。

2. 防水卷材施工质量控制

1）基面应洁净、平整、坚实，不得有疏松、起砂、起皮现象，转角处应做成圆弧形，局部孔洞、蜂窝、裂缝应修补严密。

2）胶粘剂涂刷适宜面积后，立即进行铺贴，防止停留时间过长造成胶粘剂凝固。

3）铺贴卷材应平整顺直，搭接尺寸准确，不歪扭、皱折，要排除卷材下面的空气，并辊压粘结牢固，不得有空鼓。

4）满贴的卷材，必须均匀涂满胶粘剂，在辊压过程中有胶粘剂溢出，以保证卷材粘结牢固，封口严密。

5）卷材接口应用密封材料封严，其宽度不小于10mm。

6）卷材的甩槎、接槎做法符合《地下工程防水技术规范》GB 50108—2008及设计要求，甩槎部分一定要保护好，防止碰坏或损伤，以便立墙防水层的搭接。

7）已做完的卷材防水层应及时采取保护措施，严禁穿硬底鞋人员在防水层上行走，以免踩坏卷材造成隐患。

8）浇筑细石混凝土保护层时，或车站侧墙防水无保护层绑扎钢筋时，施工现场应有防水工看护，如有碰破防水层必须立即修复，以免后患。

9）铺贴卷材严禁在雨天、雪天、五级及以上大风中施工；冷粘法、自粘法施工的环境气温不宜低于5℃，热熔法、焊接法施工的环境气温不宜低于－10℃。施工过程中下雨或下雪时，应做好已铺卷材的防护工作。见图5-107。

图5-107 卷材铺贴施工

3. 防水涂料施工质量控制

（1）施工过程中，层层把关，前一道工序合格后，方可施工下一道工序。

（2）涂膜防水层及其变形缝等细部做法，必须符合设计和相关规范的规定。

（3）基层的气孔、凹凸不平、蜂窝、缝隙、起砂等，应修补处理，基面必须干净、无浮浆、无水珠、不渗水，涂膜防水层的基层一经发现出现有强度不足引起的裂缝应立刻进行修补，凹凸处也应修理平整。基层干燥程度仍应符合所用防水涂料的要求方可施工。

（4）涂料大面涂刷前，基层阴阳角处应做成圆弧；在转角处、变形缝、施工缝、穿墙管等部位应增加胎体增强材料和增涂防水涂料，宽度不应小于500mm。

（5）配料要准确，搅拌要充分、均匀。双组分防水涂料操作时必须做到各组分的容器、搅拌棒，取料勺等不得混用，以免产生凝胶。

（6）控制胎体增强材料铺设的时机、位置，铺设时要做到平整、无皱折、无翘边，搭接准确：胎体增强材料上面涂刷涂料时，涂料应浸透胎体，覆盖完全，不得有胎体外露现象。

（7）严格控制防水涂膜层的厚度和分遍涂刷厚度及间隔时间。涂刷应厚薄均匀、表面平整。

（8）涂料防水层严禁在雨天、雾天、五级及以上大风时施工，不得在施工环境温度低于5℃及高于35℃或烈日暴晒时施工。涂膜固化前如有降雨可能时，应及时做好已完涂层的保护工作。

（9）防水涂料施工后，应尽快进行保护层施工，在平面部位的防水涂层，应经一定自然养护期后方可上人行走或作业。见图5-108。

图5-108　涂料防水层施工

4. 变形缝施工质量控制

1）中埋式止水带施工控制要点

（1）止水带埋设位置应准确，其中间空心圆环应与变形缝的中心线重合。

（2）止水带应固定，顶、底板内止水带应成盆状安设。

（3）中埋式止水带先施工一侧混凝土时，其端模应支撑牢固，并应严防漏浆。

（4）止水带的接缝宜为一处，应设在边墙较高位置上，不得在结构转角处，接头宜采用热压焊接。

（5）中埋式止水带在转弯处应做成圆弧形，（钢边）橡胶止水带的转角半径不应小于200mm，转角半径应随止水带的宽度增大而相应加大。

2）安设于结构内侧的可卸式止水带施工时所需配件应一次配齐；转角处应做成45°折角，并应增加紧固件的数量。

3）变形缝与施工缝均用外贴式止水带（中埋式）时，其相交部位宜采用十字配件。变形缝用外贴式止水带的转角部位宜采用直角配件。见图 5-109。

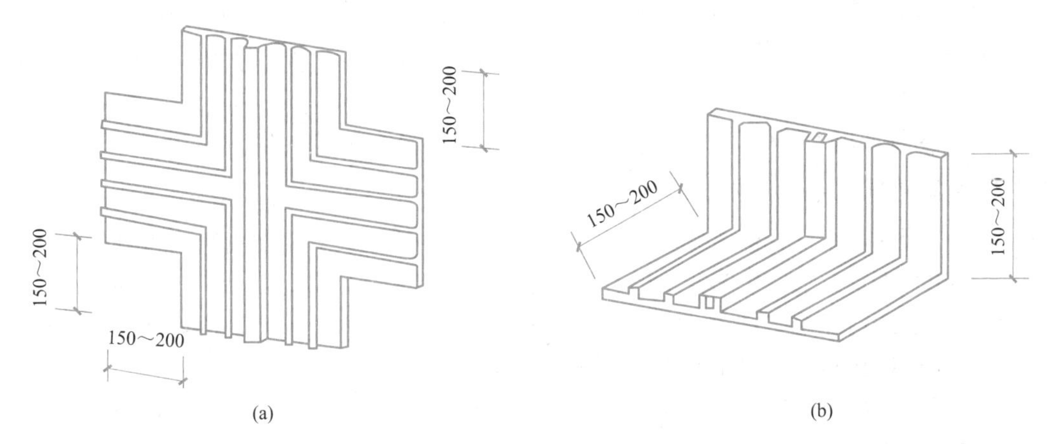

图 5-109 止水带十字配件及直角配件打样

（a）外贴式止水带在施工缝与变形缝相交处的十字配件；（b）外贴式止水带在转角处的直角配件

4）密封材料嵌填施工质量控制

（1）缝内两侧基面应平整干净、干燥，并应刷涂与密封材料相容的基层处理剂。

（2）嵌缝底部应设置背衬材料。

（3）嵌填应密实连续、饱满，并应粘结牢固。

5）在缝表面粘贴卷材或涂刷涂料前，应在缝上设置隔离层。

5. 后浇带施工质量控制

1）后浇带补偿收缩混凝土的配合比应符合设计及相关规范要求。

2）后浇带混凝土施工前，后浇带部位和外贴式止水带应防止落入杂物和损伤外贴止水带。

3）后浇带两侧的接缝处理要求：

（1）水平施工缝浇筑混凝土前，应将其表面浮浆和杂物清除，然后铺设净浆或涂刷混凝土界面处理剂、水泥基渗透结晶型防水涂料等材料，再铺 30～50mm 厚的 1∶1 水泥砂浆，并应及时浇筑混凝土。

（2）垂直施工缝浇筑混凝土前应将其表面清理干净，再涂刷混凝土界面处理剂或水泥基渗透结晶型防水涂料，并应及时浇筑混凝土。

4）采用膨胀剂拌制补偿收缩混凝土时，应按配合比准确计量。

5）后浇带混凝土应一次浇筑，不得留设施工缝；混凝土浇筑后应及时养护，养护时间不得少于 28d。

6. 穿墙管防水施工质量控制

1）金属止水环应与主管或套管满焊密实，采用套管式穿墙防水构造时，翼环与套管应满焊密实，并应在施工前将套管内表面清理干净。

2）相邻穿墙管间的间距应大于 300mm。

3）采用遇水膨胀止水圈的穿墙管，管径宜小于 50mm，止水圈应采用胶粘剂满粘固定于管上，并应涂缓胀剂或采用缓胀型遇水膨胀止水圈。

4）穿墙管线较多时，宜相对集中，并应采用穿墙盒方法。穿墙盒的封口钢板应与墙上的预埋角钢焊严，并应从钢板上的预留浇筑孔注入柔性密封材料或细石混凝土。

5）当工程有防护要求时，穿墙管除应采取防水措施外，尚应采取满足防护要求的措施。

6）穿墙管伸出外墙的部位，应采取防止回填时将管体损坏的措施。

7. 预留通道接头防水施工质量控制

（1）中埋式止水带、遇水膨胀橡胶条（胶）、预埋注浆管、密封材料、可卸式止水带的施工应符合本章 5.7.3 中第 4 节的有关规定。

（2）预留通道先施工部位的混凝土、中埋式止水带和防水相关的预埋件等应及时保护，并应确保端部表面混凝土和中埋式止水带清洁，埋设件不得锈蚀。

（3）接头混凝土施工前应将先浇混凝土端部表面凿毛，露出钢筋或预埋的钢筋接驳器钢板，与待浇混凝土部位的钢筋焊接或连接好后再行浇筑。

（4）当先浇混凝土中未预埋可卸式止水带的预埋螺栓时，可选用金属或尼龙的膨胀螺栓固定可卸式止水带。采用金属膨胀螺栓时，可选用不锈钢材料或用金属涂膜、环氧涂料等涂层进行防锈处理。

8. 桩头防水施工质量控制

（1）应按设计要求将桩顶剔凿至混凝土密实处，并应清洗干净。

（2）破桩后如发现渗漏水，应及时采取堵漏措施。

（3）涂刷水泥基渗透结晶型防水涂料时，应连续、均匀，不得少涂或漏涂，并应及时进行养护。

（4）采用其他防水材料时，基面应符合施工要求。

（5）应对遇水膨胀止水条（胶）进行保护。

5.7.4 检验标准

1. 基本要求

（1）防水施工材料及其配套材料必须符合设计及相关规范要求，进场材料必须有出厂合格证，质量检验报告，进场后抽样复验报告各项性能符合设计及相关规范要求，方可投入使用。

（2）基层应坚实，表面应平整，清洁，不得有空鼓、松动、起砂或脱皮现象。基层阴角应做圆弧或折角，并应符合所用材料的施工要求。

（3）卷材防水层分项工程检验批的抽样检验数量，应按铺贴面积每 100m 抽查 1 处，每处 $10m^2$，且不得少于 3 处。

（4）涂料防水层分项工程检验批的抽样检验数量，应按涂料面积每 100m 抽查 1 处，每处 $10m^2$，且不得少于 3 处。

2. 实测项目

1）防水混凝土配料应按配合比准确称量，其计量允许偏差应符合表 5-34 规定。

防水混凝土配料计量允许偏差　　表 5-34

序号	混凝土组成材料	每盘计量(%)	累计计量(%)	检查方法
1	水泥、掺合料	±2	±1	称量
2	粗、细骨料	±3	±2	
3	水、外加剂	±2	±1	

2）各类防水卷材的搭接宽度符合表 5-35 中要求：

防水卷材的搭接宽度　　表 5-35

<table>
<tr><th>序号</th><th>卷材品种</th><th>搭接宽度(mm)</th><th>允许偏差(mm)</th><th>检查方法</th></tr>
<tr><td>1</td><td>弹性体改性沥青防水卷材</td><td>100</td><td rowspan="8">−10</td><td rowspan="8">观察和尺量</td></tr>
<tr><td>2</td><td>改性沥青聚乙烯胎防水卷材</td><td>100</td></tr>
<tr><td>3</td><td>自粘聚合物改性沥青防水卷材</td><td>80</td></tr>
<tr><td>4</td><td>三元乙丙橡胶防水卷材</td><td>100/60
(胶粘剂/胶粘带)</td></tr>
<tr><td rowspan="2">5</td><td rowspan="2">聚氯乙烯防水卷材</td><td>60/80
(单焊缝/双焊缝)</td></tr>
<tr><td>100(胶粘剂)</td></tr>
<tr><td>6</td><td>聚乙烯丙纶复合防水卷材</td><td>100(粘结料)</td></tr>
<tr><td>7</td><td>高分子自粘胶膜防水卷材</td><td>70/80
(自粘胶/胶粘带)</td></tr>
</table>

3）采用外防外贴法铺贴卷材防水层时，立面卷材接槎的搭接宽度，高聚物改性沥青类卷材应为 150mm，合成高分子类卷材应为 100mm，且上层卷材应盖过下层卷材。

检验方法：观察和尺量检查。

4）涂料防水层的平均厚度应符合设计要求，最小厚度不得低于设计厚度的 90%。

检验方法：用针测法检查。

5）涂料防水层在转角处、变形缝、施工缝、穿墙管等部位做法必须符合设计要求。

检验方法：观察检查和检查隐蔽工程验收记录。

任务实施

5-37【知识巩固】

5-38【能力训练】

5-39【考证演练】

任务5.8 基坑监测

任务描述

学习“知识链接”相关内容，结合《市政工程施工图案例图集（地铁车站、隧道分册）》，重点完成以下工作任务：一是回答与基坑监测相关的问题；二是根据给定的工程案例，完成相关工作任务；三是完成与本任务相关的建造师职业资格证书考试考题；具体参见“任务实施”模块。

知识链接

5.8.1 基坑监测认知

1. 监测目的

基坑工程监测的主要目的是：

（1）使参建各方能够完全客观真实地把握工程质量，掌握工程各部分的关键性指标，确保工程安全。

（2）在施工过程中通过实测数据检验工程设计所采取的各种假设和参数的正确性，及时改进施工技术或调整设计参数以取得良好的工程效果。

（3）对可能发生危及基坑工程本体和周围环境安全的隐患进行及时、准确的预报，确保基坑结构和相邻环境的安全。

（4）积累工程经验，为提高基坑工程的设计和施工整体水平提供基础数据支持。

2. 监测原则

基坑工程监测是一项涉及多门学科的工作，其技术要求较高，基本原则如下：

（1）监测数据必须是可靠真实的，数据的可靠性由测试元件安装或埋设的可靠性、监测仪器的精度以及监测人员的素质来保证。监测数据真实性要求所有数据必须以原始记录为依据，任何人不得篡改、删除原始记录。

（2）监测数据必须是及时的，监测数据需在现场及时计算处理，发现有问题可及时复测，做到当天测、当天反馈。

（3）埋设于土层或结构中的监测元件应尽量减少对结构正常受力的影响，埋设监测元件时应注意与岩土介质的匹配。

（4）对所有监测项目，应按照工程具体情况预先设定预警值和报警制度，预警体系包括变形或内力累积值及其变化速率。

（5）监测应整理完整监测记录表、数据报表、形象的图表和曲线，监测结束后整理出监测报告。

3. 监测方案

监测方案根据不同需要会有不同内容，一般包括工程概况、工程设计要点、地质条件件、周边环境概况、监测目的、编制依据、监测项目、测点布置、监测人员配置、监测方法及精度、数据整理方法、监测频率、报警值、主要仪器设备、拟提供的监测成果以及监测结果反馈制度、费用预算等。

4. 监测项目

基坑监测的内容分为两大部分，即基坑本体监测和相邻环境监测。基坑本体中包括围护桩墙、支撑、锚杆、土钉、坑内立柱、坑内土层、地下水等；相邻环境中包括周围地层、地下管线、相邻建筑物、相邻道路等。基坑工程的监测项目应与基坑工程设计、施工方案相匹配。应针对监测对象的关键部位，做到重点观测、项目配套并形成有效的、完整的监测系统。

地铁采用明（盖）挖法施工时，为了确保结构本身及周围环境安全，应根据基坑安全等级及周边环境实际状况选择确定应测和选测项目，如表 5-36 所示。

明挖法和盖挖法基坑支护结构和周围岩土体监测项目　　表 5-36

序号	监测项目	工程监测等级		
		一级	二级	三级
1	支护桩(墙)、边坡顶部水平位移	√	√	√
2	支护桩(墙)、边坡顶部竖向位移	√	√	√
3	支护桩(墙)体水平位移	√	√	○
4	支护桩(墙)结构应力	○	○	○
5	立柱结构竖向位移	√	√	○
6	立柱结构水平位移	√	○	○
7	立柱结构应力	○	○	○
8	支撑轴力	√	√	√
9	顶板应力	○	○	○
10	锚杆拉力	√	√	√
11	土钉拉力	○	○	○
12	地表沉降	√	√	√
13	竖井井壁支护结构净空收敛	√	√	√
14	土体深层水平位移	○	○	○
15	土体分层竖向位移	○	○	○
16	坑底隆起(回弹)	○	○	○
17	支护桩(墙)侧向土压力	○	○	○
18	地下水位	√	√	√
19	孔隙水压力	○	○	○

注：√——应测项目，○——选测项目。

5. 监测频率

基坑工程监测频率的确定应满足能系统反映监测对象所测项目的重要变化过程而又不遗漏其变化时刻的要求。监测工作应从基坑工程施工前开始，直至地下工程完成为止，贯穿于基坑工程和地下工程施工全过程。对有特殊要求的基坑周边环境的监测应根据需要延续至变形趋于稳定后结束。

基坑工程的监测频率不是一成不变的，应根据基坑开挖及地下工程的施工进程、施工工况以及其他外部环境影响因素的变化及时地做出调整。一般在基坑开挖期间，地基土处于卸荷阶段，支护体系处于逐渐加荷状态，应适当加密监测；当基坑开挖完后一段时间，监测值相对稳定时，可适当降低监测频率。当出现异常现象和数据，或临近报警状态时，应提高监测频率甚至连续监测。监测项目的监测频率应综合基坑类别、基坑及地下工程的不同施工阶段以及周边环境、自然条件的变化和当地经验而确定。基坑监测频率见表5-37。

明挖法和盖挖法基坑工程监测频率表　　表5-37

施工工况		基坑设计深度(m)				
		≤5	5～10	10～15	15～20	>20
基坑开挖深度(m)	≤5	1次/1d	1次/2d	1次/3d	1次/3d	1次/3d
	5～10	—	1次/1d	1次/2d	1次/2d	1次/2d
	10～15	—	—	1次/1d	1次/1d	1次/2d
	15～20	—	—	—	(1次～2次)/1d	(1次～2次)/1d
	>20	—	—	—	—	2次/1d

注：1. 基坑工程开挖前的监测频率应根据工程实际需要确定；
2. 底板浇筑后可根据监测数据变化情况调整监测频率；
3. 支撑结构拆除过程中及拆除完成后3d内监测频率应适当增加。

6. 监测流程

(1) 施工监测工艺流程

施工监测工艺流程见图5-110。

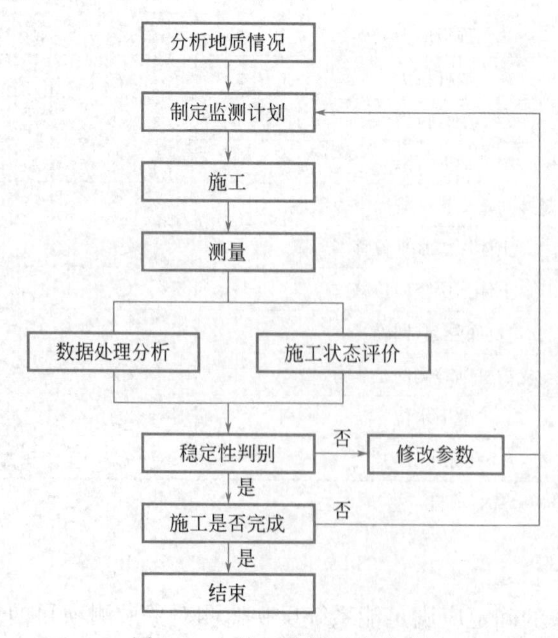

图5-110　施工监测工艺流程图

（2）监测单位工作的程序

监测单位工作的程序，应按下列9个步骤进行：

① 接受委托；

② 现场踏勘，收集资料；

③ 制定监测方案，并报委托方及相关单位认可；

④ 展开前期准备工作，设置监测点、校验设备、仪器；

⑤ 设备、仪器、元件和监测点验收；

⑥ 现场监测；

⑦ 监测数据的计算、整理、分析及信息反馈；

⑧ 提交阶段性监测结果和报告；

⑨ 现场监测工作结束后，提交完整的监测资料。

5.8.2 基坑监测点布设

1. 支护桩（墙）、边坡顶部水平位移和竖向位移监测点布设规定

（1）监测点应沿基坑周边布设，且监测等级为一级、二级时布设间距宜为10～20m；监测等级为三级时，布设间距宜为20～30m；

（2）基坑各边中间部位、阳角部位、深度变化部位、邻近建（构）筑物及地下管线等重要环境部位、地质条件复杂部位等应布设监测点；

（3）对于出入口、风亭等附属工程的基坑，每侧的监测点不应少于1个；

（4）水平和竖向位移监测点宜为共用点，监测点应布设在支护桩（墙）顶或基坑坡顶上。

2. 明挖法和盖挖法的支护桩（墙）体水平位移监测点布设规定

（1）监测点应沿基坑周边的桩（墙）体布设，且监测等级为一级、二级时，布设间距宜为20～40m，监测等级为三级时布设间距宜为40～50m；

（2）基坑各边中间部位、阳角部位及其他代表性部位的桩（墙）体应布设监测点；

（3）监测点的布设位置宜与支护桩（墙）顶部水平位移和竖向位移监测点处于同一监测断面。

3. 明挖法和盖挖法的支护桩（墙）结构应力监测断面及监测点布设规定

（1）基坑各边中间部位、深度变化部位、桩（墙）体背后水土压力较大部位、地面荷载较大或其他变形较大部位、受力条件复杂部位等，应布设竖向监测断面；

（2）监测断面的布设位置与支护桩（墙）体水平位移监测点宜共同组成监测断面；

（3）监测点的竖向间距应根据桩（墙）体的弯矩大小及土层分布情况确定，且监测点竖向间距不宜大于5m，在弯矩最大处应布设监测点。

4. 明挖法和盖挖法的立柱结构竖向位移、水平位移和结构应力监测点布设规定

（1）竖向位移和水平位移的监测数量不应少于立柱总数量的5%，且不应少于3根；当基底受承压水影响较大或采用逆作法施工时，应增加监测数量；

（2）竖向位移和水平位移监测宜选择基坑中部、多根支撑交汇处、地质条件复杂处的立柱；

（3）竖向位移和水平位移监测点宜布设在便于观测和保护的立柱侧面上；

（4）水平位移监测点宜在立柱结构顶部、底部上下对应布设并可在中部增加监测点；

（5）结构应力监测应选择受力较大的立柱，监测点宜布设在各层支撑立柱的中间部位或立柱下部的1/3部位，并宜沿立柱周边均匀布设4个监测点。

5. 明挖法和盖挖法的支撑轴力监测断面及监测点布设规定

（1）支撑轴力监测宜选择基坑中部、阳角部位、深度变化部位、支护结构受力条件复杂部位及在支撑系统中起控制作用的支撑；

（2）支撑轴力监测应沿竖向布设监测断面，每层支撑均应布设监测点；

（3）每层支撑的监测数量不宜少于每层支撑数量的10%，且不应少于3根；

（4）监测断面的布设位置与相近的支护桩（墙）体水平位移监测点宜共同组成监测断面；

（5）采用轴力计监测时，监测点应布设在支撑的端部；采用钢筋计或应变计监测时，可布设在支撑中部或两支点间1/3部位，当支撑长度较大时也可布设在1/4点处，并应避开节点位置。

6. 明挖法和盖挖法的周边地表沉降监测断面及监测点布设规定

（1）沿平行基坑周边边线布设的地表沉降监测点不应少于2排，且排距宜为3～8m，第一排监测点距基坑边缘不宜大于2m，每排监测点间距宜为10～20m；

（2）应根据基坑规模和周边环境条件，选择有代表性的部位布设垂直于基坑边线的横向监测断面，每个横向监测断面监测点的数量和布设位置应满足对基坑工程主要影响区和次要影响区的控制，每侧监测点数量不宜少于5个；

（3）监测点及监测断面的布设位置宜与周边环境监测点布设相结合。

7. 明挖法和盖挖法的坑底隆起（回弹）监测点布设规定

（1）坑底隆起（回弹）监测应根据基坑的平面形状和尺寸布设纵向、横向监测断面；

（2）监测点宜布设在基坑的中央、距坑底边缘的1/4坑底宽度处以及其他能反映变形特征的位置：当基底土质软弱，基底以下存在承压水时，宜适当增加监测点；

（3）回弹监测标志埋入基坑底面以下宜为20～30cm。

8. 明挖法和盖挖法的地下水位观测孔布设规定

（1）地下水位观测孔应根据水文地质条件的复杂程度、降水深度、降水的影响范围和周边环境保护要求，在降水区域及影响范围内分别布设地下水位观测孔，观测孔数量应满足掌握降水区域和影响范围内的地下水位动态变化的要求；

（2）当降水深度内存在2个及以上含水层时，应分层布设地下水位观测孔；

（3）降水区靠近地表水体时，应在地表水体附近增设地下水位观测孔。

5.8.3 基坑监测方法

1. 围护结构水平位移监测

（1）监测目的

了解基坑开挖和主体结构施工中围护结构在不同深度处的水平位移情况。

（2）监测仪器

水平测斜仪，测斜管。

（3）监测实施

① 测点埋设。测斜管埋设方式主要有绑扎埋设、钻孔埋设两种，如图 5-111 所示。一般测围护桩墙挠曲时采用绑扎埋设和预制埋设，测土体深层位移时采用钻孔埋设。

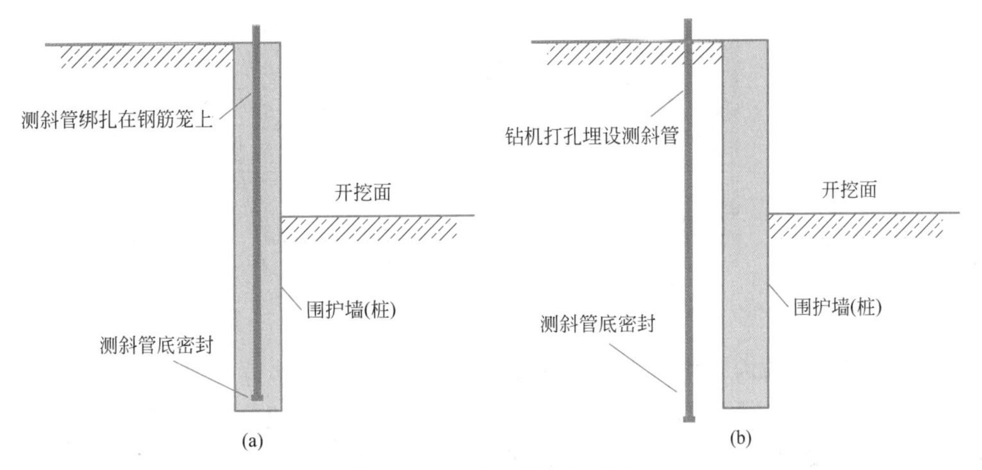

图 5-111　测斜管埋设示意图

（a）绑扎埋设；（b）钻孔埋设

② 量测与计算。测斜管应在正式测读前 5 天安装完毕，并在 3～5 天内重复测量 3 次以上，当测斜稳定之后，开始正式测量工作。

测试时沿预先埋好的测斜管沿垂直于基坑长边方向（A 向）导槽自下而上每隔 1m（或 0.5m）测读一次直至孔口，得各测点位置上读数 A_i（+）、A_i（−）。其中“+”向与“−”向为探头绕导管轴旋转 180°位置。然后以同样方法测平行基坑长边方向的位移。使用的活动式测斜仪采用带导轮的测斜探头，将测斜管分成 n 个测段（见图 5-112），每个测段的长度为 l_i（$l_i=500\text{mm}$），在某一深度位置上所测得的两对导轮之间的倾角为 θ_i，通过计算可得到这一区段的变位 Δ_i，计算公式为：

$$\Delta_i = l_i \sin\theta_i$$

某一深度的水平变位值 δ_i 可通过区段变位 Δ_i 的累计得出，即设初次测量的变位结果为 δ_i（0），则在进行第 j 次测量时，所得的某一深度上相对前一次测量时的位移值 Δx_i 即为：

$$\delta_i = \sum \Delta_i = \sum l_i \sin\theta_i$$

相对初次测量时总的位移值为：

$$\Delta x_i = \delta_i^{(j)} - \delta_i^{(j-1)}$$

$$\sum \Delta x_i = \delta_i^{(j)} - \delta_i^{(0)}$$

③ 数据处理与分析

每次量测后应绘制位移-历时曲线、孔深-位移曲线。水平位移速率突然过分增大是一种报警信号，收到报警信号后，应立即对各种量测信息进行综合分析，判断施工中出现了什么问题，并及时采取保证施工安全的对策。

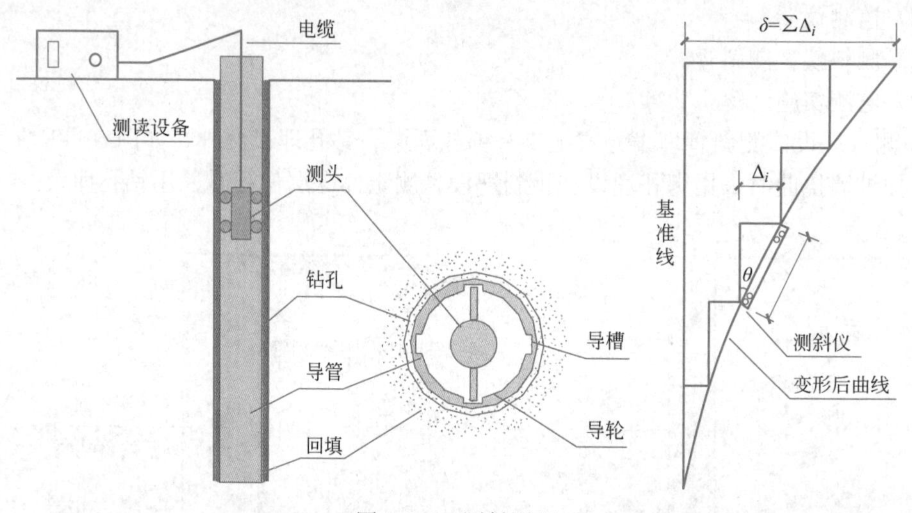

图 5-112　测斜原理

图 5-113 是某设有内支撑围护体系的测斜监测曲线，对于多道内支撑体系的基坑支护结构而言，正常的测斜曲线有如下特点：发生测斜最大的深度随着开挖加深逐步下移（一般呈大肚状）；已加支撑处的变形小；开挖时变形速率增大，有支撑时，侧向变形速率小或测斜保持稳定不变；支护结构的顶部可能会向坑外侧移动。

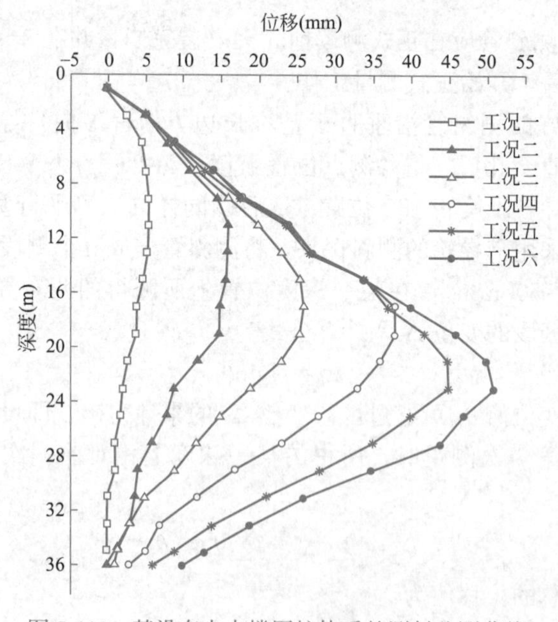

图 5-113　某设有内支撑围护体系的测斜监测曲线

图 5-114 和图 5-115 为某复合土钉墙和桩锚围护体系的测斜曲线，与内支撑支护的曲线不同，在基坑土方开挖及结构施工中，最大位移点一般在桩顶，最小点在桩底，呈悬臂式曲线特征；桩身位移沿深度方向呈现近似线性变化。还可以看出，在基坑浅部土方开挖过程中，桩的测斜位移较小，及时锁定锚杆可较好控制位移；在深部土方开挖过程中，桩的测斜位移逐渐增大，及时对锚杆施加预应力并有效锁定，可以控制位移的发展速率。

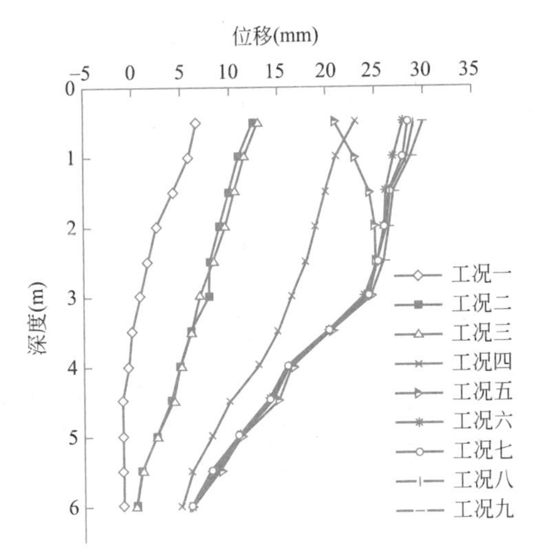

图 5-114　复合土钉墙围护体系的测斜曲线

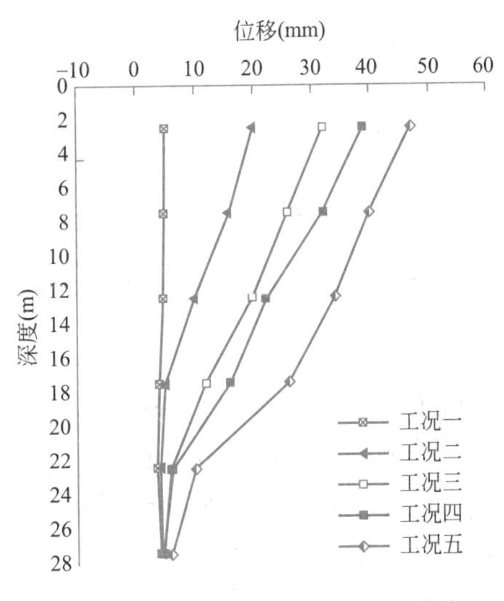

图 5-115　桩锚围护体系的测斜曲线

2. 支撑轴力监测

(1) 监测目的

了解基坑开挖和主体结构施作中支撑的轴力大小及其变化情况，对围护结构是否安全进行判断。

(2) 监测仪器

钢弦式轴力计及频率接收仪。

(3) 监测实施

① 测点埋设。埋设前，先将轴力计支架焊于钢管横撑一端，横撑架设时，将轴力计放入支架内，支撑预应力施加过程中及时进行测读。支撑架设过程中，注意保护好引线。监测点埋设见图 5-116 和图 5-117。

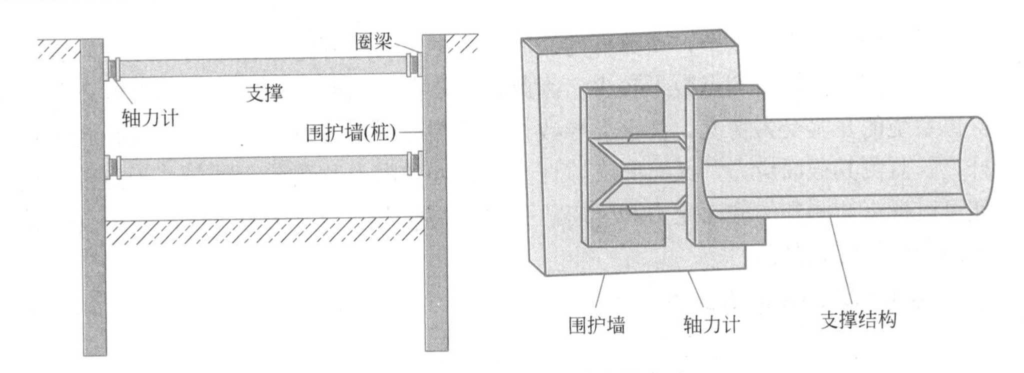

图 5-116　钢支撑轴力计安装方法

② 量测计算。根据每次所测得的各测点电信号频率，可依据轴力计轴力-频率标定曲线来直接换算出相应的轴力值。

③ 数据处理与分析。绘制支撑轴力随基坑施工工况的变化曲线。支撑的内力不仅与监测计放置的截面位置有关，而且与所监测截面内的监测计的布置有关。其监测结果通常

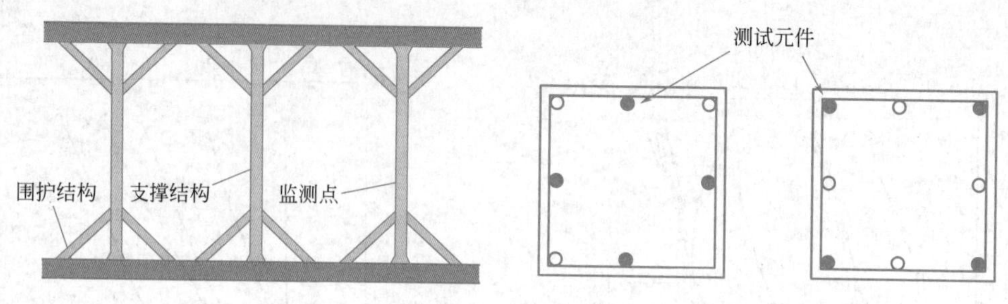

图 5-117　混凝土支撑轴力安装方法

以“轴力”（kN）的形式表达，即把支撑杆监测截面内的测点应力平均后与支撑杆截面的乘积。实测的支撑轴力时程曲线在有些工程比较有规律，呈现在当前工况支撑下挖方，支撑轴力增大；后续工况架设的支撑下挖土，先行工况的支撑轴力发生适当调整，后续工况支撑的轴力增长这种恰当的规律（见图 5-118、图 5-119）。

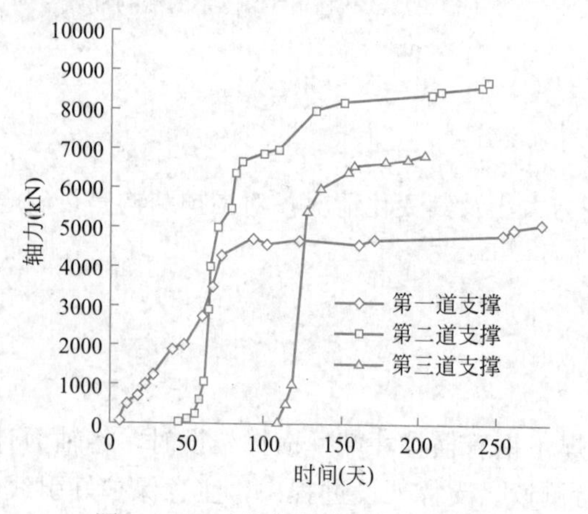

图 5-118　正常支撑轴力变化曲线

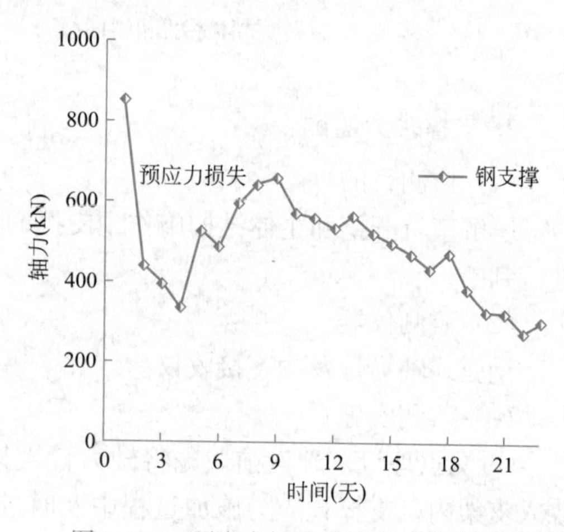

图 5-119　预应力损失的轴力变化曲线

支撑系统的受力极其复杂，支撑杆的截面弯矩方向可随开挖工况进行而改变，而一般现场布置的监测截面和监测点数量较少。因此，只依据实测的“支撑轴力”有时不易判别清楚支撑系统的真实受力情况，甚至会导致相反的判断结果。建议的方法是选择代表性的支撑杆，既监测其截面应力，又监测支撑杆在立柱处和内力监测截面处等若干点的竖向位移，使可以根据监测到的截面应力和竖向位移值由结构力学的方法对支撑系统的受力情况作出更加合理的综合判断。

3. 土压力和孔隙水压力监测

（1）监测目的

了解基坑围护结构所受土压力和孔隙水压力的大小。

（2）监测仪器

钢弦式渗水计、钢弦式土压力计及频率接收仪。

（3）监测实施

① 测点埋设。土压力计的结构形式和埋设部位不同，埋设方法很多，例如挂布法、

顶入法、弹入法、插入法、钻孔法等。图 5-120 和图 5-121 为顶入法、弹入法进行土压力传感器装置原理图，图 5-122 为钻孔法进行土压力测量时的仪器布置图。测点埋设，一般先选定位置，用地质钻机沿连续墙外侧钻直径为 ϕ130mm 的钻孔，钻到所需要的深度，再用砂网、中砂裹好的土压力计和孔隙水压力计放到测点位置，然后在孔里注入中砂，以高出孔隙水压力计位置 0.2～0.5m 为宜，最后在孔里埋入黏土，按此顺序，依次将各个不同深度的土压力计和孔隙水压力计埋设完毕，最后将孔封堵好。

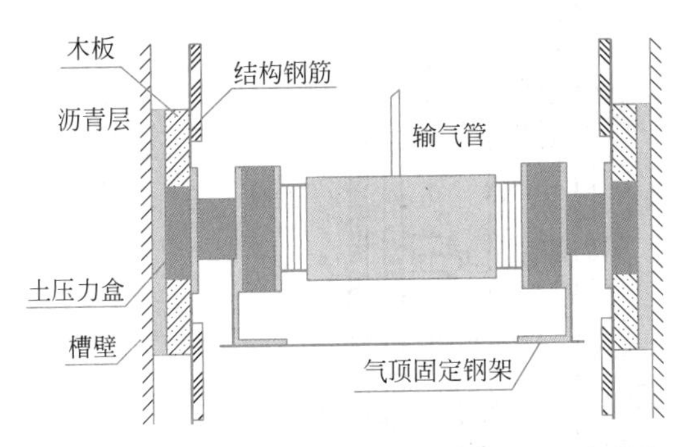

图 5-120 顶入法进行土压力传感器设置原理图

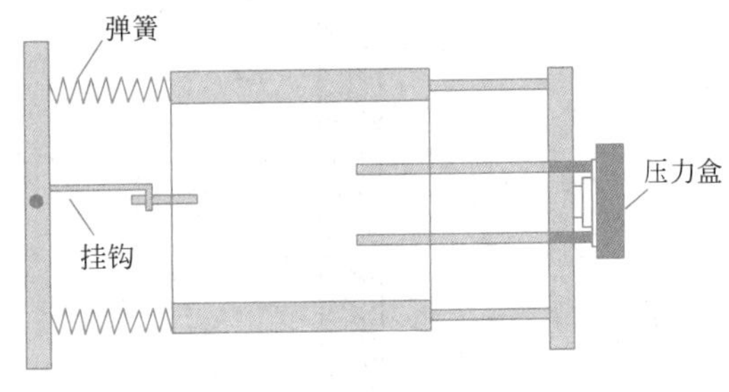

图 5-121 弹入法进行土压力传感器装置原理图

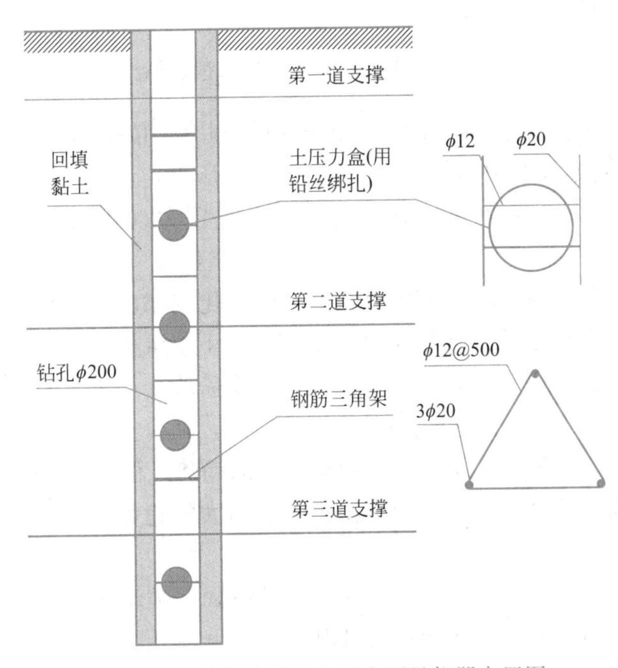

图 5-122 钻孔法进行土压力测量仪器布置图

孔隙水压力探头通常采用钻孔埋设。在埋设点采用钻机钻孔，达到要求的深度或标高后，先在孔底填入部分干净的砂，然后将探头放入，再在探头周围填砂，最后采用膨胀性黏土或干燥黏土球将钻孔上部封好，使得探头测得的是该标高土层的孔隙水压力。图 5-123 为孔隙水压力探头在土中的埋设情况，其技术关键在于保证探头周围垫砂渗水流畅，其次是断绝钻孔上部的向下渗漏。原则上一个钻孔只能埋设一个探头，但为了节省钻孔费用，也有在同一钻孔中埋设多个位于不同标高处的孔隙水压力探头，在这种情况下，需要采用干土球或膨胀性黏土将各个探头进行严格相互隔离，否则达不到测定各土层孔隙水压力变化的作用。

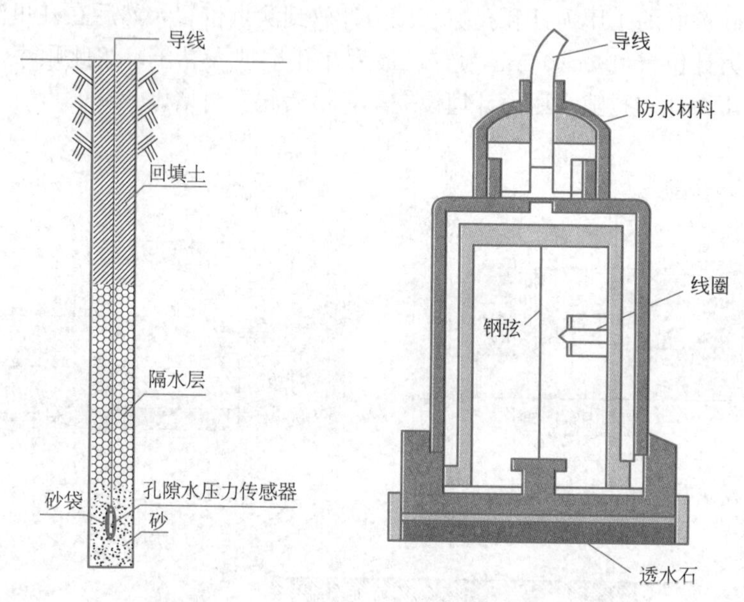

图 5-123　孔隙水压力探头及埋设示意图

② 量测计算。根据每次所测得的各测点电信号频率，依据渗水计（土压力计）压力-频率标定曲线来直接换算出相应的孔隙水压力值（土压力）。

③ 数据处理与分析。绘制基坑各个施工阶段土压力（孔隙水压力）随时间的变化曲线。

图 5-124 为某基坑实测主动区土压力随工况的变化规律。由图可以看出，在土方开挖以前，主动区土压力在地下连续墙浇筑过程及邻近地下墙沉槽施工过程中发生一定幅度的下降，坑内加固阶段土压力有一定程度的增大，降水阶段土压力又有一定程度的回落；开挖前总体来说基本上未发生大的变化。基坑开挖以后，随着土方开挖的进行，墙体坑内侧位移增大，地表约 9m 以下的土压力值呈明显减小的趋势。但 6m、9m 处的土压力值却呈先减小后增大的趋势；而浅部 2m 处的土压力则呈增大的趋势。底板浇筑完成后，主动区土压力略有增大最后趋于稳定。

图 5-125 为某基坑实测迎土面（主动区）与开挖面（被动区）孔隙水压力随工况的变化曲线。图中显示基坑开挖前坑内外孔隙水压力与静止水压力大致相等，局部略大于静止水压力。随着开挖工况进行，被动区、主动区的孔隙水压力均呈逐渐减小趋势且各自的曲线形状基本一致。但是迎土面与开挖面孔隙水压力减小的原理却不尽相同，坑外水位在基坑开挖过程中变化不大，水位下降对孔隙水压力下降的影响不大，孔隙水压力的减小主要是由于侧向应力的减小引起的；而坑内（开挖面）的水位随着开挖深度的不断增加逐渐降低，同时坑内大量的土体卸载逐渐减小，二者共同作用下使得开挖面孔隙水压力不断减小。

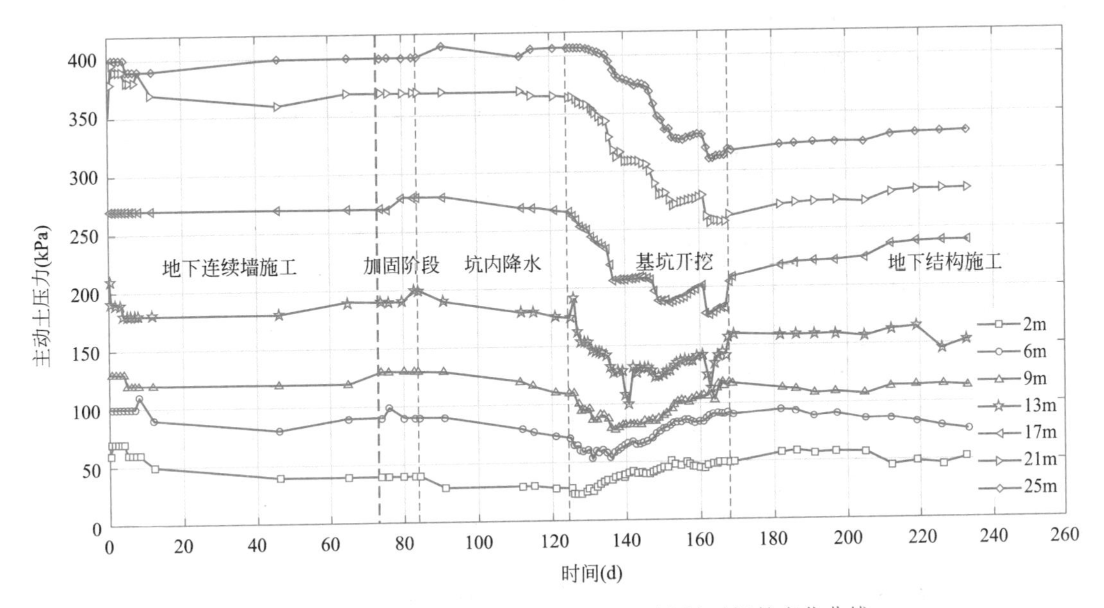

图 5-124　某基坑墙外侧（主动区）土压力随时间的变化曲线

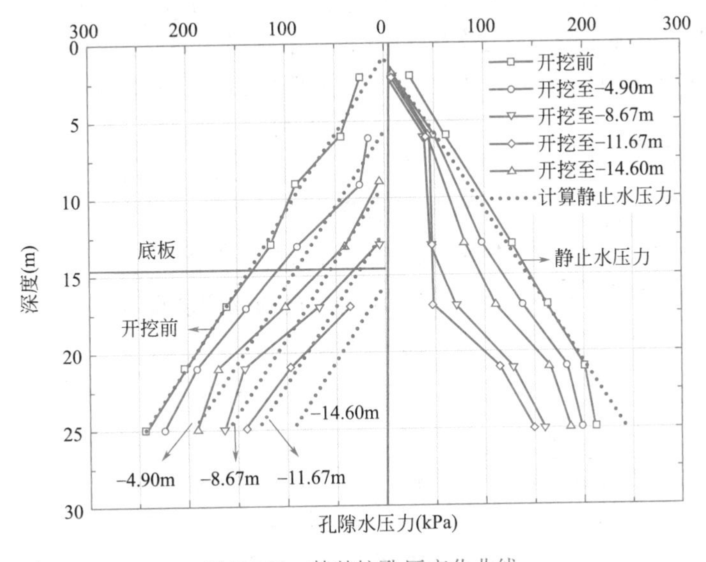

图 5-125　某基坑孔压变化曲线

4. 坑周地表沉降监测

（1）监测目的

该项目监测目的是监控基坑围护结构周围土体的位移，了解土体稳定性，同时也可对围护结构的安全状况间接判断。

（2）测量仪器

精密水准仪、铟钢尺等。

（3）测量实施

① 基点埋设方法。基点包括基准点和工作基点，基准点应布设在沉降影响范围以外

的稳定区域，所有基点应埋设在视野开阔、通视条件较好的地方；基准点至少3个，并要牢固可靠；工作基点数量根据测量观测点需要埋设。

② 测量方法。观测方法采用精密水准测量方法。基准点和附近水准点联测取得初始高程。如图5-126所示。

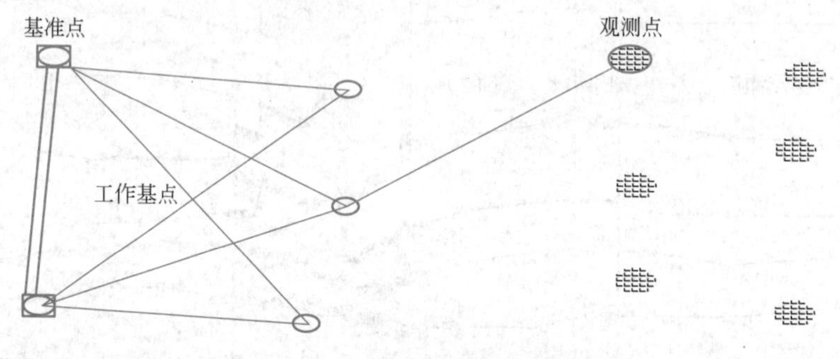

图5-126　地表沉降观测方法示意图

观测时各项限差宜严格控制，每测点读数误差不宜超过0.5mm。对不在水准路线上的观测点，一个测站不宜超过3个，如超过时，应重读后视点读数，以作核对。首次观测应对测点进行连续两次观测，两次高程之差应小于±1.0mm，取平均值作为初始值。

③ 计算。地表监测基准点为已知高程点，利用测得的各监测点与基准点的高差ΔH，可得到各监测点的高程H，其与上次测得高程的差值Δh即为该监测点的沉降值，即

$$\Delta h_{1,2}=H_{(2)}-H_{(1)}$$

④ 数据分析与处理。首先绘制时间-位移散点图和距离-位移散点图，根据沉降规律判断基坑稳定状态和施工措施的有效性。如图5-127所示。

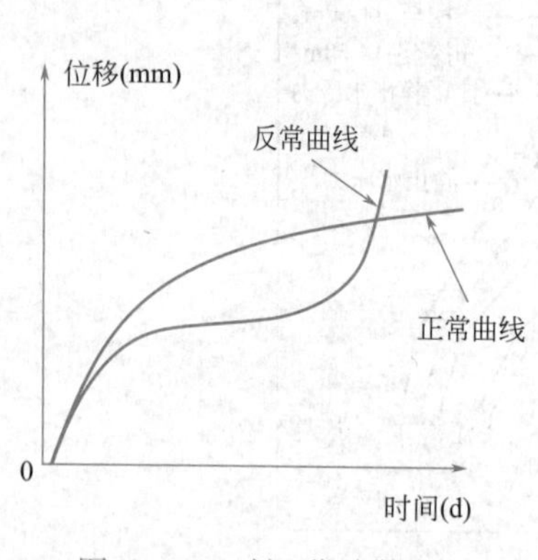

图5-127　时间-位移散点图

5. 坑周建筑物沉降监测

（1）监测目的

在建筑物周围设置测点，观测基坑施工过程中地表建筑物下沉及倾斜，以判定建筑物的安全性，以及采用的工程保护措施的可靠性。

（2）监测仪器

精密水准仪、铟钢尺。

（3）监测实施

① 测点埋设。沉降观测点埋设，用冲击钻在建筑物的基础或墙上钻孔，然后放入长直径200～300mm直径20～30mm的半圆头弯曲钢，四周用水泥砂浆填实，测点的埋设高度应方便观测，对测点应采取保护措施，避免在施工过程中受到破坏，见图5-128。

② 观测方法：同地表隆陷观测。

③ 建筑物下沉及倾斜计算方法：施工前，由基点通过水准测量测出建筑物沉降观测点的初始高程H_0，在施工过程中测出的高程为H_n。则高差$\Delta H=H_n-H_0$即为建筑物沉降值。

在求得建筑物各沉降观测点的沉降值后，根据建筑物宽度进行倾斜计算，如图5-129

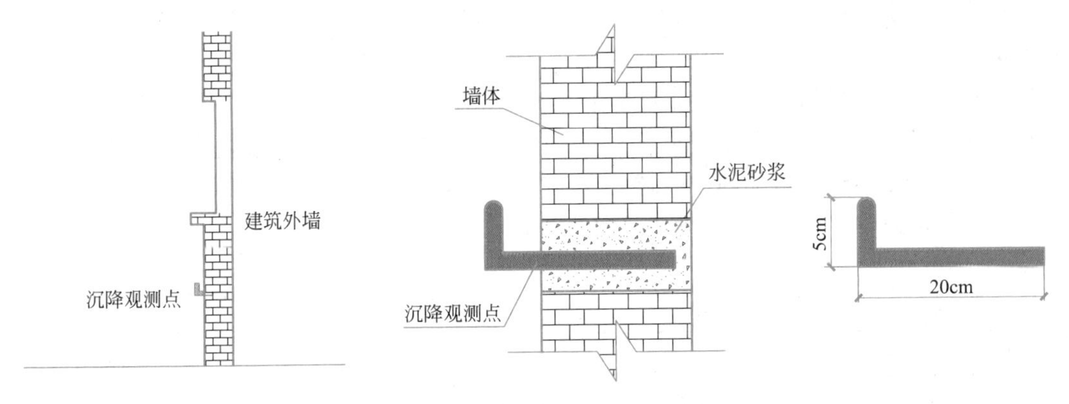

图 5-128　建筑物沉降观测点示意图

所示。

$$\tan(\theta)=\Delta s/b=SH_2/H_g$$

$$SH_2=H_g\times\Delta s/b$$

式中：SH_2——所求建筑物顶部水平位移；

θ——所求建筑物水位移产生的倾斜角（微小值）。

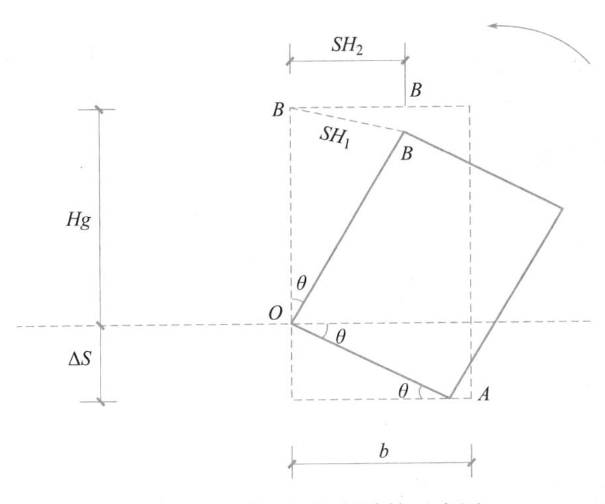

图 5-129　建筑物倾斜计算示意图

④ 数据分析与处理。绘制时间-位移曲线散点图。当时间-位移曲线趋于平缓时，可选取合适的函数进行回归分析，预测最大沉降量。根据所测建筑物倾斜与下沉值，判断建筑物倾斜是否超过安全控制标准，及采用的工程措施的可靠性。

图 5-130 为基坑开挖引起建筑物沉降的典型曲线，可以明显看出：受基坑施工影响，周围建筑物沉降历时曲线可以分为四个阶段：围护施工阶段，开挖阶段、回筑阶段和后期沉降。围护施工阶段一般占总变形的 10%～20%，沉降量在 5～10mm，但如果不加以控制，也会造成较大的沉降，这种案例已经屡见不鲜。开挖阶段引起的沉降占总沉降量的 80%左右，而且和围护侧向变形有较好的对应关系，所以注重开挖阶段的变形控制是减少周围建筑物沉降的一个重要因素。结构回筑阶段和后期沉降占总沉降的 5%～10%左右，在结构封顶后，沉降基本稳定。

在饱和含水地层中，尤其在砂层、粉砂层、砂质粉土或其他透水性较好的夹层中，止水帷幕或围护墙有可能产生开裂、空洞等不良现象，造成围护结构的止水效果不佳或止水结构失效，致使大量的地下水夹带砂粒涌入基坑，坑外产生水土流失。严重的水土流失可能导致支护结构失稳以及在基坑外侧发生严重的地面沉陷，周边环境监测点（地表沉降、房屋沉降、管线沉降）也随即产生较大变形，如图 5-131 所示，由于基坑地下墙漏水，周围房屋一天内沉降了 10cm，造成了严重的开裂。

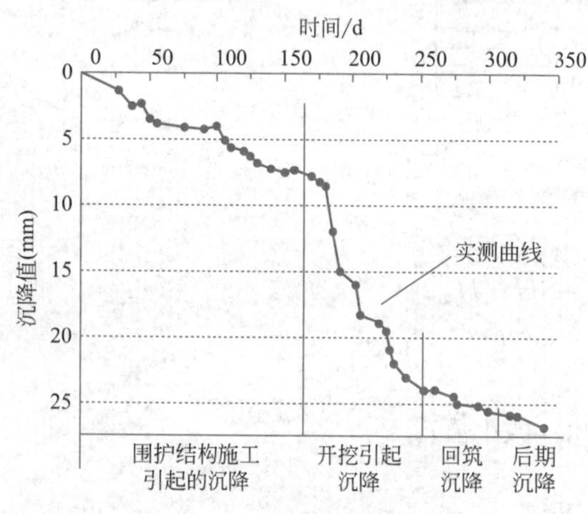

图 5-130　基坑开挖引起建筑物沉降典型曲线

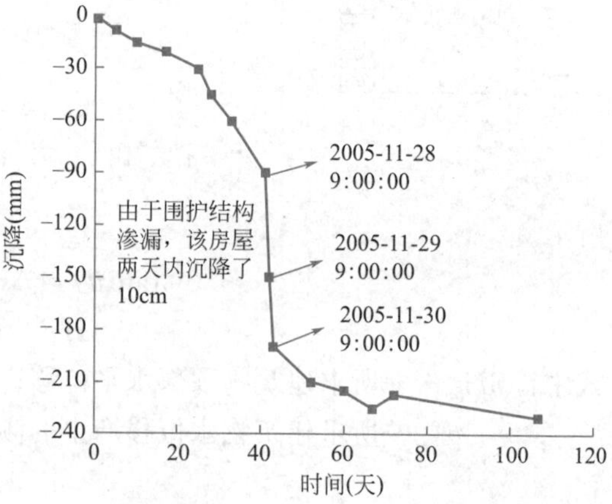

图 5-131　某围护结构漏水引起建筑物沉降曲线

6. 坑周地下管线变形监测

（1）监测目的

观测基坑开挖时地下管线沉降情况，据以判定地下管线的安全性，以及采用的工程保护措施的可靠性。

（2）监测仪器

精密水准仪、铟钢尺。

（3）监测实施

① 测点埋设。对地表下沉的纵向和横向影响范围内的地下管线进行安全监测，基点埋设同地表建筑物下沉与倾斜量测。管线的观测分为直接法和间接法。当采用直接法时，常用的测点设置方法有抱箍法和套管法。间接法就是不直接观测管线本身，而是通过观测管线周边的土体，分析管线的变形，此法观测精度较低。常用的间接法测点设置方法有底面观测、顶面观测两种。见图 5-132 和图 5-133。

沉降测点埋设，一般用冲击钻在地下管线轴线上方的地表钻孔，然后放入直径 20～30mm 的半圆头钢筋，其深度应与管线底一致，四周用水泥砂浆填实。

新迁移的管线在施工时埋入直接测点，将直径 20～30m 的半圆头钢筋固定在管顶并伸出地面，外加 PVC 套管保护。

② 观测方法：同地表沉降观测。

③ 管线下沉计算。施工前，由基点通过水准测量测出管线沉降观测点的初始高程 H_0，在施工过程中测出的高程为 H_n，则高差 $\Delta H = H_n - H_0$，即为管线沉降值。通过地

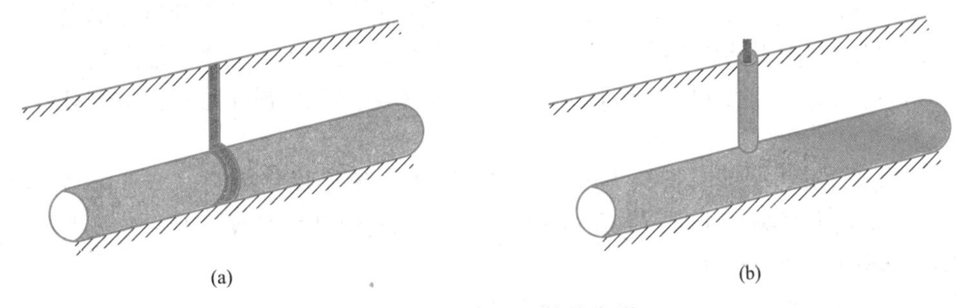

图 5-132　直接法测管线变形

(a) 抱箍式埋设方案；(b) 套筒式埋设方案

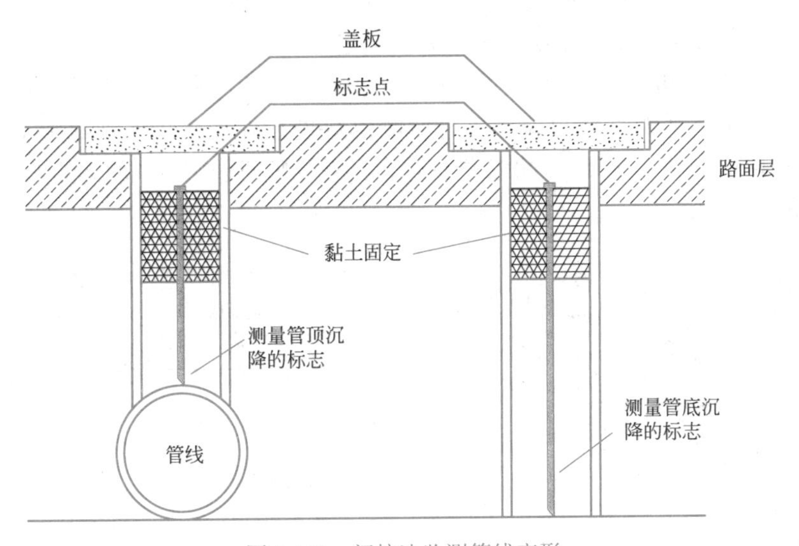

图 5-133　间接法监测管线变形

表的变位来反映管线的变位。在管线的检查井位置布设沉降观测点，测量过程中对于每次的监测结果根据水平位移与沉降换算出管线的曲率。

7. 坑底隆起监测

（1）监测目的

了解基坑开挖过程中，基坑内土体不同深度土层的位移情况。

（2）监测仪器

坑底隆起监测仪器由两大部分组成：一是地下材料埋入部分，由沉降导管、底盖、沉降磁环组成；二是地面接收仪器——分层沉降仪，由测头、测量电缆、接收系统和绕线盘等组成，如图 5-134 所示。

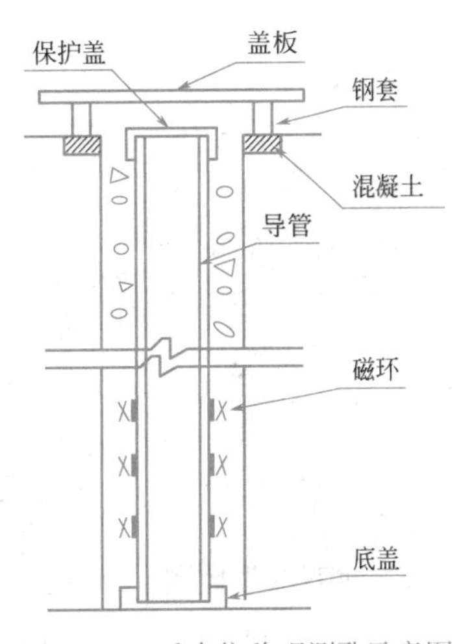

图 5-134　垂直位移观测孔示意图

（3）监测实施

① 测点埋设。布置在有选择性、有代表性的断面上。锚固体为磁式错环，间距 1～2m，钻孔采用地质钻成孔，遇到土质松软的地层，应下套管或水泥护壁。成孔后将导

管缓慢地放入孔中，直到最低观测点位置，然后稍拔起套管，在保护管与孔壁之间用膨胀黏土填充，再用专用工具依次将磁式错环沿导管外壁埋入设计的位置。锚点间用膨胀黏土回填。测管口上盖，再用 ϕ150mm 的钢套管保护，套管外用混凝土堆砌并标明孔号及孔口标高。

② 量测及计算。量测时将探头沿管内壁由下而上缓慢提升测尺，当通过测点磁环位置时，蜂鸣器发出声响，此时读取孔口标志（基点）处测尺的读数，即为各测点相对于孔口标志点（基点）处的位移。

本次位移值＝本次量测平均值－上次量测平均值。

累计位移值＝∑各次量测位移值。

各测点绝对位移＝相对位移值＋孔口标志点（基点）位移。

孔口标志点位移采用精密水准测量的方法确定。

③ 数据处理与分析。每次量测后绘制不同深度位移-历时曲线、孔深-位移对应关系曲线。当位移速率突然增大时应立即对各种量测信息进行综合分析，判断施工中的问题所在，并及时采取保证施工安全的对策。坑底隆起的测量原理及典型坑底隆起曲线如图 5-135 和图 5-136 所示。

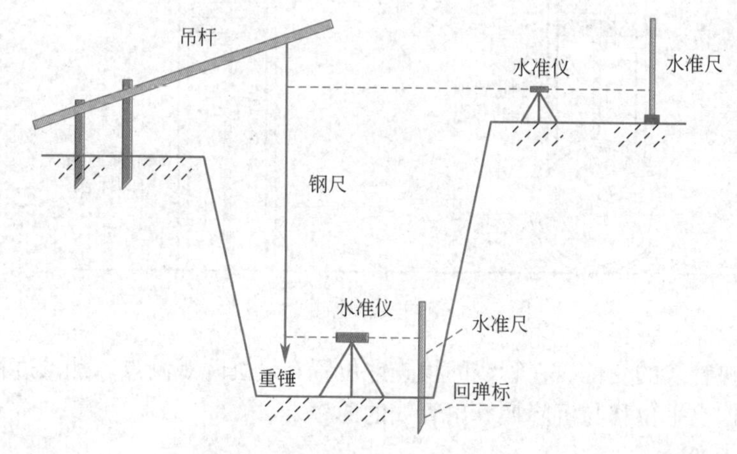

图 5-135　坑底隆起测量示意图

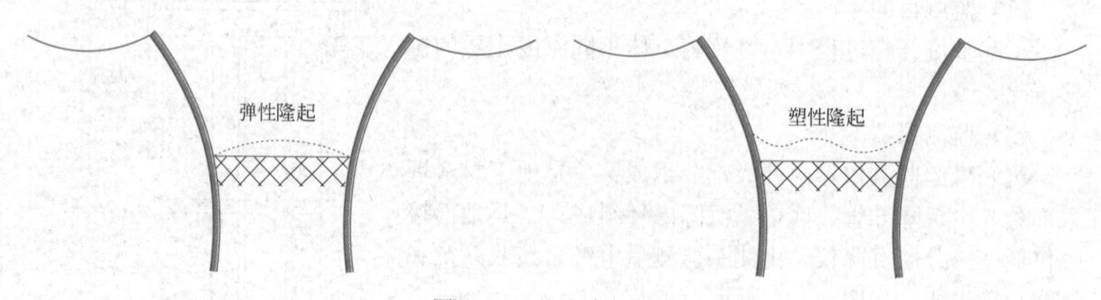

图 5-136　坑底隆起曲线

8. 地下水位监测

（1）监测目的

主要监测地下水水位变化，了解施工对周边地下水位的影响情况和检验基坑施工中的降水效果。

（2）监测仪器

电测水位计、PVC 塑料管、电缆线。

（3）监测实施

① 测点埋设。测点用地质钻机钻孔，孔深应根据要求而定，以保证施工期产生的水位降低能够测出。采用 ϕ100mm 的 PVC 塑料管作测管，水位线以下至隔水层间安装相同直径的滤管，滤管外裹滤布，用胶带纸固定在滤管上，孔底布设 0.5～1.0m 深的沉淀管，测管的连接用锚枪施作锚钉固定。潜水水位监测、承压水水位监测见图 5-137 和图 5-138。

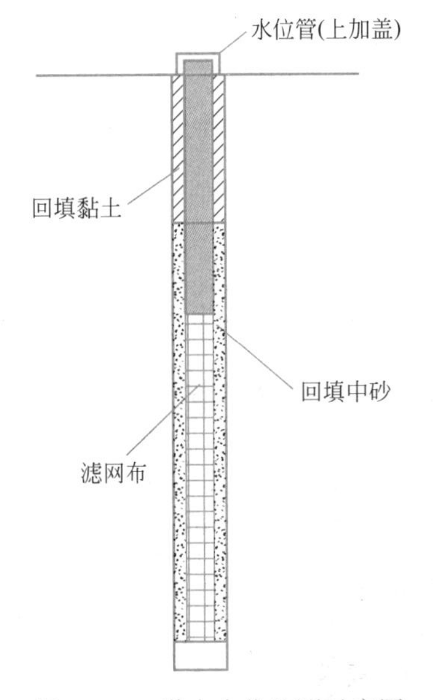

图 5-137　潜水水位监测示意图

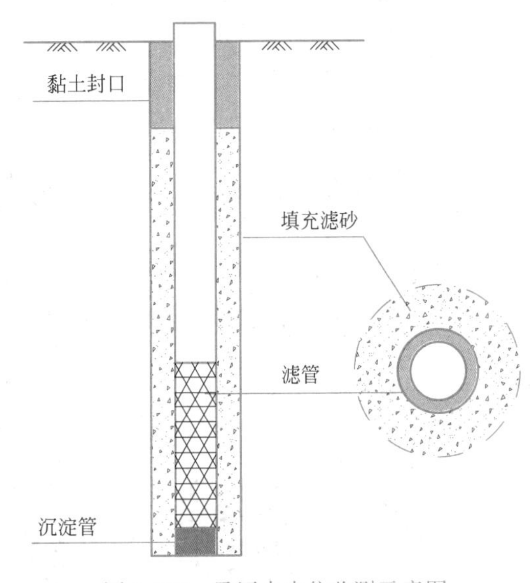

图 5-138　承压水水位监测示意图

② 量测及计算。通过水准测量测出孔口标高 H，将探头沿孔套管缓慢放下，当测头接触水面时，蜂鸣器响，读取测尺读数 a_i，则地下水位标高 $H_{wi}=H-a_i$。则两次观测地下水位标高之差 $\Delta H_w=H_{wi}-H_{wi-1}$，即水位的下降数值。

③ 数据分析与处理。根据水位变化值绘制水位-时间变化曲线，以及水位随施工工况情况的变化曲线图，以评价施工对周边环境影响的范围及程度。

图 5-139 是某基坑典型潜水水位随时间变化曲线，随着基坑开挖的加深，地下水位逐渐变深，这与基坑侧壁在开挖过程中有少量渗漏有一定的关系，地下水位最终稳定在 4m 左右。

图 5-140 是某基坑承压水降水过程曲线，该工程采用“按需降水”的原则，在不同开挖深度的工况阶段，合理控制承压水头。在土方开挖之前，基坑内外侧开始降水，基坑开挖期间，随着开挖深度的增加，地下水位也逐渐下降，但一直维持在基坑开挖面以下 1～2m，防止水头过大降低，这将使降水对周边环境的影响减少到最低限度。

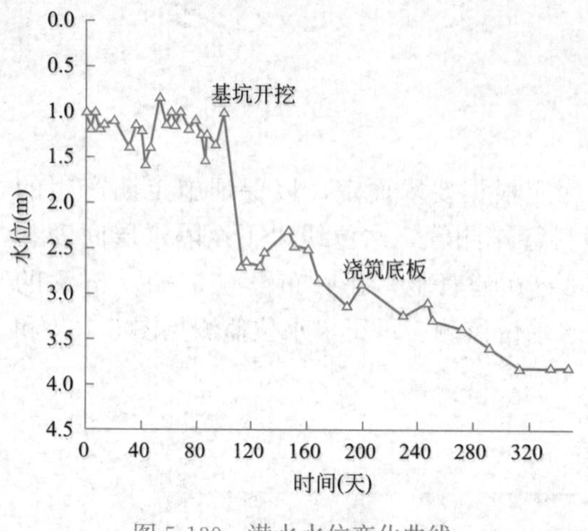

图 5-139 潜水水位变化曲线

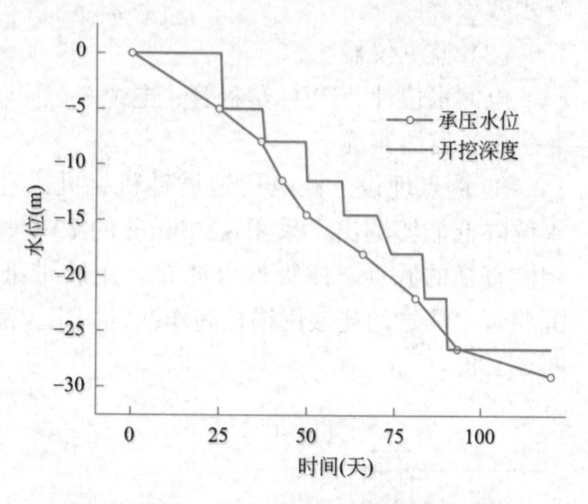

图 5-140 承压水降水过程曲线变化

5-40 超人规模明挖地铁车站基坑——遥墙机场地铁车站基坑工程

任务实施

5-41【知识巩固】

5-42【能力训练】

5-43【考证演练】

项目6　盖挖法施工

项目导读

当地铁车站处在城市繁华地段或关键交通区段时，一般可考虑选用盖挖法施工，以减小对地面交通带来的影响。盖挖法又可根据主体结构的施工顺序不同分为盖挖顺作法、盖挖逆作法、盖挖半逆作法，三类施工方法在工程实践中均得到广泛使用。本项目共安排了3个学习任务，帮助读者清晰认知盖挖法的施工步序，为今后从事城市地下工程施工工作奠定基础。

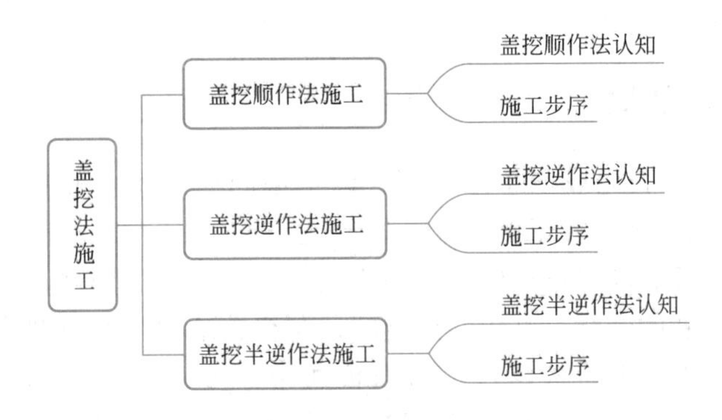

学习目标

◆ 知识目标

（1）掌握盖挖施工关键技术；

（2）熟悉盖挖法地铁车站施工步序；

（3）了解盖挖法地铁车站结构和构造。

◆ 能力目标

（1）能够识读盖挖法地铁车站关键部位的施工图；

（2）能够完成盖挖法地铁车站主要施工工序技术交底书的编写；

（3）能够参与编写盖挖法地铁车站的施工方案。

◆ 素质目标

（1）通过盖挖法的学习，培养学生思考工程问题、优化施工工艺、解决工程问题的工程意识；

（2）通过“全国首例大跨度半盖挖法车站——佛莞城际铁路番禺大道车站”课程思政案例学习，培养学生的系统思维，为今后应对复杂多样性、对立统一性的重大工程问题奠定基础。

任务6.1 盖挖顺作法施工

 任务描述

学习“知识链接”相关内容，结合附图，重点完成以下工作任务：一是回答与盖挖顺作法相关的问题；二是学习盖挖顺作法的地铁工程案例，阐述盖挖顺作法的工艺流程和关键技术；三是完成与本任务相关的建造师职业资格证书考试考题；具体参见“任务实施”模块。

知识链接

6.1.1 盖挖顺作法认知

盖挖顺作法是在地表完成围护结构后，以定型的预制标准覆盖结构（包括纵梁和横梁及路面板）置于挡土结构上维持交通，往下反复进行开挖和加设横撑，直至设计标高。依次序由下而上建筑主体结构和防水，回填土并恢复管线或埋设新的管线。其中，定型的预制覆盖结构一般由型钢纵横梁和钢筋混凝土复合路面板组成。路面板通常厚200mm、宽300～500mm、长1500～2000mm。为便于安装和拆卸路面板上均有吊装孔。

6-1 快速了解“盖挖顺作法”

盖挖顺作法主要依赖坚固的挡土结构，根据现场条件、地下水位高低、开挖深度以及周围建筑物的临近程度，围护结构可以选择钢筋混凝土钻（挖）孔灌注桩或地下连续墙。对于饱和的软弱地层，应以刚度大、止水性能好的地下连续墙为首选方案。随着施工技术的不断进步，工程质量和精度更易于掌握，故现在盖挖顺作法中的围护结构常用作主体结构边墙体的一部分或全部。

如基坑开挖宽度很大，为了缩短横撑的自由长度，防止横撑失稳，并承受横撑倾斜时产生的垂直分力以及行驶于覆盖结构上的车辆荷载和悬挂于覆盖结构下的管线重量，通常需要在修建覆盖结构的同时建造中间桩柱以支承横撑。中间桩柱可以是钢筋混凝土的钻（挖）孔灌注桩，也可以采用预制的打入桩（钢或钢筋混凝土的），中间桩柱一般为临时性支撑结构，在主体结构施工完成时将其拆除。为了增加中间桩柱的承载力和减少其入土深度，可以采用底部扩孔桩或挤扩桩。

6.1.2 施工步序

盖挖顺作法施工一般适用于城市繁华地段或关键交通区段，由于必须保证交通行车而在车站开挖前先进行交通疏解并施作临时路面系统，因此，前期交通疏解的可行性和进展速度控制尤为重要。在前期工程施工过程中，需要及时做好绿化迁移、管线迁改和临时疏解道路，为车站主体施工尽早开工打下基础，节约整体施工工期，缩短交通干扰时间。盖挖顺作法的施工步序见表6-1。

盖挖顺作法施工步序图　　　　表 6-1

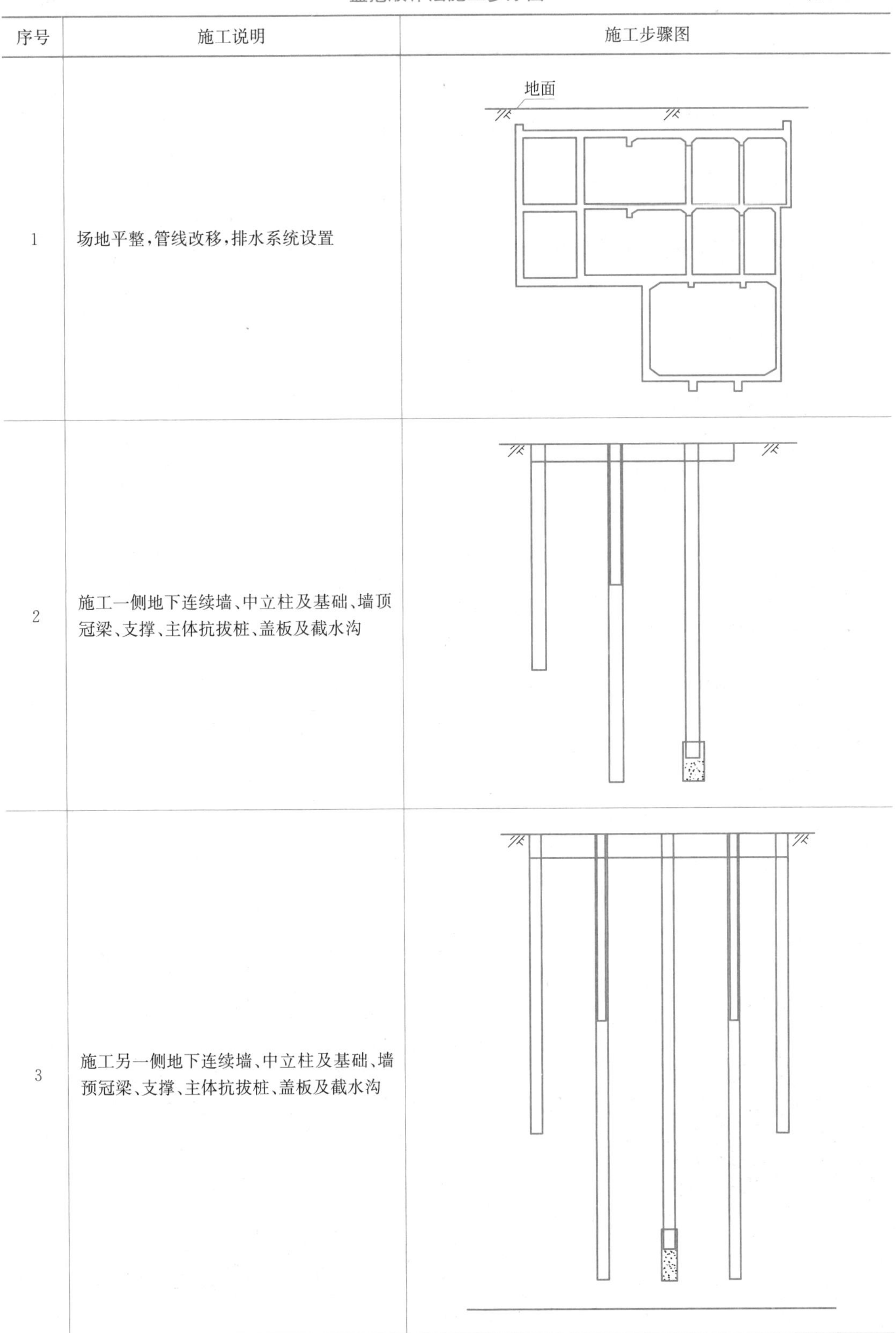

序号	施工说明	施工步骤图
1	场地平整，管线改移，排水系统设置	
2	施工一侧地下连续墙、中立柱及基础、墙顶冠梁、支撑、主体抗拔桩、盖板及截水沟	
3	施工另一侧地下连续墙、中立柱及基础、墙预冠梁、支撑、主体抗拔桩、盖板及截水沟	

续表

序号	施工说明	施工步骤图
4	基坑降水，分层开挖土方并及时架设各道支撑	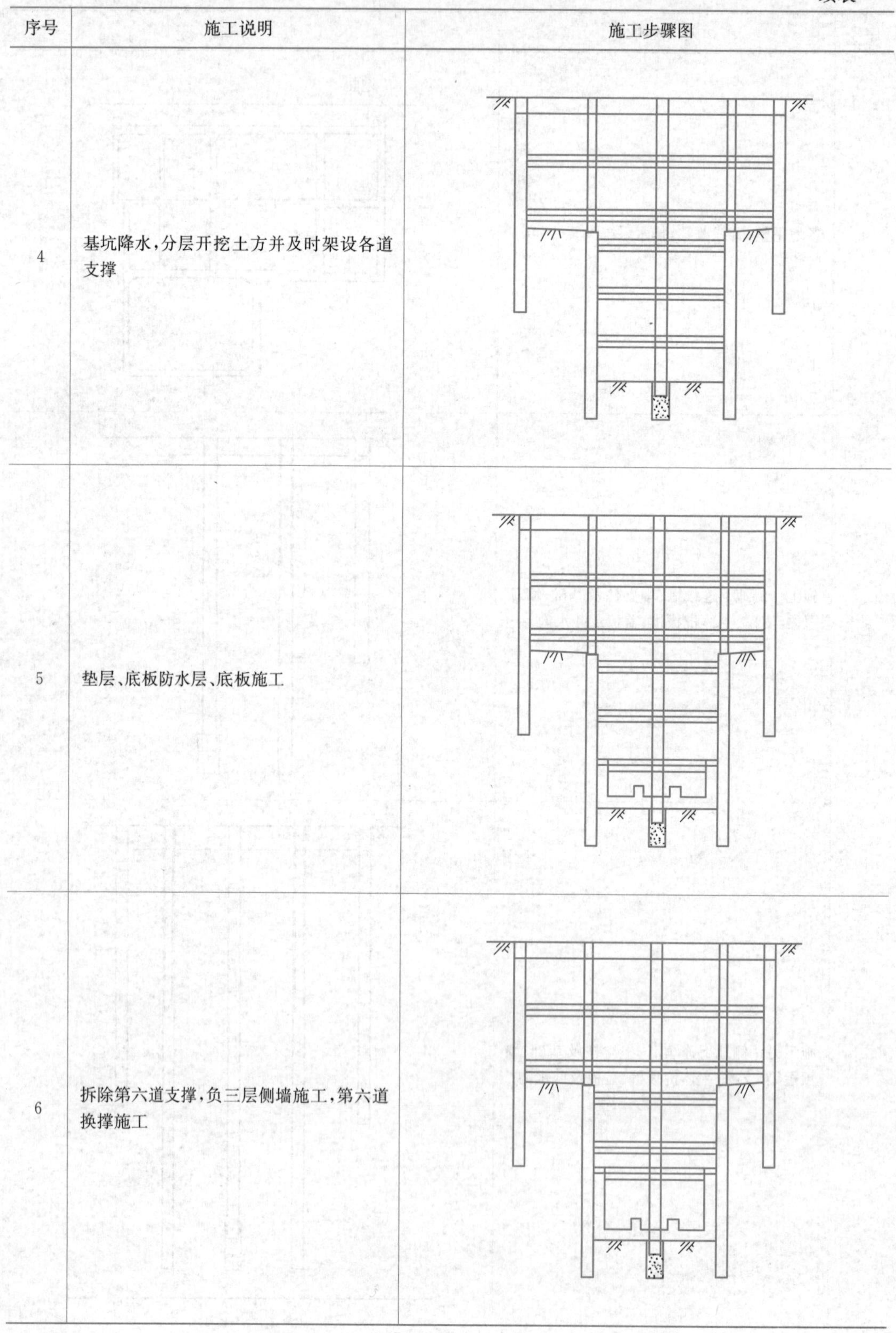
5	垫层、底板防水层、底板施工	
6	拆除第六道支撑，负三层侧墙施工，第六道换撑施工	

续表

序号	施工说明	施工步骤图
7	拆除第五道支撑，负三层侧墙防水层、侧墙、中板施工	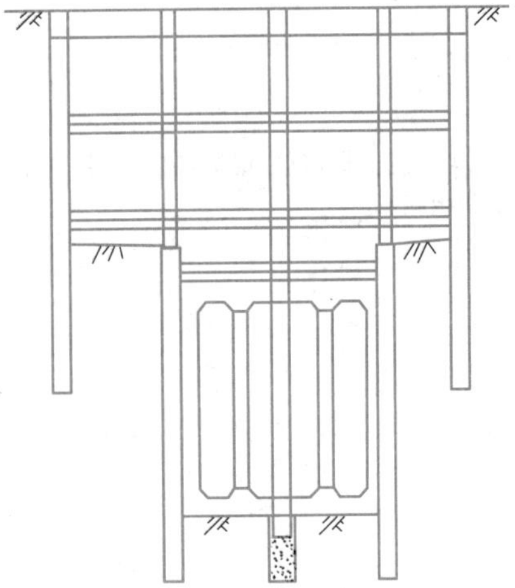
8	拆除第四道支撑，注意保护钢立柱处安全，负二层底板垫层、防水层、底板施工	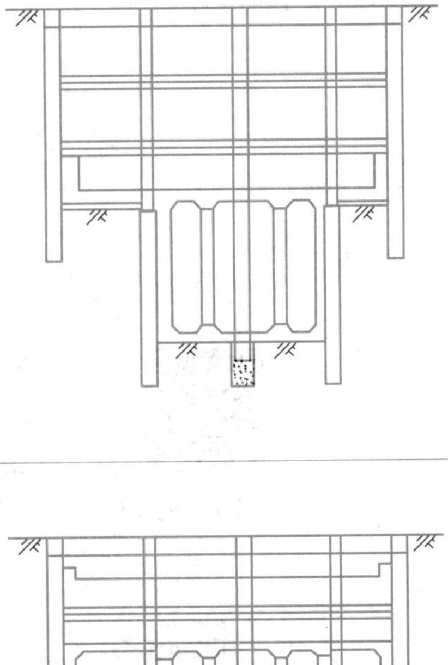
9	拆除第三道支撑，负二层侧墙防水层、侧墙、中板施工	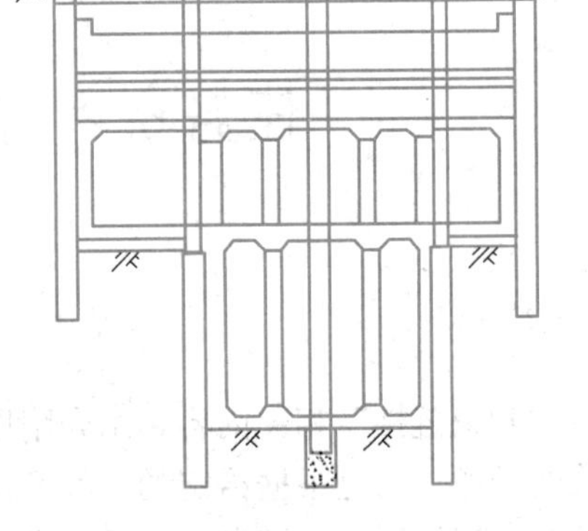

续表

序号	施工说明	施工步骤图
10	拆除第二道支撑，负一层侧墙防水层、侧墙、顶板施工	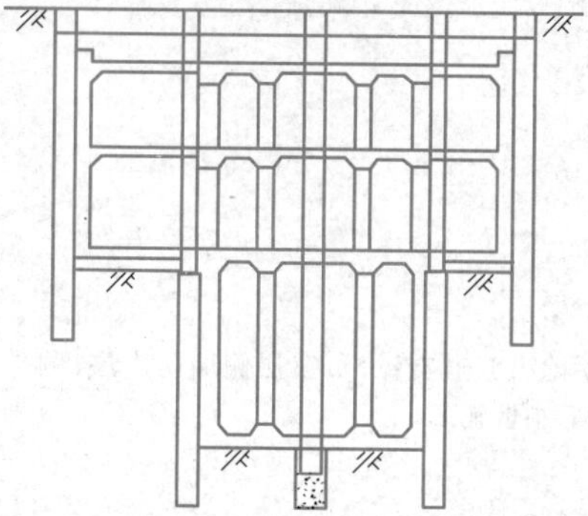
11	待顶板达到设计强度后，拆除第一道支撑、盖板、钢立柱，封堵钢立柱留孔，回填土恢复路面，站台板等附属结构施工	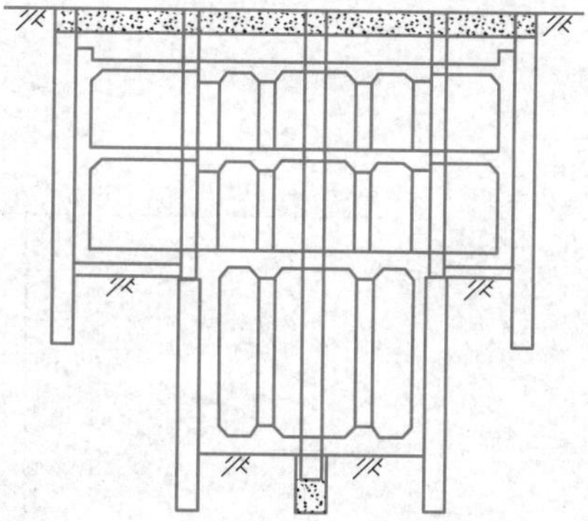

任务实施

6-2【知识巩固】

6-3【能力训练】

6-4【考证演练】

任务 6.2　盖挖逆作法施工

任务描述

学习“知识链接”相关内容，结合附图，重点完成以下工作任务：一是回答与盖挖逆作法相关的问题；二是根据给定的工程案例，完成相关工作任务；三是完成与本任务相关的建造师职业资格证书考试考题；具体参见“任务实施”模块。

知识链接

6.2.1 盖挖逆作法认知

6-5 快速了解“盖挖逆作法”

盖挖逆作法是先在地表面向下做基坑的围护结构和中间桩柱，和盖挖顺作法一样，基坑围护结构多采用地下连续墙或帷幕桩，中间支撑多利用主体结构本身的中间立柱以降低工程造价。随后即可开挖表层土体至主体结构顶板地面标高，利用未开挖的土体作为土模浇筑顶板。顶板可以作为一道强有力的横撑，以防止围护结构向基坑内变形，待回填土后将道路复原，恢复交通。以后的工作都是在顶板覆盖下进行，即自上而下逐层开挖并施作主体结构直至底板。

6.2.2 施工步序

盖挖逆作法利用地下连续墙及中间支撑柱作为围护结构，由上到下施工，可使总工期缩短；基坑变形小，邻近建筑物变形小；降低了施工费用，降低了施工对交通的影响。盖挖逆作法的施工步序如下表 6-2。

盖挖逆作法施工步序图　　表 6-2

序号	施工说明	施工步骤图
1	(1)施工准备 (2)施作地下连续墙两侧旋喷桩、地下连续墙、中柱桩基础，然后浇筑抗拔桩，安装型钢立柱 (3)施作基坑围护结构的同时，基坑内做好降水井 (4)安装冠梁和临时结构	
2	(1)降水，开挖至第一道支撑中心线下 0.7m (2)施作第一道钢筋混凝土支撑	

续表

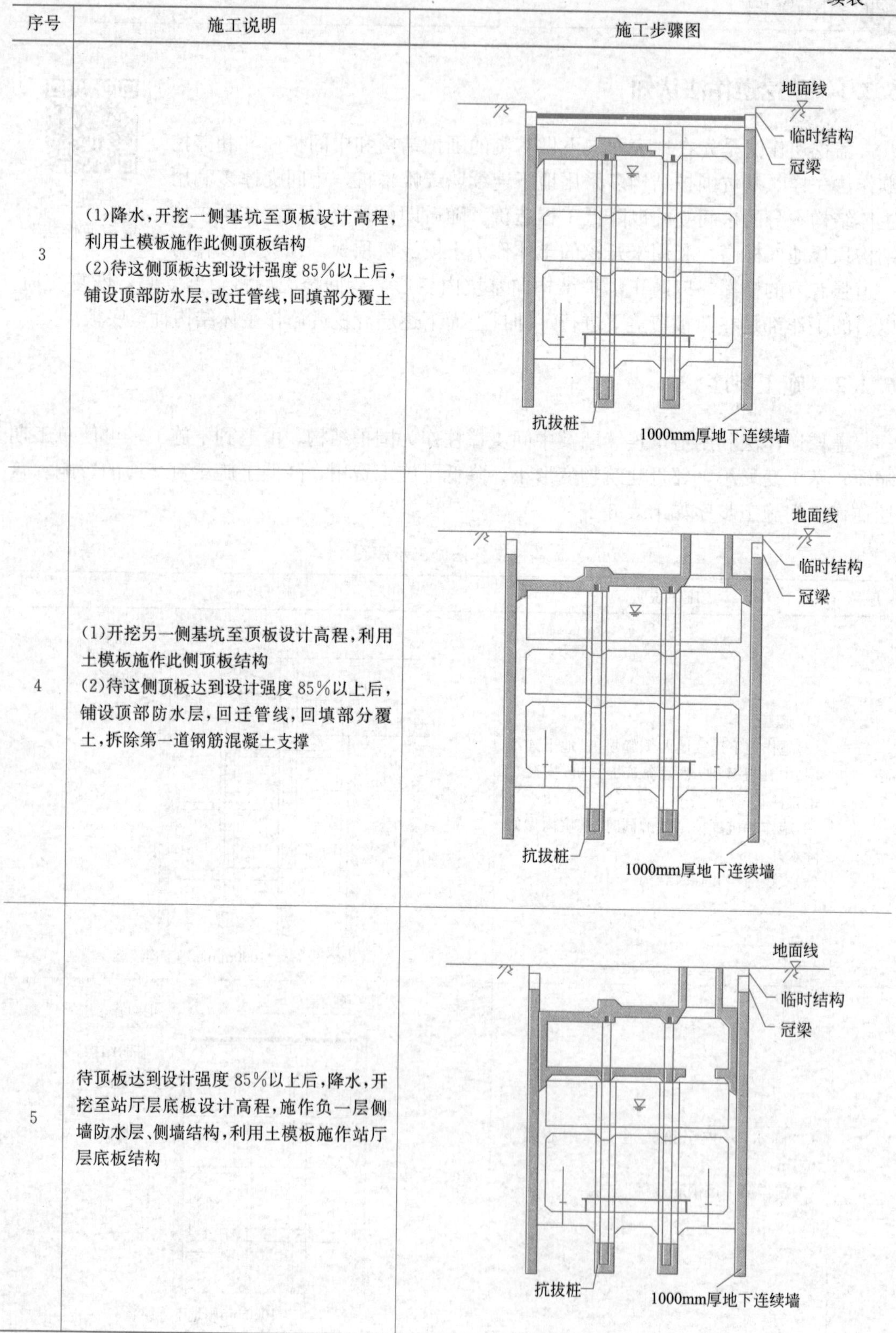

序号	施工说明	施工步骤图
3	(1)降水,开挖一侧基坑至顶板设计高程,利用土模板施作此侧顶板结构 (2)待这侧顶板达到设计强度85%以上后,铺设顶部防水层,改迁管线,回填部分覆土	
4	(1)开挖另一侧基坑至顶板设计高程,利用土模板施作此侧顶板结构 (2)待这侧顶板达到设计强度85%以上后,铺设顶部防水层,回迁管线,回填部分覆土,拆除第一道钢筋混凝土支撑	
5	待顶板达到设计强度85%以上后,降水,开挖至站厅层底板设计高程,施作负一层侧墙防水层、侧墙结构,利用土模板施作站厅层底板结构	

续表

序号	施工说明	施工步骤图
6	待站厅底板达到设计强度85%以上后，降水，开挖至设备层底板设计高程，利用土模板施作设备层底板结构	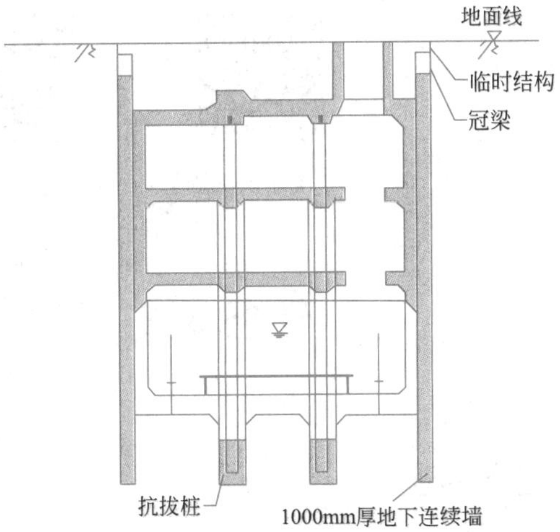 地面线 临时结构 冠梁 抗拔桩 1000mm厚地下连续墙
7	(1)降水，开挖至第二道钢支撑以下0.7m，施作开挖面以上负三层侧墙 (2)待侧墙混凝土强度达到设计强度85%以上后，架设第二道钢支撑	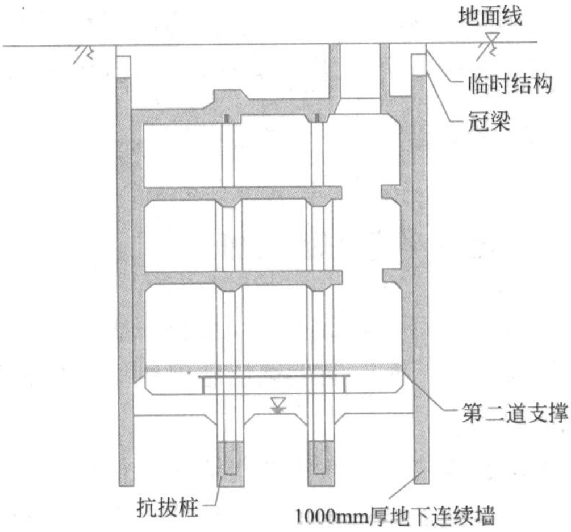 地面线 临时结构 冠梁 第二道支撑 抗拔桩 1000mm厚地下连续墙
8	(1)降水，开挖至底板设计高程，施作剩余负三层侧墙防水层、侧墙结构、接地网、底板垫层、底板防水层，浇筑底板结构 (2)待底板达到设计强度85%以上后，拆除第二道钢支撑	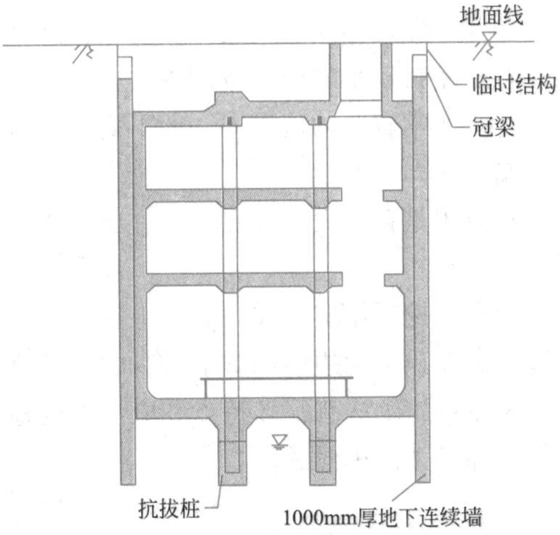 地面线 临时结构 冠梁 抗拔桩 1000mm厚地下连续墙

 任务实施

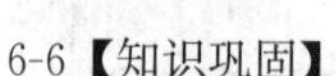

6-6【知识巩固】 6-7【能力训练】 6-8【考证演练】

任务6.3 盖挖半逆作法施工

 任务描述

学习“知识链接”相关内容，结合附图，重点完成以下工作任务：一是回答与盖挖半逆作法相关的问题；二是根据给定的工程案例，完成相关工作任务；三是完成与本任务相关的建造师职业资格证书考试考题；具体参见“任务实施”模块。

知识链接

6.3.1 盖挖半逆作法认知

类似逆作法，盖挖半逆作法仅在于顶板完成及恢复路面后，向下挖土至设计高程后先修筑底板，再依次序向上逐层建筑侧墙、楼板。在半逆作法施工中，一般都必须设置横撑并施加预应力。

盖挖逆作法和半逆作法与明挖顺作法相比，除施工顺序不同外，还具有以下特点：

(1) 对围护结构和中间桩柱的沉降量控制严格，以免对上部结构受力造成不良影响。

(2) 中间柱如为永久结构，则其安装就位困难，施工精度要求高。

(3) 为了保证不同时期施工构件相互之间的连接能达到预期的设计状态，必须将各种施工误差控制在较小的施工范围内，并有可靠的连接构造措施。

(4) 在非常软弱的地层中一般不需再设置临时横撑，不仅可节省大量钢材也为施工提供了方便。

(5) 由于是自上而下分层建筑主体结构，故可利用土模技术，可以节省大量模板和支架。

(6) 和盖挖顺作法一样，其挖土和出土往往会成为决定工程进度的关键程序但同时又因为施工是在顶板和边墙保护下进行的，安全可靠，并不受外界气象条件的影响。

尽管覆盖施工法有很多特点和应注意的地方，但其施工方法的基本工序技术要求和明挖顺作法都是大同小异的。

6.3.2 施工步序

盖挖半逆作法与明挖顺作法在施工顺序上和技术难度上差别不大，仅挖土和出土工作因受覆盖板的限制，无法使用大型机具，需采用特殊的小型、高效机具精心组织施工。盖挖半逆作法的施工步序如表 6-3。

盖挖半逆作法施工步序　　表 6-3

序号	施工说明	施工步序
1	交通疏解、场地三通一平，施工围挡，管线改移及井点降水	
2	地铁车站西侧围护桩施工、钢管混凝土柱及基础施工	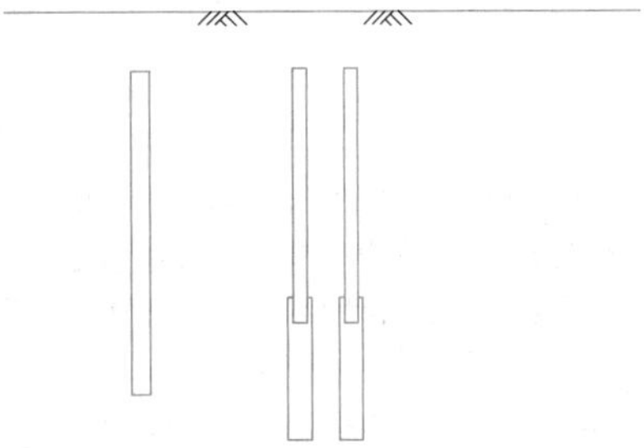
3	施工地铁车站东侧盖板，盖板上挡墙	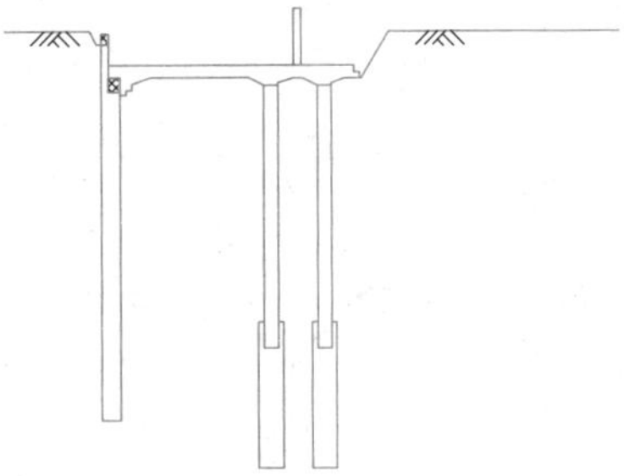
4	西侧顶板覆土，施工东侧围护桩、冠梁	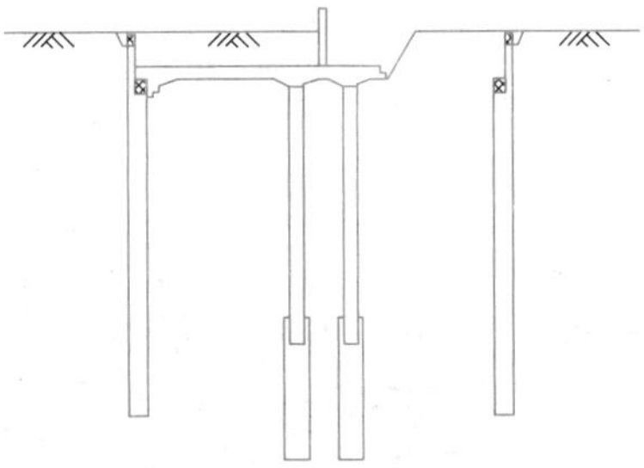
5	开挖土方，架设支撑，直至开挖到基坑底	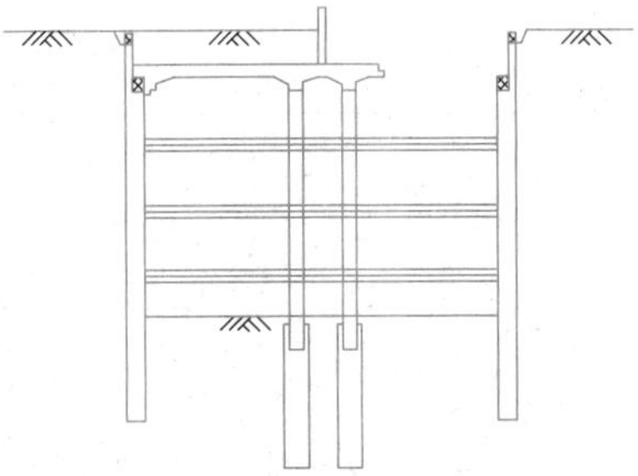

续表

序号	施工说明	施工步序
6	施作接地网、垫层、底板防水层、底板	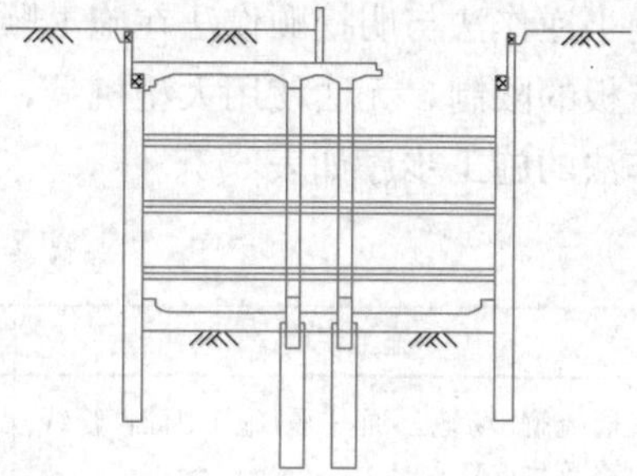
7	拆除第三道支撑，施作负三层侧墙防水层、侧墙及负二层中板；拆除第二道支撑，施作负二层侧墙防水层、侧墙及负一层中板	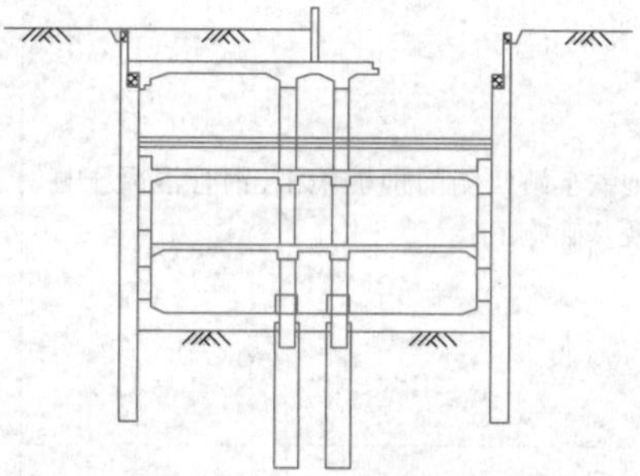
8	拆除第一道支撑，施作负一层侧墙防水层、侧墙	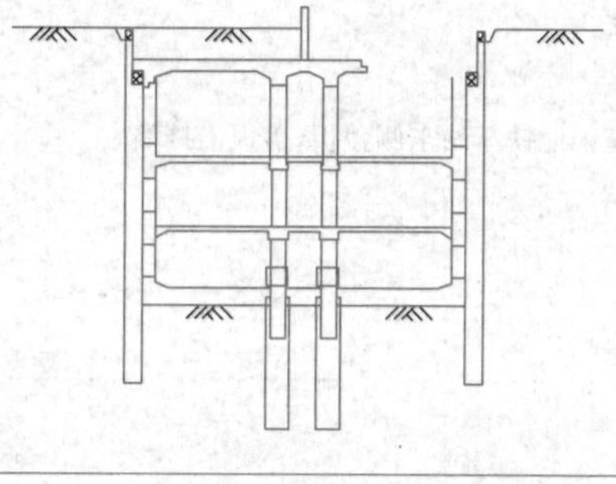
9	拆除第一道支撑，施作顶板、顶板防水。覆土通车	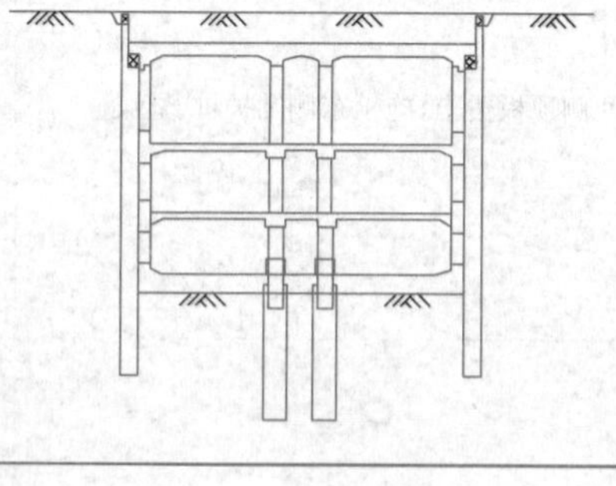

6-9 全国首例大跨度半盖挖法车站——佛莞城际铁路番禺大道车站

任务实施

6-10【知识巩固】

6-11【能力训练】

6-12【考证演练】

项目7　暗挖法施工

项目导读

暗挖法主要适用于不宜用明挖法施工的土质或软弱无胶结的砂、卵石等第四纪地层修建地铁车站。该方法是在开挖中采用多种辅助施工措施加固地层，开挖后及时支护，封闭成环，具有独特的优势。本项目重点学习洞桩法、拱盖法两类常见的暗挖法，帮助读者清晰认知暗挖法修建地铁车站的关键工序，为今后从事城市地下工程施工工作奠定基础。

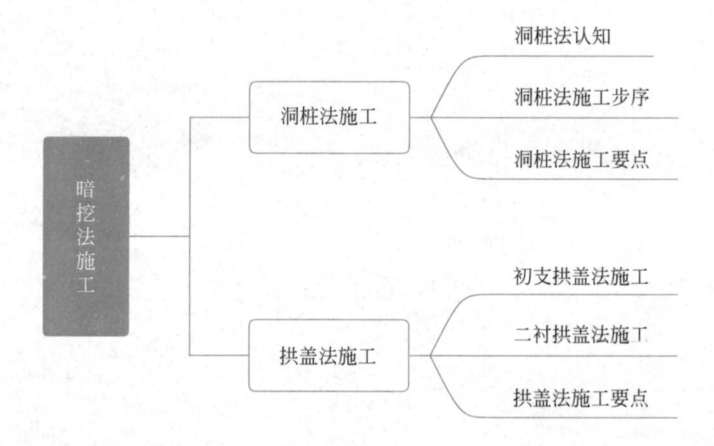

学习目标

◆ 知识目标

（1）掌握洞桩法修建地铁车站的关键工序；

（2）掌握拱盖法修建地铁车站的关键工序；

（3）熟悉暗挖法地铁车站支护施工的关键技术；

（4）了解暗挖法地铁车站的结构和构造。

◆ 能力目标

（1）能够识读暗挖法地铁车站关键部位的施工图；

（2）能够完成暗挖法地铁车站主要施工工序技术交底书的编写；

（3）能够参与编写暗挖法地铁车站的施工方案。

◆ 素质目标

（1）通过洞桩法、拱盖法等暗挖法的学习，培养学生与时俱进、开拓创新的精神；

（2）通过“洞桩法在复杂软土地区的成功实践——广州地铁流花路地铁车站洞桩法施工”课程思政案例学习，加强学生自主创新意识，引导学生为我国实现高水平科技自立自强的目标贡献力量。

任务 7.1　洞桩法施工

任务描述

学习“知识链接”相关内容，结合附图，重点完成以下工作任务：一是回答与洞桩法相关的问题；二是根据给定的工程案例，完成相关工作任务；三是完成与本任务相关的建造师职业资格证书考试考题；具体参见“任务实施”模块。

知识链接

7.1.1　洞桩法认知

洞桩法是浅埋暗挖法的一种类型，施工时先开挖导洞，然后在导洞内施作条（桩）基、底纵梁、边桩、中柱、冠梁、顶纵梁，接着开挖并施作扣拱，最后在由桩（Pile）-梁（Beam）-拱（Arch）形成的支撑体系内逐层向下开挖土体并施作内部结构，又被称为 PBA 法。

洞桩法工艺特点如下：

（1）在非强透水地层中，将有水地层的施工变为无水、少水地层施工，避免因长期降水引起的费用增大和地表沉降，有利于保护地下水资源和降低施工措施费。

（2）在水位线以上地层中开设的导洞内施工钻孔桩，利用“排桩效应”对两侧土体的支挡作用，可减少因流砂、地下水带来的施工安全隐患。

（3）以桩作支护，稳妥、安全，也有利于控制地表沉降量，避免了中洞法、CD、CRD、双侧壁导坑法多次开挖引起地面沉降量过大的缺陷和对初期支护的刚度弱化。

（4）与中洞法、CRD 法等暗挖法相比，临时工程量相对较少，结构受力条件也好，相对经济合理。

（5）对结构层数限制少，适用范围较广，所引起的地面沉降变形相对较小，对保护暗挖结构附近的地下构筑物和周边建筑物的安全有利。特别适合距桩基和高层建筑物很近的地下工程的施工，边桩本身可起到隔离桩的作用，从而达到保护构筑物安全的目的。

（6）在桩、梁、拱承载体系形成后，有较大的施工空间，便于机械化作业，从而加快进度。

适用于周边环境复杂，施工受地面、地下建筑物影响大，地表沉降控制要求高，地下水位较高且补给性强的地下工程。

7.1.2　洞桩法施工步序

洞桩法施工步序如图 7-1 所示。

第 1 步：超前加固地层，先开挖近地面建筑侧导洞，超前另一侧导洞不小于 2.5 倍洞宽。

第 2 步：导洞开挖支护完成后，用特制和改进的钻机由内向外跳孔施工钻孔桩，凿除桩头后，施作桩顶纵梁。施工时预埋边拱型钢（格栅）连接件。

第 3 步：在导洞内施作主拱钢架拱脚（即拱边段）。

第 4 步：浇筑拱边段后进行背后空隙回填，回填高度一般距钢架预留接头 30～50cm。

第 5 步：超前加固地层，环形导坑法开挖导洞间的拱部土体，施作初期支护，必要时设置临时竖撑。

第 6 步：拆除临时竖撑后，向下开挖至中板下一定距离，拆除永久结构断面范围内导洞支护，拆除长度根据监控量测分析严格控制。

第 7 步：依次进行拱墙部防水层、中板底模、中板浇筑、拱墙浇筑、站厅层封闭成环，预留边墙钢筋和防水层。

第 8 步：向下开挖土体到钢管支撑下 50cm，洞桩间施作支护找平，必要时采用注浆加固，架设腰梁及钢管支撑。

第 9 步：继续开挖至基底标高，桩间支护找平，基底处理。

第 10 步：施作底板防水结构，浇筑底板及部分边墙，边墙水平施工缝高出底板面 1.5m 以上。

第 11 步：待底板达到一定强度，跳拆钢管撑，施作侧墙防水层，浇筑侧墙混凝土与上层边墙相接。

第 12 步：施作车站内部结构，车站土建施工完成。

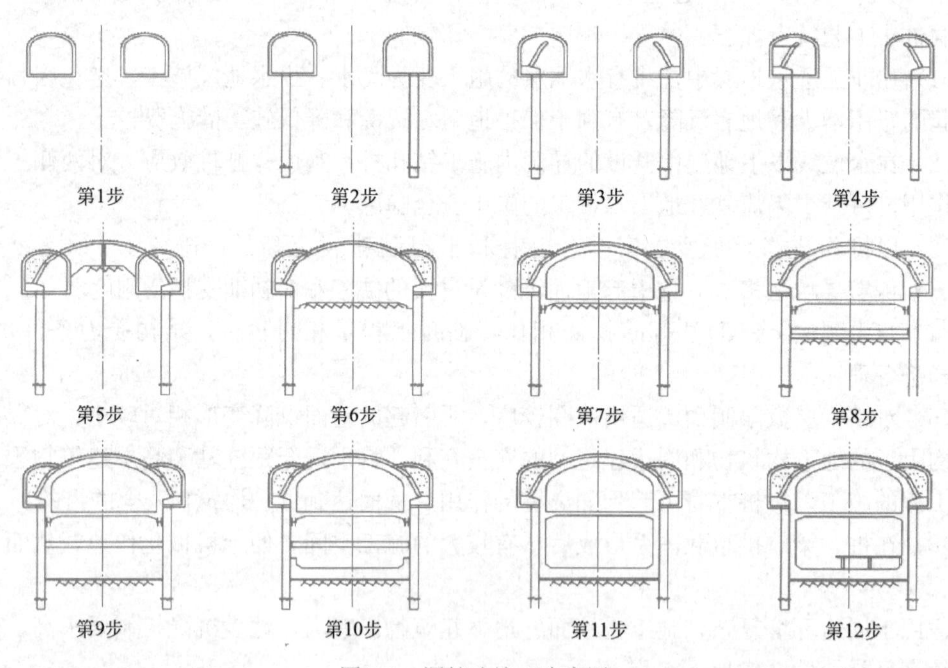

图 7-1　洞桩法施工步序图

7.1.3　洞桩法施工要点

1. 导洞施工要点

导洞主要功能是为钻孔桩提供作业空间，设计时除净空尺寸满足洞内钻孔作业要求外，还考虑其与主体结构间相对位置，洞室交叉部位满足结构开口与交叉结构设置等因素。导洞为临时结构，因此，导洞的位置与尺寸要做到既满足功能要求，又经济合理。

（1）导洞断面确定

鉴于门洞形断面空间利用率高，地面平整利于场地布置，因此导洞断面形状一般选取门洞形。导洞断面高度分为标准断面与交叉口加高断面。标准断面尺寸由钻孔桩施工所需的空间确定，加高断面考虑洞室侧向开口与结构施工的要求。

确定导洞高度首先保证钻机顺利钻进，并分析钻机高度能否改进优化，结合钢筋笼吊装作业的高度要求进行调整。导洞宽度按洞内钻孔桩作业时场地布置确定。确定交叉口部位导洞高度分别按侧向开口要求与结构加强环设置要求计算。

（2）导洞施工要点

① 确定合理的开挖顺序，先施作靠近建筑物侧导洞，超前另一侧导洞不小于2.5倍洞宽；

② 坚持先护后挖的原则，加强初期支护，尽早封闭成环，控制导洞的沉降和变形；

③ 根据监控量测反馈信息指导调整支护参数和施工方法，以此作为安全保证的手段。

2. 孔桩施工要点

（1）导洞空间狭小，根据洞内作业空间和地质情况定制或改进钻机，提高成孔效率和质量。一般选用的改型钻机有：GSD-50改型大口径液压钻机8～14h成孔（800mm），XQZ-100型泵吸反循环机械钻机36～60h成孔（800mm），GPS-Ⅱ型泵吸反循环机械钻机36～48h成孔（ϕ1000mm）。

（2）为防止孔桩侵入主体结构断面，边桩需要有一定的外放距离。

（3）确定合理的钻桩顺序，搞好水下混凝土施工。由于桩间距小，为防止对临近已成孔的扰动，采用改型钻机由内向外的顺序跳孔（如跳三钻一）施工钻孔桩。钢筋笼分节吊装，现场连接。针对拆除钻杆与吊装钢筋笼的时间长、易造成坍孔、沉渣厚度控制难的问题，采用泵吸清孔和压举翻起沉渣的方法进行处理。加强对各操作环节协调指挥，避免因泵送距离长造成堵管。

（4）导洞内钻孔场地狭窄，布置时分区域、分段纵向布置钻机设备、泥浆箱、管路及道路，可采用砖墙把钻桩作业区和道路运输分开。成孔后和混凝土灌注后及时清除积水、浮浆和剩余混凝土，确保高效和文明施工。

3. 主拱施工要点

（1）遵循“管超前、严注浆、短开挖、强支护、快封闭、勤量测”及“先护后挖、及时支撑”的原则，少分部开挖、快封闭、早成环。

（2）做好超前地质预报，打超前水平探孔，探明前方的水文地质情况。若存在滞水，通过探孔排出。接近管线位置时，实施超前管线探测、小导管加密注浆、加密格栅钢架、设双层钢筋网、开挖面注浆等支护措施进行保护。

（3）坚持信息化施工，根据信息反馈调整支护参数。如果变形量和变形速率超过管理值时，立即采取应急预案，包括加强超前支护、初期支护、增设临时支撑、改变开挖步骤、修改施工方案等。

（4）拆除临时支撑时，对相应部位加强监控量测。

4. 防水施工要点

（1）防水层质量取决于防水卷材质量、焊接工艺、铺设工艺。应对防水卷材进行仔细的材质检查验收，防水卷材色泽应一致，厚度一致，平铺无明显隆起、无皱折。

(2) 防水层焊缝严禁虚焊、漏焊。采用充气法试验检查，充气至0.25MPa，保持该压力5min读数不变。

(3) 环向铺设防水卷材时，防水卷材的搭接宽度长边不少于100mm，短边不少于150mm，相邻两幅接缝要错开，并错开结构转角处不少于60mm。

(4) 沿隧道纵向的防水层铺设超前二衬至少4m，以满足防水层施工空间，确保接长质量。

(5) 二衬钢筋绑扎、焊接后，检查防水板是否有刺穿的地方，有破损则及时补焊。

7-1 洞桩法施工

7-2 课程思政资源：洞桩法在复杂软土地区的成功实践——广州地铁流花路地铁车站洞桩法施工

5. 混凝土施工要点

(1) 二次衬砌是隧道防水的第三道防线，施工中采用密实度高、收缩率小、强度高、可灌性好等多种性能的混凝土。

(2) 二衬采用搅拌运输车运送，严格控制其坍落度，以确保质量。当运输距离远或产生交通堵塞而引起出厂时间过长时，要提前预计，严禁对出厂时间长的商品混凝土掺加任何掺料，以确保质量。

(3) 模板要架立牢固，尤其是挡头板，不能出现跑模现象，板缝严密，避免出现水泥浆漏失现象，且做到表面规则平整。

(4) 防水混凝土泵送入模时，要控制自由倾斜高度不大于2.0m，同时控制入模温度，防止温度应力引起的开裂。

(5) 防水混凝土捣固一般采用附着式和插入式两种捣固方法，每点振捣时间为10～30s。

(6) 防水混凝土灌注完毕，待终凝后及时养护，结构养护时间不少于14d，以防止在硬化期间产生开裂。养护采用喷水养护法，保持混凝土表面湿润。

任务实施

7-3【知识巩固】

7-4【能力训练】

7-5【考证演练】

任务 7.2 拱盖法施工

任务描述

学习“知识链接”相关内容，结合附图，重点完成以下工作任务：一是回答与初支拱盖法相关的问题；二是根据给定的工程案例，完成相关工作任务；三是完成与本任务相关的建造师职业资格证书考试考题；具体参见“任务实施”模块。

知识链接

7.2.1 初支拱盖法施工

拱盖法是在盖挖法、洞桩法以及明挖法基础上发展出的一种新型施工工法，适用于青岛、大连和贵州等围岩“上软下硬”特殊地层的地区。拱盖法的核心思想是利用下覆岩体的高强度与稳定性，较好发挥围岩的强承载性能，用大拱脚充当洞桩法中的边桩等结构，然后在拱盖的保护下，再继续完成下部岩土体开挖与主体结构的施工。经过技术的发展，目前拱盖法可分为初支拱盖法、二衬拱盖法二种类型。

初支拱盖法，仅利用拱部初支结构形成支撑，即先分台阶开挖拱部土体，及时浇筑支护闭环，然后在拱部初支的保护下进行下部土体的开挖，顺作法施作二衬与内部结构。此方法的不足是拱盖强度偏低，适用于围岩质量偏好的岩层，应用范围不广，且在施工过程中应该及时监测拱部变形情况。

工法的主要施工工序为：

（1）进行施工超前支护，分左右台阶施工拱肩部分土体，及时架立格栅钢架和临时支护。

（2）开挖拱部剩余土体，然后施作格栅钢架与临时支护。

（3）分段拆除临时支撑，放坡施工下层中间岩体。

（4）开挖下部剩余岩体，及时完成初期支护。

（5）顺做法完成车站主体防水层、二衬以及内部结构。

施工步序见表 7-1。

初支拱盖法施工步序　　表 7-1

序号	施工说明	施工步序
1	施作超前支护，开挖环形导坑左侧导洞岩体，立即喷射40mm 厚混凝土封闭围岩；施作锚杆、架立初支格栅拱架及竖向临时支撑、绑扎钢筋网、喷射混凝土	
2	施作超前支护，开挖环形导坑右侧导洞，立即喷射 40mm 厚混凝土封闭围岩；施作锚杆 a、架立第一层初支格栅拱架及竖向临时钢架、绑扎钢筋网、喷射混凝土。两侧导洞错开距离不应小于 15m	
3	施作超前支护，开挖环形导坑中部导洞，立即喷射 40mm 厚混凝土封闭围岩；施作锚杆、架立第一层初支格栅拱架及竖向临时钢架、绑扎钢筋网、喷射混凝土。相邻导洞错开距离不应小于 15m	

续表

序号	施工说明	施工步序
4	施作超前支护，开挖环形导坑左侧导洞，立即喷射 40mm 厚混凝土封闭围岩；施作锚杆、架立第一层初支格栅拱架，绑扎钢筋网、喷射拱脚混凝土。相邻导洞错开距离不应小于 15m	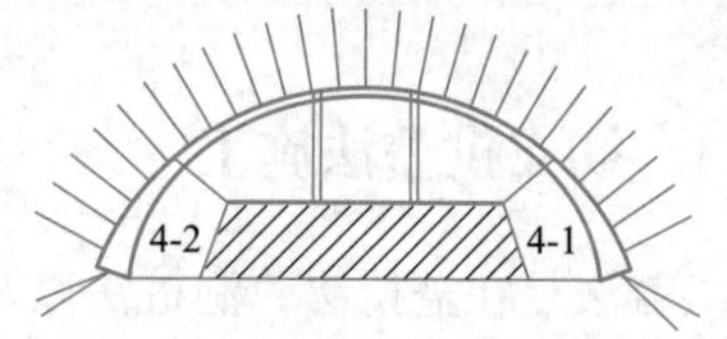 4-2 4-1
5	待喷射混凝土达到设计强度后拆除环形导坑上台阶临时支撑，开挖拱部环形导洞预留核心岩土体，拆撑时应加强监测，如监测数据异常应及时恢复支撑	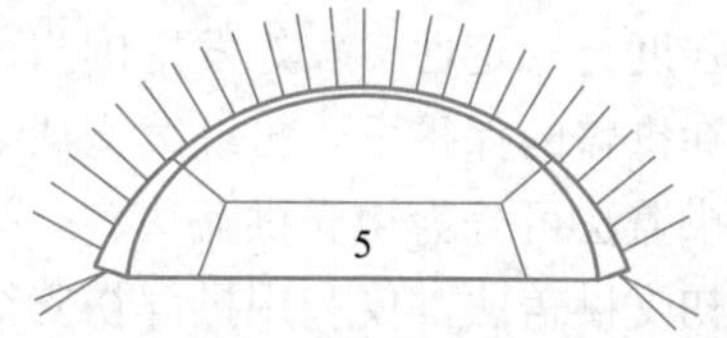 5
6	沿地铁车站纵向分为若干个施工段（不大于两个柱跨），按图示顺序开挖地铁车站下部中间岩体	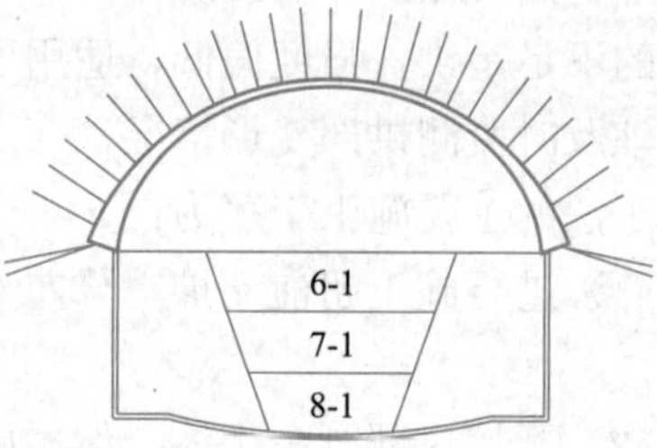 6-1 7-1 8-1
7	沿地铁车站纵向分为若干个施工段（不大于两个柱跨），按图示顺序开挖地铁车站下部中间岩体	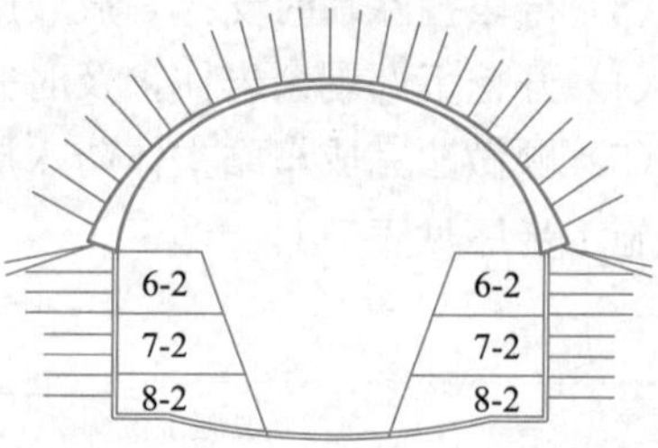 6-2 6-2 7-2 7-2 8-2 8-2
8	待开挖至仰拱标高后，综合接地、施工垫层、铺设防水板及其保护层，绑扎二次衬砌钢筋，浇筑仰拱及部分侧墙混凝土、中柱	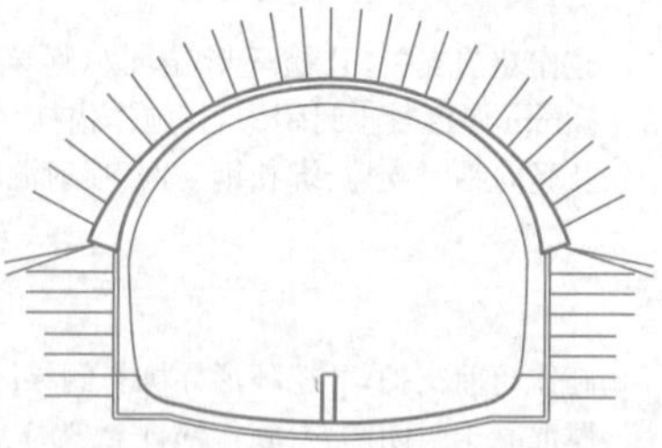
9	铺设防水板，绑扎二次衬砌钢筋，浇筑中柱、中板、侧墙及拱顶混凝土	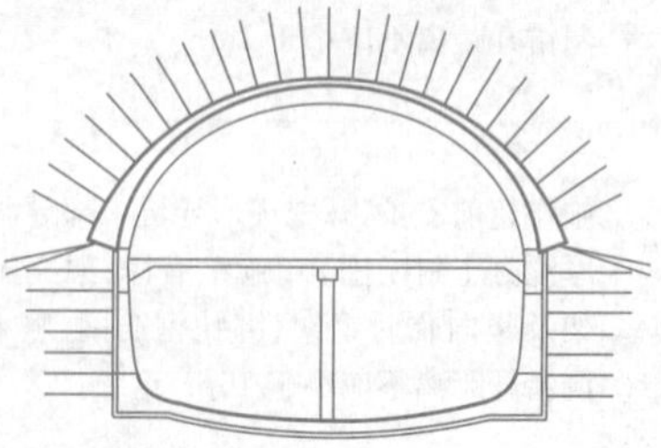

续表

序号	施工说明	施工步序
10	施工地铁车站内部结构及回填仰拱混凝土	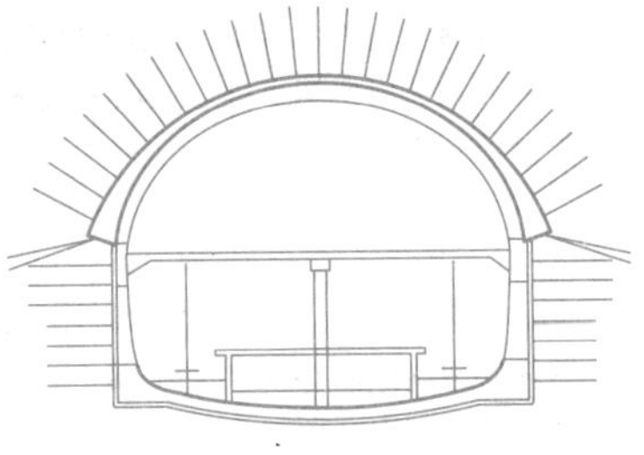

7.2.2 二衬拱盖法施工

二衬拱盖法，又称先拱后墙法，即先分台阶开挖拱部土体并及时浇筑支护，成环施作拱部二衬，然后在拱部的支撑保护下进行下部土体的开挖和结构施作。

工法的主要施工工序为：

（1）进行施工超前支护，分左右台阶施工拱肩部分土体，及时架立格栅钢架和临时支护。

（2）施工拱部剩余土体，然后施作格栅钢架与临时支护。

（3）分段拆除临时支撑，完成拱部防水层与成环施作拱部二衬结构。

（4）利用爆破技术放坡开挖下部中间岩体。

（5）开挖下部剩余岩体和施作初期支护。

（6）施作防水层、二衬及内部结构。

施工步序见表 7-2。

二衬拱盖法施工步序　　表 7-2

序号	施工说明	施工步序
1	施作超前支护，台阶法开挖上断面左右侧导洞岩体，立即初喷混凝土 4cm 厚封闭围岩，架立格栅拱架及竖向临时钢架、绑扎钢筋网、喷射混凝土。两侧导洞错开不应小于 15m，并施作两侧洞内拱脚纵梁	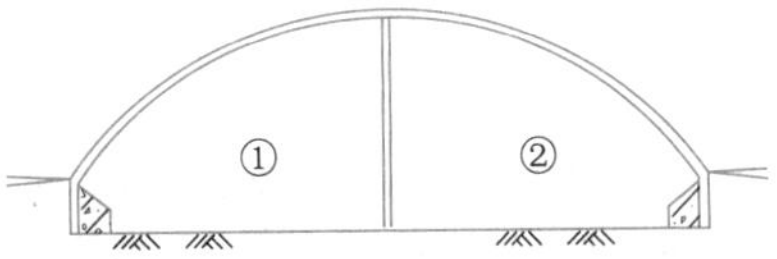 ① ②
2	施作超前支护，台阶法开挖上断面左右侧导洞岩体，立即初喷混凝土 4cm 厚封闭围岩，架立格栅拱架及竖向临时钢架、绑扎钢筋网、喷射混凝土。两侧导洞错开不应小于 15m	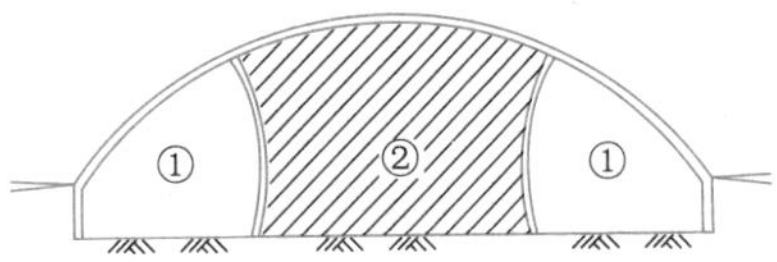 ① ② ①
3	台阶法开挖上断面中部岩体，立即初喷混凝土 4cm 厚封闭围岩，架立格栅拱架及竖向临时钢架、绑扎钢筋网、喷射混凝土；并施作两侧洞内拱脚纵梁	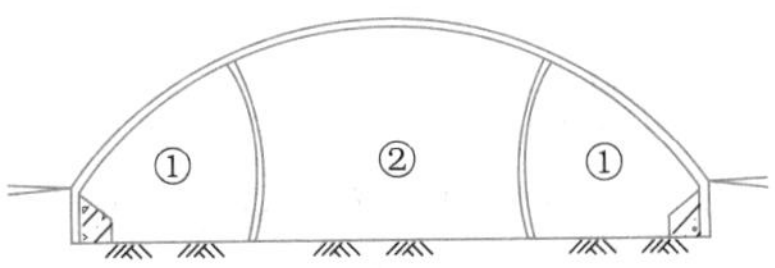 ① ② ①

续表

序号	施工说明	施工步序
4	分段拆除竖向临时钢支撑，施工拱部防水层及模筑二次衬砌并预留侧墙施工缝。同时应加强监控量测，及时调整分段长度	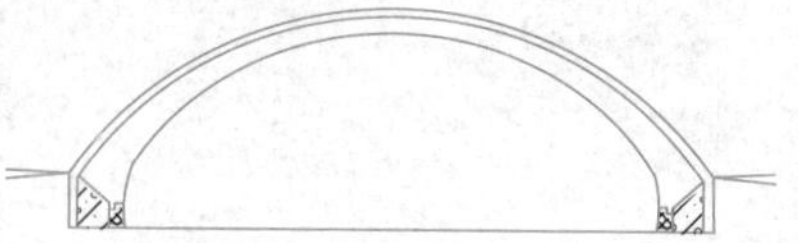
5	沿地铁车站纵向分为若干个施工段(不大于两个柱跨)按①～⑥顺序开挖下半断面并及时施做初期支护；在侧墙2m范围内采用松动爆破或非钻爆法开挖等方法，保证拱脚托梁下岩石完整性	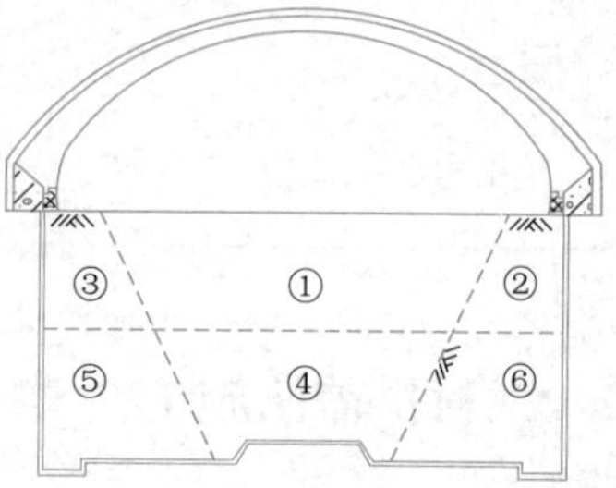 ③ ① ② ⑤ ④ ⑥
6	开挖至底板底标高后，施工底板垫层，施工地铁车站中板	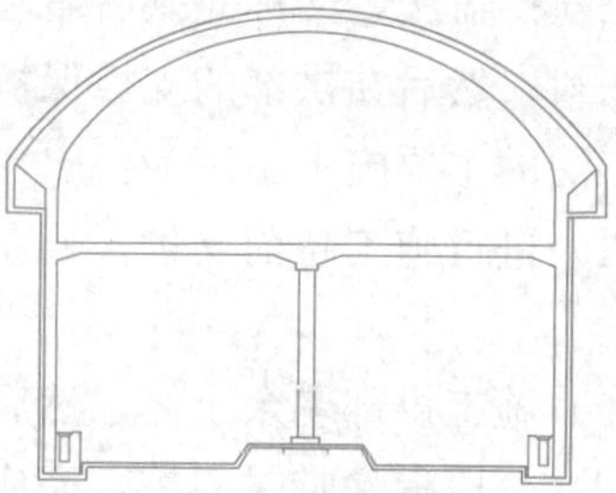
7	开挖至地铁车站底部后，先不施工地铁车站底板，待TBM过站	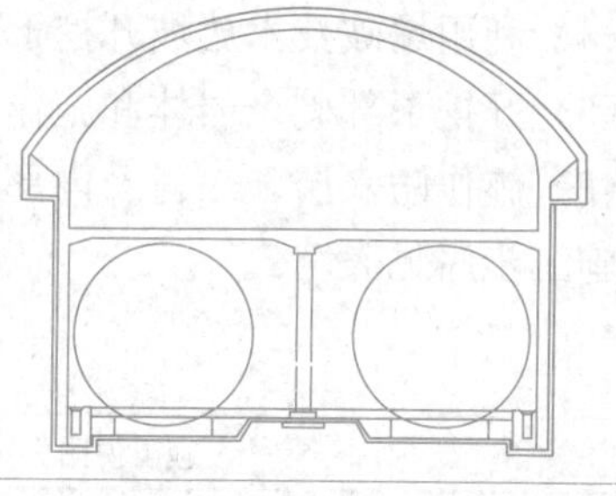
8	施工地铁车站底板、内部结构及装修，完成地铁车站结构施工	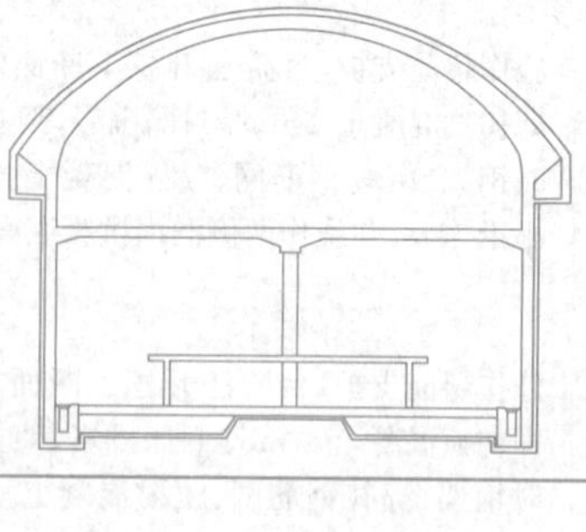

7.2.3 拱盖法施工要点

1. 开挖工程

1）开挖过程中应做到每一步及时利用喷射混凝土形成封闭支护。

2）暗挖施工应在无水环境下施工作业，施工时应有完善的通风、排水设施。

3）根据施工监测情况及地质超前预报，开挖方法可做适当调整；必要时应采取喷锚或注浆等有效措施确保开挖面的稳定。

4）根据围岩、机械设备等条件，应采用尽量少扰动围岩的开挖方法。爆破对周围建筑物的振动速度应控制在10mm/s以内（具体数值以房屋鉴定部门出具的数据为准），否则应采用机械开挖，以保证周边建构筑物的安全稳定。

5）工程施工采用钻爆法施工，应采取有效措施减少对围岩损伤，尽量减小对围岩的稳定性和渗透率的影响。爆破采用光面爆破或预裂爆破，并根据地质条件、开挖断面、开挖工法、循环进尺等进行爆破设计，并应根据爆破振动对支撑中隔壁、相临隧道和临近建构筑物等影响，来调整爆破参数。控制爆破施工中的振动效应的措施主要有：①采用低威力、低爆速炸药或采用小直径不耦合装药；②采用微差爆破，采用微差爆破后，与齐发爆破相比可降震约50%，微差段数越多，降震效果越好；③采用预裂爆破或预钻防震孔；④限制一次齐爆的药量；⑤采用分步开挖，增加临空面。

6）隧道开挖循环进尺，每一开挖步长不得超过格栅间距。当不稳定岩体的开挖面稳定时间满足不了初期支护施工时，应采取超前支护或注浆加固等辅助措施。

7）如遇局部岩层破碎地段或不稳定岩块，应及时清除或加密锚杆并注浆加固。

8）基底应置于稳定完整的原岩上，且在施工完成后应及时用C20素混凝土封底，防止基底浸水变软。

9）施工单位可根据施工水平及施工需求对外放距离进行微调。

10）超前地质预报长度一般为6m，是否加固根据超前地质预报渗水情况现场确定。

2. 支护工程

1）钢架拼装技术要求

（1）钢架应按设计位置安设，钢架之间必须用钢筋纵向连接，并要保证焊接质量。拱架安设过程中当钢架与围岩之间有较大的空隙时，沿钢架外缘每隔2m应用混凝土预制块楔紧。

（2）钢架的拱脚采用纵向托梁和锁脚锚管等措施加强支承。

（3）钢架应尽可能多地与钢筋网焊接，以增强其联合支护的效应。

（4）钢架加工的焊接不得有假焊，焊缝表面不得有裂纹、焊瘤等缺陷。

（5）钢架拼装允许误差为±3cm，平面翘曲应小于2cm。第一榀钢架应在地面进行预拼装，检查无误后再批量加工，分批运到施工部位。施工中加强监控量测，根据信息反馈，研究确定是否需要加强钢架支护。

（6）钢架安装允许偏差应符合下列要求：

钢架间距允许偏差为±50mm；钢架横向允许偏差为±30mm；高程偏差允许偏差为±30mm；垂直度偏差允许偏差为5‰；钢架保护层厚度允许偏差为−5mm。

（7）钢架应在初喷混凝土后及时架设，各节钢架间以螺栓连接，连接板必须密贴。

（8）钢架安装前应清除底脚下的虚碴及杂物，钢架底脚应置于牢固的基础上。

2）喷射混凝土施工要求

（1）施工前应先确定混凝土的配合比、选择使用的喷射机具，报监理工程师批准。喷射混凝土前应先进行试喷、调整回弹量、确定混凝土的配合比及施工操作程序，经监理工程师认可后方可大面积施工。

（2）进行混凝土喷射时，需严格按照湿喷工艺要求进行施工。喷射混凝土应密实、平整；无裂缝、脱落、漏喷、漏筋、空鼓、渗漏水等情况；喷射混凝土作业应分段、分片、分层由下而上依次进行。

（3）喷射混凝土时，应减小喷头至受喷坡面的距离，并调节喷射角度，以将钢架与岩面之间的间隙喷射饱和达到密实。

（4）喷射混凝土应分层次分段喷射完成，初喷混凝土应尽早进行"初喷"，复喷混凝土应架设钢架后及时喷射，以保证喷射混凝土的适时有效。

（5）开挖隧道时，应严格控制超挖，及时对初支背后空隙进行注浆回填，保证初支背后密实。在初衬的拱顶和拱脚以及二衬拱顶部位埋设注浆管，及时对初衬背后及二衬间空隙进行注浆填充，初衬背后注浆浆液1∶1水泥浆，注浆压力控制在0.1～0.5MPa。初支、二衬之间注浆浆液为1∶1水泥浆，注浆管纵向间距3m，注浆压力0.2～0.3MPa。

3）锚杆施工要求

锚杆施工前，杆体应进行除锈除油处理，锚杆灌浆宜采用纯水泥浆或1∶1水泥砂浆，强度不应低于M20，同时灌浆应饱满，杆体外露长度不应大于100mm，锚杆端头应设置垫板，尺寸不应小于200mm×200mm×10mm，垫板材质可采用Q235钢。

3. 混凝土工程

（1）核实结构的高程、坡度以及立柱、墙、出入口通道平面位置、结构预埋件及孔洞的位置规格等应与相关专业施工图核对无误后方可施工。

（2）施工过程中应严格遵守《混凝土结构工程施工质量验收规范》GB 50204—2015中条款，保证梁、板（顶拱、仰拱）、墙、柱构件的施工精度；梁、板跨度大于等于4m时，模板应起拱，起拱高度为全跨的1/1000～3/1000。

（3）结构大部分为内模施工，同时结构内侧不再进行抹面找平等粗装修，所以施工侧墙、柱子模板时应确保模板的精度和质量；拆模后的混凝土表面应光滑，并严防侵入限界。

（4）混凝土应采用低水化热水泥、掺加外加剂、粉煤灰等措施，降低水化热。严格控制混凝土一次灌注量和分段灌注长度，防止混凝土收缩开裂。

（5）模筑混凝土前应做好隧道内的堵排水措施，一定要对基面渗漏水处进行封堵处理，做到基面平顺、干净，避免带水作业或带浆作业，严禁带明水灌注混凝土。

（6）凡因施工需要在结构上开设孔洞，均应在孔洞边配置适量的加强钢筋，施工完毕后，应按防水设计图册进行防水处理。

（7）施工时各层梁、板混凝土应一次性浇筑；梁柱节点处的混凝土强度等级与柱相同，以保证柱子的承载能力。施工时应调整节点区的混凝土级配，采用和易性较好的混凝土，并加强振捣，确保质量。

（8）混凝土养护应严格按有关规范、规程的规定进行。新老混凝土连接面上的养护剂须清除干净，不允许在无覆盖的情况下直接在混凝土表面浇水养护。

（9）所有结构施工前，均应详细核对相应的结构预埋件图、建施图、人防段施工图和各设备等有关专业设计图，是否有预埋件、预留孔遗漏，如与结构图有矛盾时，应立即通知设计单位进行现场处理。

4. 钢筋工程

（1）所有配筋图中的钢筋长度均需现场实际放样，并满足构造要求。钢筋的放样可根据实际情况做适当调整。为了确保钢筋的保护层厚度，绑扎钢筋时应将受力主筋布置于分布钢筋的外侧。

（2）梁主筋与板主筋相交处，板主筋应放置在梁主筋的外侧。对于暗梁及反梁，板或墙主筋放置在梁主筋的内侧。

（3）钢筋焊接时应注意对防水层的保护。

（4）在钢筋绑扎前应设置具有一定强度的垫块和凳筋，防止钢筋挠度过大，确保受力钢筋的保护层厚度。

5. 预留、预埋工程

1）设备各专业（水、电、通风、通信等）所需的预埋管（件），由于设备选型滞后的原因，施工图中所标注的孔洞和预埋件可能不够全面，也可能需要调整，施工前需以联系单形式与设计院确认。

2）施工单位应注意在每个分部工程（例如：底板、顶板等分部工程）施工前，及时请设计单位有关专业设计人员进行技术交底，避免遗漏孔洞和预埋件。

3）对设备等专业的预埋管线（件）的施工，土建施工单位应掌握其他各专业的设计图纸并应配置水电专业施工工程师，由其仔细阅读其他专业图纸以指导土建施工人员进行预留预埋工程，避免遗漏孔洞和预埋件。

7-6 拱盖法施工

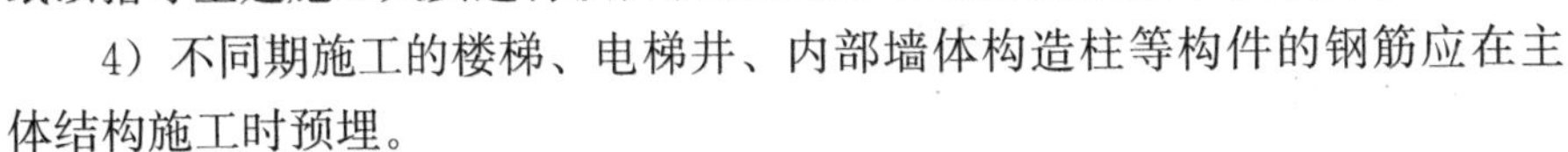

4）不同期施工的楼梯、电梯井、内部墙体构造柱等构件的钢筋应在主体结构施工时预埋。

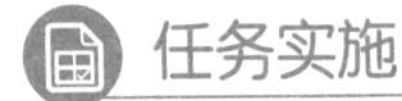

7-7【知识巩固】

7-8【能力训练】

7-9【考证演练】

参考文献

[1] 盛海洋．隧道工程 [M]．北京：人民交通出版社，2023.

[2] 宋秀清．隧道施工 [M]．北京：人民交通出版社，2020.

[3] 王道远．隧道施工技术 [M]．北京：水利水电出版社，2020.

[4] 中建三局第一建设工程有限责任公司．隧道工程施工工艺标准 [M]．北京：中国建筑工业出版社，2018.

[5] 张丽．隧道工程 [M]．北京：人民交通出版社，2015.

[6] 王梦恕．中国隧道及地下工程修建技术 [M]．北京：人民交通出版社，2010.

[7] 关宝树．隧道工程施工要点集 [M]．北京：人民交通出版社，2010.

[8] 毛红梅．地下铁道施工 [M]．北京：高等教育出版社，2021.

[9] 张照煌．盾构与盾构施工技术 [M]．北京：中国建筑工业出版社，2019.

[10] 刘学增．地铁隧道安全保护与对策 [M]．上海：同济大学出版社，2018.

[11] 陈克济．地铁工程施工技术 [M]．北京：中国铁道出版社，2016.

[12] 陈馈．盾构施工技术 [M]．北京：人民交通出版社，2016.

[13] 卿三惠．隧道及地铁工程 [M]．北京：中国铁道出版社，2013.

[14] 李建斌．地铁隧道盾构施工技术及设备 [M]．北京：机械工业出版社，2020.

[15] 曹保利．穿越既有线路地铁暗挖施工关键技术 [M]．北京：人民交通出版社，2019.

[16] 白伟．复杂环境下富水软弱地层地铁联络线施工关键技术 [M]．北京：中国铁道出版社，2018.

[17] 郑爱元．复杂地质条件下地铁隧道穿越工程施工关键技术 [M]．北京：中国电力出版社，2018.

[18] 张庆贺．地铁与轻轨 [M]．北京：人民交通出版社，2015.

[19] 战启芳．地铁车站施工 [M]．北京：人民交通出版社，2011.

[20] 刘国彬．基坑工程手册 [M]．北京：中国建筑工业出版社，2009.